이 책을 펴고 있는 그대를 환영합니다.

# 똑. 똑. 똑

호기심과 질문으로

지식의 문을 힘차게 두드리기를

# 쿵. 쿵. 쿵

알아가는 즐거움으로

심장이 벅차게 뛰기를

이 책을 펴고 있는 그대를 응원합니다.

BETTER CONTENT BETTER LIFE

# 중등 수학 1-1


**WRITERS**

미래엔콘텐츠연구회
No.1 Content를 개발하는 교육 콘텐츠 연구회



**COPYRIGHT**

**인쇄일** 2025년 2월 3일(1판2쇄)
**발행일** 2024년 11월 11일

**펴낸이** 신광수
**펴낸곳** (주)미래엔
**등록번호** 제16–67호

**중고등개발본부장** 하남규
**개발책임** 주석호 **개발** 남예지, 이선희, 이슬비, 김윤지, 김희성

**디자인실장** 손현지
**디자인책임** 김병석 **디자인** 교육디자인1팀

**CS본부장** 장명진
**제작책임** 강승훈

ISBN 979-11-7311-116-7

# 라:피트

중등 수학

# 1-1

# STRUCTURE
## 특장과 구성

개념 책(Book)과 반복 책(Check)을 1 : 1 매칭하여
자연스럽게 반복 학습을 할 수 있도록 구성하였다.

### ① 개념 학습

완벽한 개념 정리, 개념 Bridge와 개념을 바로
적용하여 풀 수 있는 check 문제로 구성하였다.

### ② 필수 유형 익히기

반드시 익혀야 하는 유형을 선별하여 대표 문제와
쌍둥이 문제로 구성하였다.

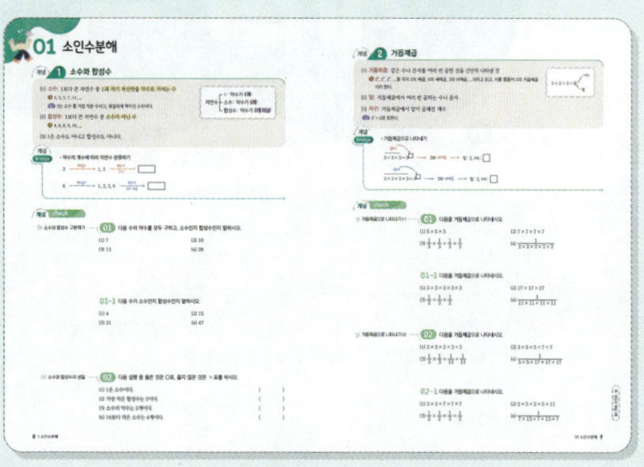

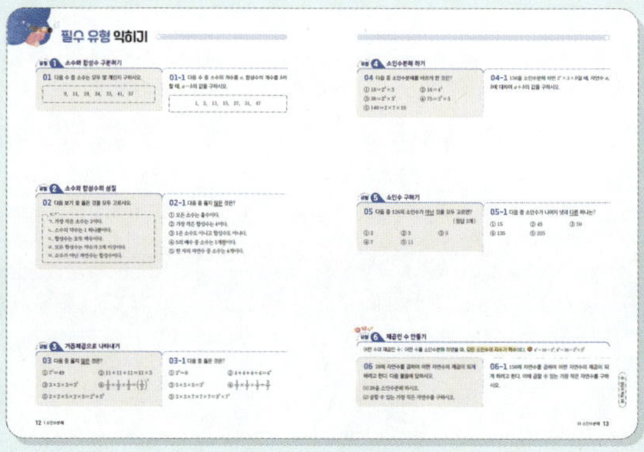

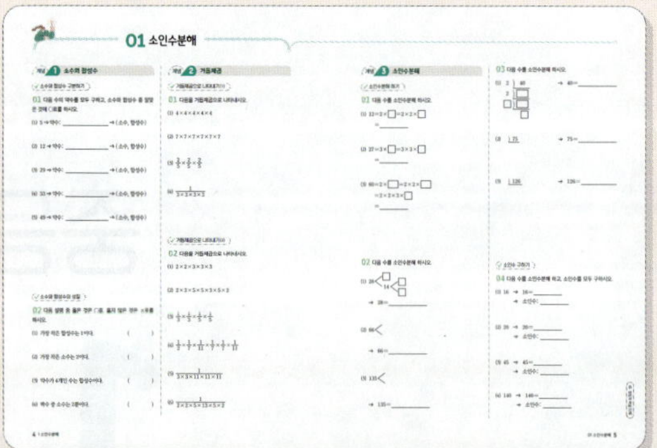

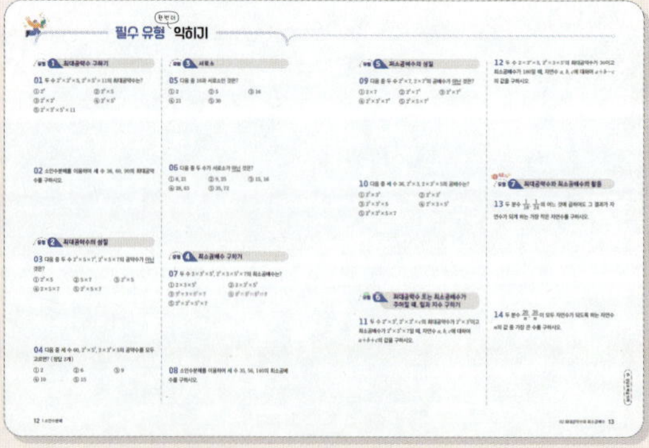

❸ **서술형 감잡기**

구체적인 단계를 통해 서술형 문제를 연습하면서
서술형에 대한 감각을 기를 수 있도록 하였다.

❹ **단원 마무리하기**

단원을 마무리하고 학교 시험에
대비할 수 있는 실전 문제로 구성하였다.

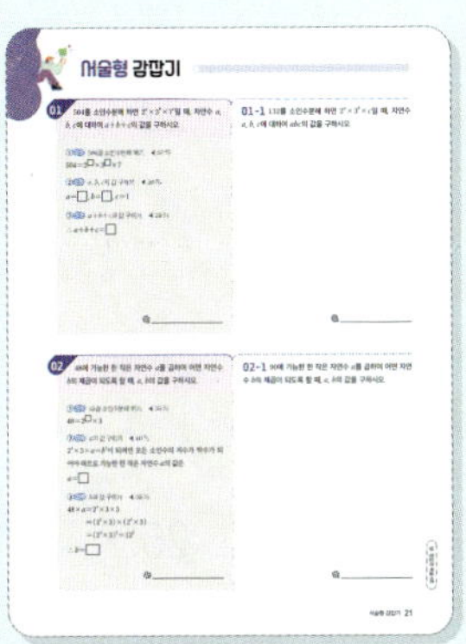

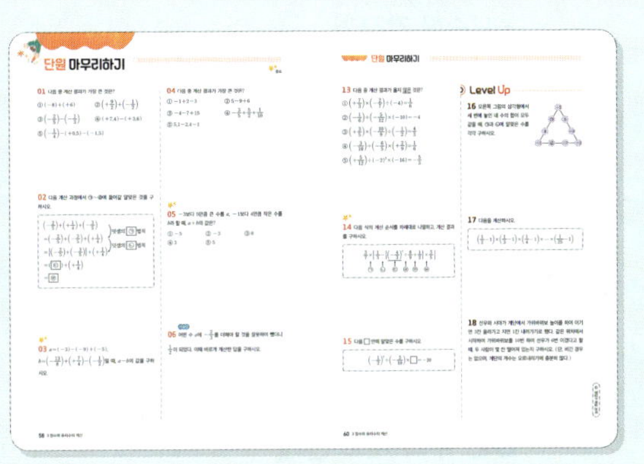

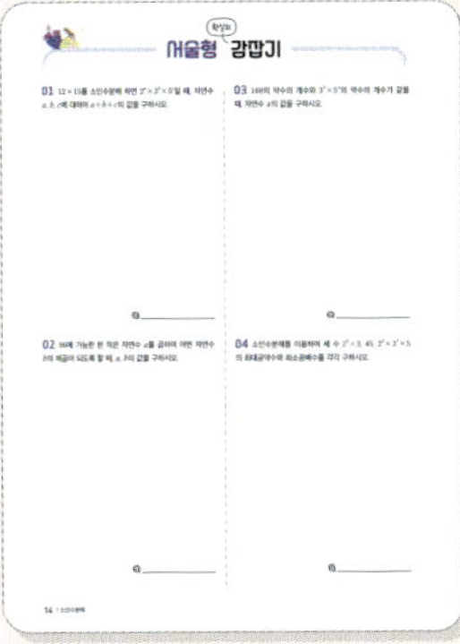

# CONTENTS
## 차례

# 소인수분해

# 01 소인수분해



(1) **소수**: 1보다 큰 자연수 중 **1과 자기 자신만을 약수로 가지는 수**

예 2, 3, 5, 7, 11, …

참고 2는 소수 중 가장 작은 수이고, 유일하게 짝수인 소수이다.

(2) **합성수**: 1보다 큰 자연수 중 **소수가 아닌 수**

예 4, 6, 8, 9, 10, …

(3) 1은 소수도 아니고 합성수도 아니다.

자연수 ┌ 1: 약수가 1개
       ├ 소수: 약수가 2개
       └ 합성수: 약수가 3개 이상

## 개념 Bridge

• 약수의 개수에 따라 자연수 분류하기

3 —약수는?→ 1, 3 —약수가 2개→ [ ]

6 —약수는?→ 1, 2, 3, 6 —약수가 3개 이상→ [ ]

## 개념 check

✓ 소수와 합성수 구분하기 ……… **01** 다음 수의 약수를 모두 구하고, 소수인지 합성수인지 말하시오.

(1) 7      (2) 10

(3) 13      (4) 28

**01-1** 다음 수가 소수인지 합성수인지 말하시오.

(1) 4      (2) 15

(3) 31      (4) 47

✓ 소수와 합성수의 성질 ……… **02** 다음 설명 중 옳은 것은 ○표, 옳지 않은 것은 ×표를 하시오.

(1) 1은 소수이다.      ( )

(2) 가장 작은 합성수는 2이다.      ( )

(3) 소수의 약수는 2개이다.      ( )

(4) 10보다 작은 소수는 4개이다.      ( )

(1) **거듭제곱**: 같은 수나 문자를 여러 번 곱한 것을 간단히 나타낸 것
　例 $2^2$, $2^3$, $2^4$, ...을 각각 2의 제곱, 2의 세제곱, 2의 네제곱, ...이라고 읽고, 이를 통틀어 2의 거듭제곱
　　이라 한다.

(2) **밑**: 거듭제곱에서 여러 번 곱하는 수나 문자

(3) **지수**: 거듭제곱에서 밑이 곱해진 개수
　참고 $2^1=2$로 정한다.

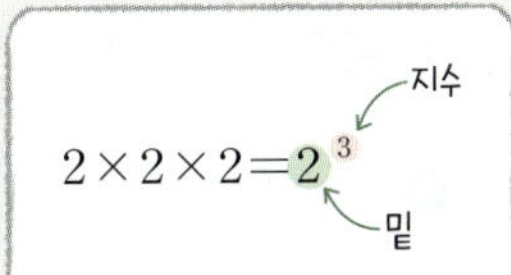


개념 **Bridge**

- 거듭제곱으로 나타내기

개념 **check**

✓ 거듭제곱으로 나타내기 (1)

**01** 다음을 거듭제곱으로 나타내시오.

(1) $5 \times 5 \times 5$

(2) $7 \times 7 \times 7 \times 7$

(3) $\dfrac{1}{3} \times \dfrac{1}{3} \times \dfrac{1}{3} \times \dfrac{1}{3}$

(4) $\dfrac{1}{2 \times 2 \times 2 \times 2 \times 2}$

**01-1** 다음을 거듭제곱으로 나타내시오.

(1) $3 \times 3 \times 3 \times 3 \times 3$

(2) $17 \times 17 \times 17$

(3) $\dfrac{1}{2} \times \dfrac{1}{2} \times \dfrac{1}{2}$

(4) $\dfrac{1}{11 \times 11 \times 11 \times 11}$

✓ 거듭제곱으로 나타내기 (2)

**02** 다음을 거듭제곱으로 나타내시오.

(1) $2 \times 2 \times 2 \times 3 \times 3$

(2) $3 \times 5 \times 5 \times 7 \times 7$

(3) $\dfrac{1}{3} \times \dfrac{1}{3} \times \dfrac{1}{13} \times \dfrac{1}{13}$

(4) $\dfrac{1}{5 \times 5 \times 17 \times 17 \times 17}$

**02-1** 다음을 거듭제곱으로 나타내시오.

(1) $3 \times 3 \times 7 \times 7 \times 7$

(2) $2 \times 5 \times 2 \times 5 \times 11$

(3) $\dfrac{1}{2} \times \dfrac{1}{2} \times \dfrac{1}{3} \times \dfrac{1}{2}$

(4) $\dfrac{1}{7 \times 13 \times 7 \times 13 \times 7}$

(1) **소인수**: 어떤 자연수의 약수 중에서 소수인 것
→ 약수를 인수라고도 한다.

예 6의 약수는 1, 2, 3, 6 → 6의 소인수는 2, 3이다.

(2) **소인수분해**: 어떤 자연수를 그 수의 소인수들만의 곱으로 나타내는 것

순서1

$$20 = 2 \times 2 \times 5 = 2^2 \times 5$$

순서2

$$20 = 5 \times 2 \times 2 = 5 \times 2^2$$

→ 일반적으로 어떤 자연수를 소인수분해 한 결과는 곱하는 순서를 생각하지 않으면 오직 한 가지뿐이다.

### 개념 Bridge

• 18을 소인수분해 하기

| [방법 1] | [방법 2] | [방법 3] |
|---|---|---|
| $18 = 2 \times 9 \leftarrow$ (소수)×(수) 꼴 <br> $= 2 \times \boxed{\phantom{0}}^2$ | 소수가 될 때까지 나누기 | 소수로 나누기 — 소수가 될 때까지 나누기 |

$$\rightarrow \quad 18 = \boxed{\phantom{0}} \times \boxed{\phantom{0}}^2$$

### 개념 check

소인수분해 하기 **01** 다음 수를 소인수분해 하시오.

(1) 36

(2) 200

**01-1** 다음 수를 소인수분해 하시오.

(1) 24

(2) 45

(3) 128

(4) 140

소인수 구하기 **02** 다음 수의 소인수를 모두 구하시오.

(1) 35

(2) 84

**02-1** 다음 수의 소인수를 모두 구하시오.

(1) 28

(2) 50

(3) 132

(4) 252

자연수 $A$가 $A=a^m \times b^n$ ($a$, $b$는 서로 다른 소수, $m$, $n$은 자연수)으로 소인수분해 될 때

(1) $A$의 약수 → $a^m$의 약수와 $b^n$의 약수를 곱해서 구한다.

→ $(a^m$의 약수$) \times (b^n$의 약수$)$ 꼴
$$\underbrace{1, a, a^2, \dots, a^m}_{(m+1)개} \qquad \underbrace{1, b, b^2, \dots, b^n}_{(n+1)개}$$

(2) $A$의 약수의 개수 → $(m+1) \times (n+1)$ ← 소인수의 각 지수에 1을 더하여 곱한다.

**개념 Bridge**

• 18의 약수와 약수의 개수 구하기

$3^2$의 약수 → $(2+1)$개

$18=2 \times 3^2$ →

| $\times$ | 1 | 3 | $3^2$ |
|---|---|---|---|
| 1 | $1 \times 1 = 1$ | $1 \times 3 = 3$ | $1 \times 3^2 = 9$ |
| 2 | $2 \times 1 = 2$ | $2 \times 3 = 6$ | $2 \times 3^2 = 18$ |

2의 약수 → $(1+1)$개

→ 18의 약수 → $(\boxed{\phantom{0}}+1) \times (\boxed{\phantom{0}}+1) = \boxed{\phantom{0}}$ (개)

**개념 check**

☑ 약수 구하기 ······· **01** 다음은 소인수분해를 이용하여 약수를 구하는 과정이다. 표를 완성하고, 주어진 수의 약수를 모두 구하시오.

(1) $2 \times 5^2$

| $\times$ | 1 | 5 | $5^2$ |
|---|---|---|---|
| 1 | | | |
| 2 | | | |

(2) $36 = 2^2 \times 3^2$

| $\times$ | 1 | | |
|---|---|---|---|
| 1 | | | |
| 2 | | | |
| | | | |

**01-1** 소인수분해를 이용하여 다음 수의 약수를 모두 구하시오.

(1) $3^3 \times 7$

(2) 75

☑ 약수의 개수 구하기 ······· **02** 다음 수의 약수의 개수를 구하시오.

(1) $3^4$

(2) $2^4 \times 5^2$

(3) $2^2 \times 3 \times 7$

(4) 54

**02-1** 다음 수의 약수의 개수를 구하시오.

(1) $7^2 \times 11^3$

(2) 27

(3) 63

(4) 180

# 필수 유형 익히기



**01** 다음 수 중 소수는 모두 몇 개인지 구하시오.

$$9, \quad 11, \quad 19, \quad 24, \quad 33, \quad 41, \quad 57$$

**01-1** 다음 수 중 소수의 개수를 $a$, 합성수의 개수를 $b$라 할 때, $a-b$의 값을 구하시오.

$$1, \quad 2, \quad 13, \quad 15, \quad 27, \quad 31, \quad 47$$



**02** 다음 보기 중 옳은 것을 모두 고르시오.

보기
ㄱ. 가장 작은 소수는 2이다.
ㄴ. 소수의 약수는 1 하나뿐이다.
ㄷ. 합성수는 모두 짝수이다.
ㄹ. 모든 합성수는 약수가 3개 이상이다.
ㅁ. 소수가 아닌 자연수는 합성수이다.

**02-1** 다음 중 옳지 <u>않은</u> 것은?

① 모든 소수는 홀수이다.
② 가장 작은 합성수는 4이다.
③ 1은 소수도 아니고 합성수도 아니다.
④ 5의 배수 중 소수는 1개뿐이다.
⑤ 한 자리 자연수 중 소수는 4개이다.



**03** 다음 중 옳지 <u>않은</u> 것은?

① $7^2 = 49$
② $11 + 11 + 11 = 11 \times 3$
③ $3 \times 3 \times 3 = 3^3$
④ $\dfrac{1}{2} \times \dfrac{1}{2} \times \dfrac{1}{2} = \left(\dfrac{1}{2}\right)^3$
⑤ $2 \times 2 \times 5 \times 2 \times 5 = 2^3 + 5^2$

**03-1** 다음 중 옳은 것은?

① $2^4 = 8$
② $4 + 4 + 4 + 4 = 4^4$
③ $5 \times 5 \times 5 = 3^5$
④ $\dfrac{1}{7} \times \dfrac{1}{7} \times \dfrac{1}{7} = \dfrac{3}{7}$
⑤ $3 \times 3 \times 7 \times 7 \times 7 = 3^2 \times 7^3$

**04** 다음 중 소인수분해를 바르게 한 것은?

① $18=2^2\times3$ ② $16=4^2$

③ $36=2^2\times3^2$ ④ $75=3^2\times5$

⑤ $140=2\times7\times10$

**04-1** 156을 소인수분해 하면 $2^a\times3\times b$일 때, 자연수 $a$, $b$에 대하여 $a+b$의 값을 구하시오.



**05** 다음 중 126의 소인수가 <u>아닌</u> 것을 모두 고르면?

(정답 2개)

① 2 ② 3 ③ 5

④ 7 ⑤ 11

**05-1** 다음 중 소인수가 나머지 넷과 <u>다른</u> 하나는?

① 15 ② 45 ③ 50

④ 135 ⑤ 225



어떤 수의 제곱인 수: 어떤 수를 소인수분해 하였을 때, 모든 소인수의 지수가 짝수이다. 예 $4^2=16=2^4$, $6^2=36=2^2\times3^2$

**06** 28에 자연수를 곱하여 어떤 자연수의 제곱이 되게 하려고 한다. 다음 물음에 답하시오.

(1) 28을 소인수분해 하시오.

(2) 곱할 수 있는 가장 작은 자연수를 구하시오.

**06-1** 150에 자연수를 곱하여 어떤 자연수의 제곱이 되게 하려고 한다. 이때 곱할 수 있는 가장 작은 자연수를 구하시오.

---

**유형 7** 약수 구하기

**07** 다음 중 $2^3 \times 7$의 약수가 <u>아닌</u> 것은?

① 1　　　② 2　　　③ $2 \times 7$

④ $2^3$　　　⑤ $2^2 \times 7^2$

**07-1** 다음 중 135의 약수인 것은?

① $3 \times 5^2$　　　② $3^2 \times 5$　　　③ $3^2 \times 5^2$

④ $3^3 \times 5^2$　　　⑤ $3 \times 5 \times 7$

---

**유형 8** 약수의 개수 구하기

**08** 다음 중 약수의 개수가 가장 많은 것은?

① 36　　　② 50　　　③ $2^6$

④ $2 \times 3 \times 11$　　　⑤ $3^4 \times 7$

**08-1** 다음 중 약수의 개수가 나머지 넷과 <u>다른</u> 하나는?

① $3^5$　　　② 63　　　③ 75

④ 130　　　⑤ $3 \times 7^2$

---

**유형 9** 약수의 개수의 활용

$a^m \times b^n$ ($a$, $b$는 서로 다른 소수, $m$, $n$은 자연수)의 약수의 개수가 $k$이다.

→ $(m+1) \times (n+1) = k$

**09** $3^a \times 5^2$의 약수의 개수가 18일 때, 자연수 $a$의 값은?

① 3　　　② 4　　　③ 5

④ 6　　　⑤ 7

**09-1** $2^a \times 49$의 약수의 개수가 15일 때, 자연수 $a$의 값은?

① 1　　　② 2　　　③ 3

④ 4　　　⑤ 5

# 02 최대공약수와 최소공배수



❶ 두 수를 각각 소인수분해 하여 거듭제곱으로 나타낸다.

❷ 공통인 소인수의 거듭제곱에서 지수가 작거나 같은 것을 택한다.

❸ ❷에서 택한 것을 모두 곱한다.

**참고** 세 수 이상의 최대공약수도 두 수의 최대공약수를 구할 때와 같은 방법으로 구한다.

$$28 = 2^2 \qquad \times 7^1$$
$$42 = 2^1 \times 3 \times 7^1$$
$$(최대공약수) = 2^1 \qquad \times 7^1 = 14$$

## 개념 Bridge

· 최대공약수 구하기

24와 60의 최대공약수 $\rightarrow$

$$24 = 2^3 \times 3$$
$$60 = 2^2 \times 3 \times 5 \quad \text{← 공통이 아닌 소인수는 제외}$$
$$(최대공약수) = \boxed{\phantom{0}} \times 3 = \boxed{\phantom{0}}$$

지수가 다르면 작은 것으로 ← → 지수가 같으면 그대로

## 개념 check

☑ 최대공약수 구하기 (1)

**01** 다음 수의 최대공약수를 소인수의 곱으로 나타내시오.

(1) $2^3 \times 5^2,\ 2^2 \times 5^3$

(2) $2^3 \times 3^2,\ 2 \times 3^2 \times 5,\ 2^2 \times 3^3$

**01-1** 다음 수의 최대공약수를 소인수의 곱으로 나타내시오.

(1) $3^2 \times 5^2,\ 3 \times 5 \times 7$

(2) $2^2 \times 3 \times 5,\ 2 \times 3^2 \times 5$

(3) $2^2 \times 5^2,\ 2^3 \times 5^2 \times 7^2,\ 2 \times 5^3 \times 7$

(4) $2 \times 3 \times 5,\ 2^2 \times 3 \times 7,\ 2 \times 3^2 \times 5^2$

☑ 최대공약수 구하기 (2)

**02** 소인수분해를 이용하여 다음 수의 최대공약수를 구하시오.

(1) 36, 84

(2) 18, 24, 30

**02-1** 소인수분해를 이용하여 다음 수의 최대공약수를 구하시오.

(1) 16, 44

(2) 28, 70

(3) 48, 84, 96

(4) 40, 90, 180



정답과 해설 4쪽"

**(1) 최대공약수의 성질**
두 개 이상의 자연수의 공약수는 그 수들의 최대공약수의 약수이다.

**(2) 서로소: 최대공약수가 1인 두 자연수**

예) 3과 5의 최대공약수가 1이므로 3과 5는 서로소이다.

참고) ① 1은 모든 자연수와 서로소이다.
② 서로 다른 두 소수는 항상 서로소이다.

개념 **Bridge**

• 최대공약수의 성질 파악하기

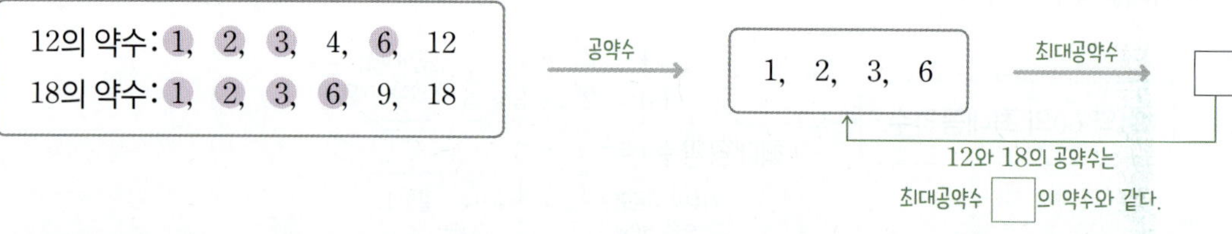


개념 **check**

최대공약수의 성질 ········ **01** 다음 수의 최대공약수를 구하고, 최대공약수를 이용하여 공약수를 모두 구하시오.

(1) $2 \times 3^2$, $2 \times 3 \times 5$      (2) 20, 72

**01-1** 최대공약수를 이용하여 다음 수의 공약수를 모두 구하시오.

(1) $3^2 \times 5$, $3 \times 5^3$      (2) $2 \times 5 \times 7$, $2^2 \times 3 \times 7$, $2 \times 7^2$
(3) 40, 56      (4) 72, 90, 108

서로소 찾기 ········ **02** 다음 두 수의 최대공약수를 구하고, 서로소인지 아닌지 말하시오.

(1) 3, 7      (2) 8, 15
(3) 10, 24      (4) 12, 35

**02-1** 다음에서 두 수가 서로소이면 ○표, 서로소가 아니면 ×표를 하시오.

(1) 9, 25   (    )    (2) 15, 16   (    )
(3) 28, 63   (    )    (4) 35, 72   (    )

❶ 두 수를 각각 소인수분해 하여 거듭제곱으로 나타낸다.

❷ 공통인 소인수의 거듭제곱에서 지수가 크거나 같은 것을 택한다.
또 공통이 아닌 소인수의 거듭제곱을 모두 택한다.

❸ ❷에서 택한 것을 모두 곱한다.

(참고) 세 수 이상의 최소공배수도 두 수의 최소공배수를 구할 때와 같은 방법으로 구한다.

$$28 = 2^2 \qquad \times 7^1$$
$$42 = 2^1 \times 3^1 \times 7^1$$
$$(\text{최소공배수}) = 2^2 \times 3^1 \times 7^1 = 84$$

## 개념 Bridge

• 최소공배수 구하기

24와 60의 최소공배수 →

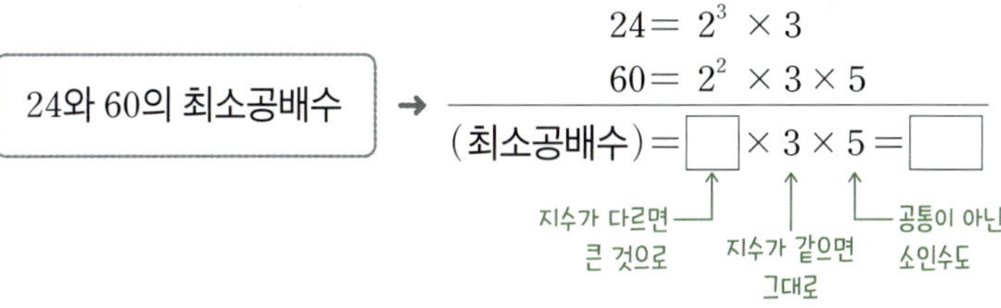


## 개념 check

✓ 최소공배수 구하기(1) ⋯⋯⋯ **01** 다음 수의 최소공배수를 소인수의 곱으로 나타내시오.

(1) $2 \times 3^2,\ 3^2 \times 5$

(2) $2^2 \times 3,\ 2^3 \times 3^3,\ 2^2 \times 3^2 \times 5$

**01-1** 다음 수의 최소공배수를 소인수의 곱으로 나타내시오.

(1) $2 \times 5^2,\ 2^2 \times 5^2 \times 7$

(2) $2^2 \times 3^3 \times 5,\ 2^3 \times 3 \times 5$

(3) $2 \times 3,\ 2 \times 3 \times 5,\ 2^2 \times 3 \times 5$

(4) $2 \times 3^2 \times 5^3,\ 2 \times 3^4 \times 7,\ 2 \times 3^3 \times 7$

✓ 최소공배수 구하기(2) ⋯⋯⋯ **02** 소인수분해를 이용하여 다음 수의 최소공배수를 구하시오.

(1) 12, 42

(2) 18, 27, 36

**02-1** 소인수분해를 이용하여 다음 수의 최소공배수를 구하시오.

(1) 15, 21

(2) 20, 56

(3) 16, 28, 40

(4) 45, 90, 135

(1) 두 개 이상의 자연수의 공배수는 그 수들의 최소공배수의 배수이다.

(2) 서로소인 두 자연수의 최소공배수는 두 수의 곱과 같다.

예 2와 3은 서로소이므로 2와 3의 최소공배수는 $2 \times 3 = 6$

### 개념 Bridge

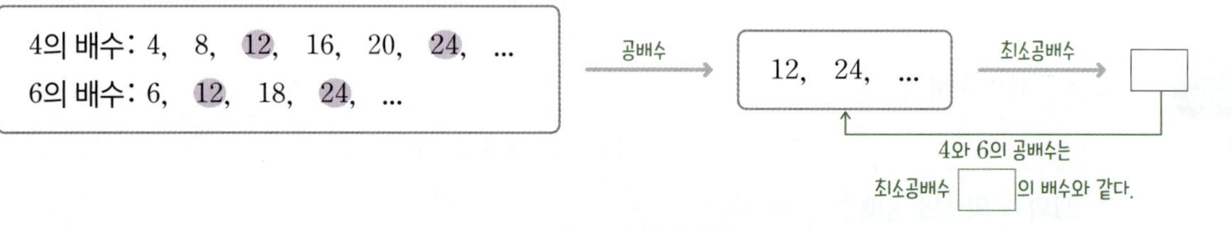

• 최소공배수의 성질 파악하기

4의 배수: 4, 8, 12, 16, 20, 24, ...
6의 배수: 6, 12, 18, 24, ...

공배수 → 12, 24, ... → 최소공배수 → ☐

4와 6의 공배수는 최소공배수 ☐ 의 배수와 같다.

### 개념 check

✓ 최소공배수의 성질(1)

**01** 다음 수의 최소공배수를 구하고, 최소공배수를 이용하여 공배수를 작은 것부터 차례대로 3개 구하시오.

(1) $2 \times 5,\ 5 \times 7$
(2) $18,\ 30$

**01-1** 최소공배수를 이용하여 다음 수의 공배수를 작은 것부터 차례대로 3개 구하시오.

(1) $2 \times 3^2,\ 2^3 \times 3$
(2) $2 \times 5,\ 3 \times 5,\ 2^2 \times 5$
(3) $16,\ 24$
(4) $12,\ 40,\ 60$

✓ 최소공배수의 성질(2)

**02** 5와 14에 대하여 다음 물음에 답하시오.

(1) 두 수가 서로소인지 아니지 말하시오.
(2) 두 수의 최소공배수를 구하시오.

**02-1** 10과 21의 최소공배수를 구하시오.

# 필수 유형 익히기



**01** 두 수 $2^2 \times 3^2$, $2^4 \times 3^2 \times 5$의 최대공약수는?

① $2^2 \times 3$  ② $2^2 \times 3^2$  ③ $2^2 \times 3 \times 5$
④ $2^4 \times 3^2$  ⑤ $2^4 \times 3^2 \times 5$

**01-1** 세 수 48, 96, 120의 최대공약수는?

① 8  ② 12  ③ 16
④ 24  ⑤ 48



**02** 다음 중 두 수 $2^2 \times 7^2$, $2^3 \times 5^2 \times 7$의 공약수가 <u>아닌</u> 것은?

① $2^2$  ② 7  ③ $2 \times 7$
④ $2^2 \times 5$  ⑤ $2^2 \times 7$

**02-1** 다음 중 두 수 72, 120의 공약수가 <u>아닌</u> 것은?

① $2^2$  ② $2 \times 3$  ③ $2^3$
④ $2^2 \times 3$  ⑤ $2^2 \times 3^2$



**03** 다음 중 두 수가 서로소가 <u>아닌</u> 것은?

① 3, 8  ② 9, 20  ③ 12, 27
④ 16, 35  ⑤ 22, 51

**03-1** 다음 보기 중 두 수가 서로소인 것을 모두 고르시오.

보기
ㄱ. 5, 11  ㄴ. 7, 14  ㄷ. 18, 33
ㄹ. 21, 29  ㅁ. 24, 54  ㅂ. 30, 65



**04** 세 수 $2^2 \times 7$, $2^2 \times 5 \times 7$, $2^3 \times 5 \times 7$의 최소공배수는?

① $2^2 \times 7$  ② $2^2 \times 5 \times 7$  ③ $2^2 \times 5 \times 7^2$
④ $2^3 \times 5 \times 7$  ⑤ $2^3 \times 5 \times 7^2$

**04-1** 세 수 24, 90, 180의 최소공배수는?

① $2 \times 3 \times 5$  ② $2^2 \times 3^2 \times 5$  ③ $2^3 \times 3 \times 5$
④ $2^3 \times 3^2 \times 5$  ⑤ $2^4 \times 3^3 \times 5^2$

### 유형 5 최소공배수의 성질

**05** 다음 중 두 수 $2^2 \times 5$, $2 \times 5^2$의 공배수가 <u>아닌</u> 것은?

① $2 \times 5$　　② $2^2 \times 5^2$　　③ $2^3 \times 5^2$

④ $2^2 \times 3^2 \times 5^2$　　⑤ $2^2 \times 5^3 \times 7$

**05-1** 다음 중 두 수 36, 54의 공배수가 <u>아닌</u> 것은?

① $2^2 \times 3^3$　　② $2^3 \times 3^2$　　③ $2^2 \times 3^4$

④ $2^2 \times 3^3 \times 5$　　⑤ $2^2 \times 3^4 \times 7$

### 유형 6 최대공약수 또는 최소공배수가 주어질 때, 밑과 지수 구하기

**06** 다음은 두 수 $2^a \times 3^2$, $2 \times 3^b \times 5$의 최대공약수가 $2 \times 3$이고 최소공배수가 $2^2 \times 3^2 \times 5$일 때, 자연수 $a$, $b$의 값을 구하는 과정이다. □ 안에 알맞은 수를 쓰시오.

$$
\begin{array}{l}
2^a \times 3^2 \\
2 \times 3^b \times 5 \\
\hline
(\text{최대공약수}) = 2 \times 3 \quad \rightarrow \quad b = \boxed{\phantom{0}} \\
(\text{최소공배수}) = 2^2 \times 3^2 \times 5 \quad \rightarrow \quad a = \boxed{\phantom{0}}
\end{array}
$$

**06-1** 두 수 $2^3 \times 3^2$, $2^a \times 3 \times 7$의 최대공약수는 $2^2 \times 3$이고 최소공배수는 $2^3 \times 3^b \times 7$일 때, 자연수 $a$, $b$에 대하여 $a+b$의 값을 구하시오.

### 유형 7 최대공약수와 최소공배수의 활용

① 두 분수 $\dfrac{1}{A}$, $\dfrac{1}{B}$ 중 어느 것에 곱하여도 자연수가 되는 자연수 → $A$, $B$의 공배수

② 두 분수 $\dfrac{A}{n}$, $\dfrac{B}{n}$가 모두 자연수가 되도록 하는 자연수 $n$의 값 → $A$, $B$의 공약수

**07** 두 분수 $\dfrac{1}{12}$, $\dfrac{1}{14}$의 어느 것에 곱하여도 그 결과가 자연수가 되게 하는 가장 작은 자연수를 구하시오.

**07-1** 두 분수 $\dfrac{24}{n}$, $\dfrac{78}{n}$이 모두 자연수가 되도록 하는 자연수 $n$의 값 중 가장 큰 수를 구하시오.

# 서술형 감잡기

**01** 504를 소인수분해 하면 $2^a \times 3^b \times 7^c$일 때, 자연수 $a$, $b$, $c$에 대하여 $a+b+c$의 값을 구하시오.

**①단계** 504를 소인수분해 하기　◀ 50 %

$504 = 2^\square \times 3^\square \times 7$

**②단계** $a$, $b$, $c$의 값 구하기　◀ 30 %

$a = \square$, $b = \square$, $c = 1$

**③단계** $a+b+c$의 값 구하기　◀ 20 %

$\therefore a+b+c = \square$

답 _______________

**01-1** 132를 소인수분해 하면 $2^a \times 3^b \times c$일 때, 자연수 $a$, $b$, $c$에 대하여 $abc$의 값을 구하시오.

답 _______________

**02** 48에 가능한 한 작은 자연수 $a$를 곱하여 어떤 자연수 $b$의 제곱이 되도록 할 때, $a$, $b$의 값을 구하시오.

**①단계** 48을 소인수분해 하기　◀ 30 %

$48 = 2^\square \times 3$

**②단계** $a$의 값 구하기　◀ 40 %

$2^4 \times 3 \times a = b^2$이 되려면 모든 소인수의 지수가 짝수가 되어야 하므로 가능한 한 작은 자연수 $a$의 값은

$a = \square$

**③단계** $b$의 값 구하기　◀ 30 %

$$48 \times a = 2^4 \times 3 \times 3$$
$$= (2^2 \times 3) \times (2^2 \times 3)$$
$$= (2^2 \times 3)^2 = 12^2$$

$\therefore b = \square$

답 _______________

**02-1** 90에 기능한 한 작은 자연수 $a$를 곱하여 어떤 자연수 $b$의 제곱이 되도록 할 때, $a$, $b$의 값을 구하시오.

답 _______________

# 단원 마무리하기

**01** 20 이하의 자연수 중 소수의 개수는?

① 5　　　　② 6　　　　③ 7
④ 8　　　　⑤ 9

**02** 오른쪽 표에서 약수가 2개인 자연수가 적혀 있는 칸을 모두 색칠하시오.

| 2 | 5 | 7 | 11 |
|---|---|---|----|
| 13 | 17 | 19 | 21 |
| 23 | 39 | 43 | 55 |

**03** 다음 중 옳은 것을 모두 고르면? (정답 2개)

① 소수 중 짝수는 2뿐이다.
② 1을 제외한 모든 홀수는 소수이다.
③ 약수가 3개인 자연수는 합성수이다.
④ 10 이하의 소수는 5개이다.
⑤ 자연수는 소수와 합성수로 이루어져 있다.

**04** 다음 중 옳은 것을 모두 고르면? (정답 2개)

① $2^3 = 6$
② $3 \times 3 \times 3 \times 3 = 4^3$
③ $\dfrac{1}{7} \times \dfrac{1}{7} \times \dfrac{1}{7} = \left(\dfrac{1}{7}\right)^3$
④ $2 \times 2 \times 3 \times 3 \times 3 = 2^2 + 3^3$
⑤ $5 \times 5 \times 11 \times 5 \times 11 = 5^3 \times 11^2$

**05** 다음 중 소인수분해를 바르게 한 것은?

① $27 = 3 \times 9$　　　　② $45 = 3 \times 5^2$
③ $80 = 2 \times 5 \times 8$　　　　④ $100 = 2^2 \times 5^2$
⑤ $450 = 2^2 \times 3^2 \times 5^2$

**06** 다음 중 소인수가 나머지 넷과 <u>다른</u> 하나는?

① 18　　　　② 48　　　　③ 96
④ 98　　　　⑤ 108

**서술형**

**07** $84 \times a = b^2$을 만족시키는 가장 작은 자연수 $a$, $b$에 대하여 $b - a$의 값을 구하시오.

**08** 아래 표를 이용하여 200의 약수를 구하려고 할 때, 다음 중 옳은 것은?

| $\times$ | (가) | 5 | $5^2$ |
|---|---|---|---|
| 1 | 1 | 5 | $5^2$ |
| 2 | 2 | $2 \times 5$ | (다) |
| $2^2$ | $2^2$ | $2^2 \times 5$ | $2^2 \times 5^2$ |
| (나) | | | |

① 200을 소인수분해 하면 $2^2 \times 5^2$이다.
② (가)에 알맞은 수는 $5^1$이다.
③ (나)에 알맞은 수는 $2^4$이다.
④ (다)에 알맞은 수는 50이다.
⑤ $2^2 \times 5^3$이 200의 약수임을 알 수 있다.

**09** 다음 중 $2^2 \times 3 \times 5$와 약수의 개수가 같은 것은?

① 12      ② 27      ③ 56
④ 72      ⑤ 110

**10** $49 \times a$의 약수의 개수가 6일 때, 다음 중 $a$의 값으로 알맞은 것을 모두 고르면? (정답 2개)

① 4      ② 5      ③ 7
④ 9      ⑤ 11

**11** 세 수 $2^2 \times 3 \times 7$, 180, $2^3 \times 3^2 \times 5$의 공약수가 <u>아닌</u> 것은?

① 1      ② 2      ③ $2^2$
④ $2 \times 3$      ⑤ $2^2 \times 3^2$

**12** 다음 중 두 수가 서로소인 것은?

① 6, 30      ② 12, 15      ③ 16, 48
④ 21, 49      ⑤ 36, 65

**13** 세 수 $2^5 \times 5$, $2^2 \times 3^2 \times 5^2$, $2^4 \times 3^3 \times 5 \times 7$의 최대공약수와 최소공배수를 차례대로 구하면?

① $2^2 \times 5$, $2^3 \times 3^2 \times 5$
② $2^2 \times 5$, $2^4 \times 3^3 \times 5 \times 7$
③ $2^2 \times 5$, $2^5 \times 3^3 \times 5^2 \times 7$
④ $2^2 \times 5 \times 7$, $2^5 \times 3^3 \times 5 \times 7$
⑤ $2^2 \times 3^2 \times 5 \times 7$, $2^5 \times 3^3 \times 5^2 \times 7$



정답과 해설 7쪽

**14** 다음 중 두 수 $2^2 \times 3$, $2 \times 3 \times 7$의 공배수인 것을 모두 고르면? (정답 2개)

① $2 \times 7$  ② $2^2 \times 3$  ③ $2^2 \times 3 \times 7$
④ $2^2 \times 7^2$  ⑤ $2^2 \times 3^2 \times 7$

**15** 두 수 $2^a \times 3^2$, $2^5 \times 3^b \times c$의 최대공약수가 $2^3 \times 3^2$이고 최소공배수가 $2^5 \times 3^4 \times 7$일 때, 자연수 $a$, $b$, $c$에 대하여 $a+b+c$의 값을 구하시오.

**16** 세 분수 $\dfrac{1}{4}$, $\dfrac{1}{12}$, $\dfrac{1}{16}$의 어느 것에 곱하여도 그 결과가 자연수가 되게 하는 가장 작은 자연수를 구하시오.

## Level Up

**17** $1 \times 2 \times 3 \times \cdots \times 10$을 소인수분해 하면 $2^a \times 3^b \times 5^c \times 7$일 때, 자연수 $a$, $b$, $c$에 대하여 $a-b+c$의 값은?

① 5  ② 6  ③ 7
④ 8  ⑤ 9

**18** 10보다 크고 20보다 작은 자연수 중에서 12와 서로소인 수는 모두 몇 개인지 구하시오.

**19** 두 자연수 $2 \times a$, $3 \times a$의 최소공배수가 60일 때, 이 두 자연수의 합을 구하시오.



정답과 해설 8쪽

# 2 정수와 유리수

# 01 정수와 유리수



**(1) 양의 부호와 음의 부호**

어떤 기준을 중심으로 서로 반대되는 성질을 갖는 수량을 한쪽에는 ＋, 다른 쪽에는 －를 붙여서 구별하여 나타낸다. → ＋ : 양의 부호,   － : 음의 부호

영상 5℃ → ＋5℃
영하 2℃ → －2℃

**(2) 양수와 음수**

① **양수**: 0이 아닌 수에 양의 부호 ＋를 붙인 수   예 $+1, +\dfrac{1}{2}, +0.7, \ldots$

② **음수**: 0이 아닌 수에 음의 부호 －를 붙인 수   예 $-3, -\dfrac{2}{5}, -1.4, \ldots$

주의 0은 양수도 아니고 음수도 아니다.

## 개념 Bridge

• 서로 반대되는 성질을 갖는 두 수량을 부호를 사용하여 나타내기

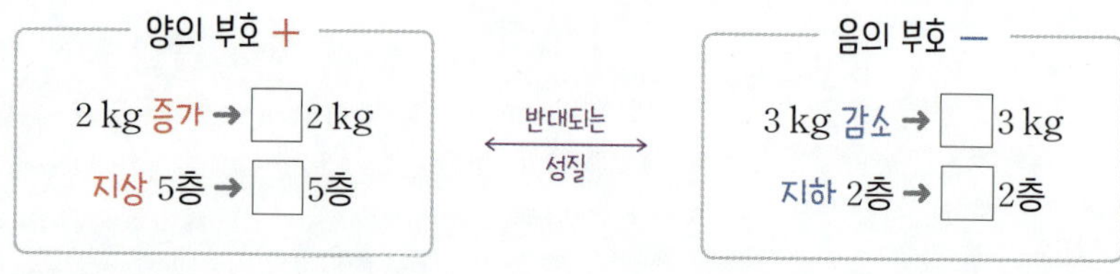


## 개념 check

✓ 양의 부호와 음의 부호 ......... **01** 다음을 양의 부호 ＋ 또는 음의 부호 －를 사용하여 나타내시오.

(1) 4시간 후를 ＋4로 나타낼 때, 1시간 전

(2) 2000원 출금을 －2000으로 나타낼 때, 5000원 입금

**01-1** 다음을 양의 부호 ＋ 또는 음의 부호 －를 사용하여 나타내시오.

(1) 지상 8층을 ＋8로 나타낼 때, 지하 3층

(2) 서쪽으로 15 m 떨어진 지점을 －15로 나타낼 때, 동쪽으로 7 m 떨어진 지점

✓ 양수와 음수 ......... **02** 다음 수를 양의 부호 ＋ 또는 음의 부호 －를 사용하여 나타내고, 양수와 음수로 구분하시오.

(1) 0보다 2만큼 큰 수                    (2) 0보다 3만큼 작은 수

**02-1** 다음 수를 양의 부호 ＋ 또는 음의 부호 －를 사용하여 나타내고, 양수와 음수로 구분하시오.

(1) 0보다 $\dfrac{1}{2}$만큼 큰 수                    (2) 0보다 2.4만큼 작은 수

## (1) 정수

① **양의 정수**: $+1$, $+2$, $+3$, ...과 같이 자연수에 양의 부호 $+$를 붙인 수

② **음의 정수**: $-1$, $-2$, $-3$, ...과 같이 자연수에 음의 부호 $-$를 붙인 수

→ 양의 정수, 0, 음의 정수를 통틀어 **정수**라 한다.

## (2) 유리수

① **양의 유리수**: 분모, 분자가 자연수인 분수에 양의 부호 $+$를 붙인 수

② **음의 유리수**: 분모, 분자가 자연수인 분수에 음의 부호 $-$를 붙인 수

→ 양의 유리수, 0, 음의 유리수를 통틀어 **유리수**라 한다.

**주의** 정수는 분수의 꼴로 나타낼 수 있으므로 정수는 모두 유리수이다.

→ $+2 = +\dfrac{2}{1}$, $0 = \dfrac{0}{1}$, $-3 = -\dfrac{3}{1}$, ...

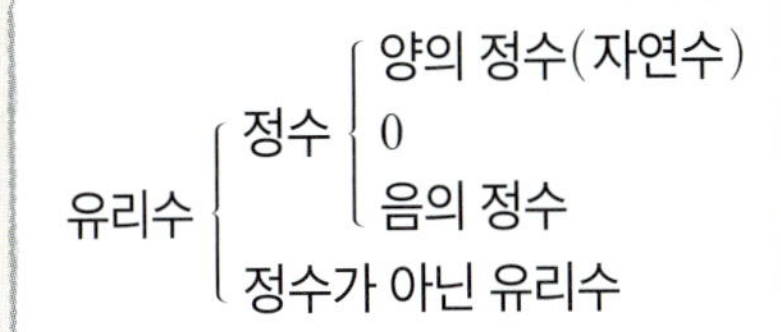


개념 **Bridge**

• 정수와 유리수

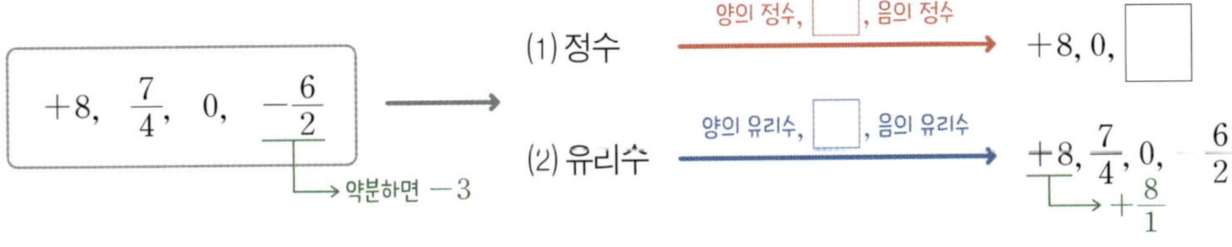

개념 **check**

☑ 유리수의 분류 ......... **01** 다음 표에서 주어진 수가 양수, 음수, 정수, 유리수에 각각 해당하면 ○표, 해당하지 않으면 ×표를 하시오.

| 수 | $-2$ | $+\dfrac{1}{3}$ | $-0.5$ | $+5$ | $+\dfrac{9}{3}$ | $0$ |
|---|---|---|---|---|---|---|
| 양수 | | | | | | |
| 음수 | | | | | | |
| 정수 | | | | | | |
| 유리수 | | | | | | |

**01-1** 다음 수를 보기에서 모두 고르시오.

┌ 보기 ┐
$$-6.5, \quad 7, \quad 0, \quad -\dfrac{3}{4}, \quad -8, \quad +\dfrac{21}{7}$$

(1) 정수

(2) 양의 유리수

(3) 음의 유리수

(4) 정수가 아닌 유리수

**(1) 수를 수직선 위에 나타내기**

❶ 직선 위에 0을 나타내는 점을 정한 후, 이를 원점이라 한다.

❷ 원점을 기준으로 좌우에 일정한 간격으로 점을 찍는다.

❸ 원점의 오른쪽 점에 양의 정수, 왼쪽 점에 음의 정수를 차례대로 대응시켜 나타낸다.

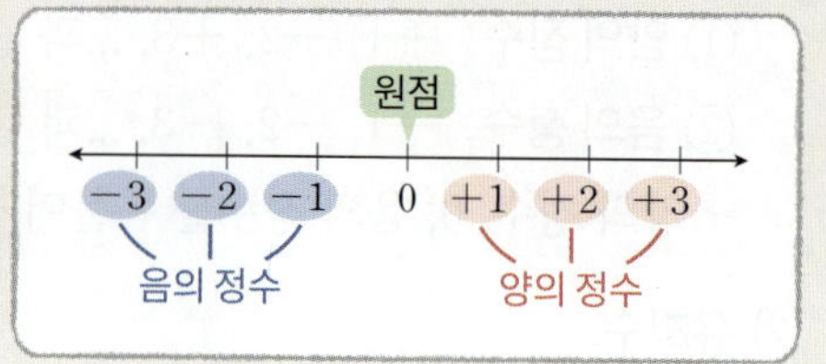


**(2) 수직선**

직선 위에 원점을 정한 후 원점의 오른쪽에 양수, 왼쪽에 음수를 나타낸 것을 수직선이라 한다.

→ 정수와 마찬가지로 유리수도 모두 수직선 위에 나타낼 수 있다.

개념 **Bridge**

· 수를 수직선 위에 나타내기

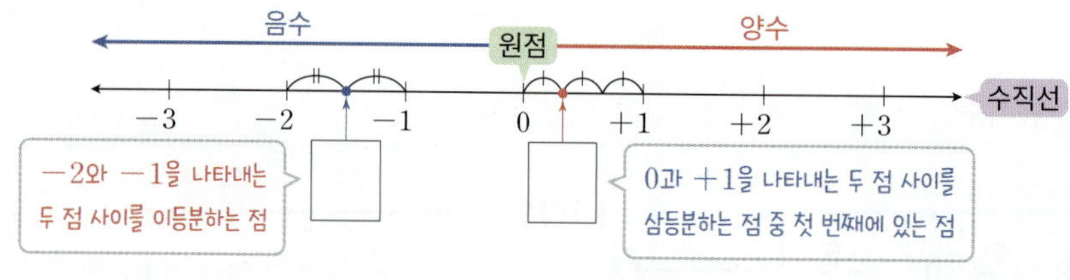


개념 **check**

수를 수직선 위에 나타내기  ......... **01** 다음 수를 수직선 위에 나타내시오.

(1) $-4$      (2) $+2$      (3) $-\dfrac{1}{2}$      (4) $3.5$

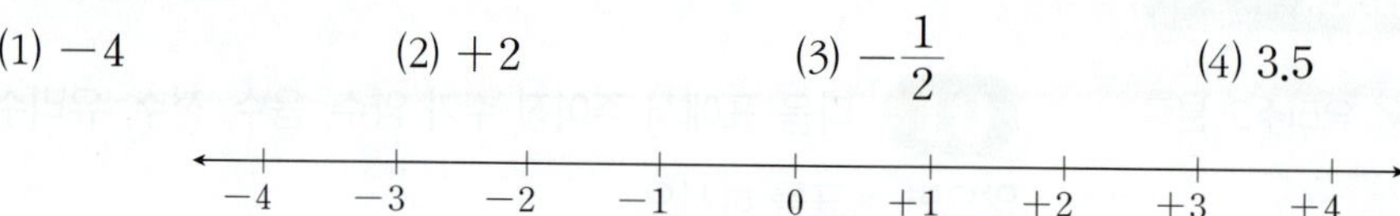

**01-1** 다음 수를 수직선 위에 나타내시오.

(1) $-3$      (2) $-\dfrac{5}{2}$      (3) $\dfrac{3}{4}$      (4) $\dfrac{10}{3}$

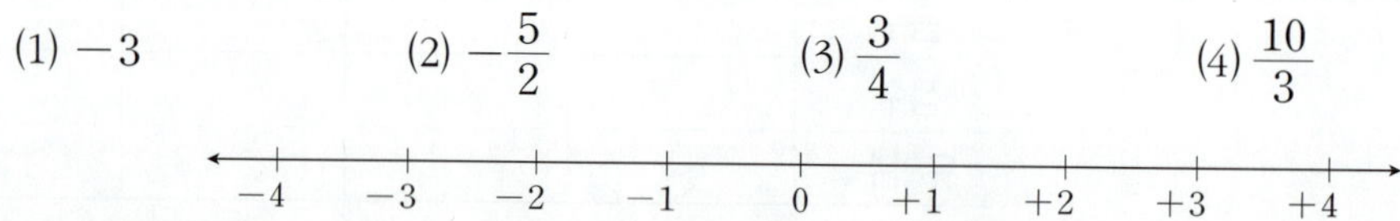

수직선 위에서 점이  ......... **02** 다음 수직선에서 네 점 A, B, C, D가 나타내는 수를 각각 말하시오.
나타내는 수

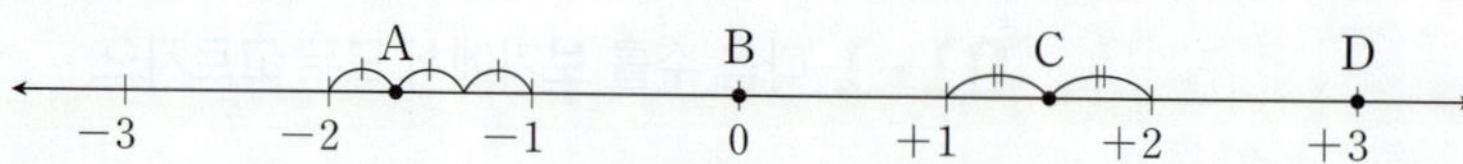

**02-1** 다음 수직선에서 네 점 A, B, C, D가 나타내는 수를 각각 말하시오.

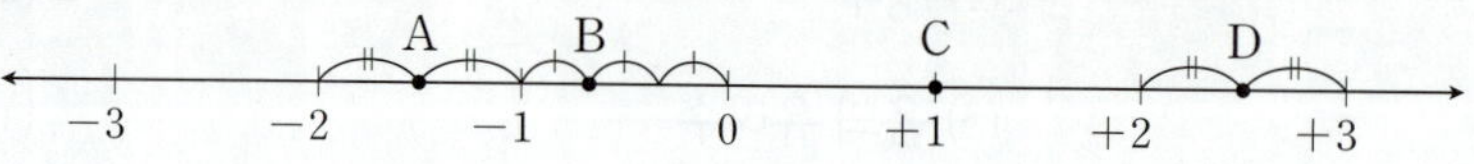

# 필수 유형 익히기



**01** 다음 중 양의 부호 + 또는 음의 부호 −를 사용하여 나타낸 것으로 옳은 것은?

① 2점 득점: −2점
② 5 kg 감소: +5 kg
③ 10 % 인상: −10 %
④ 영하 8 ℃: +8 ℃
⑤ 해발 1500 m: +1500 m

**01-1** 다음 보기 중 양의 부호 + 또는 음의 부호 −를 사용하여 나타낸 것으로 옳은 것을 모두 고르시오.

보기
ㄱ. 3일 전: +3일
ㄴ. 6 cm 감소: −6 cm
ㄷ. 150명 증가: +150명
ㄹ. 800원 이익: −800원



**02** 다음 수에 대한 설명으로 옳은 것은?

$$-\frac{1}{5}, \quad +4, \quad -2.5, \quad 0, \quad \frac{8}{4}, \quad -\frac{3}{7}$$

① 양수는 3개이다.
② 자연수는 1개이다.
③ 정수는 3개이다.
④ 유리수는 4개이다.
⑤ 정수가 아닌 유리수는 4개이다.

**02-1** 다음 수 중 유리수의 개수를 $a$, 정수가 아닌 유리수의 개수를 $b$라 할 때, $a+b$의 값을 구하시오.

$$3, \quad +\frac{4}{2}, \quad -\frac{1}{3}, \quad -0.3, \quad 0, \quad -\frac{7}{2}$$



**03** 다음 중 옳지 <u>않은</u> 것은?

① 0은 양수도 아니고 음수도 아니다.
② 모든 정수는 유리수이다.
③ 0과 1 사이에는 무수히 많은 정수가 있다.
④ 정수는 음의 정수, 0, 양의 정수로 이루어져 있다.
⑤ $-\frac{1}{2}$은 정수가 아닌 유리수이다.

**03-1** 다음 보기 중 옳은 것을 모두 고르시오.

보기
ㄱ. 음의 정수는 무수히 많다.
ㄴ. 양의 정수가 아닌 정수는 음의 정수이다.
ㄷ. 0은 정수가 아닌 유리수이다.
ㄹ. 모든 자연수는 유리수이다.

---

**유형 4** 수직선 위에서 점이 나타내는 수

**04** 다음 중 수직선 위의 다섯 개의 점 A, B, C, D, E 가 나타내는 수로 옳지 **않은** 것은?

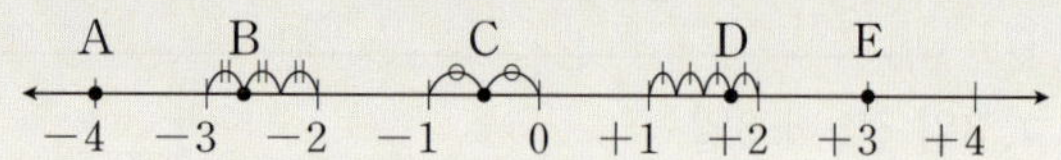

① A: $-4$    ② B: $-\dfrac{8}{3}$    ③ C: $-\dfrac{1}{2}$

④ D: $+\dfrac{5}{4}$    ⑤ E: $+3$

**04-1** 다음 중 수직선 위의 다섯 개의 점 A, B, C, D, E 가 나타내는 수로 옳은 것은?

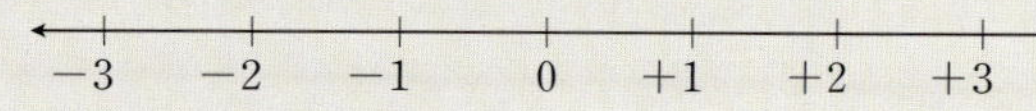

① A: $-4$    ② B: $-\dfrac{5}{3}$    ③ C: $-\dfrac{2}{3}$

④ D: $+\dfrac{1}{2}$    ⑤ E: $+3$

---

**유형 5** 수직선 위에서 가장 가까운 정수 찾기

**05** 수직선 위에서 $-\dfrac{9}{4}$에 가장 가까운 정수를 $a$, $\dfrac{7}{3}$에 가장 가까운 정수를 $b$라 할 때, 다음 물음에 답하시오.

(1) 두 수 $-\dfrac{9}{4}$와 $\dfrac{7}{3}$을 다음 수직선 위에 나타내시오.

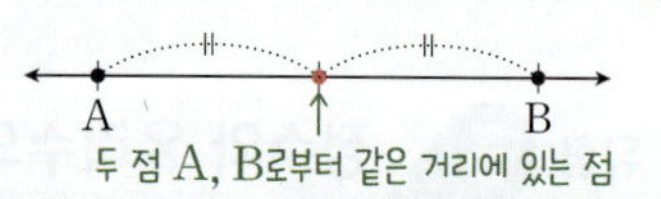

(2) $a$, $b$의 값을 각각 구하시오.

**05-1** 수직선 위에서 $-\dfrac{12}{5}$에 가장 가까운 정수를 $a$, $\dfrac{2}{3}$에 가장 가까운 정수를 $b$라 할 때, $a$, $b$의 값을 각각 구하시오.

---



**유형 6** 수직선 위에서 같은 거리에 있는 점

수직선 위에서 두 수를 나타내는 두 점으로부터 같은 거리에 있는 점이 나타내는 수
→ 두 점의 한가운데에 있는 점이 나타내는 수

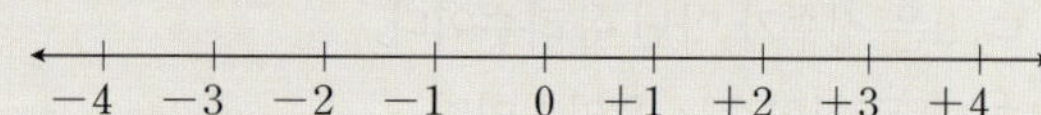


**06** 수직선 위에서 $-4$를 나타내는 점 A와 2를 나타내는 점 B로부터 같은 거리에 있는 점을 C라 할 때, 다음 물음에 답하시오.

(1) 두 점 A, B를 다음 수직선 위에 나타내시오.

(2) 점 C가 나타내는 수를 구하시오.

**06-1** 수직선 위에서 $-3$과 5를 나타내는 두 점으로부터 같은 거리에 있는 점이 나타내는 수를 구하시오.

---

# 02 수의 대소 관계



---

(1) **절댓값**: 수직선 위에서 원점으로부터 어떤 수를 나타내는 점까지의 거리

→ 기호 | |를 사용하여 나타낸다.

> 참고 절댓값이 $a(a>0)$인 수는 $+a$, $-a$의 2개이다.

$$(+3의\ 절댓값)=|+3|=3$$
$$(-3의\ 절댓값)=|-3|=3$$

(2) **절댓값의 성질**

① 양수, 음수의 절댓값은 그 수에서 부호 $+$, $-$를 떼어 낸 수와 같다.

② 0의 절댓값은 0이다. 즉, $|0|=0$이다. ← 절댓값이 가장 작은 수는 0이다.

③ 절댓값은 거리를 나타내므로 항상 0 또는 양수이다.

④ 수를 수직선 위에 나타낼 때, 원점에서 멀리 떨어질수록 절댓값이 커진다.

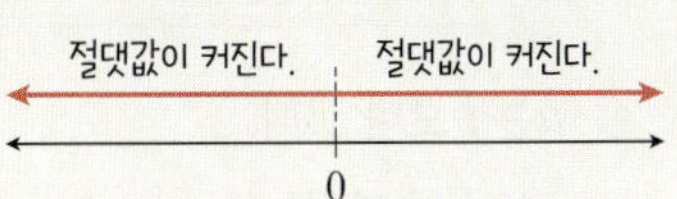

## 개념 Bridge

· 절댓값

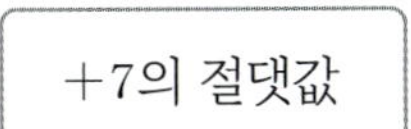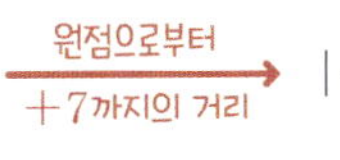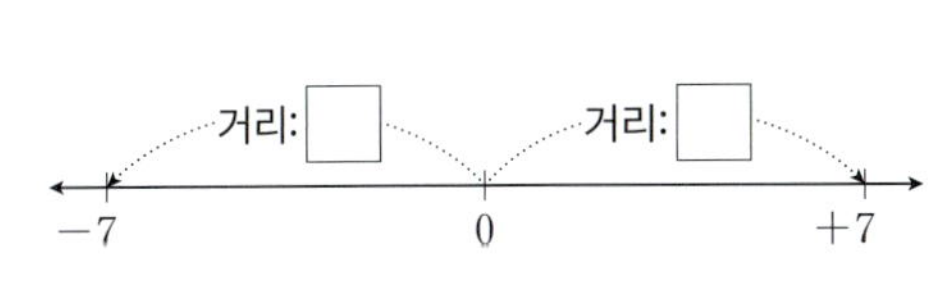

---

## 개념 check

✓ 절댓값 ········ **01** 다음 수의 절댓값을 기호를 사용하여 나타내고, 그 값을 구하시오.

(1) $+2$

(2) $-5$

(3) $-1.4$

(4) $+\dfrac{3}{8}$

**01-1** 다음을 구하시오.

(1) $+13$의 절댓값

(2) $-8$의 절댓값

(3) $|+2.9|$

(4) $\left|-\dfrac{2}{7}\right|$

**01-2** 다음을 구하시오.

(1) 절댓값이 6인 수

(2) 절댓값이 1.2인 수

(3) 절댓값이 $\dfrac{3}{2}$인 양수

(4) 절댓값이 $\dfrac{9}{5}$인 음수

### (1) 수의 대소 관계

유리수를 수직선 위에 나타내면 오른쪽에 있는 수가 왼쪽에 있는 수보다 크다.

① 양수는 0보다 크고, 음수는 0보다 작다.

② 양수끼리는 절댓값이 큰 수가 더 크다.　예　$+2 < +3$

③ 음수끼리는 절댓값이 큰 수가 더 작다.　예　$-2 > -3$

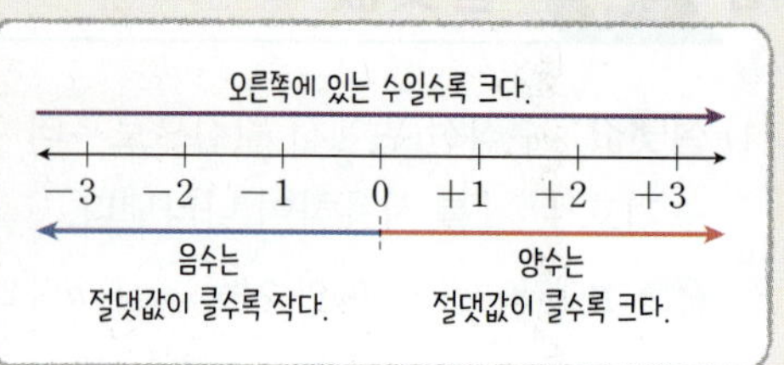


### (2) 부등호의 사용

| $a>b$ | $a<b$ | $a \geq b$ | $a \leq b$ |
|---|---|---|---|
| $a$는 $b$보다 크다.<br>$a$는 $b$ 초과이다. | $a$는 $b$보다 작다.<br>$a$는 $b$ 미만이다. | $a$는 $b$보다 크거나 같다.<br>$a$는 $b$보다 작지 않다.<br>$a$는 $b$ 이상이다. | $a$는 $b$보다 작거나 같다.<br>$a$는 $b$보다 크지 않다.<br>$a$는 $b$ 이하이다. |

참고　부등호 기호 $\geq$는 $>$ 또는 $=$임을 나타내고, $\leq$는 $<$ 또는 $=$임을 나타낸다.

---

**개념 Bridge**

• 두 수의 대소 관계

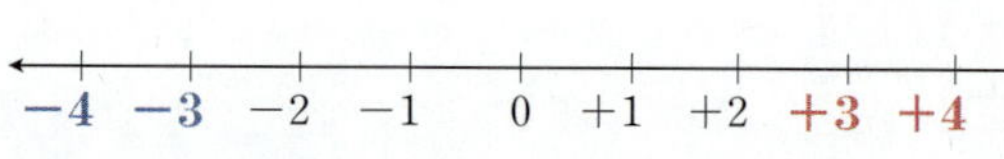

$$-4 \quad -3 \quad -2 \quad -1 \quad 0 \quad +1 \quad +2 \quad +3 \quad +4$$

(1) $-3, +4$ 　$\xrightarrow{-3<0<+4}$　 $-3 \boxed{\phantom{<}} +4$

(2) $+3, +4$ 　$\xrightarrow{|+3|<|+4|}$　 $+3 \boxed{\phantom{<}} +4$

(3) $-3, -4$ 　$\xrightarrow{|-3|<|-4|}$　 $-3 \boxed{\phantom{<}} -4$

---

**개념 check**

✓ 수의 대소 관계 ┄┄┄ **01** 다음 $\boxed{\phantom{<}}$ 안에 부등호 $>$와 $<$ 중 알맞은 것을 써넣으시오.

(1) $+3 \boxed{\phantom{<}} -1$ 
(2) $\dfrac{2}{3} \boxed{\phantom{<}} \dfrac{3}{4}$

**01-1** 다음 두 수의 대소 관계를 부등호 $>$ 또는 $<$를 사용하여 나타내시오.

(1) $0, \ -\dfrac{8}{3}$ 
(2) $-1.5, \ -\dfrac{4}{3}$

✓ 부등호를 사용하여 ┄┄┄ **02** 다음 $\boxed{\phantom{<}}$ 안에 알맞은 부등호를 쓰시오.
　　나타내기

(1) $x$는 5보다 크거나 같다. ➡ $x \boxed{\phantom{<}} 5$

(2) $x$는 $-2$보다 크고 4보다 작거나 같다. ➡ $-2 \boxed{\phantom{<}} x \boxed{\phantom{<}} 4$

**02-1** 다음을 부등호를 사용하여 나타내시오.

(1) $x$는 $-1$ 초과이고 3 이하이다.

(2) $x$는 $-4$보다 작지 않고 5보다 크지 않다.

# 필수 유형 익히기


## 절댓값

**01** $-4$의 절댓값을 $a$, 절댓값이 $\dfrac{3}{4}$인 음수를 $b$라 할 때, $a$, $b$의 값을 각각 구하면?

① $a=-4,\ b=-\dfrac{3}{4}$　　② $a=-4,\ b=\dfrac{3}{4}$

③ $a=\dfrac{1}{4},\ b=\dfrac{3}{4}$　　④ $a=4,\ b=-\dfrac{3}{4}$

⑤ $a=4,\ b=\dfrac{3}{4}$

**01-1** $-\dfrac{5}{6}$의 절댓값을 $a$, 절댓값이 12인 양수를 $b$라 할 때, $a$, $b$의 값을 각각 구하면?

① $a=-\dfrac{5}{6},\ b=-12$　　② $a=-\dfrac{5}{6},\ b=12$

③ $a=\dfrac{6}{5},\ b=-\dfrac{1}{12}$　　④ $a=\dfrac{5}{6},\ b=-12$

⑤ $a=\dfrac{5}{6},\ b=12$


## 절댓값의 대소 관계

**02** 다음 수를 절댓값이 큰 수부터 차례로 나열할 때, 네 번째에 오는 수를 구하시오.

$$-2.5,\quad 0,\quad +3,\quad -\dfrac{5}{4},\quad \dfrac{9}{2}$$

**02-1** 다음 수를 수직선 위에 나타내었을 때, 원점에서 가장 멀리 떨어져 있는 수는?

① $-3.2$　　② $2$　　③ $-1$

④ $\dfrac{14}{5}$　　⑤ $-\dfrac{5}{2}$

### 한 걸음 더

## 절댓값이 같고 부호가 반대인 두 수

절댓값이 같고 부호가 반대인 두 수를 나타내는 두 점 사이의 거리가 $k$이다.

→ 두 점은 원점으로부터 서로 반대 방향으로 각각 $\dfrac{k}{2}$만큼 떨어져 있다.

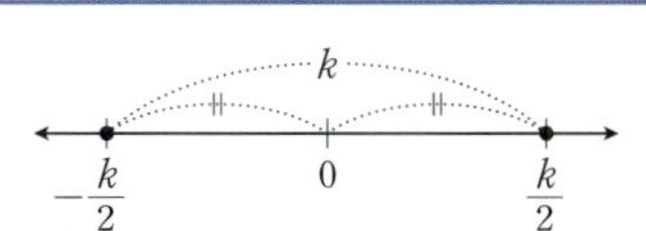


**03** 절댓값이 같고 부호가 반대인 두 수를 수직선 위에 나타내었더니 두 수를 나타내는 두 점 사이의 거리가 10이었다. 이때 두 수 중에서 작은 수를 구하시오.

**03-1** 절댓값이 같고 부호가 반대인 두 수를 수직선 위에 나타내었더니 두 수를 나타내는 두 점 사이의 거리가 14이었다. 이때 두 수 중에서 큰 수를 구하시오.

### 유형 4  수의 대소 관계

**04** 다음 중 두 수의 대소 관계가 옳은 것은?

① $-\dfrac{4}{5} > \dfrac{3}{4}$  ② $-7 > -5$

③ $-\dfrac{1}{2} < -0.8$  ④ $\left|-\dfrac{1}{3}\right| > 0$

⑤ $|+2| > |-6|$

**04-1** 다음 중 두 수의 대소 관계가 옳지 <u>않은</u> 것은?

① $-1.5 < 1$  ② $\dfrac{7}{2} < |-3.6|$

③ $-3 < -\dfrac{10}{3}$  ④ $|-4| > \left|-\dfrac{11}{5}\right|$

⑤ $\dfrac{1}{5} > \dfrac{1}{6}$

### 유형 5  부등호를 사용하여 나타내기

**05** 다음 중 '$x$는 $-3$보다 작지 않고 $\dfrac{4}{5}$ 이하이다.'를 부등호를 사용하여 나타낸 것은?

① $-3 < x < \dfrac{4}{5}$  ② $-3 \leq x < \dfrac{4}{5}$

③ $-3 < x \leq \dfrac{4}{5}$  ④ $-3 \leq x \leq \dfrac{4}{5}$

⑤ $x \leq \dfrac{4}{5}$

**05-1** 다음 중 부등호를 사용하여 나타낸 것으로 옳은 것은?

① $x$는 5보다 작거나 같다. ➡ $x \geq 5$

② $x$는 $-2$보다 크고 4 이하이다. ➡ $-2 < x < 4$

③ $x$는 $\dfrac{3}{5}$ 보다 크지 않다. ➡ $x < \dfrac{3}{5}$

④ $x$는 7.1 미만이다. ➡ $x \leq 7.1$

⑤ $x$는 $-2$보다 작지 않고 $\dfrac{1}{6}$ 보다 작다. ➡ $-2 \leq x < \dfrac{1}{6}$

한 걸음 더
### 유형 6  두 수 사이에 있는 정수 찾기

주어진 두 유리수 사이에 있는 정수를 찾을 때, 주어진 유리수가 가분수인 경우 대분수 또는 소수로 고친 후, 두 유리수 사이에 있는 정수를 찾는다.

**06** $-4 \leq x < \dfrac{7}{3}$ 을 만족시키는 정수 $x$의 개수를 구하시오.

**06-1** 다음 중 $-\dfrac{7}{2} < x \leq 1$을 만족시키는 정수 $x$가 될 수 <u>없는</u> 것은?

① $-4$  ② $-3$  ③ $-2$

④ $-1$  ⑤ $0$

# 서술형 감잡기

## 01

수직선 위에서 $-\dfrac{11}{4}$에 가장 가까운 정수를 $a$, $\dfrac{10}{3}$에 가장 가까운 정수를 $b$라 할 때, $a$, $b$의 값을 각각 구하시오.

**1 단계** 수직선 위에 두 수를 나타내기　◀ 40 %

$-\dfrac{11}{4}\left(=-2\dfrac{3}{4}\right)$과 $\dfrac{10}{3}\left(=3\dfrac{1}{3}\right)$을 수직선 위에 나타내면 다음 그림과 같다.

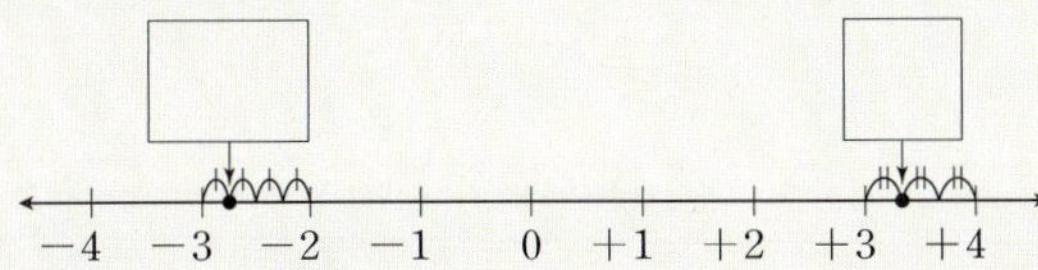

**2 단계** $a$의 값 구하기　◀ 30 %

$-\dfrac{11}{4}$에 가장 가까운 정수는 $\boxed{\phantom{00}}$이므로 $a=\boxed{\phantom{00}}$

**3 단계** $b$의 값 구하기　◀ 30 %

$\dfrac{10}{3}$에 가장 가까운 정수는 $\boxed{\phantom{00}}$이므로 $b=\boxed{\phantom{00}}$

답 _______________

## 01-1

수직선 위에서 $-\dfrac{4}{3}$에 가장 가까운 정수를 $a$, $\dfrac{11}{5}$에 가장 가까운 정수를 $b$라 할 때, $a$, $b$의 값을 각각 구하시오.

답 _______________

## 02

'$x$는 $-2$보다 작지 않고 $\dfrac{7}{4}$ 이하이다.'를 부등호를 사용하여 나타내고, 이를 만족시키는 정수 $x$를 모두 구하시오.

**1 단계** 주어진 문장을 부등호를 사용하여 나타내기　◀ 40 %

$x$는 $-2$보다 작지 않고 → $x\,\boxed{\phantom{0}}\,-2$

$x$는 $\dfrac{7}{4}$ 이하이다. → $x\,\boxed{\phantom{0}}\,\dfrac{7}{4}$

$\therefore \boxed{\phantom{00}} \le x \le \boxed{\phantom{00}}$　……　㉠

**2 단계** $\dfrac{7}{4}$을 대분수로 고쳐 ㉠을 나타내기　◀ 30 %

$\dfrac{7}{4}=\boxed{\phantom{00}}$이므로 ㉠에서 $\boxed{\phantom{00}} \le x \le \boxed{\phantom{00}}$

**3 단계** 정수 $x$ 구하기　◀ 30 %

정수 $x$는 $\boxed{\phantom{0}}$, $\boxed{\phantom{0}}$, $\boxed{\phantom{0}}$, $\boxed{\phantom{0}}$이다.

답 _______________

## 02-1

'$x$는 $-\dfrac{9}{2}$ 이상이고 2보다 크지 않다.'를 부등호를 사용하여 나타내고, 이를 만족시키는 정수 $x$를 모두 구하시오.

답 _______________

# 

중요

**01** 다음 중 밑줄 친 부분을 양의 부호 + 또는 음의 부호 −를 사용하여 나타낸 것으로 옳지 <u>않은</u> 것은?

① 몸무게가 6 kg 늘었다. → +6 kg

② 1학년 1반은 지상 2층에 있다. → +2층

③ 약속 시간 30분 전이다. → +30분

④ 책을 사는 데 8000원을 지출하였다. → −8000원

⑤ 산의 높이가 해발 700 m이다. → +700 m

**02** 다음 수에 대한 설명으로 옳지 <u>않은</u> 것은?

$$3, \quad -2.5, \quad -\frac{4}{2}, \quad +\frac{1}{2}, \quad 0, \quad -7$$

① 자연수는 1개이다.

② 양수는 2개이다.

③ 정수는 4개이다.

④ 유리수는 6개이다.

⑤ 정수가 아닌 유리수는 3개이다.

**03** 다음 보기 중 옳은 것을 모두 고르시오.

보기
ㄱ. 양수는 모두 자연수이다.
ㄴ. 0은 정수가 아닌 유리수이다.
ㄷ. 양수는 양의 부호를 생략하여 나타낼 수 있다.
ㄹ. 유리수는 양의 유리수, 0, 음의 유리수로 이루어져 있다.

**04** 다음 수를 수직선 위에 나타내었을 때, 가장 오른쪽에 있는 수는?

① $\dfrac{4}{3}$  　② $2.5$  　③ $-1$

④ $-\dfrac{1}{2}$  　⑤ $-3$

**05** 다음 보기 중 수직선 위의 다섯 개의 점 A, B, C, D, E에 대한 설명으로 옳은 것을 모두 고르시오.

보기
ㄱ. 정수를 나타내는 점은 3개이다.
ㄴ. 음의 유리수를 나타내는 점은 1개이다.
ㄷ. 점 E가 나타내는 수는 $\dfrac{7}{2}$이다.

**06** 수직선 위에서 두 수 $a$, $b$를 나타내는 두 점 사이의 거리가 12이고 이 두 점의 한가운데에 있는 점을 나타내는 수가 −3일 때, $a$, $b$의 값을 각각 구하면? (단, $a<0$)

① $a=-12, b=0$  　② $a=-12, b=+3$

③ $a=-9, b=0$  　④ $a=-9, b=+3$

⑤ $a=-3, b=+9$

**서술형**

**07** $-\dfrac{1}{3}$의 절댓값을 $a$, 절댓값이 $\dfrac{2}{9}$인 양수를 $b$라 할 때, $a$, $b$의 값을 각각 구하시오.

**08** 다음 중 수직선 위에서 절댓값이 4인 서로 다른 두 수가 나타내는 두 점 사이의 거리는?

① 4      ② 6      ③ 8
④ 10      ⑤ 12

**09** 다음 중 옳은 것은?

① 모든 수의 절댓값은 2개이다.
② 음수는 절댓값이 클수록 크다.
③ 절댓값이 가장 작은 수는 $-1$과 1이다.
④ 절댓값은 항상 0보다 크다.
⑤ 절댓값이 같고 부호가 다른 두 수의 합은 항상 0이다.

**10** 다음 수를 수직선 위에 나타내었을 때, 원점에서 가장 멀리 떨어져 있는 수는?

① $-3.5$      ② $-2$      ③ 1
④ $\dfrac{16}{5}$      ⑤ $-\dfrac{9}{2}$

**11** 두 정수 $a$와 $b$의 절댓값은 같고 $a$가 $b$보다 6만큼 크다고 할 때, $a$, $b$의 값을 각각 구하시오.

**12** $|x| \leq 3$을 만족시키는 정수 $x$는 모두 몇 개인가?

① 6개      ② 7개      ③ 8개
④ 9개      ⑤ 10개

**13** 다음 중 □ 안에 알맞은 부등호가 나머지 넷과 <u>다른</u> 하나는?

① $0.3 \;\square\; \dfrac{1}{2}$  ② $-1 \;\square\; -\dfrac{3}{4}$

③ $\dfrac{3}{4} \;\square\; \left|-\dfrac{7}{5}\right|$  ④ $\left|-\dfrac{1}{2}\right| \;\square\; \left|-\dfrac{2}{3}\right|$

⑤ $\left|-0.6\right| \;\square\; \dfrac{2}{7}$

**14** 다음 수를 크기가 작은 수부터 차례로 나열할 때, 두 번째에 오는 수를 구하시오.

$$-\dfrac{11}{2}, \quad 1.75, \quad -0.3, \quad \left|-\dfrac{3}{4}\right|, \quad -4$$

**15** 다음 중 부등호를 사용하여 나타낸 것으로 옳지 <u>않은</u> 것은?

① $x$는 $-2$보다 작거나 같다. ➡ $x \le -2$

② $x$는 $1.2$보다 크다. ➡ $x > 1.2$

③ $x$는 $-3$ 초과이고 $5$ 이하이다. ➡ $-3 < x \le 5$

④ $x$는 $-4$보다 크고 $\dfrac{7}{2}$보다 크지 않다. ➡ $-4 < x < \dfrac{7}{2}$

⑤ $x$는 $-\dfrac{1}{3}$보다 크거나 같고 $2$ 미만이다. ➡ $-\dfrac{1}{3} \le x < 2$

**16** 두 수 $-2$와 $\dfrac{11}{7}$ 사이에 있는 정수는 모두 몇 개인가?

① 1개  ② 2개  ③ 3개

④ 4개  ⑤ 5개

## Level Up

**17** 다음 조건을 모두 만족시키는 정수 $a$의 값을 구하시오.

> (개) $a$는 $-4$보다 크거나 같고 $\dfrac{7}{3}$ 미만이다.
>
> (내) $|a| > 3$

**18** 다음 조건을 모두 만족시키는 서로 다른 세 정수 $a$, $b$, $c$의 대소 관계를 바르게 나타내시오.

> (개) $b$와 $c$는 $-3$보다 크다.
>
> (내) $c$의 절댓값은 $-3$의 절댓값과 같다.
>
> (대) $a$는 $3$보다 크다.
>
> (래) $b$는 $c$보다 $-3$에 가깝다.

# 정수와 유리수의 계산

# 01 정수와 유리수의 덧셈과 뺄셈

 **정수와 유리수의 덧셈**

(1) **부호가 같은 두 수의 덧셈**: 두 수의 절댓값의 합에 공통인 부호를 붙인다.

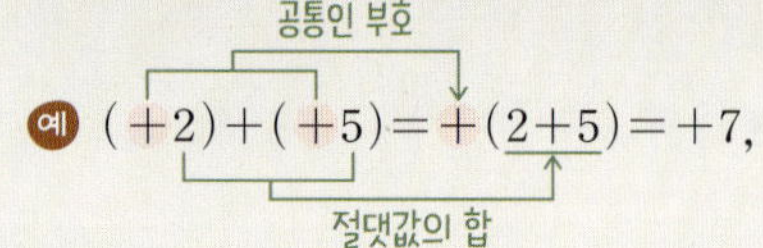

예 $(+2)+(+5)=+(2+5)=+7$,    $(-2)+(-5)=-(2+5)=-7$

$(+)+(+) \rightarrow +$ (절댓값의 합)
$(-)+(-) \rightarrow -$ (절댓값의 합)

(2) **부호가 다른 두 수의 덧셈**: 두 수의 절댓값의 차에 절댓값이 큰 수의 부호를 붙인다.

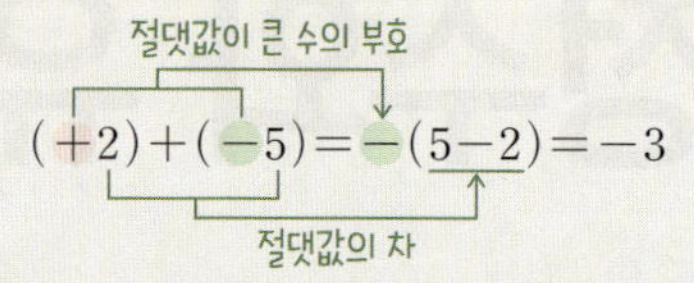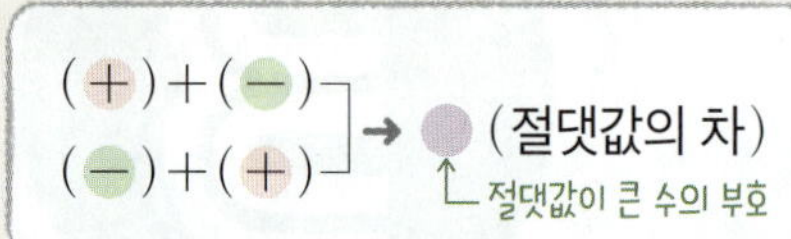

예 $(-2)+(+5)=+(5-2)=+3$,    $(+2)+(-5)=-(5-2)=-3$

$(+)+(-)$
$(-)+(+)$ $\rightarrow$ (절댓값의 차)
↳ 절댓값이 큰 수의 부호

(3) 절댓값은 같으나 부호가 다른 두 수의 합은 0이다.    예 $(+3)+(-3)=0$

(4) 어떤 수와 0의 합은 그 수 자신이다.    예 $(-2)+0=-2$



• 두 수의 덧셈

부호는?    수는?

(1) $(+4)+(+6)=\bigcirc(4\bigcirc6)=\bigcirc\square$      (2) $(-4)+(-6)=\bigcirc(4\bigcirc6)=\bigcirc\square$

(3) $(-4)+(+6)=\bigcirc(6\bigcirc4)=\bigcirc\square$      (4) $(+4)+(-6)=\bigcirc(6\bigcirc4)=\bigcirc\square$



✓ 두 수의 덧셈 ……… **01** 다음을 계산하시오.

(1) $(+10)+(+3)$        (2) $(-9)+(-7)$

(3) $(+7)+(-5)$        (4) $(-10)+(+6)$

(5) $\left(+\dfrac{7}{4}\right)+\left(+\dfrac{5}{4}\right)$        (6) $(+5.4)+(-1.6)$

**01-1** 다음을 계산하시오.

(1) $(+8)+(+9)$        (2) $(-7)+(-12)$

(3) $\left(-\dfrac{1}{2}\right)+\left(-\dfrac{3}{4}\right)$        (4) $\left(+\dfrac{4}{5}\right)+\left(-\dfrac{11}{10}\right)$

(5) $(+1.1)+(+0.5)$        (6) $(-0.6)+(+3.2)$

세 수 $a$, $b$, $c$에 대하여 다음이 성립한다.

(1) **덧셈의 교환법칙**: $a+b=b+a$
　　　└▸ 두 수의 순서를 바꾸어 더해도 그 결과는 같다.

$$(-3)+(+4)=(+4)+(-3)$$

(2) **덧셈의 결합법칙**: $(a+b)+c=a+(b+c)$
　　　└▸ 어느 두 수를 먼저 더해도 그 결과는 같다.

$$\{(+5)+(-3)\}+(+4)$$
$$=(+5)+\{(-3)+(+4)\}$$

참고　세 수의 덧셈에서 $(a+b)+c$와 $a+(b+c)$의 결과가 같으므로 이를 보통 괄호 없이 $a+b+c$로 나타낸다.

**개념 Bridge**

- 덧셈의 계산 법칙

$$(-1)+(+6)+(-9)$$
$$=(+6)+(-1)+(-9)$$
$$=(+6)+\{(-1)+(-9)\}$$
$$=(+6)+(-10)=-4$$

덧셈의 $\square$ 법칙
덧셈의 $\square$ 법칙

**개념 check**

☑ 덧셈의 계산 법칙 ······· **01** 오른쪽 계산 과정에서 $\square$ 안에 알맞은 수를 써넣고, (가), (나)에 이용된 덧셈의 계산 법칙을 말하시오.

$$\left(-\frac{3}{2}\right)+\left(+\frac{5}{3}\right)+\left(-\frac{1}{2}\right)$$
$$=\left(-\frac{3}{2}\right)+\left(\square\right)+\left(+\frac{5}{3}\right) \quad \text{(가)}$$
$$=\left\{\left(-\frac{3}{2}\right)+\left(\square\right)\right\}+\left(+\frac{5}{3}\right) \quad \text{(나)}$$
$$=\left(\square\right)+\left(+\frac{5}{3}\right)=\square$$

☑ 덧셈의 계산 법칙을 이용한 ······· **02** 다음을 계산하시오.
　　세 수 이상의 덧셈

(1) $(+3)+(-7)+(+6)$

(2) $(-8)+(+12)+(-3)$

(3) $\left(-\dfrac{10}{7}\right)+\left(+\dfrac{3}{4}\right)+\left(+\dfrac{3}{7}\right)$

(4) $(+4.5)+(-7)+(+1.5)$

**02-1** 다음을 계산하시오.

(1) $(-11)+(+6)+(+11)$

(2) $\left(-\dfrac{3}{4}\right)+\left(+\dfrac{1}{8}\right)+\left(-\dfrac{5}{4}\right)$

(3) $(+12.7)+(-5)+(-1.7)$

(4) $(+3)+\left(-\dfrac{2}{9}\right)+(-4)+\left(-\dfrac{7}{9}\right)$

두 수의 뺄셈은 빼는 수의 부호를 바꾸어 덧셈으로 고쳐서 계산한다.

예) $(+3)-(+2)=(+3)+(-2)=+(3-2)=+1$

뺄셈을 덧셈으로 / 부호는 반대로

$(-3)-(-1)=(-3)+(+1)=-(3-1)=-2$

뺄셈을 덧셈으로 / 부호는 반대로

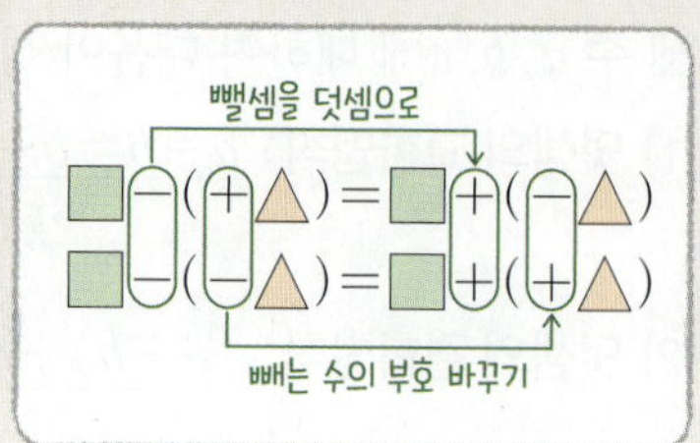


참고) 어떤 수에서 0을 빼면 그 수 자신이 된다. 예) $(+2)-0=+2$

주의) 뺄셈에서는 교환법칙과 결합법칙이 성립하지 않는다.

- $(+2)-(+4)=-2$
  $(+4)-(+2)=+2$ 다르다. ➡ 교환법칙이 성립하지 않는다.

- $\{(+5)-(+4)\}-(-3)=+4$
  $(+5)-\{(+4)-(-3)\}=-2$ 다르다. ➡ 결합법칙이 성립하지 않는다.

### 개념 Bridge

• 두 수의 뺄셈

부호는? / 수는?

(1) $(+6)-(+4)=(+6)\bigcirc(\bigcirc 4)=\bigcirc(6\bigcirc 4)=\bigcirc\square$

(2) $(+6)-(-4)=(+6)\bigcirc(\bigcirc 4)=\bigcirc(6\bigcirc 4)=\bigcirc\square$

### 개념 check

☑ 두 수의 뺄셈 ⋯⋯⋯ **01** 다음을 계산하시오.

(1) $(+7)-(+3)$

(2) $(-4)-(+5)$

(3) $(+5)-(-2)$

(4) $(-9)-(-11)$

(5) $\left(+\dfrac{3}{4}\right)-\left(+\dfrac{1}{8}\right)$

(6) $(-4.7)-(-1.6)$

**01-1** 다음을 계산하시오.

(1) $(+6)-(+4)$

(2) $(+2)-(-9)$

(3) $\left(-\dfrac{1}{5}\right)-\left(+\dfrac{1}{3}\right)$

(4) $\left(+\dfrac{5}{2}\right)-\left(-\dfrac{1}{4}\right)$

(5) $(-4.3)-(+2.5)$

(6) $(-5.6)-(-3.5)$

**(1) 덧셈과 뺄셈의 혼합 계산**

❶ 뺄셈은 덧셈으로 고친다.

❷ 덧셈의 계산 법칙을 이용하여 계산한다.

이때 양수는 양수끼리, 음수는 음수끼리 모아서 계산하면 편리하다.

**주의** 뺄셈에서는 교환법칙과 결합법칙이 성립하지 않으므로 뺄셈을 덧셈으로 고친 후 덧셈의 계산 법칙을 이용한다.

**(2) 부호가 생략된 수의 혼합 계산**

생략된 양의 부호 $+$와 괄호를 넣은 후 계산한다.

---

**개념 Bridge**

• 덧셈과 뺄셈의 혼합 계산

$$(1)\ (+5)+(-4)-(-7)$$
$$=(+5)+(-4)+(\bigcirc 7)$$
$$=\{(+5)+(\boxed{\phantom{0}})\}+(-4)$$
$$=(\boxed{\phantom{0}})+(-4)=\boxed{\phantom{0}}$$

뺄셈을 덧셈으로
덧셈의 교환법칙,
덧셈의 결합법칙

$$(2)\ -7+4-3$$
$$=(-7)+(\bigcirc 4)-(\bigcirc 3)$$
$$=(-7)+(+4)+(\bigcirc 3)$$
$$=\{(-7)+(\boxed{\phantom{0}})\}+(+4)$$
$$=(\boxed{\phantom{0}})+4=\boxed{\phantom{0}}$$

생략된 부호 살리기
뺄셈을 덧셈으로
덧셈의 교환법칙,
덧셈의 결합법칙

---

**개념 check**

✓ 덧셈과 뺄셈의 혼합 계산 ┈┈┈ **01** 다음을 계산하시오.

(1) $(-5)+(+11)-(-7)$

(2) $\left(-\dfrac{3}{4}\right)-\left(+\dfrac{1}{2}\right)+(-1)$

**01-1** 다음을 계산하시오.

(1) $(+5)-(-2)+(-6)$

(2) $(-9)+(+3)-(-6)-(+4)$

(3) $\left(+\dfrac{3}{4}\right)-(-3)-\left(+\dfrac{7}{4}\right)$

(4) $\left(-\dfrac{7}{10}\right)-(+10)+\left(+\dfrac{3}{5}\right)-(-9)$

✓ 부호가 생략된 수의 ┈┈┈ **02** 다음을 계산하시오.
　　혼합 계산

(1) $6+10-13$

(2) $3-6+\dfrac{1}{4}$

**02-1** 다음을 계산하시오.

(1) $-7-13+8$

(2) $1.4-3.2-5.7$

(3) $\dfrac{1}{4}+\dfrac{1}{3}-\dfrac{2}{9}$

(4) $-3+\dfrac{1}{3}-\dfrac{1}{4}+\dfrac{5}{3}$

# 필수 유형 익히기



**01** 다음 중 계산 결과가 옳은 것은?

① $(+4)+(-3)=-1$

② $\left(-\dfrac{1}{2}\right)+(-2)=+\dfrac{5}{2}$

③ $\left(-\dfrac{1}{2}\right)+\left(+\dfrac{3}{4}\right)=+\dfrac{1}{4}$

④ $(-0.6)+\left(+\dfrac{2}{3}\right)=-\dfrac{1}{15}$

⑤ $(+2.8)+(-4.3)=+1.5$

**01-1** 다음 중 계산 결과가 나머지 넷과 <u>다른</u> 하나는?

① $(-6)+(+3)$　　② $\left(-\dfrac{9}{2}\right)+\left(+\dfrac{3}{2}\right)$

③ $\left(+\dfrac{3}{8}\right)+\left(-\dfrac{7}{2}\right)$　　④ $(+2.1)+(-5.1)$

⑤ $(-1.4)+(-1.6)$



**02** 다음 계산 과정에서 ㉠, ㉡에 이용된 덧셈의 계산 법칙을 말하시오.

$$
\begin{aligned}
&(-1.3)+(+5)+(-2.7) \\
&=(+5)+(-1.3)+(-2.7) \quad\Big\}㉠ \\
&=(+5)+\{(-1.3)+(-2.7)\} \quad\Big\}㉡ \\
&=(+5)+(-4)=+1
\end{aligned}
$$

**02-1** 다음 계산 과정에서 ㉠~㉣에 들어갈 알맞은 것을 구하시오.

$$
\begin{aligned}
&\left(+\dfrac{2}{5}\right)+(+3)+\left(-\dfrac{12}{5}\right) \\
&=(+3)+\left(+\dfrac{2}{5}\right)+\left(-\dfrac{12}{5}\right) \quad\Big\}\text{덧셈의 }㉠\text{ 법칙} \\
&=(+3)+\left\{\left(+\dfrac{2}{5}\right)+\left(-\dfrac{12}{5}\right)\right\} \quad\Big\}\text{덧셈의 }㉡\text{ 법칙} \\
&=(+3)+(㉢)=㉣
\end{aligned}
$$



**03** 다음 중 계산 결과가 옳은 것은?

① $(+8)-(+13)=+5$

② $\left(+\dfrac{2}{3}\right)-\left(-\dfrac{3}{2}\right)=-\dfrac{13}{6}$

③ $\left(-\dfrac{5}{7}\right)-\left(-\dfrac{2}{3}\right)=-\dfrac{1}{21}$

④ $(-3.3)-(+2.6)=+5.9$

⑤ $\left(+\dfrac{7}{2}\right)-(+1.6)=-1.9$

**03-1** 다음 중 $(+7)-(-5)$의 계산 결과와 같은 것은?

① $(+3)-(+9)$　　② $(-14)-(-2)$

③ $\left(+\dfrac{5}{3}\right)-\left(+\dfrac{31}{3}\right)$　　④ $\left(-\dfrac{11}{6}\right)-\left(+\dfrac{7}{9}\right)$

⑤ $(+3.5)-(-8.5)$

## 유형 4  덧셈과 뺄셈의 혼합 계산

**04** 다음을 계산하시오.

$$\left(+\frac{1}{4}\right)+\left(-\frac{2}{3}\right)-(+0.5)+\left(-\frac{1}{3}\right)$$

**04-1** 다음 중 계산 결과가 옳은 것은?

① $(-4)+(+11)-(-9)=+15$

② $\left(+\frac{1}{4}\right)-\left(+\frac{1}{3}\right)+\left(-\frac{5}{12}\right)=-\frac{3}{2}$

③ $\left(+\frac{3}{5}\right)-\left(-\frac{5}{4}\right)+\left(-\frac{9}{20}\right)=+\frac{7}{5}$

④ $\left(+\frac{7}{6}\right)+(-2.5)-\left(+\frac{2}{3}\right)=-3$

⑤ $(-3.2)+(+0.3)-(-4.2)=+2.3$

## 유형 5  부호가 생략된 수의 혼합 계산

**05** $\dfrac{7}{2}-\dfrac{2}{3}+\dfrac{1}{3}-2$ 를 계산하시오.

**05-1** 다음 중 계산 결과가 가장 작은 것은?

① $-2+3-9$

② $5-10-5$

③ $-\dfrac{1}{6}+\dfrac{1}{2}-\dfrac{4}{3}$

④ $\dfrac{4}{3}-\dfrac{8}{15}+\dfrac{3}{5}$

⑤ $-6.4-3.1+0.5$

## 유형 6  어떤 수보다 □만큼 큰(작은) 수

**06** 2보다 4만큼 작은 수를 $a$, $-3$보다 $-5$만큼 큰 수를 $b$라 할 때, $a+b$의 값을 구하시오.

**06-1** 2보다 $-3$만큼 큰 수를 $a$, $\dfrac{1}{3}$보다 $-\dfrac{1}{2}$만큼 작은 수를 $b$라 할 때, $a-b$의 값을 구하시오.

## 유형 7  바르게 계산한 답 구하기

어떤 수에 $a$를 더해야 할 것을 잘못하여 뺐더니 $b$가 되었다.

→ (어떤 수)$-a=b$ → (어떤 수)$=a+b$

**07** 어떤 수에 3을 더해야 할 것을 잘못하여 뺐더니 $-7$이 되었다. 다음 물음에 답하시오.

(1) 어떤 수를 구하시오.

(2) 바르게 계산한 답을 구하시오.

**07-1** 어떤 수에서 $-\dfrac{2}{5}$를 빼야 할 것을 잘못하여 더했더니 $-\dfrac{3}{10}$이 되었다. 이때 바르게 계산한 답을 구하시오.

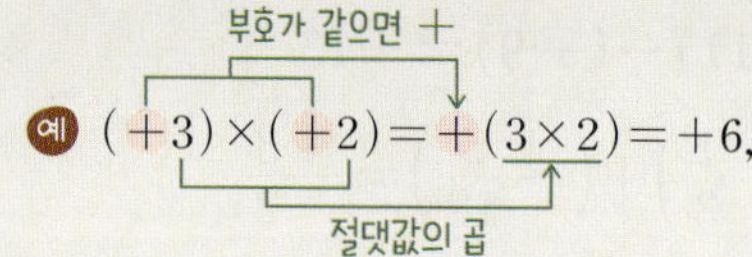# 02 정수와 유리수의 곱셈

## 개념 5 정수와 유리수의 곱셈

(1) **부호가 같은 두 수의 곱셈**: 두 수의 절댓값의 곱에 양의 부호 $+$를 붙인다.

예 $(+3)\times(+2)=+(3\times2)=+6,\quad (-3)\times(-2)=+(3\times2)=+6$

부호가 같으면 $+$
절댓값의 곱

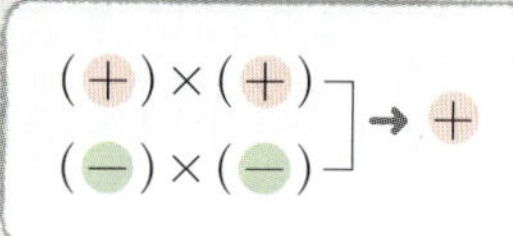

(2) **부호가 다른 두 수의 곱셈**: 두 수의 절댓값의 곱에 음의 부호 $-$를 붙인다.

예 $(+3)\times(-2)=-(3\times2)=-6,\quad (-3)\times(+2)=-(3\times2)=-6$

부호가 다르면 $-$
절댓값의 곱

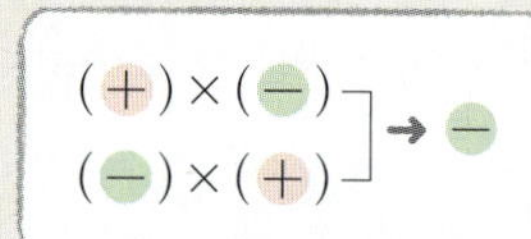

(3) 어떤 수와 0의 곱은 0이다. 예 $(+2)\times0=0,\ (-2)\times0=0$

## 개념 Bridge

• 두 수의 곱셈

부호는? 수는?

(1) $(+8)\times(+2)=\bigcirc(8\times2)=\bigcirc\square$

(2) $(-3)\times(-7)=\bigcirc(3\times7)=\bigcirc\square$

(3) $(+6)\times(-4)=\bigcirc(6\times4)=\bigcirc\square$

(4) $(-9)\times(+5)=\bigcirc(9\times5)=\bigcirc\square$

## 개념 check

✓ 두 수의 곱셈 ......... **01** 다음을 계산하시오.

(1) $(+5)\times(+3)$

(2) $(-4)\times(-8)$

(3) $\left(+\dfrac{1}{2}\right)\times(+4)$

(4) $\left(-\dfrac{4}{5}\right)\times\left(-\dfrac{5}{8}\right)$

(5) $(-0.5)\times\left(+\dfrac{1}{5}\right)$

(6) $(+0.6)\times(-5)$

**01-1** 다음을 계산하시오.

(1) $(+4)\times(+2)$

(2) $(+6)\times(-3)$

(3) $\left(-\dfrac{3}{4}\right)\times\left(+\dfrac{4}{9}\right)$

(4) $(-10)\times(-0.5)$

(5) $(-6)\times0$

(6) $\left(+\dfrac{5}{2}\right)\times(-0.4)$

세 수 $a$, $b$, $c$에 대하여 다음이 성립한다.

(1) **곱셈의 교환법칙**: $a \times b = b \times a$
→ 두 수의 순서를 바꾸어 곱해도 그 결과는 같다.

$$(+5) \times (-2) = (-2) \times (+5)$$

(2) **곱셈의 결합법칙**: $(a \times b) \times c = a \times (b \times c)$
→ 어느 두 수를 먼저 곱해도 그 결과는 같다.

$$\{(+2) \times (-5)\} \times (-3) = (+2) \times \{(-5) \times (-3)\}$$

참고 세 수의 곱셈에서 $(a \times b) \times c$와 $a \times (b \times c)$의 결과가 같으므로 이를 보통 괄호 없이 $a \times b \times c$로 나타낸다.

**개념 Bridge**

• 곱셈의 계산 법칙

$$(+5) \times (-7) \times (-2)$$
$$= (-7) \times (+5) \times (-2)$$
$$= (-7) \times \{(+5) \times (-2)\}$$
$$= (-7) \times (-10)$$
$$= +70$$

곱셈의 □ 법칙
곱셈의 □ 법칙

**개념 check**

☑ 곱셈의 계산 법칙 ......... **01** 오른쪽 계산 과정에서 □ 안에 알맞은 수를 써넣고, (개), (내)에 이용된 곱셈의 계산 법칙을 말하시오.

$$\left(-\frac{4}{5}\right) \times \left(+\frac{2}{3}\right) \times \left(-\frac{5}{4}\right)$$
$$= \left(+\frac{2}{3}\right) \times (\boxed{\phantom{x}}) \times \left(-\frac{5}{4}\right) \quad \text{(개)}$$
$$= \left(+\frac{2}{3}\right) \times \left\{(\boxed{\phantom{x}}) \times \left(-\frac{5}{4}\right)\right\} \quad \text{(내)}$$
$$= \left(+\frac{2}{3}\right) \times (\boxed{\phantom{x}}) = \boxed{\phantom{x}}$$

☑ 곱셈의 계산 법칙을 이용한 **02** 다음을 계산하시오.
세 수 이상의 곱셈

(1) $(+4) \times (-7) \times (+25)$

(2) $(-5) \times \left(-\dfrac{7}{3}\right) \times (+6)$

**02-1** 다음을 계산하시오.

(1) $(+2) \times (-4.3) \times (+0.5)$

(2) $(-10) \times \left(-\dfrac{1}{3}\right) \times \left(-\dfrac{6}{5}\right)$

**(1) 세 수 이상의 곱셈**

❶ 먼저 곱의 부호를 정한다.

❷ 각 수의 절댓값의 곱에 ❶에서 결정된 부호를 붙여서 계산한다.

예 음수가 짝수 개
$$(+1)\times(-2)\times(-3)=+(1\times2\times3)=+6$$
절댓값의 곱

음수가 홀수 개
$$(-1)\times(-2)\times(-3)=-(1\times2\times3)=-6$$
절댓값의 곱

$$\underbrace{(-)\times(-)\times\cdots\times(-)}_{\text{짝수 개}}\ \rightarrow\ +$$
$$\underbrace{(-)\times(-)\times\cdots\times(-)}_{\text{홀수 개}}\ \rightarrow\ -$$

**(2) 거듭제곱의 부호**

① 양수의 거듭제곱은 항상 양수이다. 예 $(+2)^3=(+2)\times(+2)\times(+2)=+(2\times2\times2)=+8$

② 음수의 거듭제곱의 부호는 지수가 ⎰ 짝수이면 → $+$
⎱ 홀수이면 → $-$

예 $(-2)^2=(-2)\times(-2)=+4,\ (-2)^3=(-2)\times(-2)\times(-2)=-8$

---

개념 **Bridge**

· 세 수 이상의 곱셈

부호는?  수는?
(1) $(+2)\times(-5)\times(-3)=\bigcirc(2\times5\times3)=\bigcirc\ \square$

(2) $(-3)^3=(-3)\times(-3)\times(-3)=\bigcirc(3\times3\times3)=\bigcirc\ \square$

---

개념 **check**

✓ 세 수 이상의 곱셈 ········ **01** 다음을 계산하시오.

(1) $(-1)\times(+9)\times(-2)$

(2) $(+4)\times(-0.15)\times(-5)$

(3) $\dfrac{1}{4}\times\left(-\dfrac{8}{7}\right)\times2$

(4) $(-3)\times\dfrac{1}{2}\times(-4)\times\left(-\dfrac{1}{8}\right)$

**01-1** 다음을 계산하시오.

(1) $(+5)\times(-3)\times(-6)$

(2) $\left(-\dfrac{8}{5}\right)\times(-2)\times\left(-\dfrac{15}{4}\right)$

(3) $(-2)\times(+7)\times(-1)\times(+3)$

(4) $\dfrac{2}{7}\times\left(-\dfrac{6}{5}\right)\times(-35)\times\left(-\dfrac{1}{3}\right)$

 **02** 다음을 계산하시오.

(1) $(-2)^4$  (2) $-2^4$  (3) $(-1)^5$  (4) $\left(-\dfrac{1}{2}\right)^3$

**02-1** 다음을 계산하시오.

(1) $\left(-\dfrac{4}{9}\right)\times(-3)^3$  (2) $4\times(-1)^2\times(-7)$

---

## 개념 **8** 분배법칙

어떤 수에 두 수의 합을 곱한 것은 어떤 수에 두 수를 각각 곱하여 더한 것과 그 결과가 같다.
이것을 **분배법칙**이라 한다.
즉, 세 수 $a$, $b$, $c$에 대하여 다음이 성립한다.

$$(-3)\times\{1+(-2)\}=(-3)\times1+(-3)\times(-2)$$
$$=(-3)\times(-1)=3 \qquad =(-3)+6=3$$

(1) $a\times(b+c)=a\times b+a\times c$

(2) $(a+b)\times c=a\times c+b\times c$

### 개념 Bridge

• 분배법칙

$$15\times\left(-\dfrac{4}{3}+\dfrac{3}{5}\right)=15\times\left(\boxed{\phantom{0}}\right)+15\times\boxed{\phantom{0}}=\boxed{\phantom{0}}$$

### 개념 check

✅ 분배법칙 **01** 다음은 분배법칙을 이용하여 계산한 것이다. ☐ 안에 알맞은 수를 써넣으시오.

(1) $(-6)\times\left\{\left(-\dfrac{1}{2}\right)+\dfrac{5}{3}\right\}$

$=\left(\boxed{\phantom{0}}\right)\times\left(-\dfrac{1}{2}\right)+(-6)\times\boxed{\phantom{0}}$

$=3+\left(\boxed{\phantom{0}}\right)$

$=\boxed{\phantom{0}}$

(2) $\dfrac{3}{4}\times(-11)+\dfrac{3}{4}\times3$

$=\boxed{\phantom{0}}\times\{(-11)+\boxed{\phantom{0}}\}$

$=\boxed{\phantom{0}}\times(-8)$

$=\boxed{\phantom{0}}$

**01-1** 분배법칙을 이용하여 다음을 계산하시오.

(1) $12\times\left\{\left(-\dfrac{2}{3}\right)+\dfrac{1}{4}\right\}$  (2) $\left(\dfrac{1}{6}-\dfrac{7}{12}\right)\times(-24)$

(3) $\dfrac{2}{5}\times13+\dfrac{2}{5}\times(-3)$  (4) $(-7)\times1.7+(-3)\times1.7$

# 필수 유형 익히기



**01** 다음 중 계산 결과가 옳은 것은?

① $(+4) \times (-12) = +48$

② $0 \times \left(-\dfrac{3}{7}\right) = +\dfrac{3}{7}$

③ $\left(+\dfrac{5}{8}\right) \times \left(+\dfrac{16}{15}\right) = -\dfrac{2}{3}$

④ $(-3.2) \times (-5) = +16$

⑤ $\left(+\dfrac{5}{9}\right) \times (-0.4) = +2$

**01-1** 다음 중 계산 결과가 가장 작은 것은?

① $(+2) \times (+3)$　　② $(-6) \times (+0.5)$

③ $\left(-\dfrac{2}{3}\right) \times \left(+\dfrac{9}{4}\right)$　　④ $\left(+\dfrac{3}{8}\right) \times \left(-\dfrac{10}{9}\right)$

⑤ $\left(-\dfrac{5}{6}\right) \times \left(-\dfrac{12}{5}\right)$



**02** 다음 계산 과정에서 ㉠, ㉡에 이용된 곱셈의 계산 법칙을 말하시오.

$$(+5) \times (-3.7) \times (-2)$$
$$= (+5) \times (-2) \times (-3.7) \quad\}㉠$$
$$= \{(+5) \times (-2)\} \times (-3.7) \quad\}㉡$$
$$= (-10) \times (-3.7)$$
$$= +37$$

**02-1** 다음 계산 과정에서 ㉠~㉣에 들어갈 알맞은 것을 구하시오.

$$\left(-\dfrac{1}{3}\right) \times (+14) \times \left(+\dfrac{12}{7}\right)$$
$$= (+14) \times \left(-\dfrac{1}{3}\right) \times \left(+\dfrac{12}{7}\right) \quad 곱셈의 \boxed{㉠} 법칙$$
$$= (+14) \times \left\{\left(-\dfrac{1}{3}\right) \times \left(+\dfrac{12}{7}\right)\right\} \quad 곱셈의 \boxed{㉡} 법칙$$
$$= (+14) \times \left(\boxed{㉢}\right) = \boxed{㉣}$$



**03** 다음을 계산하시오.

$$(+4) \times \left(-\dfrac{1}{15}\right) \times (-2)^3 \times \left(-\dfrac{5}{4}\right)$$

**03-1** 다음을 계산하시오.

$$(-2) \times (-4)^2 \times \left(+\dfrac{3}{8}\right) \times (-3)$$

### 거듭제곱의 계산

**04** 다음 중 가장 큰 수는?

① $(-2)^2$  ② $-2^2$  ③ $-(-2)^2$
④ $(-2)^3$  ⑤ $-(-2)^3$

**04-1** 다음 중 가장 작은 수는?

① $(-3)^2$  ② $-3^2$  ③ $-(-3)^2$
④ $(-3)^3$  ⑤ $-(-3)^3$



### 분배법칙(1)

**05** 다음은 분배법칙을 이용하여 $12 \times 103$을 계산하는 과정이다. 세 수 $a$, $b$, $c$에 대하여 $a+b+c$의 값을 구하시오.

$$12 \times 103 = 12 \times (100+a)$$
$$= 12 \times 100 + 12 \times a$$
$$= 1200 + b$$
$$= c$$

**05-1** 다음 식을 만족시키는 두 수 $a$, $b$에 대하여 $a-b$의 값을 구하시오.

$$2.4 \times (-6.3) + 2.4 \times (-3.7) = 2.4 \times a = b$$



### 분배법칙(2)

**06** 세 수 $a$, $b$, $c$에 대하여 $a \times b = 10$, $a \times c = 8$일 때, $a \times (b+c)$의 값을 구하려고 한다. 다음 물음에 답하시오.

(1) $a \times (b+c)$를 분배법칙을 이용하여 나타내시오.
(2) $a \times b = 10$, $a \times c = 8$과 (1)의 답을 이용하여 $a \times (b+c)$의 값을 구하시오.

**06-1** 세 유리수 $a$, $b$, $c$에 대하여 $a \times c = -\dfrac{1}{6}$, $a \times (b-c) = \dfrac{5}{12}$일 때, $a \times b$의 값을 구하시오.

# 03 정수와 유리수의 나눗셈



(1) **부호가 같은 두 수의 나눗셈**: 두 수의 절댓값의 나눗셈의 몫에 양의 부호 $+$를 붙인다.

예 $(+8) \div (+2) = +(8 \div 2) = +4,$ $\quad (-8) \div (-2) = +(8 \div 2) = +4$

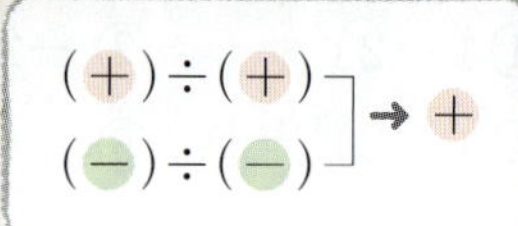

(2) **부호가 다른 두 수의 나눗셈**: 두 수의 절댓값의 나눗셈의 몫에 음의 부호 $-$를 붙인다.

예 $(+8) \div (-2) = -(8 \div 2) = -4,$ $\quad (-8) \div (+2) = -(8 \div 2) = -4$

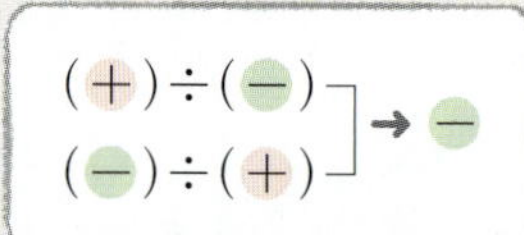

(3) 0을 0이 아닌 수로 나눈 몫은 0이다. 예 $0 \div (+2) = 0,\ 0 \div (-2) = 0$

## 개념 Bridge

• 두 수의 나눗셈

(1) $(+8) \div (+4) = \bigcirc (8 \div 4) = \bigcirc \square$

(2) $(+4) \div (-4) = \bigcirc (4 \div 4) = \bigcirc \square$

## 개념 check

☑ 두 수의 나눗셈 …… **01** 다음을 계산하시오.

(1) $(+6) \div (+2)$

(2) $(-18) \div (-9)$

(3) $(+30) \div (-5)$

(4) $(-54) \div (+3)$

(5) $(+3.6) \div (+3)$

(6) $(+4.2) \div (-6)$

**01-1** 다음을 계산하시오.

(1) $(+9) \div (+3)$

(2) $(-32) \div (-4)$

(3) $(+12) \div (-4)$

(4) $(-28) \div (+7)$

(5) $(-4.8) \div (-0.2)$

(6) $(-5.4) \div (+0.9)$

(1) **역수**: 어떤 두 수의 곱이 1일 때, 한 수를 다른 수의 역수라 한다.

> 예 $\dfrac{2}{3} \times \dfrac{3}{2} = 1$ ➡ $\dfrac{2}{3}$의 역수: $\dfrac{3}{2}$,　$\dfrac{3}{2}$의 역수: $\dfrac{2}{3}$

(2) **역수를 이용한 나눗셈**: 나누는 수를 그 역수로 바꾸고 나눗셈은 곱셈으로 고쳐서 계산한다.

> 예 $(+4) \div \left(-\dfrac{2}{5}\right) = (+4) \times \left(-\dfrac{5}{2}\right) = -\left(4 \times \dfrac{5}{2}\right) = -10$

**개념 Bridge**

• 역수 구하기

| 수 | $\dfrac{6}{5}$ | $3 = \dfrac{3}{1}$ | $0.7 = \dfrac{7}{10}$ |
|---|---|---|---|
| 역수 | $\dfrac{5}{6}$ | | |

정수는 분모를 1로 · 소수는 분수로 · 분모와 분자 바꾸기

**개념 check**

☑ 역수 ┄┄┄ **01** 다음 수의 역수를 구하시오.

(1) $-\dfrac{1}{4}$

(2) $11$

(3) $\dfrac{3}{8}$

(4) $-3.5$

☑ 역수를 이용한 수의 나눗셈 ┄┄┄ **02** 다음을 계산하시오.

(1) $(-12) \div \left(+\dfrac{4}{3}\right)$

(2) $\left(-\dfrac{5}{12}\right) \div (+5)$

(3) $(+3.4) \div \left(-\dfrac{17}{6}\right)$

(4) $\left(-\dfrac{7}{2}\right) \div (-6.3)$

**02-1** 다음을 계산하시오.

(1) $\left(+\dfrac{4}{7}\right) \div (-8)$

(2) $(+4) \div \left(+\dfrac{1}{4}\right)$

(3) $\left(-\dfrac{5}{6}\right) \div \left(+\dfrac{10}{3}\right)$

(4) $\left(-\dfrac{4}{5}\right) \div (-0.6)$

**(1) 곱셈과 나눗셈의 혼합 계산**

❶ 거듭제곱이 있으면 거듭제곱을 먼저 계산한다.

❷ 나눗셈은 역수를 이용하여 곱셈으로 바꾼다.

❸ 부호를 결정하고 각 수의 절댓값의 곱에 결정된 부호를 붙인다.

**(2) 덧셈, 뺄셈, 곱셈, 나눗셈의 혼합 계산**

❶ 거듭제곱이 있으면 거듭제곱을 먼저 계산한다.

❷ 괄호가 있으면 괄호 안을 먼저 계산한다.

이때 괄호는 소괄호 ( ), 중괄호 { }, 대괄호 [ ]의 순서로 계산한다.

❸ 곱셈과 나눗셈을 순서대로 계산한다.

❹ 덧셈과 뺄셈을 순서대로 계산한다.

### 개념 Bridge

• 덧셈, 뺄셈, 곱셈, 나눗셈의 혼합 계산

$$(1)\left(+\frac{4}{3}\right)\div(-4)\times(-2)^2$$

$$=\left(+\frac{4}{3}\right)\div(-4)\times\boxed{\phantom{0}} \quad \}\ \text{거듭제곱 계산}$$

$$=\left(+\frac{4}{3}\right)\times\left(\boxed{\phantom{0}}\right)\times4 \quad \}\ \text{나눗셈을 곱셈으로}$$

$$=\bigcirc\left(\frac{4}{3}\times\boxed{\phantom{0}}\times4\right)=\boxed{\phantom{0}}$$

$$(2)\ 9-\{5+(-2)^3\}\times(-7)$$

$$=9-\{5+(\boxed{\phantom{0}})\}\times(-7) \quad \}\ \text{거듭제곱 계산}$$

$$=9-(\boxed{\phantom{0}})\times(-7) \quad \}\ \text{괄호 안 계산}$$

$$=9\bigcirc\boxed{\phantom{0}} \quad \}\ \text{곱셈 계산}$$

$$=\boxed{\phantom{0}} \quad \}\ \text{뺄셈 계산}$$

### 개념 check

☑ 곱셈과 나눗셈의 혼합 계산 ┈┈┈ **01** 다음을 계산하시오.

$$(1)\ 12\div(-3)\times\left(-\frac{1}{2}\right) \qquad\qquad (2)\left(-\frac{5}{2}\right)\times(-3)^2\div\frac{1}{4}$$

**01-1** 다음을 계산하시오.

$$(1)\left(-\frac{3}{7}\right)\times(-6)\div\left(-\frac{9}{14}\right) \qquad\qquad (2)\ (-8)\div\left(-\frac{2}{3}\right)^2\times\left(-\frac{5}{9}\right)$$

☑ 덧셈, 뺄셈, 곱셈, 나눗셈의 혼합 계산 ┈┈┈ **02** 다음을 계산하시오.

$$(1)\ 2-\left\{(-2)^2-(-1)\right\}\div\frac{5}{7} \qquad\qquad (2)\left\{\frac{1}{3}-(-1)^3\times2\right\}\div14$$

**02-1** 다음을 계산하시오.

$$(1)\ -20+18\div(-6)\times(8-3) \qquad\qquad (2)\ 3-\left\{27\times\left(-\frac{1}{3}\right)^2+(-2)\right\}$$

# 필수 유형 익히기



**01** $\frac{4}{9}$ 의 역수를 $a$, $-3$의 역수를 $b$라 할 때, $a \times b$의 값은?

① $-1$  ② $-\frac{3}{4}$  ③ $-\frac{1}{2}$

④ $\frac{3}{4}$  ⑤ $1$

**01-1** 0.6의 역수를 $a$, $-2\frac{4}{3}$ 의 역수를 $b$라 할 때, $a \times b$의 값은?

① $-\frac{3}{2}$  ② $-1$  ③ $-\frac{1}{2}$

④ $\frac{1}{2}$  ⑤ $1$



**02** 다음 중 계산 결과가 옳은 것은?

① $(+42) \div (-7) = -\frac{1}{6}$

② $(-20) \div (-28) = +\frac{7}{5}$

③ $\left(+\frac{24}{5}\right) \div \left(+\frac{8}{15}\right) = -9$

④ $(-3.6) \div (+6) = -6$

⑤ $(+0.4) \div (-0.6) = -\frac{2}{3}$

**02-1** $A = (+12) \div \left(-\frac{6}{5}\right)$, $B = \left(-\frac{24}{5}\right) \div (-1.6)$ 일 때, $A - B$의 값을 구하시오.



(1) $\square \times \triangle = \bigcirc \ \rightarrow \ \begin{cases} \square = \bigcirc \div \triangle \\ \triangle = \bigcirc \div \square \end{cases}$

(2) $\square \div \triangle = \bigcirc \ \rightarrow \ \begin{cases} \square = \bigcirc \times \triangle \\ \triangle = \square \div \bigcirc \end{cases}$

**03** 다음 $\square$ 안에 알맞은 수를 구하시오.

$$\square \times (-2) = \frac{4}{5}$$

**03-1** 다음 $\square$ 안에 알맞은 수를 구하시오.

$$\square \div \left(-\frac{1}{4}\right) = \frac{16}{7}$$

### 유형 **4**  곱셈과 나눗셈의 혼합 계산

**04** 다음 중 계산 결과가 옳지 <u>않은</u> 것은?

① $6 \times (-5) \div (-3) = 10$

② $(-40) \div 5 \div (-2)^2 = -2$

③ $15 \times \dfrac{2}{3} \div \left(-\dfrac{1}{5}\right) = -2$

④ $\dfrac{1}{2} \times (-10) \div (-2)^2 = -\dfrac{5}{4}$

⑤ $\left(-\dfrac{3}{2}\right) \div \dfrac{9}{4} \times \dfrac{4}{3} = -\dfrac{8}{9}$

**04-1** 다음을 계산하시오.

$$\left(-\frac{3}{4}\right) \div \left(-\frac{1}{3}\right)^2 \times \left(-\frac{8}{3}\right)$$

### 유형 **5**  덧셈, 뺄셈, 곱셈, 나눗셈의 혼합 계산

**05** 다음 식의 계산 순서를 차례대로 나열하고, 계산 결과를 구하시오.

$$2 - \left\{\frac{2}{3} - 4 \div (-2)^2\right\} \times 3$$

$$\underset{㉠}{} \quad \underset{㉡}{} \underset{㉢}{} \quad \underset{㉣}{} \quad \underset{㉤}{}$$

**05-1** 다음 식에 대하여 물음에 답하시오.

$$5 \times \left\{\left(-\frac{1}{3}\right)^2 \div \left(-\frac{5}{18}\right) - \frac{2}{5}\right\} + 1$$

$$\underset{㉠}{} \quad \underset{㉡}{} \quad \underset{㉢}{} \quad \underset{㉣}{} \quad \underset{㉤}{}$$

(1) 계산 순서를 차례대로 나열하시오.

(2) 계산 결과를 구하시오.

### 한 걸음 더
### 유형 **6**  바르게 계산한 답 구하기

어떤 수를 $a$로 나누어야 할 것을 잘못하여 곱했더니 $b$가 되었다.

→ (어떤 수) $\times a = b$ → (어떤 수) $= b \div a$

**06** 어떤 수를 $\dfrac{2}{3}$로 나누어야 할 것을 잘못하여 곱했더니 6이 되었다. 이때 바르게 계산한 답을 구하시오.

**06-1** 어떤 수에 $-\dfrac{2}{7}$를 곱해야 할 것을 잘못하여 나누었더니 $\dfrac{9}{4}$가 되었다. 이때 바르게 계산한 답을 구하시오.

# 서술형 감잡기

**01** 다음 수 중 서로 다른 세 수를 뽑아 곱한 값 중에서 가장 큰 수를 $a$, 가장 작은 수를 $b$라 할 때, $a$, $b$의 값을 구하시오.

$$6, \quad -\frac{3}{2}, \quad -4, \quad \frac{1}{3}$$

**① 단계** $a$의 값 구하기  ◀ 50 %

$a$는 양수이어야 하므로 양수 1개, 음수 2개를 곱해야 하고, 양수는 절댓값이 큰 수를 뽑아야 한다.

$$\therefore a = \boxed{\phantom{0}} \times \boxed{\phantom{0}} \times \boxed{\phantom{0}} = \boxed{\phantom{0}}$$

**② 단계** $b$의 값 구하기  ◀ 50 %

$b$는 음수이어야 하므로 양수 2개, 음수 1개를 곱해야 하고, 음수는 절댓값이 큰 수를 뽑아야 한다.

$$\therefore b = \boxed{\phantom{0}} \times \boxed{\phantom{0}} \times \boxed{\phantom{0}} = \boxed{\phantom{0}}$$

답 ＿＿＿＿＿＿＿＿＿＿

**01-1** 다음 수 중 서로 다른 세 수를 뽑아 곱한 값 중에서 가장 큰 수를 $a$, 가장 작은 수를 $b$라 할 때, $a$, $b$의 값을 구하시오.

$$3, \quad -6, \quad 4, \quad -5$$

답 ＿＿＿＿＿＿＿＿＿＿

**02** 어떤 수 $a$에 $\dfrac{7}{12}$을 곱해야 할 것을 잘못하여 뺐더니 $-\dfrac{1}{3}$이 되었다. 이때 바르게 계산한 답을 구하시오.

**① 단계** 잘못 계산한 결과를 이용하여 식 세우기  ◀ 30 %

$$a - \boxed{\phantom{0}} = \boxed{\phantom{0}}$$

**② 단계** 어떤 수 $a$ 구하기  ◀ 40 %

$$a = \boxed{\phantom{0}} + \boxed{\phantom{0}} \qquad \therefore a = \boxed{\phantom{0}}$$

**③ 단계** 바르게 계산한 답 구하기  ◀ 30 %

따라서 어떤 수는 $\boxed{\phantom{0}}$이므로 바르게 계산하면

$$\boxed{\phantom{0}} \times \frac{7}{12} = \boxed{\phantom{0}}$$

답 ＿＿＿＿＿＿＿＿＿＿

**02-1** 어떤 수를 $-\dfrac{5}{3}$로 나누어야 할 것을 잘못하여 더했더니 $\dfrac{7}{2}$이 되었다. 이때 바르게 계산한 답을 구하시오.

답 ＿＿＿＿＿＿＿＿＿＿

# 단원 마무리하기

중요

**01** 다음 중 계산 결과가 가장 큰 것은?

① $(-8)+(+6)$  ② $\left(+\dfrac{9}{2}\right)+\left(-\dfrac{1}{2}\right)$

③ $\left(-\dfrac{2}{5}\right)-\left(-\dfrac{1}{3}\right)$  ④ $(+7.4)-(+3.6)$

⑤ $\left(-\dfrac{1}{4}\right)-(+0.5)-(-1.5)$

**02** 다음 계산 과정에서 ㉠~㉣에 들어갈 알맞은 것을 구하시오.

$$\left(-\dfrac{2}{5}\right)+\left(+\dfrac{1}{4}\right)+\left(-\dfrac{3}{5}\right)$$
$$=\left(-\dfrac{2}{5}\right)+\left(-\dfrac{3}{5}\right)+\left(+\dfrac{1}{4}\right) \quad \text{덧셈의 } \boxed{㉠} \text{ 법칙}$$
$$=\left\{\left(-\dfrac{2}{5}\right)+\left(-\dfrac{3}{5}\right)\right\}+\left(+\dfrac{1}{4}\right) \quad \text{덧셈의 } \boxed{㉡} \text{ 법칙}$$
$$=\left(\boxed{㉢}\right)+\left(+\dfrac{1}{4}\right)$$
$$=\boxed{㉣}$$

**03** $a=(-3)-(-9)+(-5)$,
$b=\left(-\dfrac{13}{8}\right)+\left(+\dfrac{7}{4}\right)-\left(-\dfrac{1}{2}\right)$ 일 때, $a-b$의 값을 구하시오.

**04** 다음 중 계산 결과가 가장 큰 것은?

① $-1+2-3$  ② $5-9+6$

③ $-4-7+15$  ④ $-\dfrac{3}{5}+\dfrac{5}{2}+\dfrac{1}{10}$

⑤ $5.1-2.4-1$

**05** $-3$보다 5만큼 큰 수를 $a$, $-1$보다 4만큼 작은 수를 $b$라 할 때, $a+b$의 값은?

① $-5$  ② $-3$  ③ $0$

④ $3$  ⑤ $5$

서술형

**06** 어떤 수 $a$에 $-\dfrac{2}{3}$를 더해야 할 것을 잘못하여 뺐더니 $\dfrac{1}{2}$이 되었다. 이때 바르게 계산한 답을 구하시오.

**07** $A=\left(+\dfrac{4}{3}\right)\times\left(-\dfrac{9}{8}\right)$, $B=\left(-\dfrac{21}{4}\right)\times\left(-\dfrac{10}{7}\right)$일 때, $A+B$의 값은?

① $-6$       ② $-4$       ③ $-2$

④ $6$       ⑤ $8$

**08** 다음 계산 과정에서 ㉠~㉣에 들어갈 알맞은 것을 구하시오.

$$(-0.4)\times(+13)\times(+5)$$
$$=(-0.4)\times(+5)\times(+13)\quad\Big\}\ \text{곱셈의}\ \boxed{㉠}\ \text{법칙}$$
$$=\{(-0.4)\times(+5)\}\times(+13)\quad\Big\}\ \text{곱셈의}\ \boxed{㉡}\ \text{법칙}$$
$$=\left(\ \boxed{㉢}\ \right)\times(+13)$$
$$=\boxed{㉣}$$

**09** 다음 중 가장 큰 수는?

① $\left(-\dfrac{1}{3}\right)^{3}$       ② $\left(-\dfrac{1}{4}\right)^{2}$       ③ $-\dfrac{1}{3^{2}}$

④ $-\left(-\dfrac{1}{4}\right)^{2}$       ⑤ $-\left(-\dfrac{1}{3}\right)^{3}$

**10** 다음은 분배법칙을 이용하여 $15\times104$를 계산하는 과정이다. 세 수 $a$, $b$, $c$에 대하여 $a+b+c$의 값을 구하시오.

$$15\times104=15\times(100+a)$$
$$=15\times100+15\times a$$
$$=1500+b$$
$$=c$$

**11** 다음 중 두 수가 서로 역수 관계인 것은?

① $1,\ -1$       ② $0.3,\ 3$       ③ $-\dfrac{4}{5},\ \dfrac{5}{4}$

④ $4,\ 0.25$       ⑤ $-\dfrac{2}{9},\ -9$

⭐

**12** 다음 중 계산 결과가 가장 작은 것은?

① $(-12)\div(-4)$

② $\left(+\dfrac{4}{3}\right)\times\left(-\dfrac{9}{2}\right)$

③ $\left(+\dfrac{6}{7}\right)\div\left(-\dfrac{3}{7}\right)$

④ $\left(+\dfrac{15}{4}\right)\times(-12)\times\left(-\dfrac{1}{5}\right)$

⑤ $\left(-\dfrac{2}{5}\right)\div\left(-\dfrac{1}{10}\right)\div(-4)$

**13** 다음 중 계산 결과가 옳지 <u>않은</u> 것은?

① $\left(+\dfrac{7}{3}\right)\times\left(-\dfrac{2}{7}\right)\div(-4)=\dfrac{1}{6}$

② $\left(-\dfrac{1}{6}\right)\div\left(-\dfrac{5}{12}\right)\times(-10)=-4$

③ $\left(+\dfrac{3}{5}\right)\times\left(-\dfrac{10}{9}\right)\div\left(-\dfrac{1}{2}\right)=\dfrac{4}{3}$

④ $\left(-\dfrac{3}{10}\right)\div\left(-\dfrac{6}{5}\right)\times\left(+\dfrac{2}{9}\right)=\dfrac{1}{6}$

⑤ $\left(+\dfrac{5}{12}\right)\div(-2)^2\times(-16)=-\dfrac{5}{3}$

**14** 다음 식의 계산 순서를 차례대로 나열하고, 계산 결과를 구하시오.

$$\dfrac{3}{7}\times\left[\dfrac{1}{3}-\left\{\left(-\dfrac{4}{3}\right)^2\div\dfrac{8}{9}+\dfrac{1}{2}\right\}\times\dfrac{3}{5}\right]$$

$$\begin{array}{cccccc} \uparrow & \uparrow & \uparrow & \uparrow & \uparrow & \uparrow \\ ㉠ & ㉡ & ㉢ & ㉣ & ㉤ & ㉥ \end{array}$$

**15** 다음 ☐ 안에 알맞은 수를 구하시오.

$$\left(-\dfrac{1}{2}\right)^2\div\left(-\dfrac{3}{10}\right)\times\boxed{\phantom{x}}=-20$$

## Level Up

**16** 오른쪽 그림의 삼각형에서 세 변에 놓인 네 수의 합이 모두 같을 때, ㉠과 ㉡에 알맞은 수를 각각 구하시오.

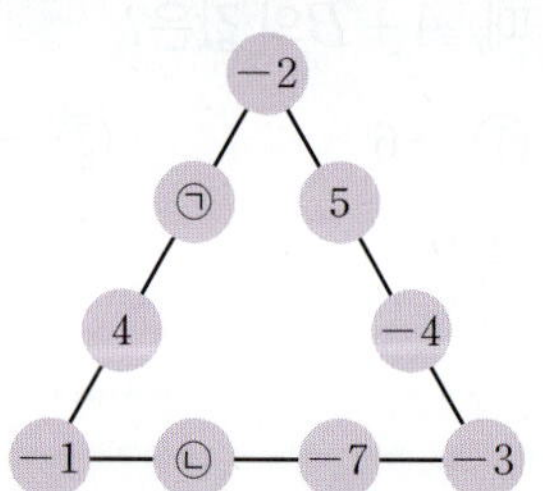


**17** 다음을 계산하시오.

$$\left(\dfrac{1}{2}-1\right)\times\left(\dfrac{1}{3}-1\right)\times\left(\dfrac{1}{4}-1\right)\times\cdots\times\left(\dfrac{1}{25}-1\right)$$

**18** 선우와 시아가 계단에서 가위바위보 놀이를 하여 이기면 3칸 올라가고 지면 1칸 내려가기로 했다. 같은 위치에서 시작하여 가위바위보를 10번 하여 선우가 6번 이겼다고 할 때, 두 사람이 몇 칸 떨어져 있는지 구하시오. (단, 비긴 경우는 없으며, 계단의 개수는 오르내리기에 충분히 많다.)

# 문자의 사용과 식

# 01 문자의 사용과 식의 값

## 개념 1 문자의 사용

**(1) 문자를 사용한 식**

문자를 사용하면 구체적인 값이 주어지지 않은 수량이나 그들 사이의 관계를 식으로 간단히 나타낼 수 있다.

**(2) 문자를 사용하여 식으로 나타내기**

❶ 문제의 뜻을 파악하여 규칙을 찾는다.

❷ ❶에서 찾은 규칙에 맞게 수와 문자를 사용하여 식으로 나타낸다.

> **주의** 문자를 사용하여 식을 세울 때는 반드시 단위를 쓰도록 한다.

> **참고** 문자를 사용한 식에 자주 쓰이는 수량 사이의 관계
> - (물건 전체의 가격) = (물건 1개의 가격) × (물건의 개수)
> - (거스름돈) = (지불한 금액) − (물건의 가격)
> - (거리) = (속력) × (시간), (속력) = $\dfrac{(거리)}{(시간)}$, (시간) = $\dfrac{(거리)}{(속력)}$

### 개념 Bridge

- 문자를 사용하여 식으로 나타내기

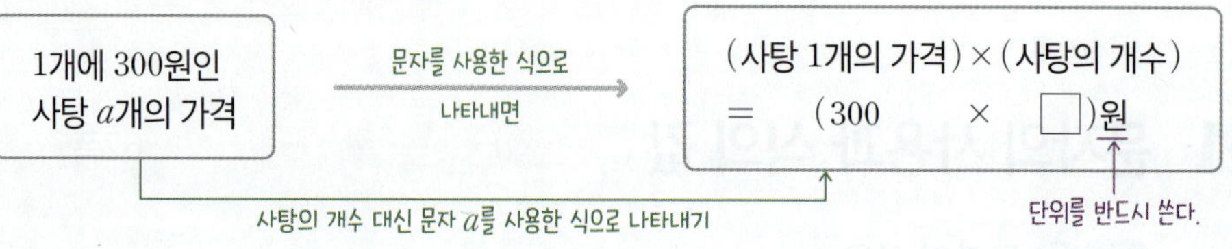


### 개념 check

✓ 문자를 사용한 식으로 나타내기

**01** 다음을 문자를 사용한 식으로 나타내시오.

(1) 한 개에 600원인 빵 $x$개와 한 개에 700원인 우유 $y$개의 가격

(2) 한 권에 $a$원인 공책 4권을 사고 5000원을 냈을 때의 거스름돈

(3) 현재 16살인 민지의 $x$년 후의 나이

(4) 10권에 $a$원인 공책 1권의 가격

**01-1** 다음을 문자를 사용한 식으로 나타내시오.

(1) 한 변의 길이가 $a\,\mathrm{cm}$인 정삼각형의 둘레의 길이

(2) 십의 자리의 숫자가 5, 일의 자리의 숫자가 $a$인 두 자리의 자연수

(3) 자동차가 시속 $80\,\mathrm{km}$로 $y\,\mathrm{km}$를 달리는 데 걸리는 시간

(4) $x$자루에 3000원인 연필 1자루의 가격

**(1) 곱셈 기호의 생략**

(수)×(문자), (문자)×(문자)에서 곱셈 기호 ×를 생략하고 다음과 같이 나타낸다.

① (수)×(문자): 수를 문자 앞에 쓴다.  →  $2 \times a = 2a$,  $a \times (-3) = -3a$

② $1 \times$(문자) 또는 $(-1) \times$(문자): 1을 생략한다.  →  $1 \times a = a$,  $(-1) \times b = -b$

③ (문자)×(문자): 알파벳 순서로 쓴다.  →  $b \times a \times c = abc$

④ 같은 문자의 곱: 거듭제곱으로 나타낸다.  →  $x \times x \times x = x^3$

⑤ 괄호가 있는 식과 수의 곱: 수를 괄호 앞에 쓴다.  →  $(x+y) \times 2 = 2(x+y)$

> **주의** $0.1 \times x$에서는 1을 생략하지 않고 $0.1x$로 쓴다.

**(2) 나눗셈 기호의 생략**

나눗셈 기호 ÷를 생략하고, 분수의 꼴로 나타낸다.  →  $a \div 3 = \dfrac{a}{3}$

또는 나눗셈을 역수의 곱셈으로 고친 후 곱셈 기호 ×를 생략한다.  →  $a \div 3 = a \times \dfrac{1}{3} = \dfrac{1}{3}a$

> **참고** $a \div 1 = \dfrac{a}{1} = a$,  $a \div (-1) = \dfrac{a}{-1} = -a$

---

## 개념 check

✓ 곱셈 기호의 생략 ·········· **01** 다음 식을 곱셈 기호 ×를 생략하여 나타내시오.

(1) $b \times 5 \times a$        (2) $y \times 0.1 \times x$

(3) $x \times (-2) \times y \times x \times y$        (4) $(a-3b) \times \dfrac{1}{2}$

**01-1** 다음 식을 곱셈 기호 ×를 생략하여 나타내시오.

(1) $x \times 7$        (2) $x \times z \times (-5)$

(3) $a \times a \times a \times 0.1 \times b$        (4) $(x+y) \times (-1) \times a$

✓ 나눗셈 기호의 생략 ·········· **02** 다음 식을 나눗셈 기호 ÷를 생략하여 나타내시오.

(1) $x \div 3$        (2) $a \div \left(-\dfrac{2}{5}\right)$

(3) $(x+2) \div 4$        (4) $1 \div (3y-1)$

**02-1** 다음 식을 곱셈 기호 ×와 나눗셈 기호 ÷를 생략하여 나타내시오.

(1) $(-7) \div x$        (2) $a \div \dfrac{4}{3}$

(3) $(x+2y) \div (-3)$        (4) $a \div 3 \times b$

(1) **대입**: 문자를 사용한 식에서 문자를 어떤 수로 바꾸어 넣는 것

(2) **식의 값**: 문자를 사용한 식에서 문자에 어떤 수를 대입하여 구한 값

(3) 식의 값을 구하는 방법
  ❶ 주어진 식에서 생략된 곱셈 기호 ×를 다시 쓴다.
  ❷ 문자에 주어진 수를 대입하여 계산한다.

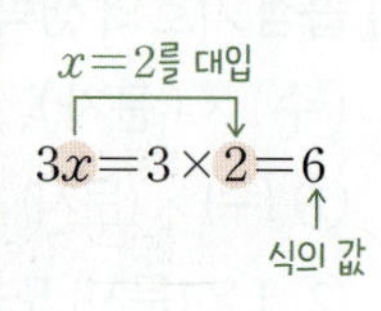


### 개념 Bridge

• 식의 값 구하기

$x=3$일 때, $2x-5$의 값 $\longrightarrow$ $2x-5=2\times x-5$ ← 곱셈 기호 × 다시 쓰기

$=2\times\boxed{\phantom{0}}-5$ ← $x$에 $\boxed{\phantom{0}}$을 대입하기

$=\boxed{\phantom{0}}$ ← 식의 값 구하기

### 개념 check

✓ 식의 값 구하기 ……… **01** $x=5$일 때, 다음 식의 값을 구하시오.

(1) $x+3$

(2) $6x-2$

(3) $9-2x$

(4) $x^2-1$

문자에 음수를 대입할 때는 반드시 ▶ 괄호를 사용한다.

**01-1** $a=2,\ b=-3$일 때, 다음 식의 값을 구하시오.

(1) $a+\dfrac{1}{3}b=\boxed{\phantom{0}}+\dfrac{1}{3}\times(\boxed{\phantom{0}})=\boxed{\phantom{0}}$

(2) $b^2-a$

(3) $\dfrac{a-b}{a+b}$

분모에 분수를 대입할 때는 생략된 ▶ 나눗셈 기호 ÷를 다시 쓴다.

**01-2** $a=\dfrac{1}{2},\ b=-1$일 때, 다음 식의 값을 구하시오.

(1) $2a+5b$

(2) $ab-b^2$

(3) $\dfrac{4}{a}=4\div a=4\div\boxed{\phantom{0}}=4\times\boxed{\phantom{0}}=\boxed{\phantom{0}}$

# 필수 유형 익히기

## 유형 1 · 곱셈 기호와 나눗셈 기호의 생략

**01** 다음 중 기호 $\times$, $\div$를 생략하여 나타낸 것으로 옳은 것은?

① $a \times 2 \times b \times b \times 3 = 6ab$

② $a \div \dfrac{1}{4} \div b = \dfrac{ab}{4}$

③ $a \div 7 \times b = \dfrac{a}{7b}$

④ $a + b \times c \div 5 = \dfrac{a+bc}{5}$

⑤ $a \div 6 - b \times (-8) = \dfrac{a}{6} + 8b$

**01-1** 다음 중 기호 $\times$, $\div$를 생략하여 나타낸 것으로 옳은 것은?

① $0.1 \times a \times a = 0.2a$

② $(x+y) \times \dfrac{1}{2} = \dfrac{x}{2} + y$

③ $a + b \div c = \dfrac{a+b}{c}$

④ $a \times 2 \div b + 1 = \dfrac{2a}{b+1}$

⑤ $(a+b) \div \dfrac{3}{2} x \times y = \dfrac{2(a+b)y}{3x}$

## 유형 2 · 문자를 사용한 식으로 나타내기

**02** 다음 보기 중 문자를 사용하여 나타낸 식으로 옳은 것을 모두 고르시오.

보기

ㄱ. $a$시간 15분 $\rightarrow$ $(a+15)$분

ㄴ. 수학 점수가 $a$점, 영어 점수가 $b$점일 때, 두 과목의 평균 점수 $\rightarrow$ $\dfrac{a+b}{2}$점

ㄷ. 가로의 길이가 $x$ cm, 세로의 길이가 $y$ cm인 직사각형의 둘레의 길이 $\rightarrow$ $2(x+y)$ cm

ㄹ. 물 $a$ L를 5개의 컵에 똑같이 나누어 담을 때, 한 컵에 담긴 물의 양 $\rightarrow$ $\dfrac{a}{5}$ L

**02-1** 다음 중 문자를 사용하여 나타낸 식으로 옳은 것은?

① 4장에 $c$원인 우표 한 장의 가격 $\rightarrow$ $4c$원

② 한 변의 길이가 $b$ cm인 정사각형의 넓이 $\rightarrow$ $4b$ cm$^2$

③ 100점 만점의 시험에서 4점짜리 문제 $x$개를 틀렸을 때 얻은 점수 $\rightarrow$ $(4x-100)$점

④ $a$원의 40% $\rightarrow$ $0.4a$원

⑤ 시속 $a$ km로 20 km를 달렸을 때 걸린 시간 $\rightarrow$ $20a$시간

## 유형 3 · 식의 값 구하기 (1)

**03** $a=-2$, $b=5$일 때, 다음 중 식의 값이 가장 작은 것은?

① $a-b$     ② $-\dfrac{a}{b}$     ③ $\dfrac{ab}{10}$

④ $3a+2b$     ⑤ $-\dfrac{1}{a}+\dfrac{1}{b}$

**03-1** $a=4$, $b=-3$일 때, 다음 중 식의 값이 가장 큰 것은?

① $a+b$     ② $\dfrac{a}{4}+\dfrac{6}{b}$     ③ $-\dfrac{ab}{2}$

④ $a+2b$     ⑤ $a^2-b^2$

**유형 4**  식의 값 구하기 ⑵; 분모에 분수를 대입하는 경우

**04** $x=-4$, $y=\dfrac{1}{2}$일 때, $8xy^2+\dfrac{1}{y}$의 값은?

① $-4$　　② $-5$　　③ $-6$

④ $-7$　　⑤ $-8$

**04-1** $x=\dfrac{1}{6}$, $y=-3$일 때, 다음 중 식의 값이 가장 작은 것은?

① $2xy$　　② $x-y$　　③ $\dfrac{y}{x}$

④ $\dfrac{x}{y}$　　⑤ $-\dfrac{1}{x}+\dfrac{3}{y}$

**유형 5**  식의 값의 활용; 식이 주어진 경우

**05** 기온이 $x\,^\circ\mathrm{C}$일 때, 공기 중에서 소리의 속력은 초속 $(0.6x+331)\,\mathrm{m}$이다. 기온이 $15\,^\circ\mathrm{C}$일 때, 공기 중에서 소리의 속력을 구하시오.

**05-1** 온도를 나타내는 방법으로는 화씨온도($^\circ\mathrm{F}$)와 섭씨온도($^\circ\mathrm{C}$)가 있는데 화씨온도 $x\,^\circ\mathrm{F}$는 섭씨온도로 $\dfrac{5}{9}(x-32)\,^\circ\mathrm{C}$이다. 화씨온도 $86\,^\circ\mathrm{F}$는 섭씨온도로 몇 $^\circ\mathrm{C}$인지 구하시오.

**유형 6**  식의 값의 활용; 식이 주어지지 않은 경우

❶ 주어진 상황을 문자를 사용한 식으로 나타낸다.
❷ ❶의 식에서 문자에 수를 대입하여 식의 값을 구한다.

**06** 오른쪽 그림과 같은 삼각형에 대하여 다음 물음에 답하시오.

(1) 삼각형의 넓이를 문자 $x$, $y$를 사용한 식으로 간단히 나타내시오.

(2) $x=6$, $y=5$일 때, 삼각형의 넓이를 구하시오.

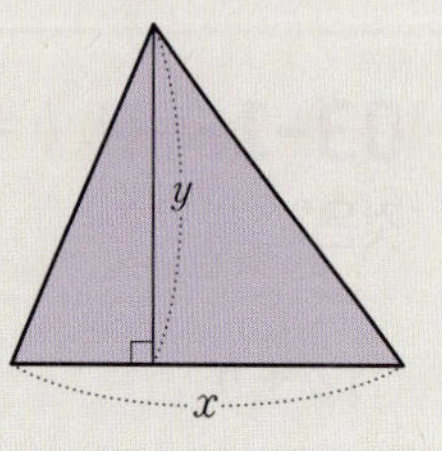

**06-1** 오른쪽 그림과 같은 사다리꼴에 대하여 다음 물음에 답하시오.

(1) 사다리꼴의 넓이를 문자 $a$, $b$, $h$를 사용한 식으로 간단히 나타내시오.

(2) $a=3$, $b=6$, $h=4$일 때, 사다리꼴의 넓이를 구하시오.

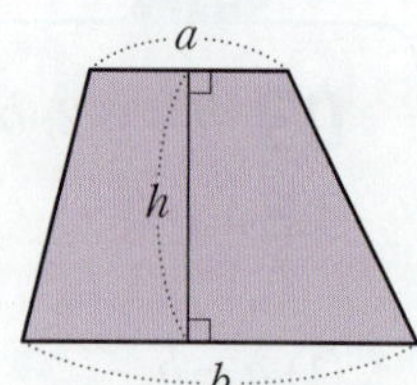

# 02 일차식과 그 계산

## 개념 4 다항식과 일차식

**(1) 다항식**

① **항**: 수 또는 문자의 곱으로 이루어진 식

② **상수항**: 문자 없이 수만으로 이루어진 항

③ **계수**: 문자를 포함한 항에서 문자 앞에 곱해진 수

④ **다항식**: 몇 개의 항의 합으로 이루어진 식　예 $4a$, $3x-1$, $5a-4b+2$

⑤ **단항식**: 다항식 중에서 한 개의 항으로만 이루어진 식　예 $4a$. $-3x^2$, $6$

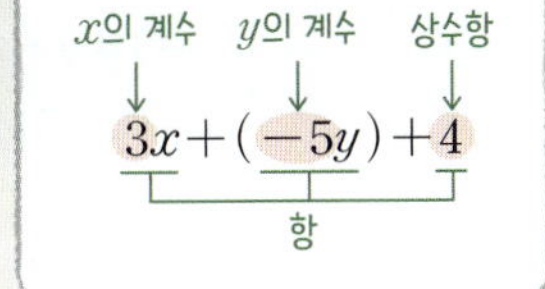

**(2) 일차식**

① **차수**: 어떤 항에서 문자가 곱해진 개수

　예 $3x^3(=3\times x\times x\times x)$에서 $x$의 차수는 3

② **다항식의 차수**: 다항식에서 차수가 가장 큰 항의 차수

③ **일차식**: 차수가 1인 다항식　예 $x+1$, $-2x$, $\dfrac{y}{5}$

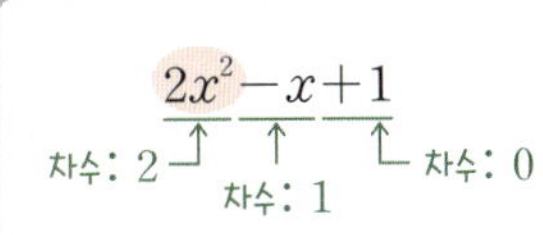

## 개념 Bridge

• 다항식과 일차식

$$x \qquad 5 \qquad -3y \qquad a+1 \qquad x^2-1$$

## 개념 check

✓ 다항식의 이해 …… **01** 다음 표에 알맞은 것을 써넣으시오.

| 다항식 | 항 | 상수항 | 계수 |
|---|---|---|---|
| $7x-\dfrac{y}{3}+5$ | | | $x$의 계수:<br>$y$의 계수: |
| $4a^3$ | | | $a^3$의 계수: |

✓ 일차식 판별하기 …… **02** 다음 다항식의 차수를 구하고, 일차식인지 아닌지 판별하시오.

(1) $-2$　　　　　(2) $5x-3$　　　　　(3) $5x^2-3x+2$

**02-1** 다음 중 일차식인 것은 ○표, 일차식이 아닌 것은 ×표를 하시오.

(1) $10$ (　　　)　　　(2) $3-x$ (　　　)

(3) $\dfrac{a}{2}-\dfrac{1}{2}$ (　　　)　　　(4) $x+\dfrac{1}{x}$ (　　　)

**(1) 문자를 포함한 단항식과 수의 곱셈, 나눗셈**

① (수) × (단항식), (단항식) × (수)

→ 수끼리 곱하여 문자 앞에 쓴다.

예
$$3x \times 5 = 3 \times x \times 5$$
$$= 3 \times 5 \times x \quad \text{곱셈의 교환법칙}$$
$$= (3 \times 5) \times x \quad \text{곱셈의 결합법칙}$$
$$= 15x$$

② (단항식) ÷ (수)

→ 나누는 수의 역수를 곱한다.

예
$$6x \div 2 = 6 \times x \times \frac{1}{2} \quad \leftarrow \text{나누는 수의 역수 곱하기}$$
$$= \left(6 \times \frac{1}{2}\right) \times x \quad \text{곱셈의 교환법칙, 결합법칙}$$
$$= 3x$$

**(2) 일차식과 수의 곱셈, 나눗셈**

① (수) × (일차식), (일차식) × (수)

→ 분배법칙을 이용하여 일차식의 각 항에 수를 곱한다.

예
$$-2(3x+1) = (-2) \times 3x + (-2) \times 1$$
$$= -6x - 2$$

② (일차식) ÷ (수)

→ 분배법칙을 이용하여 나누는 수의 역수를 일차식의 각 항에 곱한다.

예
$$(4x+2) \div 2 = (4x+2) \times \frac{1}{2} = 4x \times \frac{1}{2} + 2 \times \frac{1}{2}$$
$$= 2x + 1$$

---

개념 **check**

☑ 단항식과 수의 곱셈, 나눗셈

**01** 다음 식을 계산하시오.

(1) $5 \times 4a$

(2) $\dfrac{2}{3}b \times (-3)$

(3) $14x \div 7$

(4) $16y \div \left(-\dfrac{4}{5}\right)$

**01-1** 다음 식을 계산하시오.

(1) $\dfrac{3}{4}a \times 8$

(2) $(-3b) \times (-2)$

(3) $(-36x) \div 9$

(4) $\left(-\dfrac{5}{7}y\right) \div \left(-\dfrac{10}{21}\right)$

☑ 일차식과 수의 곱셈, 나눗셈

**02** 다음 식을 계산하시오.

(1) $3(2a+5)$

(2) $(6b-3) \times \left(-\dfrac{2}{3}\right)$

(3) $(4x-8) \div 2$

(4) $(3-y) \div \left(-\dfrac{1}{2}\right)$

**02-1** 다음 식을 계산하시오.

(1) $-2(3a-1)$

(2) $(2-10b) \times \dfrac{1}{2}$

(3) $(9x+3) \div (-3)$

(4) $(6y-8) \div \dfrac{2}{5}$

**(1) 동류항**

① **동류항**: 다항식에서 문자와 차수가 각각 같은 항

참고 상수항은 모두 동류항이다.

② **동류항의 덧셈과 뺄셈**: 동류항끼리 모은 후 분배법칙을 이용하여 간단히 한다.

예 $5x+3x=(5+3)x=8x$, $5x-3x=(5-3)x=2x$

동류항
$4a-5+3a+7$
동류항

**(2) 일차식의 덧셈과 뺄셈**

괄호를 푼 다음 동류항끼리 모아서 계산한다.

→ 괄호 앞에 $+$가 있으면 괄호 안의 부호를 그대로, 괄호 앞에 $-$가 있으면 괄호 안의 부호를 반대로

개념 **Bridge**

• 일차식의 덧셈

$(2x+3)+(x-2)$ ← 괄호 풀기
$=2x+3+x-2$ ← 동류항끼리 모으기
$=2x+\boxed{\phantom{0}}+3-\boxed{\phantom{0}}$ ← 동류항끼리 계산
$=\boxed{\phantom{0}}$

• 일차식의 뺄셈

$(2x+3)-(x-2)$ ← 괄호 풀기
$=2x+3-x+2$ ← 동류항끼리 모으기
$=2x-\boxed{\phantom{0}}+3+\boxed{\phantom{0}}$ ← 동류항끼리 계산
$=\boxed{\phantom{0}}$

개념 **check**

✓ 동류항의 덧셈과 뺄셈 ········ **01** 다음에서 동류항을 모두 말하고, 식을 간단히 하시오.

(1) $6y+9y-y$ 　　　　　　　(2) $4a-3+a+8$

**01-1** 다음 식을 간단히 하시오.

(1) $5y-6-2y+7$ 　　　　　(2) $\dfrac{2}{3}a+5b+\dfrac{7}{3}a-b$

✓ 일차식의 덧셈과 뺄셈 ········ **02** 다음 식을 계산하시오.

(1) $(x+5)+(3x-8)$ 　　　　(2) $(2y+1)-(3y-4)$
(3) $(-x+3)+2(x-1)$ 　　　(4) $3(2-y)-4(y+1)$

**02-1** 다음 식을 계산하시오.

계수가 분수인 일차식의 덧셈과 뺄 ▶
셈은 분모의 최소공배수로 통분한
후 동류항끼리 계산한다.

(1) $(5x+3)+2(x-7)$ 　　　　(2) $3(3x-2)-(2x+9)$
(3) $\dfrac{1}{2}(2x+4)-\dfrac{1}{3}(6x-3)$ 　(4) $\dfrac{x+2}{3}+\dfrac{3x-1}{2}$



정답과 해설 29쪽

# 필수 유형 익히기



**01** 다음 중 다항식 $5x^2 - \dfrac{x}{4} + 3$에 대한 설명으로 옳지 <u>않은</u> 것은?

① 항은 3개이다.
② 상수항은 3이다.
③ $x^2$의 계수는 5이다.
④ $x$의 계수는 $\dfrac{1}{4}$이다.
⑤ 다항식의 차수는 2이다.

**01-1** 다항식 $\dfrac{7}{2}x^2 - 3x + 2$에서 $x^2$의 계수를 $a$, $x$의 계수를 $b$, 다항식의 차수를 $c$라 할 때, $abc$의 값을 구하시오.



**02** 다음 중 일차식을 모두 고르면? (정답 2개)

① $7$
② $x^2 - x - x^2$
③ $-\dfrac{5}{y}$
④ $x^2 + 3y$
⑤ $-0.2y + 0.1$

**02-1** 다음 보기 중 일차식인 것을 모두 고르시오.

보기

ㄱ. $6x^3 + x$    ㄴ. $-a + 5$    ㄷ. $\dfrac{x}{4} + 7$

ㄹ. $0.1a + \dfrac{1}{3}$    ㅁ. $\dfrac{2}{x} - 1$    ㅂ. $0 \times x - 8$



**03** 다음 중 옳지 <u>않은</u> 것은?

① $4a \times (-3) = -12a$
② $(-6b) \times \left(-\dfrac{10}{3}\right) = 20b$
③ $(-27x) \div 9 = -3x$
④ $21x \div \left(-\dfrac{7}{5}\right) = -15x$
⑤ $\dfrac{4}{7}y \div \dfrac{1}{14} = \dfrac{2}{49}y$

**03-1** 다음 중 옳지 <u>않은</u> 것은?

① $5 \times (-7x) = -35x$
② $18x \times \left(-\dfrac{4}{9}\right) = -8x$
③ $(-10y) \div (-2) = \dfrac{y}{5}$
④ $\dfrac{3}{2}y \div \dfrac{5}{6} = \dfrac{9}{5}y$
⑤ $\dfrac{2}{3}y \div \left(-\dfrac{2}{15}\right) = -5y$

**04** 다음 보기 중 옳은 것을 모두 고르시오.

보기
ㄱ. $(x+2) \times (-3) = -3x+6$
ㄴ. $(12x-4) \div \left(-\dfrac{1}{2}\right) = -24x+8$
ㄷ. $18\left(-\dfrac{5}{6}x + \dfrac{2}{3}\right) = -15x+12$
ㄹ. $\left(\dfrac{3}{2}x-15\right) \div \dfrac{3}{4} = 2x-5$

**04-1** 다음 중 옳지 <u>않은</u> 것은?

① $-2(x-2) = -2x+4$

② $(7x-3) \div \dfrac{1}{2} = 14x-6$

③ $(4x-3) \times \dfrac{1}{12} = \dfrac{x}{3} - \dfrac{1}{4}$

④ $6(-2x+1) = -12x+6$

⑤ $(9x-3y) \div (-3) = -27x+9y$



**05** 다음 중 $3a$와 동류항인 것의 개수는?

$$3, \quad -4b, \quad a^2, \quad \frac{3}{a}, \quad -\frac{1}{5}a, \quad 6ab, \quad -7a$$

① 1　　　　② 2　　　　③ 3
④ 4　　　　⑤ 5

**05-1** 다음 보기 중 동류항끼리 짝 지어진 것을 모두 고르시오.

보기
ㄱ. $7y, \ 7y^2$　　　ㄴ. $-x, \ \dfrac{x}{2}$　　　ㄷ. $x^2, \ 6x^2$

ㄹ. $\dfrac{8}{x}, \ -8x$　　　ㅁ. $3, \ \dfrac{1}{3}$　　　ㅂ. $-\dfrac{3}{7}y, \ y$



**06** 다음 중 옳지 <u>않은</u> 것은?

① $-5x+2+4x-1 = -x+1$

② $3x-(7x+1) = -4x-1$

③ $4(x+1)+3(x-2) = 7x-2$

④ $(-2x+3)-2(3x-1) = -8x+1$

⑤ $\dfrac{1}{3}(9x+6)+(x-3) = 4x-1$

**06-1** 다음 중 옳지 <u>않은</u> 것은?

① $2x-2+x-1 = 3x-3$

② $(4x-1)-(3x+1) = x-2$

③ $3(x+1)+2(x-4) = 5x-5$

④ $\dfrac{1}{3}(6x+3)-(2-x) = 3x-1$

⑤ $3(2x-3)-\dfrac{5}{2}(6x-4) = -9x+19$

**유형 7** 분수 꼴인 일차식의 덧셈과 뺄셈

**07** 다음을 계산하시오.

$$\frac{3x-1}{5}+\frac{2x+1}{3}$$

**07-1** $\dfrac{x-1}{4}-\dfrac{2x+1}{6}$ 을 계산하면 $ax+b$일 때, 수 $a$, $b$의 값을 각각 구하시오.

**유형 8** 문자에 일차식 대입하기

**08** $A=-3x+1$, $B=2x-5$일 때, $2A-3B$를 계산하면?

① $-12x-17$    ② $-12x+17$    ③ $12x-17$
④ $12x+17$    ⑤ $17x+12$

**08-1** $A=-x+2y$, $B=3x-y$일 때, $A-(2A-B)$를 계산하면?

① $-4x-3y$    ② $-3x+4y$    ③ $4x-3y$
④ $3x+4y$    ⑤ $4x+3y$

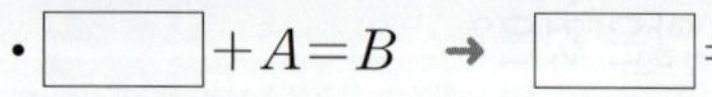 걸음 더

**유형 9** 어떤 식 구하기

- $\boxed{\phantom{xx}}+A=B$ ➡ $\boxed{\phantom{xx}}=B-A$
- $A+\boxed{\phantom{xx}}=B$ ➡ $\boxed{\phantom{xx}}=B-A$
- $\boxed{\phantom{xx}}-A=B$ ➡ $\boxed{\phantom{xx}}=B+A$
- $A-\boxed{\phantom{xx}}=B$ ➡ $\boxed{\phantom{xx}}=A-B$

**09** 다음 $\boxed{\phantom{xx}}$ 안에 알맞은 식을 구하시오.

$$8a-5-(\boxed{\phantom{xx}})=a-7$$

**09-1** $\boxed{\phantom{xx}}-3(2x-6)=x+11$에서 $\boxed{\phantom{xx}}$ 안에 알맞은 식은?

① $-5x+29$    ② $-x+17$    ③ $3x+5$
④ $7x-7$    ⑤ $7x+7$

# 서술형 감잡기

**01** $-\dfrac{4x-7}{2}-\dfrac{5x-1}{4}$ 을 계산했을 때, $x$의 계수와 상수항의 합을 구하시오.

**①단계** 분모를 통분하여 동류항끼리 계산하기 ◀ 50 %

$$-\frac{4x-7}{2}-\frac{5x-1}{4}$$
$$=\frac{\boxed{\phantom{0}}\times(4x-7)-(5x-1)}{4}=\frac{\boxed{\phantom{00}}-5x+1}{4}$$
$$=\frac{\boxed{\phantom{0}}x+\boxed{\phantom{0}}}{4}=\boxed{\phantom{0}}x+\boxed{\phantom{0}}$$

**②단계** $x$의 계수와 상수항 각각 구하기 ◀ 30 %

$x$의 계수는 $\boxed{\phantom{00}}$, 상수항은 $\boxed{\phantom{00}}$이다.

**③단계** $x$의 계수와 상수항의 합 구하기 ◀ 20 %

따라서 구하는 합은 $\boxed{\phantom{00}}$

답 ___________________

**01-1** $\dfrac{2(5x+2)}{5}-\dfrac{3(2x+1)}{4}$ 을 계산했을 때, $x$의 계수와 상수항의 곱을 구하시오.

답 ___________________

**02** 어떤 다항식에 $-x+5$를 더해야 할 것을 잘못하여 뺐더니 $4x+2$가 되었다. 이때 바르게 계산한 식을 구하시오.

**①단계** 어떤 다항식을 $A$로 놓고 잘못 계산한 식 세우기 ◀ 30 %

어떤 다항식을 $A$라 하면
$A-(-x+5)=4x+2$

**②단계** 어떤 다항식 구하기 ◀ 40 %

$A=4x+2+(-x+5)=\boxed{\phantom{000}}$

**③단계** 바르게 계산한 식 구하기 ◀ 30 %

따라서 바르게 계산한 식은
$\boxed{\phantom{00}}+(-x+5)=\boxed{\phantom{000}}$

답 ___________________

**02-1** 어떤 다항식에서 $11x-11$을 빼야 할 것을 잘못하여 더했더니 $2x-9$가 되었다. 이때 바르게 계산한 식을 구하시오.

답 ___________________



정답과 해설 31쪽

# 단원 마무리하기

**01** 다음 중 기호 $\times$, $\div$를 생략하여 나타낸 것으로 옳지 않은 것은?

① $0.1 \times x \times (-x) = -0.1x^2$

② $a \div 2 \times b = \dfrac{ab}{2}$

③ $x \div (y+3) = \dfrac{x}{y+3}$

④ $\dfrac{3}{4}x \div \dfrac{2}{5}y = \dfrac{15}{8}xy$

⑤ $a \times 4 \times b + 5 \times (-a) = 4ab - 5a$

**02** 다음 중 문자를 사용하여 나타낸 식으로 옳은 것을 모두 고르면? (정답 2개)

① 1권에 $a$원인 공책 2권과 1자루에 $b$원인 연필 2자루의 가격 → $2ab$원

② $x$분 25초 → $(60x+25)$초

③ 백의 자리의 숫자가 $a$, 십의 자리의 숫자가 $b$, 일의 자리의 숫자가 $c$인 세 자리의 자연수 → $abc$

④ 버스가 시속 $10\,\mathrm{km}$로 $x$시간 동안 달린 거리 → $10x\,\mathrm{km}$

⑤ 물 $a\,\mathrm{L}$를 4개의 컵에 똑같이 나누어 담을 때, 한 컵에 담긴 물의 양 → $4a\,\mathrm{L}$

**03** $a = -2$일 때, 다음 중 식의 값이 가장 작은 것은?

① $1-a$  ② $(-a)^2$  ③ $-3a^2$

④ $a^2 - 4$  ⑤ $a^3$

**04** $a = \dfrac{1}{3}$, $b = \dfrac{1}{2}$, $c = -\dfrac{1}{4}$일 때, $\dfrac{7}{a} - \dfrac{4}{b} + \dfrac{3}{c}$의 값을 구하시오.



**05** 오른쪽 그림과 같은 사각형의 넓이를 $a$, $b$를 사용한 식으로 나타내고 $a = 8$, $b = 6$일 때, 사각형의 넓이를 구하시오.

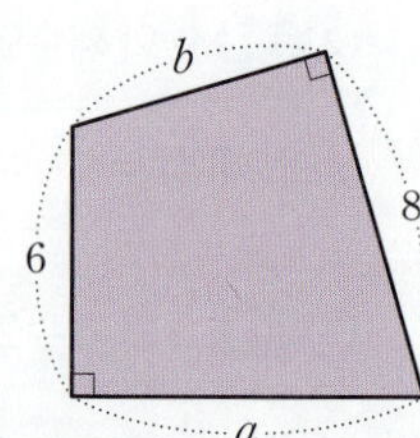


**06** 다음 중 다항식 $-x^2 - 2x + 7$에 대한 설명으로 옳은 것은?

① 항은 $x^2$, $2x$, 7이다.

② $x$의 계수는 2이다.

③ $x^2$의 계수와 상수항의 합은 6이다.

④ 차수가 3인 단항식이다.

⑤ $x^2$과 $2x$는 동류항이다.

**07** 다항식 $2x+ay+b$에서 $y$의 계수는 $x$의 계수의 2배 이고, 상수항은 $y$의 계수보다 3만큼 크다. 수 $a$, $b$에 대하여 $a+b$의 값을 구하시오.

**08** 다음 중 일차식을 모두 고르면? (정답 2개)

① $-2$  ② $0.2a+15$

③ $-\dfrac{1}{3}+5y$  ④ $x+\dfrac{2}{x}$

⑤ $-x+2x^2$

**09** 다음 중 계산 결과가 $-2(3x-1)$과 같은 것은?

① $2(3x+1)$  ② $\left(x-\dfrac{1}{3}\right)\div\left(-\dfrac{1}{6}\right)$

③ $-2(1-3x)$  ④ $(1-3x)\div\dfrac{1}{6}$

⑤ $(2x-6)\div(-3)$



**10** 두 다항식 $A$, $B$에 대하여

$$A=\dfrac{2}{3}(6x-27),\ B=\left(\dfrac{x}{2}-5\right)\div\left(-\dfrac{1}{3}\right)$$

일 때, 다항식 $A$의 $x$의 계수를 $a$, 다항식 $B$의 상수항을 $b$ 라 하자. 이때 $a-b$의 값을 구하시오.

**11** 다음 중 동류항끼리 짝 지어진 것은?

① $2x,\ x^2$  ② $a^2b,\ ab^2$  ③ $\dfrac{7}{x},\ 7x$

④ $3a^2,\ 3b^2$  ⑤ $-x,\ -2x$

**12** $5(1-3x)-\dfrac{1}{2}(4x-10)$을 계산하면 $ax+b$일 때, 수 $a$, $b$에 대하여 $a+b$의 값은?

① $-7$  ② $-1$  ③ $1$

④ $5$  ⑤ $7$

**13** $\dfrac{2x+1}{3}-\dfrac{x-1}{2}-\dfrac{3x-2}{4}=ax+b$일 때, 수 $a$, $b$에 대하여 $ab$의 값을 구하시오.

**14** $A=2x-y$, $B=-x+3y$일 때, $6A+B-2(2A+3B)$를 계산하시오.

**15** 다음 □ 안에 알맞은 식을 구하시오.

$$\dfrac{4}{3}(6x-5)+\boxed{\phantom{xx}}=7x-4$$



**16** 어떤 다항식에서 $-3x+10$을 빼야 할 것을 잘못하여 더했더니 $-2x+3$이 되었다. 이때 바르게 계산한 식을 구하시오.

## Level Up

**17** $5x^2-x+3+ax^2+2x-7$이 $x$에 대한 일차식일 때, 수 $a$의 값을 구하시오.

**18** 다음 표에서 가로, 세로, 대각선에 놓인 세 일차식의 합이 모두 같을 때, $A-B$를 $x$를 사용한 식으로 나타내시오.

| $x+2$ | $-3$ | $5x-2$ |
|---|---|---|
|  | $A$ |  |
|  | $4x+1$ | $B$ |

**19** 오른쪽 그림과 같은 직사각형에서 색칠한 부분의 넓이를 $a$를 사용한 식으로 나타내시오.

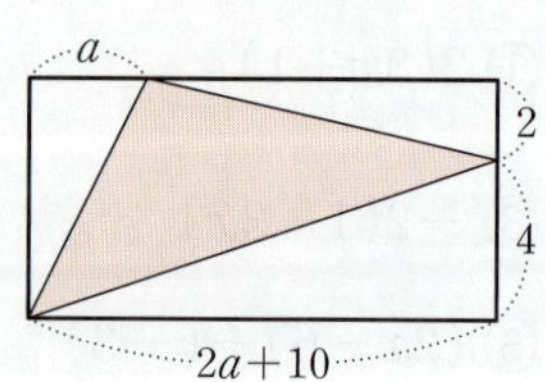

# 5 일차방정식

# 01 방정식과 그 해

 **등식**

(1) **등식**: 등호( = )를 사용하여 수나 식이 서로 같음을 나타낸 식

   **참고** 등식에서 등호의 왼쪽 부분을 좌변, 오른쪽 부분을 우변이라 하고, 좌변과 우변을 통틀어 양변이라 한다.

(2) **문장을 등식으로 나타내기**

   문장을 등식으로 나타낼 때는 문장을 적절히 끊어서 좌변과 우변이 되는 식을 각각 세운다.

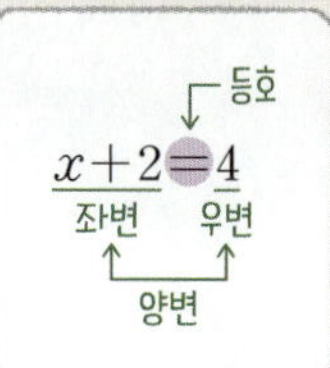


---

**개념 Bridge**

· 등식 찾기

(1) $1+3=4$ ——등호( = )를 사용한 식—→ (등식이다, 등식이 아니다).

(2) $x-2$ ——등호( = )가 없는 식—→ (등식이다, 등식이 아니다).

---

**개념 check**

✓ 등식 찾기 ········ **01** 다음 중 등식인 것은 ○표, 등식이 아닌 것은 ×표를 하시오.

(1) $-x+5$ (　　)      (2) $2+5=10$ (　　)

(3) $x+1=4$ (　　)      (4) $x+1\geq2$ (　　)

**01-1** 다음에서 등식을 모두 고르시오.

(1) $x+3x=9$      (2) $7<4$

(3) $8-1$      (4) $2x+2x=4x$

✓ 문장을 등식으로 나타내기 ········ **02** 다음 문장을 등식으로 나타내시오.

(1) 어떤 수의 2배에 1을 더한 값이 / 7이다.
        $2x+1$      $7$

(2) $a$원짜리 공책 3권과 $b$원짜리 지우개 1개를 산 금액이 5000원이다.

**02-1** 다음 문장을 등식으로 나타내시오.

(1) 어떤 수 $x$에서 5를 뺀 수는 $x$의 2배와 같다.

(2) 가로의 길이가 $9\,\text{cm}$, 세로의 길이가 $x\,\text{cm}$인 직사각형의 넓이는 $56\,\text{cm}^2$이다.

(1) **방정식**: 미지수의 값에 따라 참이 되기도 하고 거짓이 되기도 하는 등식

① **미지수**: 방정식에서 $x$, $y$ 등의 문자

② **방정식의 해(근)**: 방정식을 참이 되게 하는 미지수의 값

③ **방정식을 푼다**: 방정식의 해를 모두 구하는 것

예 등식 $x+3=5$에서 $x=2$일 때, $2+3=5$ (참)

$x=3$일 때, $3+3\ne5$ (거짓)

→ $x+3=5$는 방정식이고, $x=2$는 이 방정식의 해(근)이다.

(2) **항등식**: 미지수에 어떤 값을 대입해도 항상 참이 되는 등식

예 등식 $x+2x=3x$는 미지수 $x$에 어떤 값을 대입해도 항상 참이 되므로 항등식이다.

**개념 Bridge**

• 방정식 $5-x=4$의 해 구하기

| $x$의 값 | 좌변의 값 | 우변의 값 | 등식의 참, 거짓 |
|---|---|---|---|
| $-1$ | $5-(-1)=6$ | 4 | 거짓 |
| 0 | ❶ | 4 | ❷ |
| 1 | ❸ | 4 | ❹ |

→ 해: ❺ _____________

**개념 check**

✓ 방정식의 해 ········ **01** 다음 중 [ ] 안의 수가 주어진 방정식의 해인 것은 ○표, 해가 아닌 것은 ×표를 하시오.

(1) $2x-1=3$ [2] (    )  (2) $-3x+1=10$ [3] (    )

(3) $1-x=x+1$ [0] (    )  (4) $-(x-3)=2$ [1] (    )

**01-1** 다음 방정식 중 해가 $x=2$인 것을 모두 고르시오.

(1) $3-x=x-5$  (2) $5x-1=9$

(3) $-x-3=5$  (4) $2(3x-1)+1=11$

✓ 항등식 찾기 ········ **02** 다음 중 항등식인 것은 ○표, 항등식이 아닌 것은 ×표를 하시오.

등식의 좌변 또는 우변을 간단히 ▶ 정리하였을 때, 양변이 같은 식이 되면 그 등식은 항등식이다.

(1) $2x=4$ (    )  (2) $x-6x=-5x$ (    )

(3) $4x-x=6$ (    )  (4) $-2(x-2)=-2x+4$ (    )

**02-1** 다음에서 항등식을 모두 고르시오.

(1) $x+2$  (2) $5(x-3)=3$

(3) $3x-12=3(x-4)$  (4) $-(2x-1)=1-2x$

**(1) 등식의 성질**

① 등식의 양변에 **같은 수를 더해도** 등식은 성립한다. → $a=b$이면 $a+c=b+c$이다.

② 등식의 양변에서 **같은 수를 빼도** 등식은 성립한다. → $a=b$이면 $a-c=b-c$이다.

③ 등식의 양변에 **같은 수를 곱해도** 등식은 성립한다. → $a=b$이면 $ac=bc$이다.

④ 등식의 양변을 **0이 아닌 같은 수로 나누어도** 등식은 성립한다. → $a=b$이고 $c\neq0$이면 $\dfrac{a}{c}=\dfrac{b}{c}$이다.

**(2) 이항**: 등식의 성질을 이용하여 등식의 한 변에 있는 항을 그 항의 부호를 바꾸어 다른 변으로 옮기는 것

참고 $+\blacktriangle$를 이항하면 $-\blacktriangle$,  $-\blacktriangle$를 이항하면 $+\blacktriangle$

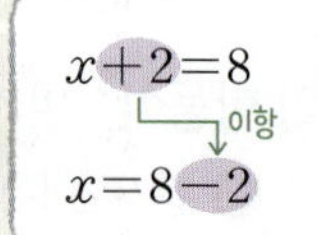


---

개념 **Bridge**

· 등식의 성질

$a=b$이면

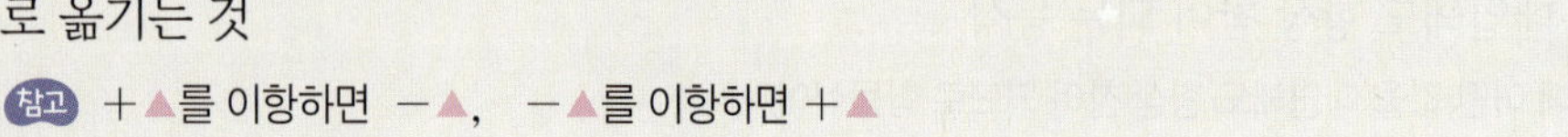


---

개념 **check**

✓ 등식의 성질 ·········· **01** $a=2b$일 때, 다음 중 옳은 것은 ○표, 옳지 않은 것은 ×표를 하시오.

(1) $a+3=2b+3$ (　　　) (2) $a-2=2b+2$ (　　　)

(3) $2a=b$ (　　　) (4) $\dfrac{a}{2}=b$ (　　　)

**01-1** 등식의 성질을 이용하여 □ 안에 알맞은 수를 써넣으시오.

(1) $5x-1=14$ $\xrightarrow{\text{양변에 }\square\text{을 더하면}}$ $5x=15$

(2) $\dfrac{x}{2}=6$ $\xrightarrow{\text{양변에 }\square\text{를 곱하면}}$ $x=12$

✓ 이항 ········· **02** 다음 등식에서 밑줄 친 항을 이항하시오.

(1) $2x\underline{+6}=-x+3$ (2) $x-7=3\underline{x}+5$

**02-1** 다음 등식에서 밑줄 친 항을 이항하시오.

(1) $x\underline{-8}=2$ (2) $3x=5\underline{x}+6$

(3) $x\underline{+1}=-4x$ (4) $5x\underline{-2}=3\underline{x}-1$

## 유형 1 문장을 등식으로 나타내기

**01** 다음 문장을 등식으로 나타내시오.

> 어떤 수 $x$의 5배는 $x$의 4배보다 3만큼 크다.

**01-1** 다음 문장을 등식으로 나타내시오.

> 사탕 30개를 4명에게 $x$개씩 나누어 주면 2개가 남는다.

## 유형 2 방정식의 해

**02** 다음 방정식 중 해가 $x=-1$이 <u>아닌</u> 것은?

① $2x-1=-3$  ② $3x+1=-2$

③ $-3-x=2x$  ④ $6x+2=5x+3$

⑤ $8x+7=-1$

**02-1** 다음 중 [ ] 안의 수가 주어진 방정식의 해인 것은?

① $x-2=-1$  $[-3]$  ② $3x-1=1+x$  $[0]$

③ $5-2x=-5$  $[1]$  ④ $\dfrac{x+1}{3}=\dfrac{x}{2}-1$  $[8]$

⑤ $2(x+1)=x+2$  $[-2]$

## 유형 3 항등식

**03** 다음 보기 중 항등식을 모두 고르시오.

> 보기
> ㄱ. $3+x=-x$
> ㄴ. $3x-x=2x$
> ㄷ. $5-4x=-4(2-x)$
> ㄹ. $3x+7=3(x+2)+1$

**03-1** 다음 중 $x$의 값에 관계없이 항상 참인 등식은?

① $x+3$

② $2x-3x=5$

③ $-2+x=-x+2$

④ $3(1-2x)=6x+3$

⑤ $-2(-2x-1)=4x+2$

## 유형 4 등식의 성질

**04** 다음 중 옳지 <u>않은</u> 것은?

① $\dfrac{a}{2}=\dfrac{b}{2}$이면 $a=b$이다.

② $3a=5b$이면 $\dfrac{a}{5}=\dfrac{b}{3}$이다.

③ $a=-4b$이면 $-\dfrac{a}{4}=b$이다.

④ $8a=b$이면 $8(a-1)=b-1$이다.

⑤ $a-6=b$이면 $a-2=b+4$이다.

**04-1** 다음 중 옳지 <u>않은</u> 것은?

① $x=-y$이면 $x+5=5-y$

② $3a=b$이면 $3a-1=b-1$

③ $-2x=3$이면 $x=-\dfrac{3}{2}$

④ $ac=bc$이면 $a=b$

⑤ $\dfrac{x}{2}=\dfrac{y}{5}$이면 $5x=2y$

**유형 5 등식의 성질을 이용한 방정식의 풀이**

**05** 다음은 등식의 성질을 이용하여 방정식 $\frac{1}{4}x+1=7$을 푸는 과정이다. 이때 등식의 성질 '$a=b$이면 $ac=bc$이다.'를 이용한 곳을 고르시오.

(단, $c$는 자연수)

$$\frac{1}{4}x+1=7 \xrightarrow{\;\;\bigcirc\;\;} x+4=28 \xrightarrow{\;\;\bigcirc\;\;} x=24$$

**05-1** 다음은 등식의 성질을 이용하여 방정식 $5x+7=-8$을 푸는 과정이다. ㈎, ㈏에 이용된 등식의 성질을 보기에서 고르시오.

$$5x+7=-8 \xrightarrow{\;\;\text{㈎}\;\;} 5x=-15 \xrightarrow{\;\;\text{㈏}\;\;} x=-3$$

보기
$a=b$이고, $c$는 자연수일 때
ㄱ. $a+c=b+c$  ㄴ. $a-c=b-c$
ㄷ. $ac=bc$  ㄹ. $\dfrac{a}{c}=\dfrac{b}{c}$

**유형 6 이항**

**06** 다음 중 밑줄 친 항을 이항한 것으로 옳지 <u>않은</u> 것은?

① $2x\underline{+1}=-1 \;\to\; 2x=-1-1$
② $3x=6\underline{-x} \;\to\; 3x+x=6$
③ $\underline{5}-2x=\underline{x} \;\to\; -2x+x=5$
④ $4x\underline{+3}=\underline{-x}+1 \;\to\; 4x+x=1-3$
⑤ $7x\underline{-2}=8\underline{+5x} \;\to\; 7x-5x=8+2$

**06-1** 다음 중 밑줄 친 항을 이항한 것으로 옳은 것은?

① $x\underline{-4}=3 \;\to\; x=3-4$
② $2x\underline{+10}=8 \;\to\; 2x=8+10$
③ $x=\underline{3x}-4 \;\to\; x+3x=-4$
④ $5x\underline{-2}=\underline{x}+6 \;\to\; 5x-x=6+2$
⑤ $3x\underline{+1}=\underline{-x}+2 \;\to\; 3x-x=2+1$

**걸음 더**
**유형 7 항등식이 될 조건**

$ax+b=cx+d$가 $x$에 대한 항등식이다.  $\to\; a=c, \; b=d$

**07** 등식 $2x-3b=ax+12$가 $x$에 대한 항등식일 때, 수 $a, b$에 대하여 $a+b$의 값을 구하시오.

**07-1** 등식 $3x+7=a(x-3)+b$가 $x$에 대한 항등식일 때, 수 $a, b$에 대하여 $ab$의 값을 구하시오.

# 02 일차방정식의 풀이



**(1) 일차방정식**

우변의 모든 항을 좌변으로 이항하여 정리할 때 (_x_에 대한 일차식)$=0$ 꼴이 되는 방정식을 $x$에 대한 **일차방정식**이라 한다.

$$\longrightarrow ax+b=0\ (a\neq 0)$$

**(2) 일차방정식의 풀이**

❶ 일차항은 좌변으로, 상수항은 우변으로 각각 이항한다.

❷ $ax=b\ (a\neq 0)$ 꼴로 정리한다.

❸ 양변을 $x$의 계수로 나누어 $x=(수)$ 꼴로 나타낸다.

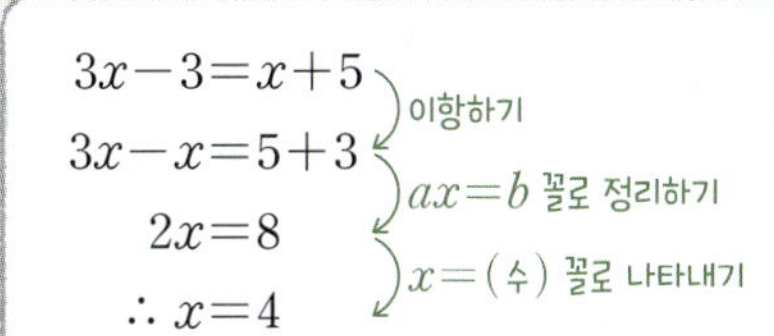


## 개념 Bridge

- 일차방정식

$$3x-1=x \xrightarrow{\text{우변의 모든 항을 좌변으로 이항}} 3x-1-\square=0 \xrightarrow{\text{정리}} \square x-1=0 \leftarrow \text{일차방정식}$$

$(x\text{에 대한 일차식})$

## 개념 check

☑ 일차방정식 찾기 ┈┈┈ **01** 다음 중 일차방정식인 것은 ○표, 일차방정식이 아닌 것은 ×표를 하시오.

(1) $x+3$ (　　) (2) $4x-3=4x+5$ (　　)

(3) $x^2-x=1+x^2$ (　　) (4) $2x+3=x-6$ (　　)

☑ 일차방정식의 풀이 ┈┈┈ **02** 다음 일차방정식을 푸시오.

(1) $2x-3=7$ (2) $-\dfrac{1}{4}x+1=0$

(3) $x+2=5x+4$ (4) $2x+11=4-5x$

**02-1** 다음 일차방정식을 푸시오.

(1) $3x-2=10$ (2) $3x=-4x-14$

(3) $2-5x=x$ (4) $2-x=-2x+3$

(1) **괄호가 있는 일차방정식**: 분배법칙을 이용하여 괄호를 풀어 정리한 후 푼다.

(2) **계수가 소수인 일차방정식**: 양변에 10의 거듭제곱을 곱하여 계수를 모두 정수로 고쳐서 푼다.

(3) **계수가 분수인 일차방정식**: 양변에 분모의 최소공배수를 곱하여 계수를 모두 정수로 고쳐서 푼다.

주의 방정식의 양변에 수를 곱할 때는 모든 항에 빠짐없이 곱해야 한다.

개념 **Bridge**

• 일차방정식 고치기

〈괄호가 있는 경우〉

$$2(x+3)=5x$$

괄호 풀기

$$2x+\boxed{\phantom{0}}=5x$$

〈계수가 소수인 경우〉

$$0.8x-1.2=0.2x$$

양변에 □을 곱하기

$$8x-\boxed{\phantom{0}}=2x$$

〈계수가 분수인 경우〉

$$\frac{1}{2}x+\frac{2}{3}=-\frac{1}{6}x$$

양변에 분모의 최소공배수인 □을 곱하기

$$3x+\boxed{\phantom{0}}=-x$$

개념 **check**

☑ 괄호가 있는 일차방정식의 풀이

**01** 다음 일차방정식을 푸시오.

(1) $3(x-2)=x+4$

(2) $5-3x=4(x+3)$

**01-1** 다음 일차방정식을 푸시오.

(1) $2x-(x+1)=3$

(2) $4-(x-7)=3(2x-1)$

☑ 계수가 소수 또는 분수인 일차방정식의 풀이

**02** 다음 일차방정식을 푸시오.

(1) $0.2x+0.6=-0.4$

(2) $\dfrac{2}{3}x+\dfrac{1}{2}=\dfrac{x}{6}$

**02-1** 다음 일차방정식을 푸시오.

(1) $1.5x-2=1.2x-0.5$

(2) $0.25x-1=0.05x+0.2$

(3) $\dfrac{5}{2}x+2=6x+\dfrac{1}{4}$

(4) $\dfrac{1}{5}(x-4)=\dfrac{7}{10}-x$

## 유형 ① 일차방정식

**01** 다음 보기 중 일차방정식을 모두 고르시오.

> 보기
> ㄱ. $5x-2$  　　ㄴ. $4x=x-3$
> ㄷ. $2x+3=2(x-1)$  　　ㄹ. $x-5=2x+6$
> ㅁ. $x^2+1=5$  　　ㅂ. $x^2-3x+2=x^2$

**01-1** 다음 중 일차방정식이 <u>아닌</u> 것은?

① $4=3x+5$
② $x+5=-x$
③ $8x+4=7x+4$
④ $x^2+3x=1+2x+x^2$
⑤ $3(5x+10)=5(6+3x)$

## 유형 ② 괄호가 있는 일차방정식의 풀이

**02** 다음 중 일차방정식의 해가 나머지 넷과 <u>다른</u> 하나는?

① $x-5=-2$
② $3x-1=x+5$
③ $2-(2-x)=3$
④ $2(x+2)=x+7$
⑤ $3(4-x)=-6(2x+1)$

**02-1** 다음 중 일차방정식 $x-2(3x+1)=7+4x$와 해가 같은 것은?

① $x-2=-x$
② $-x+6=-7$
③ $4(x+1)=10+x$
④ $2(x-4)=3(x+3)$
⑤ $-3(2+x)=-5x-8$

## 유형 ③ 계수가 소수 또는 분수인 일차방정식의 풀이

**03** 일차방정식 $0.7x+0.2=0.1(x+8)$의 해를 $x=a$, 일차방정식 $\dfrac{1}{6}(2x+1)=-\dfrac{1}{2}+\dfrac{2}{3}x$의 해를 $x=b$라 할 때, $a+b$의 값을 구하시오.

**03-1** 다음 중 일차방정식의 해가 가장 큰 것은?

① $2+4x=x+5$
② $2(3x-5)=4(2x-1)$
③ $0.5x=0.2x+0.6$
④ $\dfrac{x+5}{4}=\dfrac{7-x}{6}$
⑤ $\dfrac{5}{2}-\dfrac{x}{5}=\dfrac{x}{2}-1$

---

### 유형 4 소수인 계수와 분수인 계수가 모두 있는 일차방정식의 풀이

**04** 다음 일차방정식을 푸시오.

$$\frac{x}{2}+\frac{2-x}{6}=0.5(x+1)$$

**04-1** 다음 일차방정식을 푸시오.

$$\frac{3}{4}(7-x)=1.5-0.3x$$

---

### 유형 5 일차방정식의 해가 주어질 때, 수의 값 구하기

**05** 일차방정식 $ax-5=3x+6$의 해가 $x=-1$일 때, 수 $a$의 값을 구하시오.

**05-1** 일차방정식 $3-\dfrac{x+a}{4}=a+2x$의 해가 $x=-2$일 때, 수 $a$의 값을 구하시오.

---

### 유형 6 두 일차방정식의 해가 같을 때, 수의 값 구하기

❶ 두 일차방정식 중 해를 구할 수 있는 일차방정식을 먼저 푼다.
❷ ❶에서 구한 해를 다른 방정식에 대입하여 수의 값을 구한다.

**06** 다음 $x$에 대한 두 일차방정식의 해가 같을 때, 수 $a$의 값을 구하시오.

$$x-2=0, \quad 2(x+3)+1=4x+a$$

**06-1** 다음 $x$에 대한 두 일차방정식의 해가 같을 때, 수 $a$의 값을 구하시오.

$$\frac{x+1}{6}+\frac{x-2}{3}=1, \quad ax+1=x+7$$

## 개념 6 일차방정식의 활용

일차방정식의 활용 문제는 다음과 같은 순서로 해결한다.

❶ **미지수 정하기**　　문제의 뜻을 이해하고, 구하려는 값을 미지수 $x$로 놓는다.

❷ **방정식 세우기**　　문제의 뜻에 맞게 $x$에 대한 일차방정식을 세운다.

❸ **방정식 풀기**　　일차방정식을 푼다.

❹ **확인하기**　　구한 해가 문제의 뜻에 맞는지 확인한다.

### 개념 Bridge

• 어떤 수의 2배에 5를 더한 수는 어떤 수의 3배와 같을 때, 어떤 수 구하기

❶ 미지수 정하기　　어떤 수를 $x$라 하자.

❷ 방정식 세우기　　어떤 수의 2배에 5를 더한 수는 □
어떤 수의 3배는 $3x$ ⟶ □ $=3x$

❸ 방정식 풀기　　방정식을 풀면 $x=$ □
따라서 어떤 수는 □이다.

❹ 확인하기　　어떤 수의 2배에 5를 더한 수는 $2\times$ □ $+5=$ □
어떤 수의 3배는 $3\times$ □ $=$ □
따라서 구한 해가 문제의 뜻에 맞는다.

### 개념 check

☑ 연속하는 자연수에 대한 문제

**01** 연속하는 두 자연수의 합이 57일 때, 두 자연수를 구하려고 한다. 다음 물음에 답하시오.

(1) 두 자연수 중 작은 수를 $x$라 할 때, 방정식을 세우시오.

(2) (1)의 방정식을 푸시오.

(3) 연속하는 두 자연수를 구하시오.

**01-1** 연속하는 두 홀수의 합이 28일 때, 두 홀수를 구하시오.

☑ 개수에 대한 문제

**02** 어느 농구 경기에서 한 선수가 2점 슛과 3점 슛을 합하여 11개를 넣고 26점을 득점하였다. 이 선수가 3점 슛을 몇 개 넣었는지 구하려고 할 때, 다음 물음에 답하시오.

(1) 3점 슛을 $x$개 넣었다고 할 때, 방정식을 세우시오.

(2) (1)의 방정식을 푸시오.

(3) 이 선수가 3점 슛을 몇 개 넣었는지 구하시오.

**02-1** 한 개에 200원인 사탕과 한 개에 300원인 젤리를 합하여 20개를 사고 4500원을 지불하였다. 이때 사탕과 젤리를 각각 몇 개 샀는지 구하시오.

**03** 올해 아버지의 나이는 45살이고 민지의 나이는 13살이다. 아버지의 나이가 민지의 나이의 3배가 되는 때는 몇 년 후인지 구하려고 할 때, 다음 물음에 답하시오.

(1) $x$년 후에 아버지의 나이가 민지의 나이의 3배가 된다고 할 때, 방정식을 세우시오.

(2) (1)의 방정식을 푸시오.

(3) 아버지의 나이가 민지의 나이의 3배가 되는 때는 몇 년 후인지 구하시오.

**03-1** 나이 차가 4살인 누나와 동생의 나이의 합이 32살일 때, 누나와 동생의 나이를 각각 구하시오.

## 개념 **7** 일차방정식의 활용; 거리, 속력, 시간

거리, 속력, 시간에 대한 문제는 다음 관계를 이용하여 방정식을 세운다.

$$( 거리 ) = ( 속력 ) \times ( 시간 ), \quad ( 속력 ) = \frac{( 거리 )}{( 시간 )}, \quad ( 시간 ) = \frac{( 거리 )}{( 속력 )}$$

**주의** 주어진 단위가 다를 경우, 방정식을 세우기 전에 먼저 단위를 통일한다.

→ $1\,km = 1000\,m$, $1\,m = \dfrac{1}{1000}\,km$, 1시간 $= 60$분, 1분 $= \dfrac{1}{60}$시간

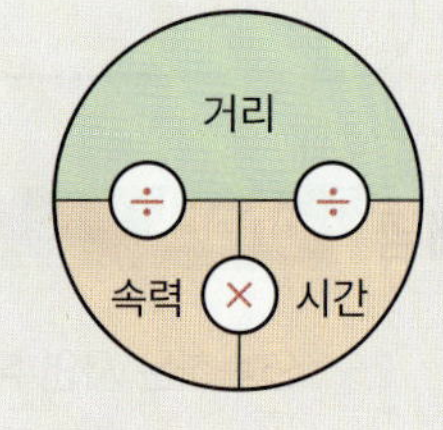


## 개념 check



**01** 선재가 산에 올라갈 때는 시속 $2\,km$로 걷고 내려올 때는 같은 등산로를 시속 $3\,km$로 걸었더니 총 4시간이 걸렸다. 산에 올라간 거리를 구하려고 할 때, 다음 물음에 답하시오.

(1) 올라간 거리를 $x\,km$라 할 때, 다음 표를 완성하시오.

| | 올라갈 때 | 내려올 때 |
|---|---|---|
| 거리($km$) | $x$ | |
| 속력($km/h$) | 2 | 3 |
| 시간(시간) | | |

(2) ( 올라갈 때 걸린 시간 ) $+$ ( 내려올 때 걸린 시간 ) $=$ ( 총 걸린 시간 )임을 이용하여 방정식을 세우시오.

(3) 올라간 거리를 구하시오.

**01-1** 집에서 박물관까지 자동차를 타고 왕복하는데 갈 때는 시속 $60\,km$로 가고 올 때는 시속 $90\,km$로 왔더니 총 1시간이 걸렸다. 이때 집과 박물관 사이의 거리를 구하시오.

# 필수 유형 익히기

### 유형 1  연속하는 자연수에 대한 문제

**01** 연속하는 세 자연수의 합이 69일 때, 세 자연수 중 가장 작은 수를 구하시오.

**01-1** 연속하는 세 홀수의 합이 75일 때, 세 홀수 중 가장 큰 수를 구하시오.

### 유형 2  개수, 나이에 대한 문제

**02** 농장에 소와 닭이 총 12마리가 있다. 소와 닭의 다리의 수의 합이 30개일 때, 소는 몇 마리인지 구하시오.

**02-1** 현재 아버지와 아들의 나이의 합은 58살이다. 3년 후에 아버지의 나이가 아들의 나이의 3배가 된다고 할 때, 현재 아버지의 나이를 구하시오.

### 유형 3  도형에 대한 문제

**03** 가로의 길이가 세로의 길이보다 $4\,cm$ 더 긴 직사각형의 둘레의 길이가 $56\,cm$일 때, 이 직사각형의 세로의 길이를 구하시오.

**03-1** 높이가 $8\,cm$이고 넓이가 $64\,cm^2$인 사다리꼴이 있다. 이 사다리꼴의 아랫변의 길이가 윗변의 길이보다 $6\,cm$ 더 길 때, 윗변의 길이를 구하시오.

### 유형 4  거리, 속력, 시간에 대한 문제

**04** A 지점과 B 지점 사이를 왕복하는데 갈 때는 시속 $16\,km$로 가고, 올 때는 시속 $8\,km$로 왔더니 총 2시간 30분이 걸렸다. 이때 두 지점 A, B 사이의 거리를 구하시오.

**04-1** 등산을 하는데 올라갈 때는 시속 $2\,km$로 걷고, 내려올 때는 올라갈 때보다 $2\,km$ 더 긴 등산로를 따라 시속 $3\,km$로 걸었더니 총 4시간이 걸렸다. 이때 올라간 거리를 구하시오.

# 서술형 감잡기

**01** 등식 $3(x+a)=-bx+9$가 $x$에 대한 항등식일 때, 수 $a$, $b$에 대하여 $a+b$의 값을 구하시오.

**① 단계** 괄호를 풀어 주어진 등식 정리하기  ◀ 30%

$3(x+a)=-bx+9$의 괄호를 풀면

$\boxed{\phantom{x}}x+3a=-bx+\boxed{\phantom{x}}$

**② 단계** $a$, $b$의 값 구하기  ◀ 50%

위의 식이 $x$에 대한 항등식이므로 좌변과 우변의 $x$의 계수와 상수항이 각각 같아야 한다.

즉, $\boxed{\phantom{x}}=-b$, $3a=\boxed{\phantom{x}}$이므로 $a=\boxed{\phantom{x}}$, $b=\boxed{\phantom{x}}$

**③ 단계** $a+b$의 값 구하기  ◀ 20%

$\therefore a+b=\boxed{\phantom{x}}$

답 ____________________

**01-1** 등식 $-2(x-a)=5(bx+2)$가 $x$에 대한 항등식일 때, 수 $a$, $b$에 대하여 $ab$의 값을 구하시오.

답 ____________________

**02** 다음 $x$에 대한 두 일차방정식의 해가 같을 때, 수 $a$의 값을 구하시오.

$$2(x-5)=3x-8, \quad \frac{a(x-1)}{6}-\frac{4-ax}{3}=1$$

**① 단계** 일차방정식의 해 구하기  ◀ 40%

$2(x-5)=3x-8$의 괄호를 풀면

$2x-\boxed{\phantom{x}}=3x-8 \quad \therefore x=\boxed{\phantom{x}}$

**② 단계** $a$의 값 구하기  ◀ 60%

$\dfrac{a(x-1)}{6}-\dfrac{4-ax}{3}=1$에 $x=\boxed{\phantom{x}}$를 대입하면

$\dfrac{a(\boxed{\phantom{x}}-1)}{6}-\dfrac{4-a\times(\boxed{\phantom{x}})}{3}=1$

양변에 $\boxed{\phantom{x}}$을 곱하면

$a(\boxed{\phantom{x}}-1)-2\{4-a\times(\boxed{\phantom{x}})\}=6$

$\therefore a=\boxed{\phantom{x}}$

답 ____________________

**02-1** 다음 $x$에 대한 두 일차방정식의 해가 같을 때, 수 $a$의 값을 구하시오.

$$\frac{x-3}{3}-\frac{x}{2}=a, \quad 0.5(0.2x-1)=\frac{1}{4}x+0.4$$

답 ____________________

**03** 학생들에게 사탕을 나누어 주는데 한 학생에게 4개씩 나누어 주면 5개가 남고, 5개씩 나누어 주면 2개가 부족하다고 한다. 이때 학생 수와 사탕의 개수를 차례로 구하시오.

**①** 단계  학생 수를 $x$라 하고, 조건에 맞는 방정식 세우기  ◀ 40 %

학생 수를 $x$라 하면

한 학생에게 사탕을 4개씩 나누어 주면 5개가 남으므로

$(사탕의 개수)=4x+5$

5개씩 나누어 주면 2개가 부족하므로

$(사탕의 개수)=\boxed{\phantom{0}}x-\boxed{\phantom{0}}$

사탕의 개수는 일정하므로 $4x+5=\boxed{\phantom{0}}x-\boxed{\phantom{0}}$

**②** 단계  학생 수 구하기  ◀ 30 %

$4x+5=\boxed{\phantom{0}}x-\boxed{\phantom{0}}$에서 $x=\boxed{\phantom{0}}$

따라서 학생 수는 $\boxed{\phantom{0}}$이다.

**③** 단계  사탕의 개수 구하기  ◀ 30 %

사탕의 개수는 $4\times\boxed{\phantom{0}}+5=\boxed{\phantom{0}}$

**답** _______________

---

**03-1** 학생들에게 빵을 나누어 주는데 한 학생에게 7개씩 나누어 주면 6개가 남고, 9개씩 나누어 주면 2개가 부족하다고 한다. 이때 학생 수와 빵의 개수를 차례로 구하시오.

**답** _______________

---

**04** 서현이가 집에서 학교까지 시속 4 km로 걸어서 가면 시속 12 km로 자전거를 타고 가는 것보다 1시간 늦게 도착한다고 한다. 이때 집과 학교 사이의 거리를 구하시오.

**①** 단계  집과 학교 사이의 거리를 $x$ km라 하고, 조건에 맞는 방정식 세우기  ◀ 40 %

집과 학교 사이의 거리를 $x$ km라 하면

$\dfrac{x}{\boxed{\phantom{0}}}-\dfrac{x}{\boxed{\phantom{0}}}=1$ ← (느린 속력으로 이동한 시간) − (빠른 속력으로 이동한 시간)
$=$ (시간 차)

**②** 단계  방정식 풀기  ◀ 40 %

위의 식의 양변에 $\boxed{\phantom{0}}$를 곱하면

$\boxed{\phantom{0}}x-x=12$  $\therefore x=\boxed{\phantom{0}}$

**③** 단계  집과 학교 사이의 거리 구하기  ◀ 20 %

따라서 집과 학교 사이의 거리는 $\boxed{\phantom{0}}$ km이다.

**답** _______________

---

**04-1** A 지점과 B 지점 사이를 왕복하는데 갈 때는 시속 16 km로 가고, 올 때는 시속 8 km로 왔더니 올 때는 갈 때보다 30분이 더 걸렸다. 이때 두 지점 A, B 사이의 거리를 구하시오.

**답** _______________

# 

 중요

 **01** 다음 중 문장을 등식으로 나타낸 것으로 옳은 것은?

① 정가가 $x$원인 물건을 20% 할인하여 판매한 가격은 2500원이다. ➡ $0.2x=2500$

② 자동차를 타고 시속 60 km로 $x$시간 동안 이동한 거리는 240 km이다. ➡ $\dfrac{60}{x}=240$

③ 두 과목의 점수가 각각 $x$점, $y$점일 때, 평균 점수는 93점 이다. ➡ $x+y=93$

④ 윗변의 길이가 $x$ cm, 아랫변의 길이가 $y$ cm, 높이가 $h$ cm인 사다리꼴의 넓이는 12 cm$^2$이다.
➡ $\dfrac{1}{2}(x+y)h=12$

⑤ 길이가 10 cm인 리본을 $x$ cm씩 5번 잘랐더니 2 cm가 남았다. ➡ $10+5x=2$

**02** 다음 중 [ ] 안의 수가 주어진 방정식의 해가 <u>아닌</u> 것은?

① $5x+1=11$ [2]

② $-7x+2=9$ [−1]

③ $2-\dfrac{1+3x}{4}=x$ [1]

④ $3(x-1)=-2x+3$ [0]

⑤ $1.3x+0.6=0.9x-0.2$ [−2]

**03** 다음 보기 중 항등식을 모두 고르시오.

> 보기
> ㄱ. $7x=0$
> ㄴ. $5x-3=15+x$
> ㄷ. $-4(x+1)=4x+4$
> ㄹ. $8x-x=3x+4x$
> ㅁ. $(6x-5)-(3x-5)=3x$


**04** 등식 $9x+8=a\left(2+\dfrac{3}{2}x\right)+b$가 $x$의 값에 관계없이 항상 참일 때, 수 $a$, $b$에 대하여 $a-b$의 값을 구하시오.

 **05** 다음 중 옳은 것을 모두 고르면? (정답 2개)

① $a-1=b+1$이면 $a+1=b-1$이다.

② $a=4b$이면 $a-8=4(b+2)$이다.

③ $6a=b$이면 $-6a-7=-b-7$이다.

④ $5a=2b$이면 $\dfrac{a}{2}+3=\dfrac{b}{5}+3$이다.

⑤ $\dfrac{a}{3}=\dfrac{b}{7}$이면 $7(a+2)=3(b+2)$이다.

**06** 다음 중 방정식을 변형하는 과정에서 이용된 등식의 성질이 나머지 넷과 <u>다른</u> 하나는?

① $3x-7=2$ ➡ $3x=9$

② $5x=5-x$ ➡ $6x=5$

③ $-4x=12$ ➡ $x=-3$

④ $x=-x-11$ ➡ $2x=-11$

⑤ $-2(x+1)=4$ ➡ $-2x=6$

**07** 다음 중 밑줄 친 항을 이항한 것으로 옳지 <u>않은</u> 것은?

① $x\underline{-5}=2$ ➡ $x=2+5$

② $6x\underline{+2}=3$ ➡ $6x=3-2$

③ $3x=-5\underline{+2x}$ ➡ $3x-2x=-5$

④ $-2x=4\underline{-4x}$ ➡ $-2x-4x=4$

⑤ $2x\underline{+7}=\underline{-2x}+4$ ➡ $2x+2x=4-7$

**08** 다음 중 일차방정식이 <u>아닌</u> 것은?

① $2x-1=3$      ② $2x=4x-5$

③ $x+2=2x+2$      ④ $3-x=-(x-3)$

⑤ $2(x-1)=3+4x$

**09** 다음 중 $3x+2=4-ax$가 $x$에 대한 일차방정식이 되기 위한 수 $a$의 값으로 적당하지 <u>않은</u> 것은?

① $-3$      ② $-2$      ③ $0$

④ $2$      ⑤ $3$

**10** 다음 중 일차방정식 $4x+1=-7$과 해가 같은 것은?

① $x+6=3x+12$

② $2x+5=-13-x$

③ $3(x+4)-5=4$

④ $2(3-x)=5(4+x)$

⑤ $3(x-1)-1=2(7-3x)$

**서술형**

**11** 일차방정식 $\dfrac{x}{3}-\dfrac{x-5}{4}=\dfrac{3}{2}$의 해를 $x=a$, 일차방정식 $0.3(2x+1)=0.2(x+3)+0.5$의 해를 $x=b$라 할 때, $ab$의 값을 구하시오.

**12** $x$에 대한 일차방정식 $\dfrac{ax-10}{5}=\dfrac{1}{2}(x-3)$의 해가 $x=5$일 때, 수 $a$의 값을 구하시오.

**13** 다음 $x$에 대한 두 일차방정식의 해가 같을 때, 수 $a$의 값을 구하시오.

$$\dfrac{x+2}{3}=\dfrac{3x+1}{4}+\dfrac{1}{6}, \qquad 0.5x-0.1a=0.9$$

**14** 일차방정식 $\dfrac{1}{4}x+0.2=0.1x-\dfrac{2}{5}$의 해가 $x=a$일 때, $x$에 대한 일차방정식 $ax-20=0$을 푸시오.

서술형
**15** 연속하는 세 짝수의 합이 126일 때, 세 짝수 중 가장 큰 수와 가장 작은 수의 합을 구하시오.

**16** 현재 용준이의 저금통에는 4000원, 수진이의 저금통에는 6000원이 들어 있다. 용준이는 매일 400원씩, 수진이는 매일 200원씩 저금통에 넣을 때, 용준이와 수진이의 저금통에 들어 있는 금액이 같아지는 것은 며칠 후인지 구하시오.

**17** 현재 지수와 어머니의 나이의 차는 36살이다. 10년 후에 어머니의 나이가 지수의 나이의 2배보다 16살 많아진다고 할 때, 현재 지수의 나이를 구하시오.

## Level Up

**18** $x$에 대한 일차방정식 $\dfrac{7x+a}{3}=6$의 해가 자연수가 되도록 하는 모든 자연수 $a$의 값의 곱을 구하시오.

**19** 예지가 집을 나선 지 20분 후에 우진이가 예지를 따라 나섰다. 같은 길을 예지는 분속 40 m로 걸어가고 우진이는 분속 120 m로 달려갈 때, 두 사람이 만날 때까지 우진이가 달린 거리를 구하시오.



정답과 해설 42쪽

# 좌표평면과 그래프

# 01 순서쌍과 좌표



## 순서쌍과 좌표

(1) **수직선 위의 점의 좌표**

① **좌표**: 수직선 위의 한 점에 대응하는 수

기호 점 P의 좌표가 $a$일 때 → $P(a)$

② 좌표가 0인 점을 수직선의 원점이라 하며 O로 나타낸다.

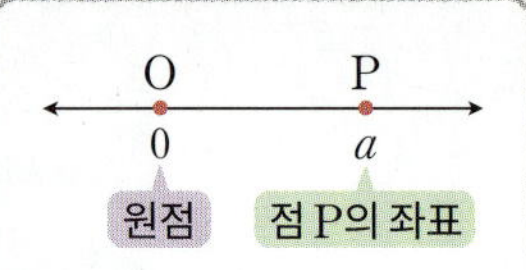


(2) **좌표평면 위의 점의 좌표**

① **순서쌍**: 두 수의 순서를 정하여 괄호 안에 짝 지어 나타낸 것

주의 $a \neq b$일 때, 순서쌍 $(a, b)$와 $(b, a)$는 서로 다르다.

② 두 수직선이 각각의 원점에서 서로 수직으로 만날 때

(ⅰ) **$x$축**: 가로의 수직선

  **$y$축**: 세로의 수직선 ⎤→ $x$축과 $y$축을 통틀어 **좌표축**

(ⅱ) **좌표평면**: 두 좌표축이 그려진 평면

(ⅲ) **원점**: 두 좌표축이 만나는 점 O

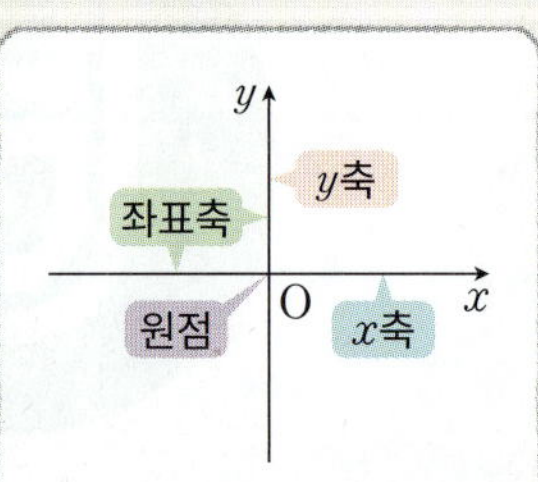


③ 좌표평면 위의 한 점 P에서 $x$축, $y$축에 각각 수선을 그어 이 수선과 $x$축, $y$축이 만나는 점에 대응하는 수를 각각 $a$, $b$라 할 때, **순서쌍 $(a, b)$를 점 P의 좌표**라 한다. 이때 $a$를 점 P의 **$x$좌표**, $b$를 점 P의 **$y$좌표**라 한다.

기호 점 P의 좌표가 $(a, b)$일 때 → $P(a, b)$

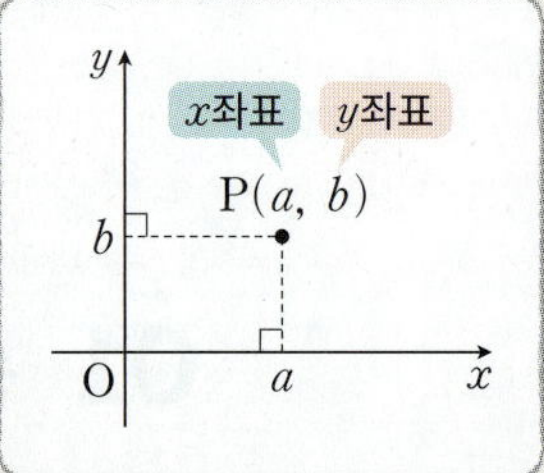




· 점의 좌표 나타내기

〈수직선 위의 점의 좌표〉

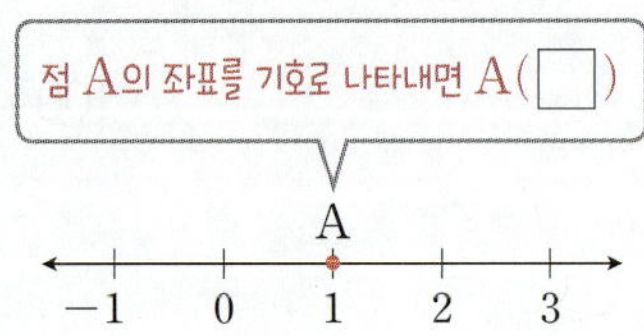


〈좌표평면 위의 점의 좌표〉

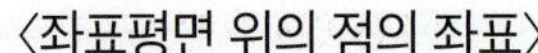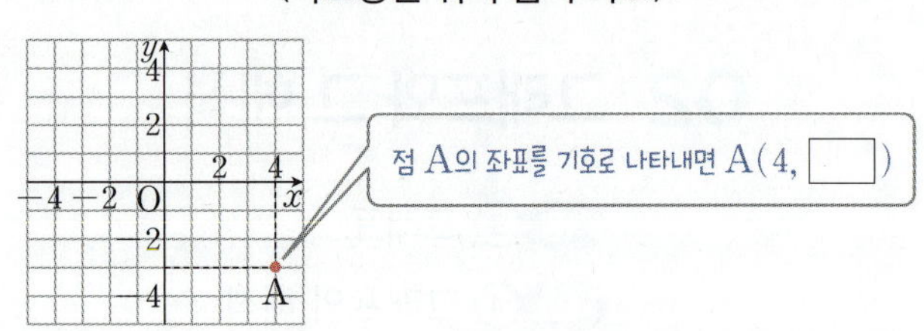




✓ 수직선 위의 점의 좌표 ·········· **01** 다음 수직선 위의 네 점 A, B, C, D의 좌표를 각각 기호로 나타내시오.

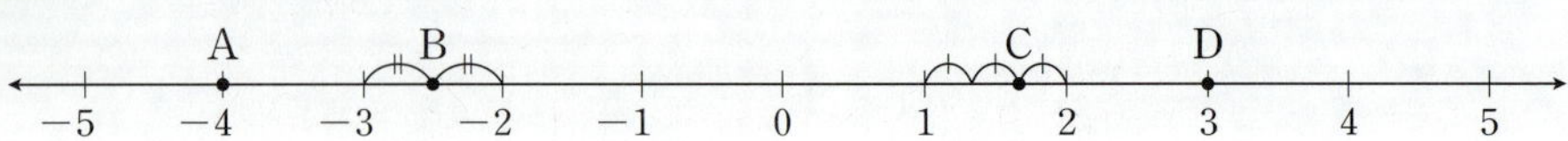


**01-1** 네 점 $A\left(-\dfrac{9}{2}\right)$, $B(0)$, $C\left(\dfrac{8}{3}\right)$, $D(4)$를 다음 수직선 위에 각각 나타내시오.

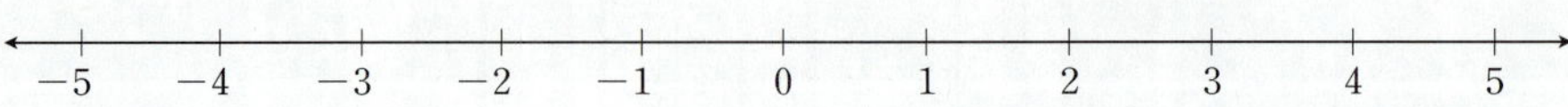

**02** 오른쪽 좌표평면 위의 네 점 A, B, C, D의 좌표를 각각 기호로 나타내시오.

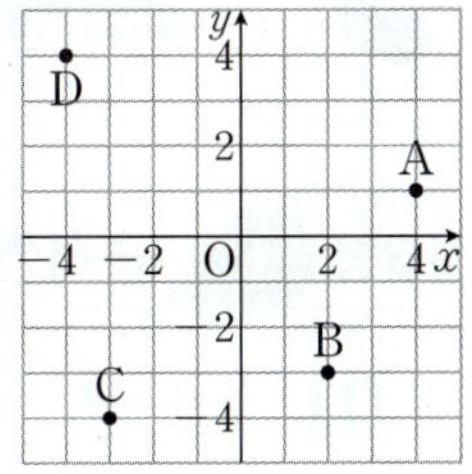

☑ $x$축 위의 점의 좌표 ▶
→ ($x$좌표, 0)
$y$축 위의 점의 좌표
→ (0, $y$좌표)

**02-1** 다음 점을 오른쪽 좌표평면 위에 나타내시오.

(1) A(3, 1)  (2) B(0, 3)

(3) C(−2, −3)  (4) D(2, −2)

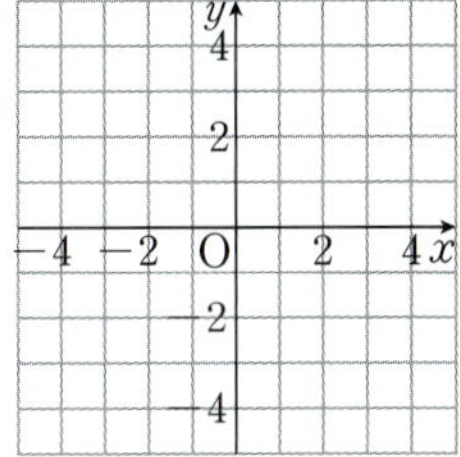

---

**개념 2  사분면**

(1) **사분면**: 좌표평면은 좌표축에 의하여 네 부분으로 나뉘는데, 그 각각을 **제1사분면**, **제2사분면**, **제3사분면**, **제4사분면**이라 한다.

(2) **각 사분면 위의 점의 좌표의 부호**

|  | 제1사분면 | 제2사분면 | 제3사분면 | 제4사분면 |
|---|---|---|---|---|
| $x$좌표 | + | − | − | + |
| $y$좌표 | + | + | − | − |

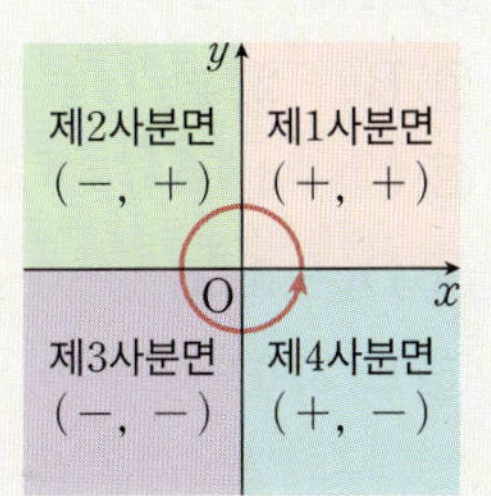


주의 좌표축 위의 점은 어느 사분면에도 속하지 않는다.
→ 원점, $x$축 위의 점, $y$축 위의 점

---

**개념 check**

☑ 사분면 위의 점

**01** 다음 점은 제몇 사분면 위의 점인지 구하시오.

(1) A(5, 4)  (2) B(−2, −6)

(3) C(−8, 4)  (4) D(4, −3)

**01-1** 다음 점은 제몇 사분면 위의 점인지 구하시오.

(1) A(2, −1)  (2) B(−4, 1)

(3) C(3, 7)  (4) D$\left(-\dfrac{1}{2}, -6\right)$

(5) E(0, 0)  (6) F$\left(0, \dfrac{2}{3}\right)$

# 필수 유형 익히기



**01** 두 순서쌍 $(4, a)$, $(2b, -5)$가 서로 같을 때, $b-a$의 값을 구하시오.

**01-1** 두 순서쌍 $\left(\dfrac{1}{2}b, -12\right)$, $(6, 3a)$가 서로 같을 때, $a+b$의 값을 구하시오.



**02** 다음 중 오른쪽 좌표평면 위의 점 A, B, C, D, E의 좌표를 나타낸 것으로 옳은 것은?

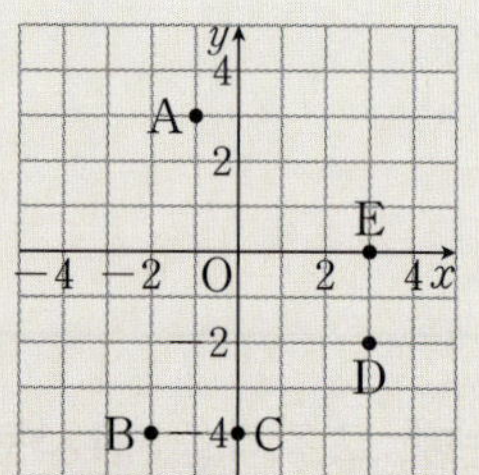

① $A(3, -1)$
② $B(-2, 4)$
③ $C(-4, 0)$
④ $D(-3, 2)$
⑤ $E(3, 0)$

**02-1** 다음 중 오른쪽 좌표평면 위의 점 A, B, C, D, E의 좌표를 나타낸 것으로 옳지 <u>않은</u> 것은?

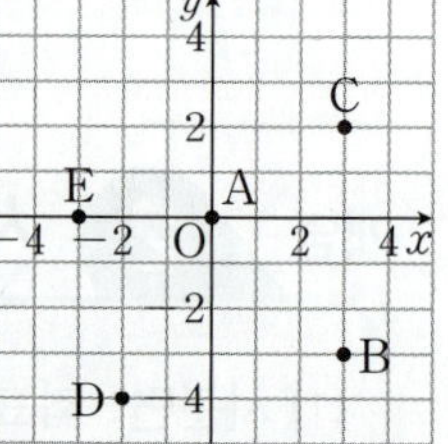

① $A(0, 0)$
② $B(3, -3)$
③ $C(3, 2)$
④ $D(-2, -4)$
⑤ $E(0, -3)$



주어진 점을 좌표평면 위에 나타내어 각 점을 꼭짓점으로 하는 도형을 그린다.
(1) 삼각형의 넓이를 구할 때는 좌표축에 평행한 선분을 밑변으로 하여 높이를 찾는다.
(2) 직사각형의 넓이를 구할 때는 평행한 선분을 각각 가로, 세로로 하여 구한다.

**03** 오른쪽 좌표평면 위에 세 점 $A(2, 4)$, $B(-2, -2)$, $C(4, -2)$를 각각 나타내고, 이 세 점을 꼭짓점으로 하는 삼각형 ABC의 넓이를 구하시오.

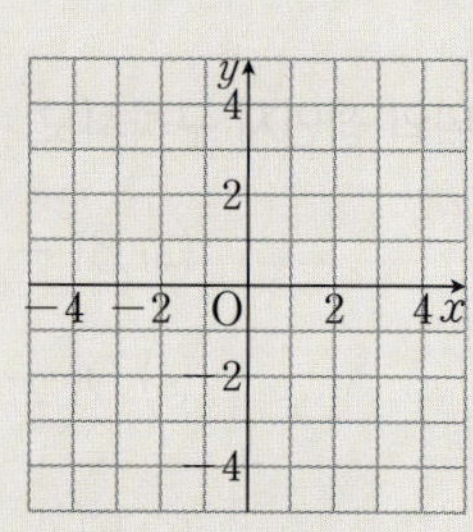

**03-1** 좌표평면 위의 네 점 $A(-3, 2)$, $B(-3, -2)$, $C(3, -2)$, $D(3, 2)$를 꼭짓점으로 하는 사각형 ABCD의 넓이를 구하시오.

**04** 다음 중 $x$축 위에 있고, $x$좌표가 5인 점의 좌표는?

① $(-5, 0)$    ② $(0, -5)$    ③ $(0, 5)$

④ $(5, 0)$    ⑤ $(5, -5)$

**04-1** 다음 중 $y$축 위에 있고, $y$좌표가 $-\dfrac{1}{2}$인 점의 좌표는?

① $\left(-\dfrac{1}{2}, 0\right)$    ② $\left(0, -\dfrac{1}{2}\right)$    ③ $\left(0, \dfrac{1}{2}\right)$

④ $\left(\dfrac{1}{2}, 0\right)$    ⑤ $\left(\dfrac{1}{2}, -\dfrac{1}{2}\right)$

유형 **5**    사분면 위의 점

**05** 다음 중 옳지 **않은** 것은?

① 점 $(-1, 3)$은 제2사분면 위의 점이다.
② 점 $(-2, 0)$은 $x$축 위의 점이다.
③ 점 $(-5, -3)$은 제3사분면 위의 점이다.
④ 점 $(4, 7)$은 제1사분면 위의 점이다.
⑤ 점 $(0, 0)$은 모든 사분면에 속한다.

**05-1** 다음 중 점의 좌표와 그 점이 속하는 사분면을 바르게 짝 지은 것은?

① $(4, 0)$ → 제1사분면
② $(-3, -11)$ → 제2사분면
③ $(-2, 13)$ → 제2사분면
④ $(5, -1)$ → 제3사분면
⑤ $(6, 8)$ → 제4사분면

한 걸음 더 ✦

유형 **6**    사분면 판단하기

점 $(a, b)$가 속하는 사분면이 주어지면 $a, b$의 부호를 먼저 판별한 후, 이를 이용하여 점이 속하는 사분면을 판단한다.

**06** 점 $(a, b)$가 제4사분면 위의 점일 때, 점 $(-b, a)$는 제몇 사분면 위의 점인지 구하시오.

**06-1** 점 $(b, a)$가 제1사분면 위의 점일 때, 점 $(-a, ab)$는 제몇 사분면 위의 점인지 구하시오.

# 02 그래프와 그 해석

## 개념 3 그래프

(1) **그래프**

여러 가지 상황 또는 자료를 분석하여 그 변화나 상태를 한눈에 알아볼 수 있도록 좌표평면 위에 나타낸 점이나 직선 또는 곡선 등을 **그래프**라 한다.

(2) **그래프로 나타내기**

상황 또는 자료의 그래프는 $x$와 $y$ 사이의 관계를 순서쌍 $(x, y)$로 나타낸 후, 이를 좌표평면 위에 나타내면 된다.

### 개념 check

✓ 그래프로 나타내기 …… **01** 다음은 빈 통에 물을 넣기 시작한 지 $x$분 후의 수면의 높이를 $y$ cm라 할 때, $x$와 $y$ 사이의 관계를 표로 나타낸 것이다. 물음에 답하시오.

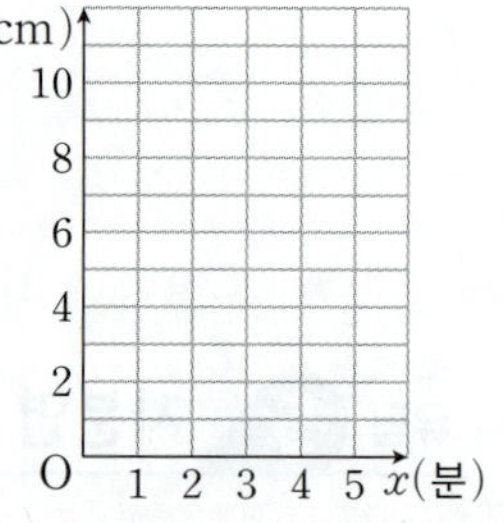

| $x$(분) | 0 | 1 | 2 | 3 | 4 | 5 |
|---|---|---|---|---|---|---|
| $y$(cm) | 0 | 2 | 4 | 6 | 8 | 10 |

(1) 표를 이용하여 순서쌍 $(x, y)$를 모두 구하시오.

(2) 순서쌍 $(x, y)$를 오른쪽 좌표평면 위에 나타내어 그래프를 그리시오.

---

어떤 상황을 그래프로 나타낼 때, ▶ 자료가 충분하지 않으면 대략적인 상황을 그래프로 나타낸다.

| 그래프<br>모양 | / | — | \ |
|---|---|---|---|
| 고도 | 높아<br>진다. | 변함<br>없다. | 낮아<br>진다. |

**01-1** 다음은 서울에서 출발하여 제주로 가는 비행기의 비행 상황에 대한 설명이다.

❶ 이륙한 직후에는 빠르게 고도를 높인다.

❷ 일정한 고도에 올라가면 고도를 유지한다.

❸ 제주 상공에서는 고도를 급격히 낮춘 후, 고도를 유지하며 착륙을 준비한다.

❹ 고도를 서서히 낮추면서 착륙한다.

비행기가 이륙하여 $x$분 동안 이동한 거리를 $y$ km라 할 때, 다음 그림은 $x$와 $y$ 사이의 관계를 나타낸 그래프의 일부이다. 이 그래프를 완성하시오.

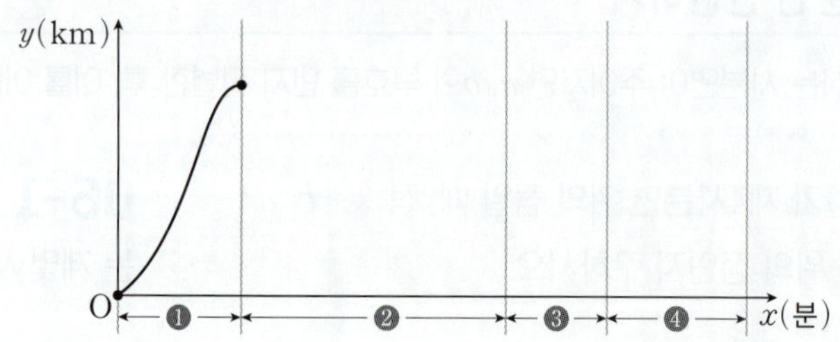

어떤 상황을 그래프로 나타내면

(1) 변화하는 양의 증가 또는 감소 상태를 쉽게 파악할 수 있다.

(2) 주기적으로 반복되는 현상을 쉽게 파악할 수 있다.

개념  check

✓ 그래프의 해석 ·········· **01** 오른쪽 그래프는 어느 케이블카의 시간에 따른 속력을 나타낸 것이다. 케이블카가 출발한 지 $x$초 후의 속력을 $y$ m/sec라 할 때, 다음 ☐ 안에 알맞은 수를 쓰시오.

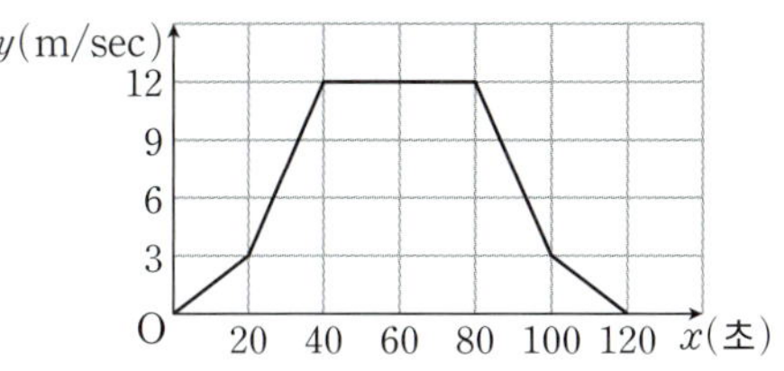

(1) 케이블카의 속력은 처음 20초 동안 천천히 증가하다가 다음 ☐초 동안은 빠르게 증가한다.

(2) 케이블카가 출발한 지 40초 후부터 ☐초 동안 케이블카의 속력은 변함이 없었다.

(3) 케이블카를 탄 시간은 총 ☐초이다.

**01-1** 태호는 집에서 400 m 떨어진 슈퍼에 갔다가 집으로 돌아왔다. 오른쪽 그래프는 태호가 집에서 출발한 지 $x$분 후의 집으로부터 거리를 $y$ m라 할 때, $x$와 $y$ 사이의 관계를 나타낸 것이다. 다음 물음에 답하시오.

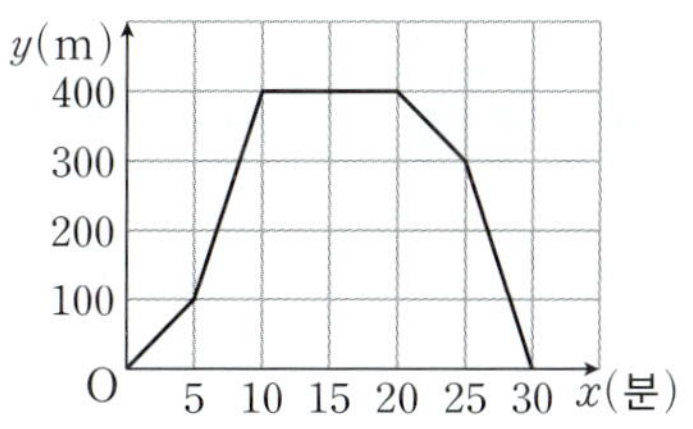

(1) 태호가 집에서 출발한 후 5분 동안 이동한 거리를 구하시오.

(2) 태호가 슈퍼에 머무른 시간을 구하시오.

(3) 태호가 슈퍼에 갔다 집으로 돌아오는 데 걸린 시간을 구하시오.

**01-2** 오른쪽 그래프는 도영이가 트램펄린에서 일정하게 뛰어오를 때, 시간에 따른 높이의 변화를 나타낸 것이다. 트램펄린을 타기 시작한 지 $x$초 후의 높이를 $y$ m라 할 때, 다음 물음에 답하시오.

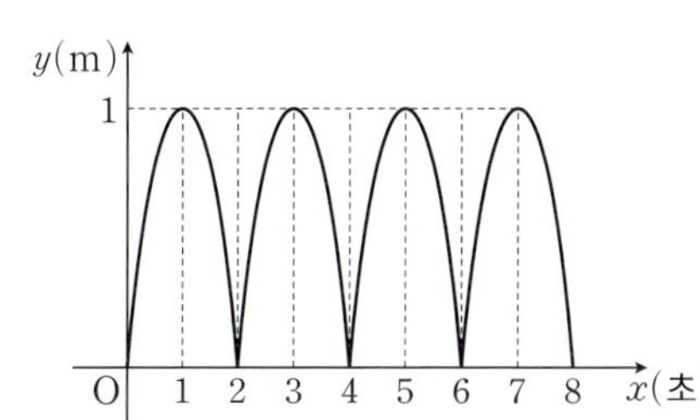

(1) 도영이가 가장 높이 뛰었을 때의 높이를 구하시오.

(2) 높이가 높아졌다가 낮아지는 것을 몇 초 간격으로 반복하는지 구하시오.

# 필수 유형 익히기



**01** 다음 상황에 알맞은 그래프를 보기에서 고르시오.

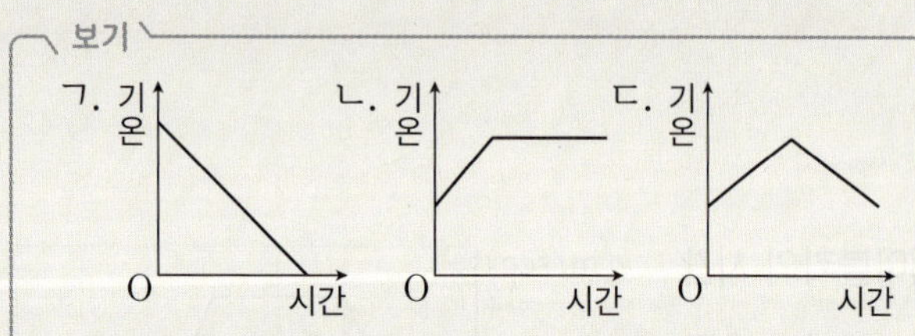

(1) 기온이 일정하게 낮아진다.
(2) 기온이 일정하게 높아지다가 유지된다.
(3) 기온이 일정하게 높아지다가 다시 일정하게 낮아진다.

**01-1** 다음 상황에 알맞은 그래프를 보기에서 고르시오.

유라가 학교에서 집으로 갈 때, 친구와 같이 일정한 속력으로 걷다가 중간에 멈춰 친구와 이야기를 한 후 처음과 같은 속력으로 걸어서 집으로 갔다.

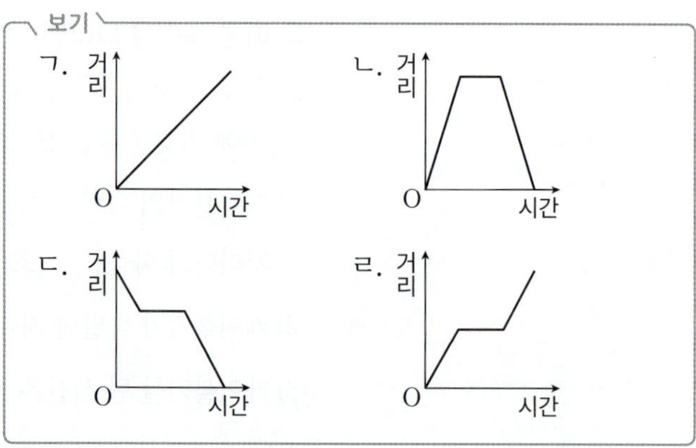



**02** 아래 그래프는 수현이가 백화점 1층에서 7층까지 엘리베이터를 타고 올라갔을 때, 경과 시간 $x$초에 따른 엘리베이터의 지면으로부터의 높이 $y$ m 사이의 관계를 나타낸 것이다. 다음 보기 중 이 그래프에 대한 설명으로 옳은 것을 모두 고르시오.

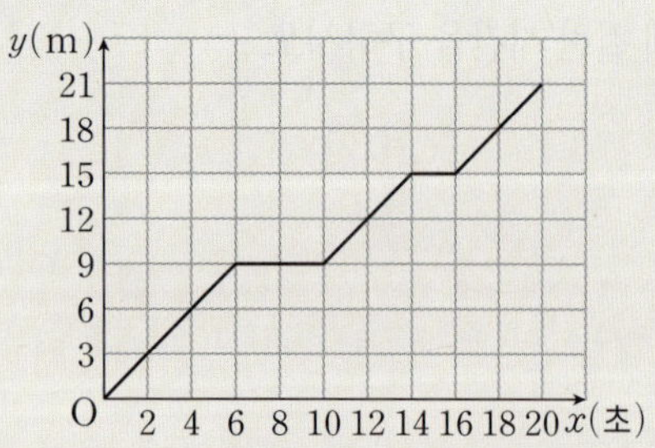

보기
ㄱ. 백화점 7층의 지면으로부터의 높이는 21 m이다.
ㄴ. 수현이는 엘리베이터가 처음 움직인 지 20초 후에 7층에 도착했다.
ㄷ. 엘리베이터는 총 3번 멈춘 후 7층에 도착했다.

**02-1** 아래 그래프는 어느 도시의 하루 동안 시간에 따른 기온의 변화를 나타낸 것이다. 다음 보기 중 이 그래프에 대한 설명으로 옳은 것을 모두 고르시오.

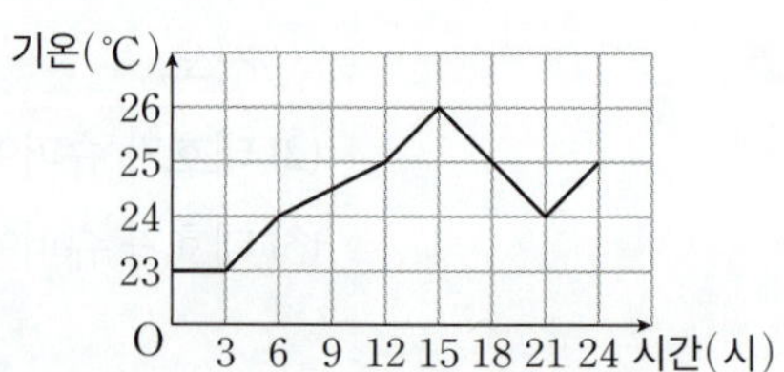

보기
ㄱ. 3시와 18시의 기온의 차는 4°C이다.
ㄴ. 6시와 21시의 기온은 같다.
ㄷ. 하루 중 기온이 가장 낮은 시각은 21시이다.
ㄹ. 12시의 기온은 25°C이다.

**03** 아래 그래프는 현우가 대관람차의 어느 한 칸에 탑승한지 $x$분 후의 지면으로부터의 높이를 $y$m라 할 때, $x$와 $y$ 사이의 관계를 나타낸 것이다. 다음 물음에 답하시오.

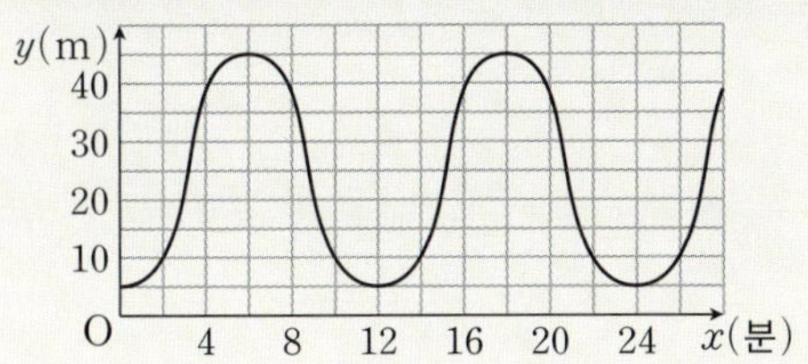

(1) 현우가 탑승한 칸이 지면으로부터 가장 높은 곳에 있을 때의 높이를 구하시오.

(2) 현우가 탑승한 칸의 지면으로부터의 높이가 처음으로 $40$m가 되는 때는 탑승하고 몇 분 후인지 구하시오.

(3) 대관람차가 한 바퀴 도는 데 걸리는 시간을 구하시오.

**03-1** 아래 그래프는 어느 날 하루 동안 해수면의 높이 변화를 시각에 따라 나타낸 것이다. 다음 보기 중 이 그래프에 대한 설명으로 옳은 것을 모두 고르시오.

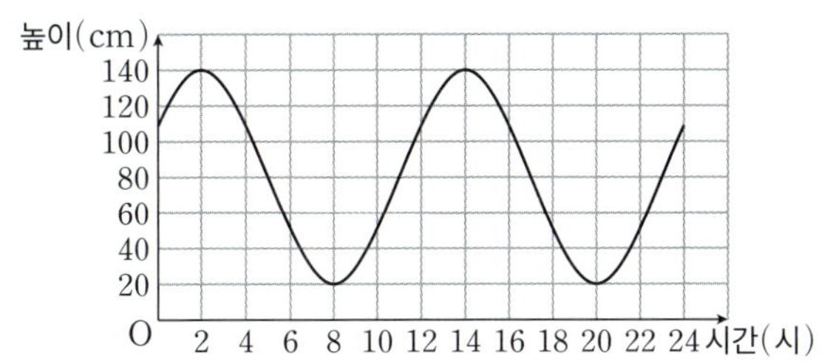

보기

ㄱ. 오전 8시의 해수면의 높이는 $20\,cm$이다.

ㄴ. 이 날 해수면이 가장 높았던 때는 두 번 있었다.

ㄷ. 해수면의 높이가 높아졌다가 낮아지는 것을 10시간 간격으로 반복한다.

---

걸음 더

유형 4  용기 모양과 그래프

어떤 용기에 일정한 속력으로 물을 넣을 때

(1) 용기의 폭이 일정하면 ➡ 물의 높이는 일정하게 증가한다.

(2) 용기의 폭이 위로 갈수록 넓어지면 ➡ 물의 높이는 점점 느리게 증가한다.

(3) 용기의 폭이 위로 갈수록 좁아지면 ➡ 물의 높이는 점점 빠르게 증가한다.

**04** 아래 그림과 같은 용기 A, B, C에 일정한 속력으로 물을 채울 때, 물의 높이를 시간에 따라 나타낸 그래프로 알맞은 것을 다음 보기에서 골라 바르게 짝 지으시오.

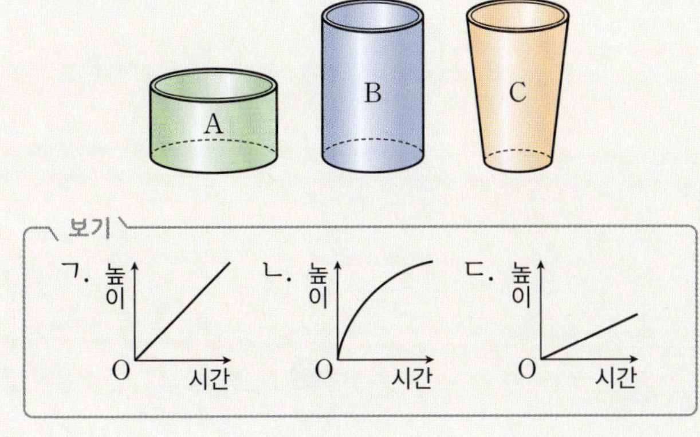


**04-1** 오른쪽 그림과 같은 모양의 물병에 일정한 속력으로 물을 넣을 때, 다음 중 물의 높이를 시간에 따라 나타낸 그래프로 가장 알맞은 것은?

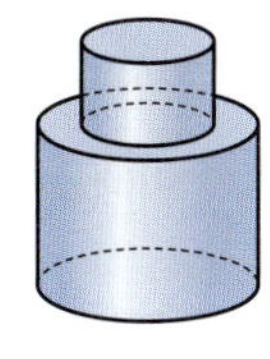

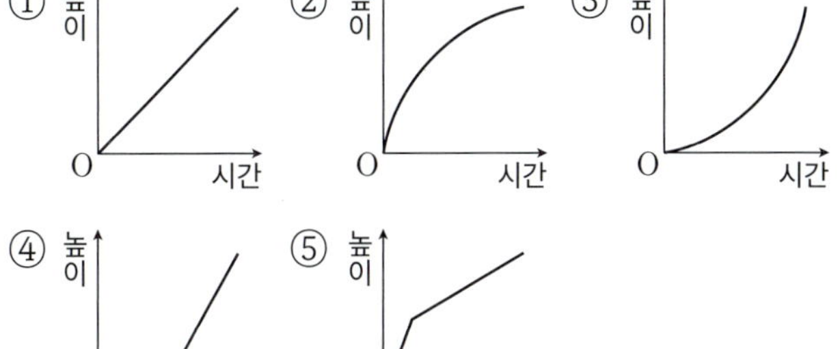

# 서술형 감잡기

**01** 점 $(9, b-5)$는 $x$축 위의 점이고, 점 $(a+1, -4)$는 $y$축 위의 점일 때, $a+b$의 값을 구하시오.

**① 단계** $b$의 값 구하기  ◀ 40 %

점 $(9, b-5)$는 $x$축 위의 점이므로 $y$좌표가 □이다.

즉, $b-5=$ □에서 $b=$ □

**② 단계** $a$의 값 구하기  ◀ 40 %

점 $(a+1, -4)$는 $y$축 위의 점이므로 $x$좌표가 □이다.

즉, $a+1=$ □에서 $a=$ □

**③ 단계** $a+b$의 값 구하기  ◀ 20 %

$\therefore a+b=$ □

답 ________________

**01-1** 점 $(a+1, a-4)$는 $x$축 위의 점이고, 점 $\left(b-3, \dfrac{1}{3}b+3\right)$은 $y$축 위의 점일 때, $ab$의 값을 구하시오.

답 ________________

**02** 점 $(ab, a-b)$가 제2사분면 위의 점일 때, 점 $(-a, b)$는 제몇 사분면 위의 점인지 구하시오.

**① 단계** $ab, a-b$의 부호 구하기  ◀ 30 %

점 $(ab, a-b)$가 제2사분면 위의 점이므로

$ab$ □ $0$, $a-b$ □ $0$

**② 단계** $a, b$의 부호 구하기  ◀ 40 %

$ab$ □ $0$이므로 $a, b$의 부호는 서로 다르다.

이때 $a-b$ □ $0$이므로 $a$ □ $0$, $b$ □ $0$

**③ 단계** 점 $(-a, b)$는 제몇 사분면 위의 점인지 구하기

◀ 30 %

따라서 $-a$ □ $0$, $b$ □ $0$이므로 점 $(-a, b)$는 제□사분면 위의 점이다.

답 ________________

**02-1** 점 $(a+b, -ab)$가 제4사분면 위의 점일 때, 점 $(b, a)$는 제몇 사분면 위의 점인지 구하시오.

답 ________________

# 단원 마무리하기

**01** 두 순서쌍 $(2a-7, -b+3)$, $(a-5, -3b+1)$이 서로 같을 때, $a+b$의 값을 구하시오.

**02** 다음 중 오른쪽 좌표평면 위의 점의 좌표를 나타낸 것으로 옳지 <u>않은</u> 것은?

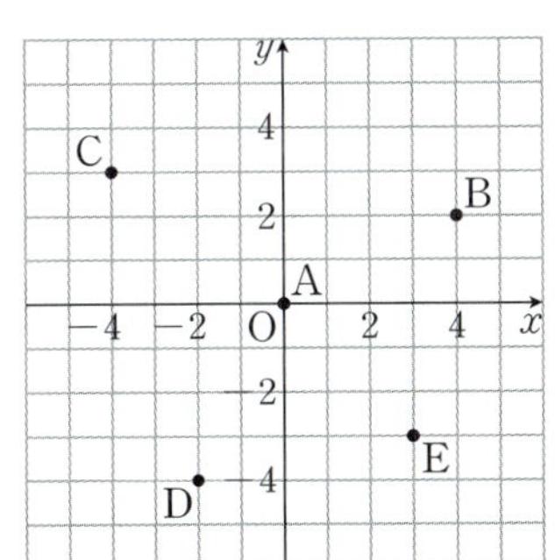

① A$(0, 0)$
② B$(4, 2)$
③ C$(-4, 3)$
④ D$(-2, -4)$
⑤ E$(-3, 3)$

**03** 다음 중 $x$축 위에 있고, $x$좌표가 $-\dfrac{1}{3}$인 점의 좌표는?

① $\left(\dfrac{1}{3}, 0\right)$  ② $\left(0, \dfrac{1}{3}\right)$  ③ $\left(0, -\dfrac{1}{3}\right)$
④ $\left(-\dfrac{1}{3}, 0\right)$  ⑤ $\left(-\dfrac{1}{3}, -\dfrac{1}{3}\right)$

**04** 좌표평면 위의 세 점 A$(2, 1)$, B$(-4, 1)$, C$(-3, -3)$을 꼭짓점으로 하는 삼각형 ABC의 넓이를 구하시오.

**05** 다음 중 옳지 <u>않은</u> 것은?

① 원점의 좌표는 $(0, 0)$이다.
② 점 $(0, 2)$는 $y$축 위의 점이다.
③ 점 $(3, -6)$은 제4사분면 위의 점이다.
④ 점 $(-1, 0)$은 어느 사분면에도 속하지 않는다.
⑤ 제2사분면과 제3사분면 위의 점은 모두 $y$좌표가 음수이다.

**06** 점 P$(-b, a)$가 제4사분면 위의 점일 때, 점 Q$(-ab, a+b)$는 제몇 사분면 위의 점인지 구하시오.

**07** 점 $(a+b, ab)$가 제1사분면 위의 점일 때, 다음 중 점 $\left(\dfrac{a}{b}, -a\right)$와 같은 사분면 위의 점은?

① $(-1, -6)$  ② $(-3, 2)$  ③ $(2, -4)$
④ $(5, 0)$  ⑤ $(9, 7)$

정답과 해설 44쪽

**08** 수연이가 원 모양의 호수 공원의 둘레를 쉬지 않고 한 바퀴 돌아서 출발점으로 다시 돌아왔다. 다음 중 수연이가 출발점에서 떨어진 직선 거리를 시간에 따라 나타낸 그래프로 알맞은 것은?

① 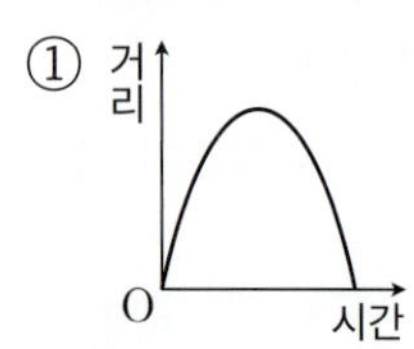

② 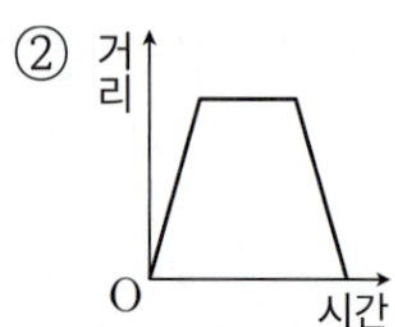

③ 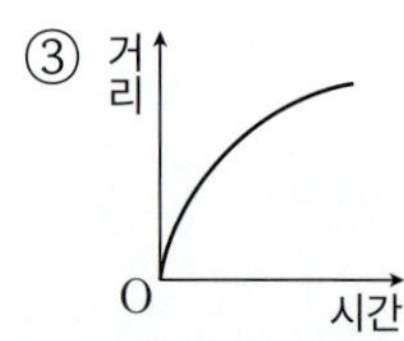

④ 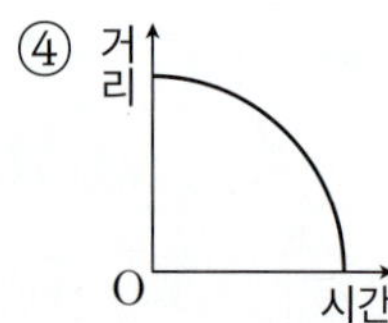

⑤ 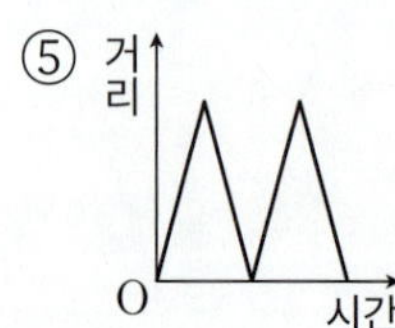

**09** 오른쪽 그림과 같은 모양의 빈 병에 일정한 속력으로 물을 넣을 때, $x$분 후의 물의 높이를 $y$ cm라 하자. 이때 $x$와 $y$ 사이의 관계를 나타낸 그래프로 알맞은 것은?

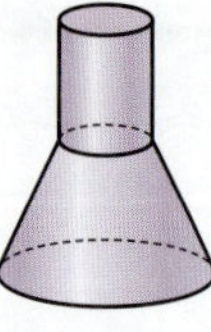

① 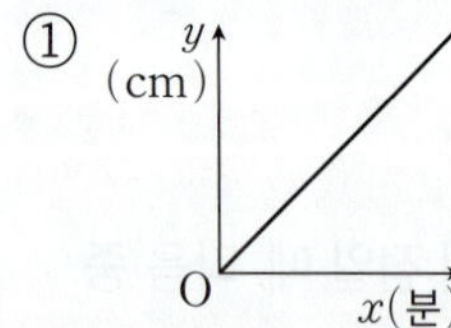

② 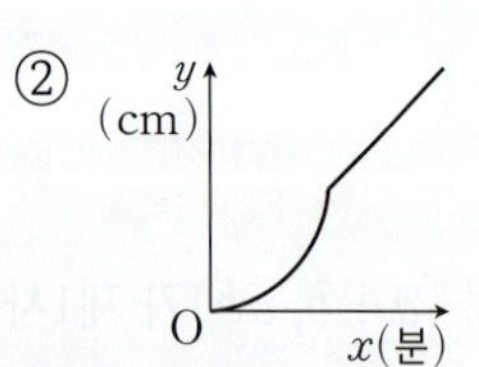

③ 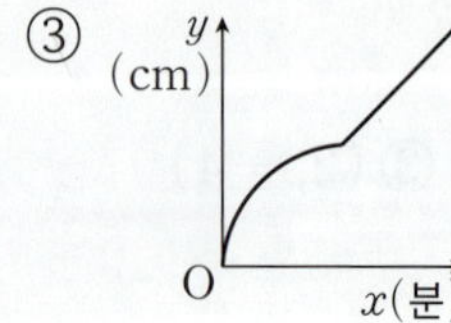

④ 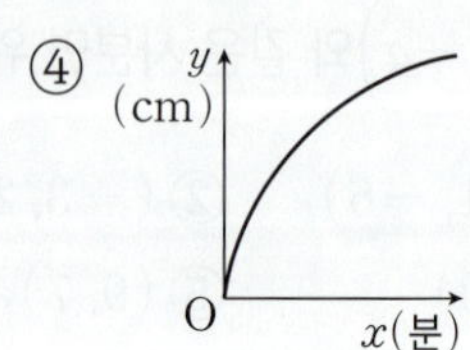

⑤ 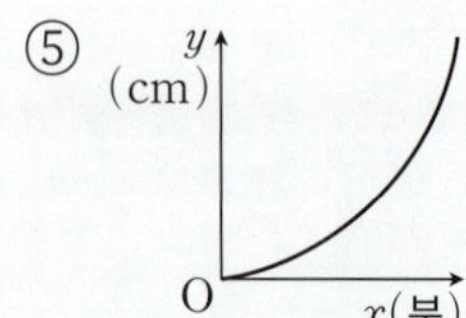

**10** 오른쪽 그래프는 규리가 집을 출발하여 문구점을 들렀다가 학교까지 이동하는데, 출발한 지 $x$분 후의 집으로부터의 거리 $y$ m 사이의 관계를 나타낸 것이다. 다음 중 옳지 <u>않은</u> 것은?

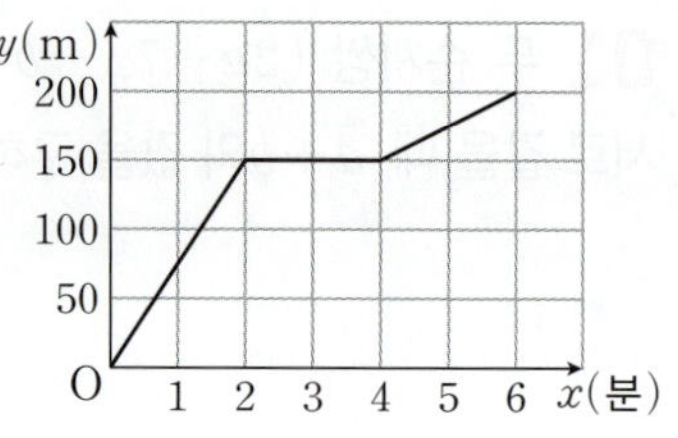

① 집에서 학교까지 가는 데 6분이 걸렸다.

② 문구점에서 머문 시간은 2분이다.

③ 집에서 출발하여 2분 동안 움직인 거리는 150 m이다.

④ 문구점에서 학교까지의 거리는 100 m이다.

⑤ 규리가 멈추었다가 다시 출발한 시간은 처음 움직이기 시작한 지 4분 후이다.

## Level Up

**11** 아래 그래프는 윤지와 지혜가 5 km 마라톤 대회에서 동시에 출발하였을 때, 달린 거리를 시간에 따라 각각 나타낸 것이다. 다음 물음에 답하시오.

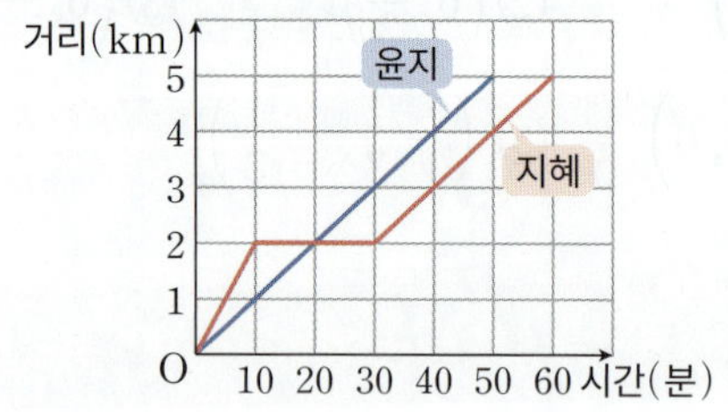


(1) 윤지와 지혜가 출발한 지 몇 분 후에 처음으로 다시 만나는지 구하시오.

(2) 윤지가 결승점에 도착한 지 몇 분 후에 지혜가 도착하는지 구하시오.

(3) 출발한 지 30분 후 윤지와 지혜 사이의 거리를 구하시오.

# 7 정비례와 반비례

# 01 정비례



(1) **변수**: $x$, $y$와 같이 여러 가지로 변하는 값을 나타내는 문자

(2) 두 변수 $x$, $y$에 대하여 $x$의 값이 2배, 3배, 4배, …로 변함에 따라 $y$의 값도 2배, 3배, 4배, …로 변할 때, $y$는 $x$에 **정비례**한다고 한다.

(3) $y$가 $x$에 정비례하면 $x$와 $y$ 사이의 관계식은 $y=ax\,(a\neq0)$로 나타낼 수 있다.

> 참고 일반적으로 $y$가 $x$에 정비례할 때, $\dfrac{y}{x}\,(x\neq0)$의 값은 항상 일정하다.  ➡  $y=ax$에서 $\dfrac{y}{x}=a$ (일정)

## 개념 Bridge

• 정비례 관계

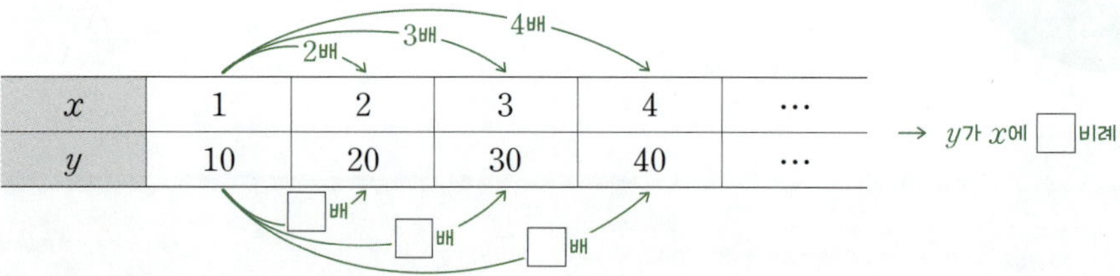



## 개념 check

✓ 정비례 관계 ⋯⋯⋯ **01** 다음 중 $y$가 $x$에 정비례하는 것은 ○표, 정비례하지 않는 것은 ×표를 하시오.

(1) $y=x+1$  (    )  (2) $y=5x$  (    )

(3) $\dfrac{y}{x}=6$  (    )  (4) $y=-\dfrac{4}{x}$  (    )

✓ 정비례 관계식 ⋯⋯⋯ **02** 가로의 길이가 $6\,\mathrm{cm}$, 세로의 길이가 $x\,\mathrm{cm}$인 직사각형의 넓이를 $y\,\mathrm{cm}^2$라 할 때, 다음 물음에 답하시오.

(1) 표를 완성하시오.

| $x(\mathrm{cm})$ | 1 | 2 | 3 | 4 | … |
|---|---|---|---|---|---|
| $y(\mathrm{cm}^2)$ |  |  |  |  | … |

(2) $x$와 $y$ 사이의 관계식을 구하고, $y$가 $x$에 정비례함을 확인하시오.

**02-1** 시속 $80\,\mathrm{km}$로 일정하게 달리는 자동차가 $x$시간 동안 이동한 거리를 $y\,\mathrm{km}$라 할 때, $x$와 $y$ 사이의 관계식을 구하고, $y$가 $x$에 정비례함을 확인하시오.

**(1) 정비례 관계 $y=ax\,(a\neq0)$의 그래프**

$x$의 값의 범위에 따라 정비례 관계 $y=x$의 그래프를 그리면 다음과 같다.

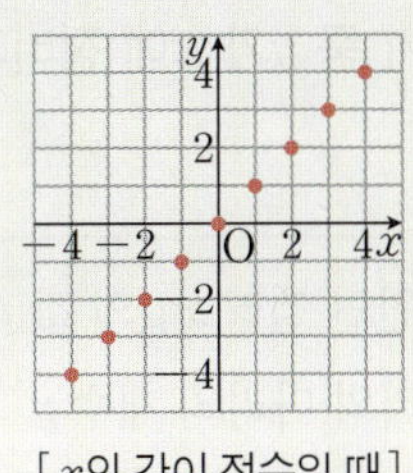 → 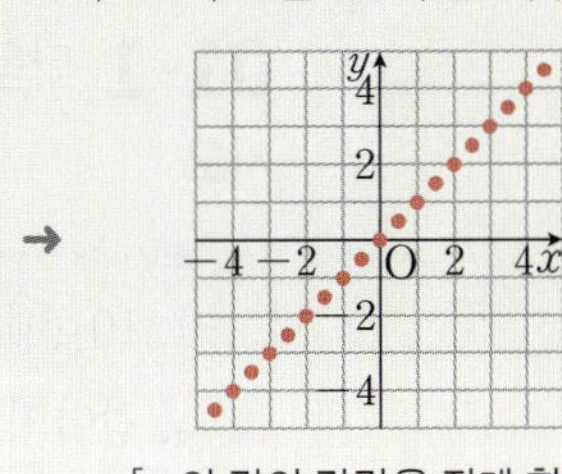 → 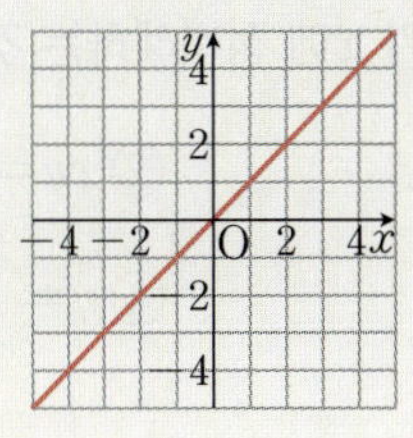

[$x$의 값이 정수일 때]　　[$x$의 값의 간격을 작게 할 때]　　[$x$의 값이 모든 수일 때]

**(2) 정비례 관계 $y=ax\,(a\neq0)$의 그래프의 성질**

$x$의 값이 모든 수일 때, 정비례 관계 $y=ax\,(a\neq0)$의 그래프는 원점을 지나는 직선이다.

| | $a>0$일 때 | $a<0$일 때 |
|---|---|---|
| 그래프 | | |
| 그래프의 모양 | 오른쪽 위로 향하는 직선 | 오른쪽 아래로 향하는 직선 |
| 지나는 사분면 | 제1사분면, 제3사분면 | 제2사분면, 제4사분면 |
| 증가·감소 상태 | $x$의 값이 증가하면 $y$의 값도 증가 | $x$의 값이 증가하면 $y$의 값은 감소 |

---

**개념 check**

☑ 정비례 관계의 그래프

정비례 관계의 그래프는 원점을 지 ▶
나는 직선이므로 원점과 그래프가
지나는 다른 한 점을 찾아 직선으로
이으면 쉽게 그릴 수 있다.

**01** 정비례 관계 $y=2x$의 그래프를 좌표평면 위에 그리고, ☐ 안에 알맞은 것을 쓰시오.

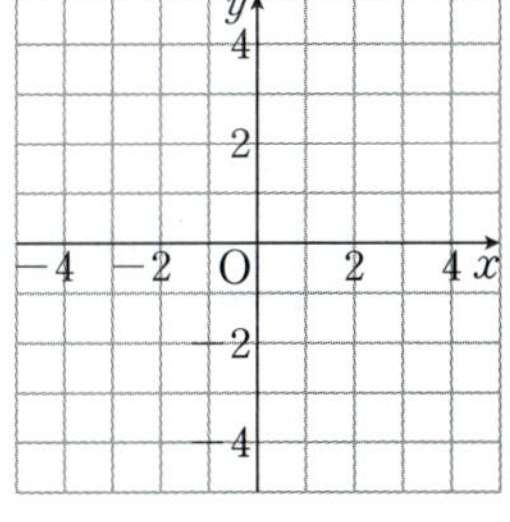

(1) 원점과 점 $(1,\ \boxed{\phantom{x}})$를 지나는 직선이다.

(2) 오른쪽 $\boxed{\phantom{x}}$로 향하는 직선이다.

(3) 제$\boxed{\phantom{x}}$사분면과 제$\boxed{\phantom{x}}$사분면을 지난다.

(4) $x$의 값이 증가하면 $y$의 값은 $\boxed{\phantom{x}}$한다.

**01-1** 정비례 관계 $y=-\dfrac{1}{3}x$의 그래프를 좌표평면 위에 그리고, ☐ 안에 알맞은 것을 쓰시오.

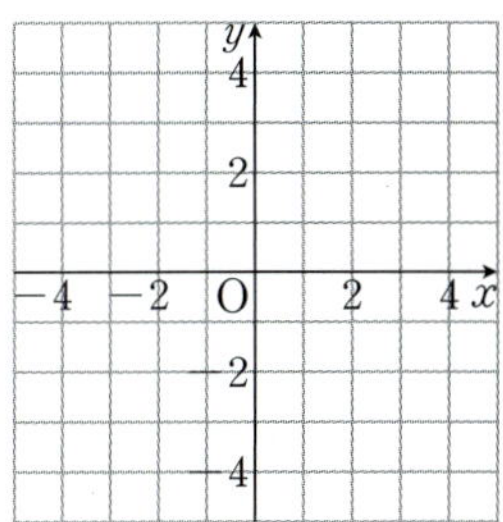

(1) 원점과 점 $(-3,\ \boxed{\phantom{x}})$을 지나는 직선이다.

(2) 오른쪽 $\boxed{\phantom{x}}$로 향하는 직선이다.

(3) 제$\boxed{\phantom{x}}$사분면과 제$\boxed{\phantom{x}}$사분면을 지난다.

(4) $x$의 값이 증가하면 $y$의 값은 $\boxed{\phantom{x}}$한다.

# 필수 유형 익히기



**01** 다음 중 $y$가 $x$에 정비례하는 것은?

① $y=3x-1$   ② $xy=2$

③ $y=x+5$   ④ $y=\dfrac{4}{x}$

⑤ $y=-\dfrac{1}{9}x$

**01-1** 다음 보기 중 $y$가 $x$에 정비례하는 것을 모두 고르시오.

보기
ㄱ. 10 g에 100원인 젤리 $x$ g의 값 $y$원

ㄴ. 강아지 $x$마리의 다리의 개수 $y$

ㄷ. 밑변의 길이가 $x$ cm, 높이가 16 cm인 삼각형의 넓이 $y$ cm$^2$

ㄹ. 올해 14살인 선우의 $x$년 후의 나이 $y$살



**02** 두 변수 $x$, $y$에 대하여 $y$가 $x$에 정비례하고, $x=2$일 때 $y=12$이다. $x$와 $y$ 사이의 관계식을 구하시오.

**02-1** 두 변수 $x$, $y$에 대하여 $y$가 $x$에 정비례하고, $x=-3$일 때 $y=1$이다. $x=6$일 때, $y$의 값을 구하시오.



**03** 다음 중 정비례 관계 $y=\dfrac{2}{3}x$의 그래프는?

① 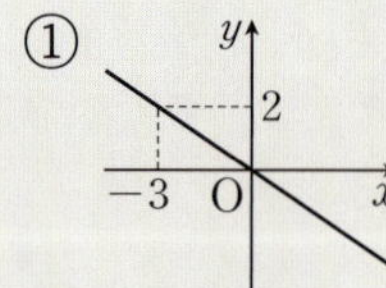   ② 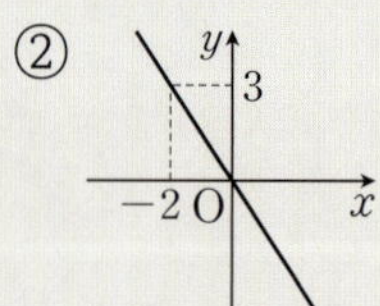

③ 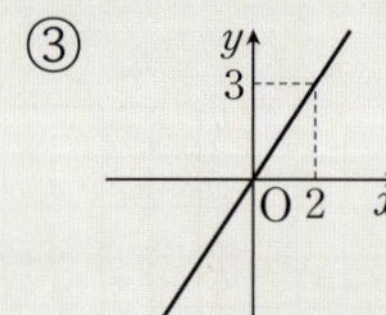   ④ 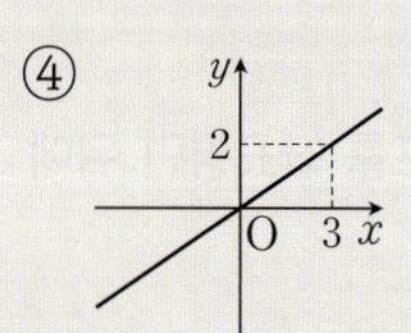

⑤ 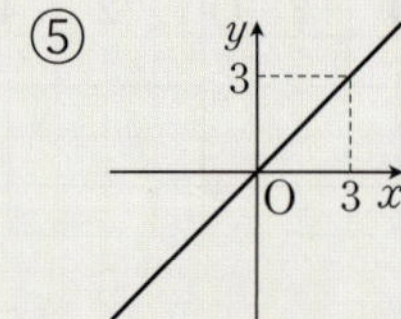

**03-1** 다음 중 정비례 관계 $y=-\dfrac{3}{4}x$의 그래프는?

① 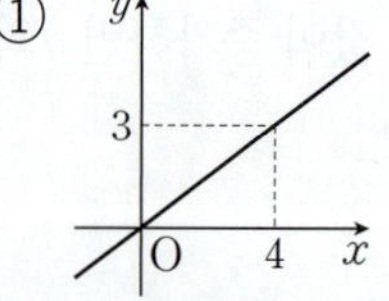   ② 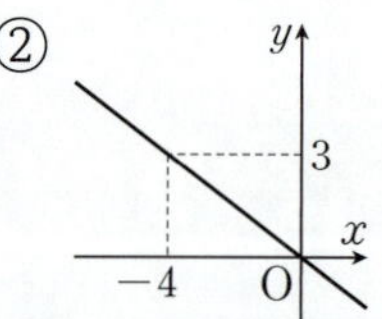

③ 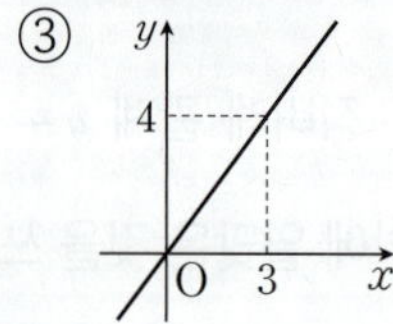   ④ 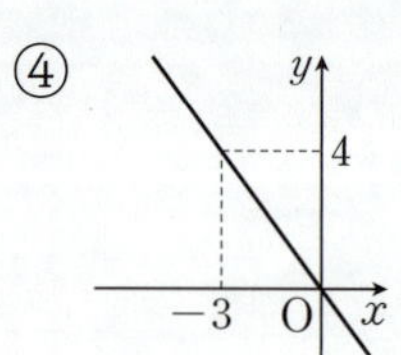

⑤ 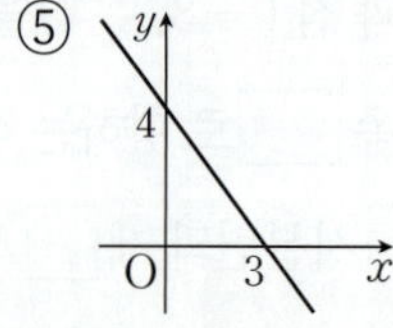

**04** 다음 중 정비례 관계 $y=\dfrac{x}{4}$의 그래프에 대한 설명으로 옳지 <u>않은</u> 것은?

① 원점을 지나는 직선이다.
② 오른쪽 위로 향하는 직선이다.
③ 제1사분면과 제3사분면을 지난다.
④ $x$의 값이 증가하면 $y$의 값은 감소한다.
⑤ 점 $(4, 1)$을 지난다.

**04-1** 다음 중 정비례 관계 $y=ax\,(a\neq0)$의 그래프에 대한 설명으로 옳지 <u>않은</u> 것은?

① 원점과 점 $(1, a)$를 지난다.
② $a<0$일 때, 오른쪽 아래로 향하는 직선이다.
③ $a$의 절댓값이 클수록 $x$축에 가깝다.
④ $a<0$일 때, 제2사분면과 제4사분면을 지난다.
⑤ $a>0$일 때, $x$의 값이 증가하면 $y$의 값도 증가한다.



**05** 정비례 관계 $y=4x$의 그래프가 점 $(a, -12)$를 지날 때, $a$의 값을 구하시오.

**05-1** 정비례 관계 $y=ax$의 그래프가 점 $(-3, 9)$를 지날 때, 수 $a$의 값을 구하시오.



원점을 지나는 직선이 그래프로 주어지면 $x$와 $y$ 사이의 관계식은 다음과 같은 순서로 구한다.
❶ 정비례 관계이므로 $y=ax\,(a\neq0)$로 놓는다.
❷ $y=ax$에 원점을 제외한 그래프 위의 한 점의 좌표를 대입하여 $a$의 값을 구한다.

**06** 오른쪽 그래프가 나타내는 $x$와 $y$ 사이의 관계식을 구하시오.

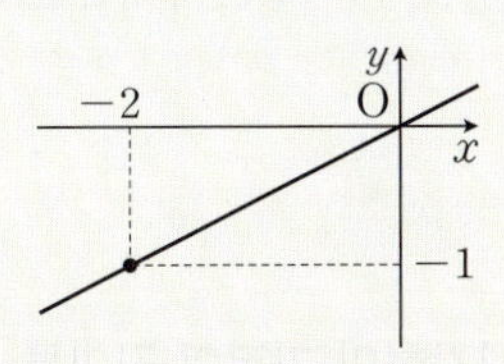

**06-1** 오른쪽 그림과 같은 그래프가 점 $(k, -10)$을 지날 때, $k$의 값을 구하시오.

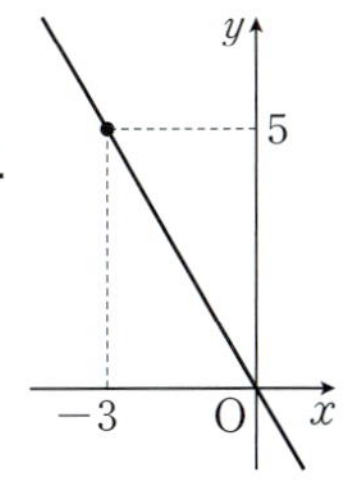

# 02 반비례



(1) 두 변수 $x$, $y$에 대하여 $x$의 값이 2배, 3배, 4배, …로 변함에 따라 $y$의 값이 $\frac{1}{2}$배, $\frac{1}{3}$배, $\frac{1}{4}$배, …로 변할 때, $y$는 $x$에 **반비례**한다고 한다.

(2) $y$가 $x$에 반비례하면 $x$와 $y$ 사이의 관계식은 $y=\dfrac{a}{x}\,(a\neq0)$로 나타낼 수 있다.

참고 일반적으로 $y$가 $x$에 반비례할 때, $xy$의 값은 항상 일정하다.  →  $y=\dfrac{a}{x}$에서 $xy=a$ (일정)

## 개념 Bridge

• 반비례 관계

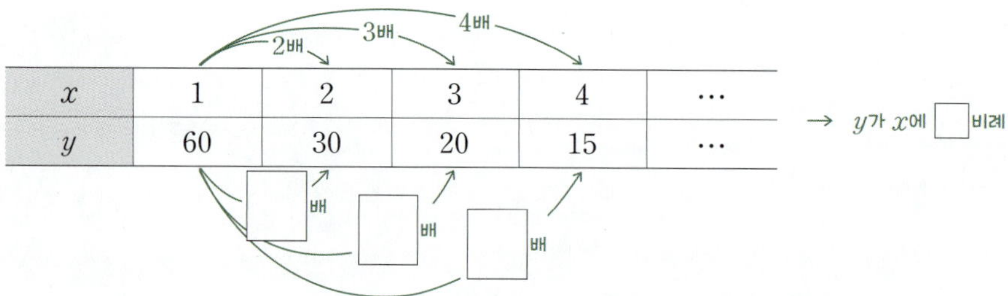



## 개념 check

✅ 반비례 관계 ········ **01** 다음 중 $y$가 $x$에 반비례하는 것은 ○표, 반비례하지 않는 것은 ×표를 하시오.

(1) $y=7-x$　　(　　　　)　　　　(2) $y=\dfrac{9}{x}$　　(　　　　)

(3) $xy=4$　　(　　　　)　　　　(4) $\dfrac{y}{x}=-2$　　(　　　　)

✅ 반비례 관계식 ········ **02** 구슬 36개를 $x$명이 똑같이 나누어 가질 때, 1명이 갖는 구슬을 $y$개라 할 때, 다음 물음에 답하시오.

(1) 표를 완성하시오.

| $x$(명) | 1 | 2 | 3 | 4 | … |
|---|---|---|---|---|---|
| $y$(개) | | | | | … |

(2) $x$와 $y$ 사이의 관계식을 구하고, $y$가 $x$에 반비례함을 확인하시오.

**02-1** 넓이가 $300\,\mathrm{cm}^2$인 직사각형의 가로의 길이를 $x\,\mathrm{cm}$, 세로의 길이를 $y\,\mathrm{cm}$라 할 때, $x$와 $y$ 사이의 관계식을 구하고, $y$가 $x$에 반비례함을 확인하시오.

(1) 반비례 관계 $y=\dfrac{a}{x}\,(a\neq0)$의 그래프

$x$의 값의 범위에 따라 반비례 관계 $y=\dfrac{4}{x}$의 그래프를 그리면 다음과 같다.

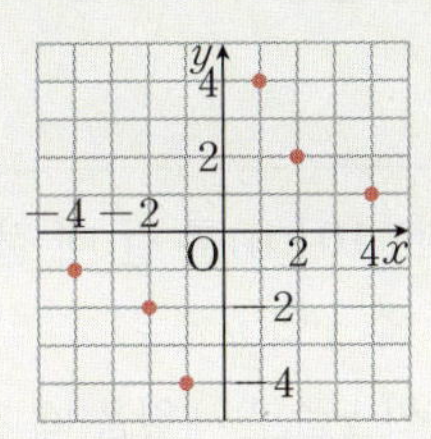 → 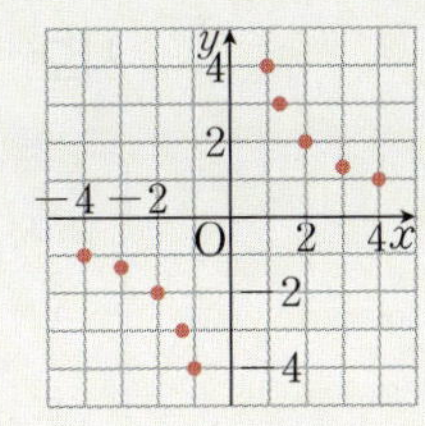 → 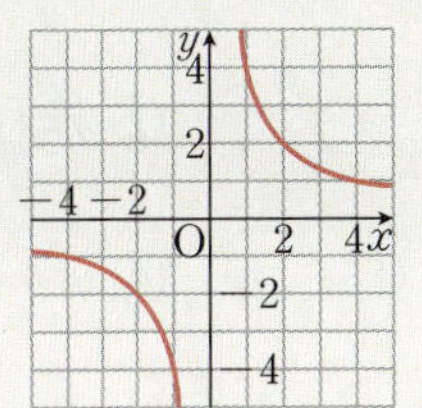

[$x$의 값이 0이 아닌 정수일 때]    [$x$의 값의 간격을 작게 할 때]    [$x$의 값이 0이 아닌 모든 수일 때]

(2) 반비례 관계 $y=\dfrac{a}{x}\,(a\neq0)$의 그래프의 성질

$x$의 값이 0이 아닌 모든 수일 때, 반비례 관계 $y=\dfrac{a}{x}\,(a\neq0)$의 그래프는 좌표축에 가까워지면서 한없이 뻗어 나가는 한 쌍의 매끄러운 곡선이다.

| | $a>0$일 때 | $a<0$일 때 |
|---|---|---|
| 그래프 | | |
| 지나는 사분면 | 제1사분면, 제3사분면 | 제2사분면, 제4사분면 |
| 증가·감소 상태 | $x$의 값이 증가하면 $y$의 값은 감소 | $x$의 값이 증가하면 $y$의 값도 증가 |

---

개념 check

✓ 반비례 관계의 그래프 ········

**01** 반비례 관계 $y=\dfrac{2}{x}$의 그래프를 좌표평면 위에 그리고, ☐ 안에 알맞은 것을 쓰시오.

반비례 관계의 그래프는 $x,\,y$의 값이 ▶ 모두 정수가 되는 점을 구한 후 이 점을 매끄러운 곡선으로 연결하면 쉽게 그릴 수 있다.

(1) 점 $(-2,\ \boxed{\phantom{0}})$, $(-1,\ \boxed{\phantom{0}})$, $(1,\ \boxed{\phantom{0}})$, $(2,\ \boxed{\phantom{0}})$을 지나는 한 쌍의 매끄러운 곡선이다.

(2) 제 $\boxed{\phantom{0}}$ 사분면과 제 $\boxed{\phantom{0}}$ 사분면을 지난다.

(3) $x>0$ 또는 $x<0$일 때, $x$의 값이 증가하면 $y$의 값은 $\boxed{\phantom{0}}$ 한다.

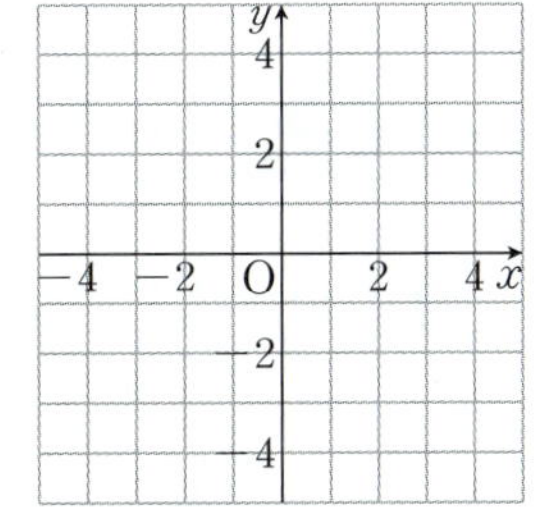

**01-1** 반비례 관계 $y=-\dfrac{3}{x}$의 그래프를 좌표평면 위에 그리고, ☐ 안에 알맞은 것을 쓰시오.

(1) 점 $(-3,\ \boxed{\phantom{0}})$, $(-1,\ \boxed{\phantom{0}})$, $(1,\ \boxed{\phantom{0}})$, $(3,\ \boxed{\phantom{0}})$을 지나는 한 쌍의 매끄러운 곡선이다.

(2) 제 $\boxed{\phantom{0}}$ 사분면과 제 $\boxed{\phantom{0}}$ 사분면을 지난다.

(3) $x>0$ 또는 $x<0$일 때, $x$의 값이 증가하면 $y$의 값은 $\boxed{\phantom{0}}$ 한다.

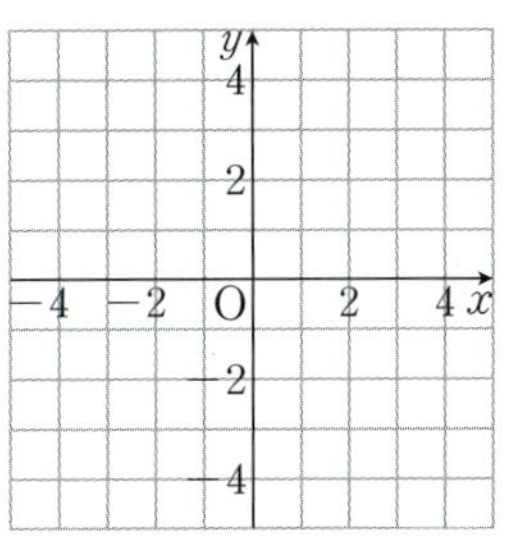

정답과 해설 47쪽

# 필수 유형 익히기



**01** 다음 중 $y$가 $x$에 반비례하는 것은? (정답 2개)

① $y=-15x$      ② $y=\dfrac{4}{x}-1$

③ $xy=8$      ④ $y=\dfrac{x}{7}$

⑤ $y=-\dfrac{3}{x}$

**01-1** 다음 보기 중 $y$가 $x$에 반비례하는 것을 모두 고르시오.

보기

ㄱ. 시속 $x$ km로 10 km를 갈 때 걸린 시간 $y$시간

ㄴ. 합이 8인 두 수 $x$와 $y$

ㄷ. 한 줄에 4명씩 $x$줄로 세웠을 때 전체 학생 수 $y$명

ㄹ. 우유 2 L를 $x$명이 똑같이 나누어 마실 때, 한 사람이 마시는 우유의 양 $y$ L



**02** 두 변수 $x$, $y$에 대하여 $y$가 $x$에 반비례하고, $x=6$일 때 $y=3$이다. $x$와 $y$ 사이의 관계식을 구하시오.

**02-1** 두 변수 $x$, $y$에 대하여 $y$가 $x$에 반비례하고, $x=-2$일 때 $y=8$이다. $x=4$일 때 $y$의 값을 구하시오.



**03** 다음 중 반비례 관계 $y=\dfrac{6}{x}$의 그래프는?

① 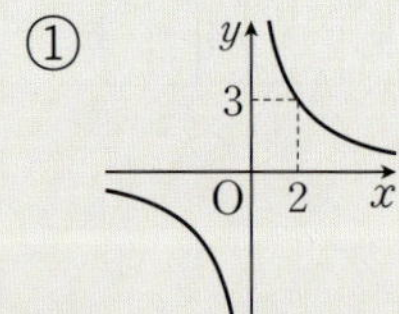 ② 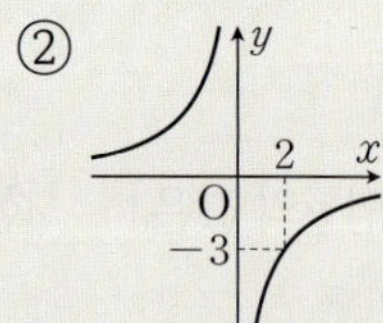

③ 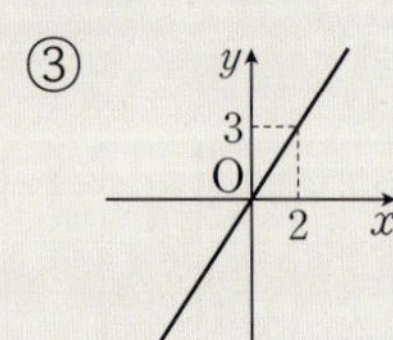 ④ 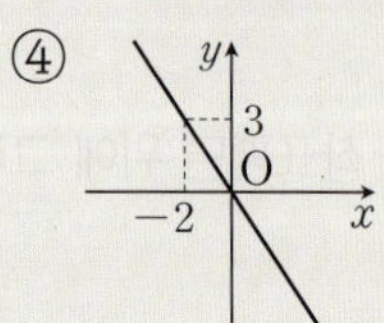

⑤ 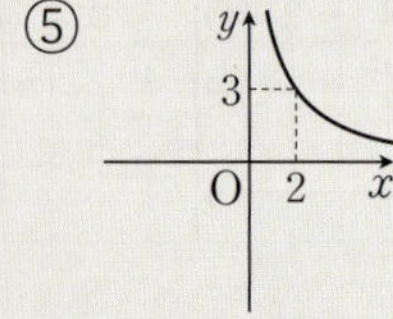

**03-1** 다음 보기 중 오른쪽 그래프가 나타내는 $x$와 $y$ 사이의 관계식으로 적당한 것을 고르시오.

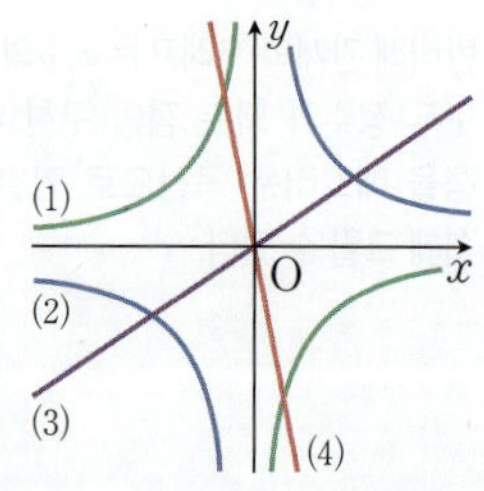

보기

ㄱ. $y=\dfrac{2}{3}x$      ㄴ. $y=-5x$

ㄷ. $y=\dfrac{8}{x}$      ㄹ. $y=-\dfrac{6}{x}$

**04** 다음 중 반비례 관계 $y=\dfrac{7}{x}$의 그래프에 대한 설명으로 옳은 것은?

① 원점을 지난다.

② 점 $(-1, 7)$을 지난다.

③ 제2사분면과 제4사분면을 지난다.

④ $x>0$일 때, $x$의 값이 증가하면 $y$의 값도 증가한다.

⑤ 한 쌍의 매끄러운 곡선이다.

**04-1** 다음 보기 중 반비례 관계 $y=\dfrac{a}{x}(a\neq0)$의 그래프에 대한 설명으로 옳은 것을 모두 고르시오.

보기

ㄱ. 원점을 지나는 직선이다.

ㄴ. 점 $(1, a)$를 지난다.

ㄷ. $a>0$일 때, 제1사분면과 제3사분면을 지난다.

ㄹ. $a<0$, $x>0$일 때, $x$의 값이 증가하면 $y$의 값은 감소한다.



**05** 점 $(a, -4)$가 반비례 관계 $y=\dfrac{3}{x}$의 그래프 위의 점일 때, $a$의 값을 구하시오.

**05-1** 반비례 관계 $y=\dfrac{a}{x}$의 그래프가 점 $(3, -1)$을 지날 때, 수 $a$의 값을 구하시오.



원점에 대하여 대칭인 한 쌍의 곡선이 그래프로 주어지면 $x$와 $y$ 사이의 관계식은 다음과 같은 순서로 구한다.

❶ 반비례 관계이므로 $y=\dfrac{a}{x}(a\neq0)$로 놓는다.

❷ $y=\dfrac{a}{x}$의 그래프 위의 한 점의 좌표를 대입하여 $a$의 값을 구한다.

**06** 오른쪽 그래프가 나타내는 $x$와 $y$ 사이의 관계식을 구하시오.

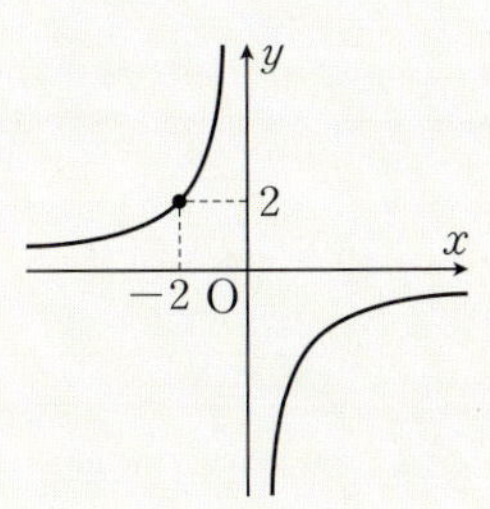

**06-1** 오른쪽 그림과 같은 그래프가 두 점 $(k, -6)$, $(4, 3)$을 지날 때, $k$의 값을 구하시오.

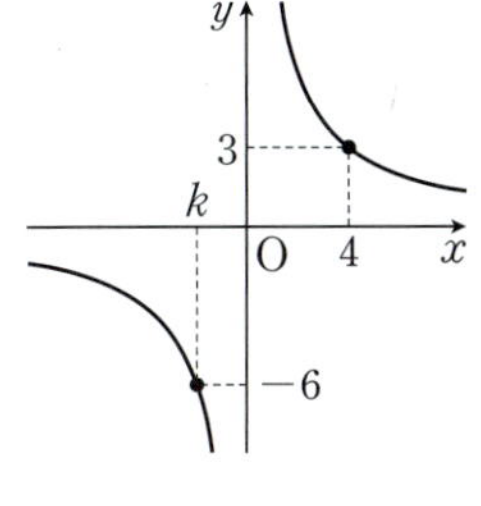

# 서술형 감잡기

**01** 높이가 $60\,cm$인 비어 있는 원기둥 모양의 물통에 수면의 높이가 매분 $3\,cm$씩 올라가도록 물을 넣으려고 한다. 물을 넣은 지 $x$분 후의 수면의 높이를 $y\,cm$라 할 때, 다음 물음에 답하시오.

(1) $x$와 $y$ 사이의 관계식을 구하시오.

(2) 물통에 물을 가득 채우는 데 몇 분이 걸리는지 구하시오.

**① 단계** $x$와 $y$ 사이의 관계식 구하기 ◀ $40\,\%$

(1) 물의 높이가 매분 $3\,cm$씩 올라가므로

$$y = \boxed{\phantom{0}}\, x$$

**② 단계** 물통에 물을 가득 채우는 데 걸리는 시간 구하기 ◀ $60\,\%$

(2) $y = \boxed{\phantom{0}}\, x$에 $y = 60$을 대입하면

$$60 = \boxed{\phantom{0}}\, x \qquad \therefore x = \boxed{\phantom{0}}$$

따라서 물을 가득 채우는 데 걸리는 시간은 $\boxed{\phantom{0}}$분이다.

답 _______________

**01-1** 강당에 있는 120개의 의자를 여러 줄로 똑같이 나누어 놓으려고 한다. 의자를 $x$줄로 놓으면 한 줄에 놓이는 의자가 $y$개라 할 때, 다음 물음에 답하시오.

(1) $x$와 $y$ 사이의 관계식을 구하시오.

(2) 의자를 20줄로 놓을 때, 한 줄에 놓이는 의자의 수를 구하시오.

답 _______________

**02** 정비례 관계 $y = ax$의 그래프가 오른쪽 그림과 같을 때, $a + b$의 값을 구하시오. (단, $a$는 수)

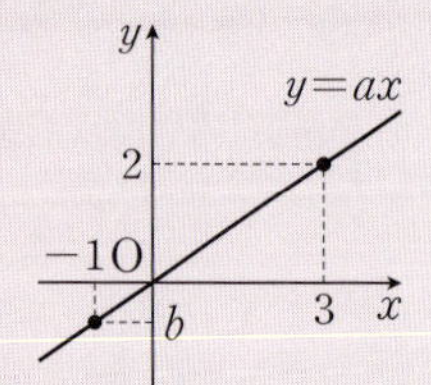

**① 단계** $a$의 값 구하기 ◀ $40\,\%$

$y = ax$에 $x = \boxed{\phantom{0}}$, $y = \boxed{\phantom{0}}$를 대입하면

$$\boxed{\phantom{0}} = \boxed{\phantom{0}}\, a \qquad \therefore a = \boxed{\phantom{0}}$$

**② 단계** $b$의 값 구하기 ◀ $40\,\%$

$y = \boxed{\phantom{0}}\, x$에 $x = \boxed{\phantom{0}}$, $y = \boxed{\phantom{0}}$를 대입하면

$$\boxed{\phantom{0}} = \boxed{\phantom{0}}$$

**③ 단계** $a + b$의 값 구하기 ◀ $20\,\%$

$$\therefore a + b = \boxed{\phantom{0}}$$

답 _______________

**02-1** 반비례 관계 $y = \dfrac{a}{x}$의 그래프가 오른쪽 그림과 같을 때, $ab$의 값을 구하시오. (단, $a$는 수)

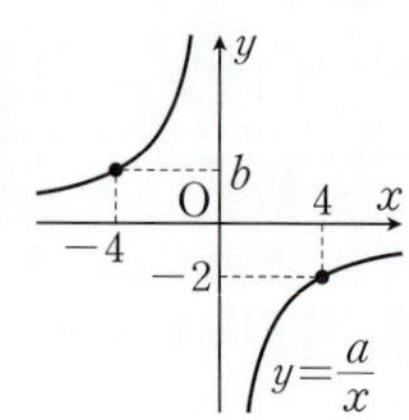

답 _______________

# 단원 마무리하기

**01** 다음 중 $y$가 $x$에 정비례하는 것은?

① $y=x+1$　　② $xy=15$　　③ $\dfrac{y}{x}=6$

④ $y=\dfrac{4}{x}$　　　⑤ $y+x=3$

**02** $y$가 $x$에 정비례하고, $x=-5$일 때 $y=25$이다. 다음 보기 중 옳은 것을 모두 고르시오.

> **보기**
> ㄱ. $x$의 값이 3배가 되면 $y$의 값은 $\dfrac{1}{3}$배가 된다.
> ㄴ. $x$와 $y$ 사이의 관계식은 $y=-5x$이다.
> ㄷ. $x=2$일 때, $y=10$이다.

**03** 다음 표에서 $y$가 $x$에 정비례할 때, $p+q$의 값을 구하시오.

| $x$ | $-4$ | 2 | $q$ |
|---|---|---|---|
| $y$ | $p$ | 6 | 9 |

**04** 자동차를 타고 시속 $x$ km로 4시간 동안 달린 거리를 $y$ km라 하자. 시속 80 km로 달렸을 때, 이동한 거리는?

① 280 km　　② 290 km　　③ 300 km
④ 310 km　　⑤ 320 km

**05** 다음 보기 중 정비례 관계 $y=ax\,(a\neq0)$의 그래프에 대한 설명으로 옳은 것을 모두 고르시오.

> **보기**
> ㄱ. $a>0$일 때, 제2사분면과 제4사분면을 지난다.
> ㄴ. $a$의 절댓값이 클수록 $y$축에 가깝다.
> ㄷ. $a<0$일 때, $x$의 값이 증가하면 $y$의 값도 증가한다.
> ㄹ. $a$의 값에 관계없이 항상 원점을 지난다.



**06** 정비례 관계 $y=4x$의 그래프가 두 점 $(2a,\ -16)$, $(-4,\ 8b)$를 지날 때, $a+b$의 값을 구하시오.

**07** 다음 중 오른쪽 그림과 같은 그래프 위의 점은?

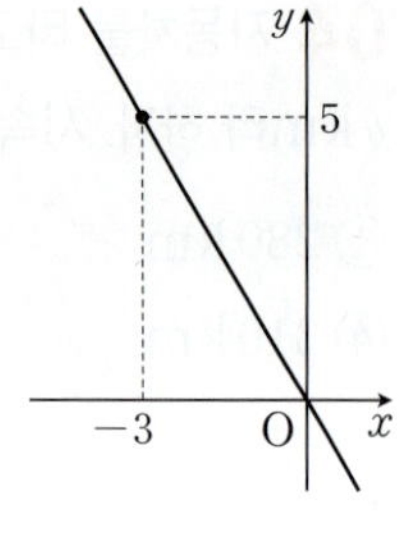

① $(5, -3)$  ② $(2, -1)$

③ $\left(-1, \dfrac{5}{3}\right)$  ④ $\left(-\dfrac{3}{2}, 6\right)$

⑤ $(-6, 12)$

**08** 다음 보기 중 $y$가 $x$에 반비례하는 것을 모두 고르시오.

보기
ㄱ. $100\,g$에 $1000$원인 초콜릿 $x\,g$의 가격 $y$원
ㄴ. 시속 $x\,km$로 $20\,km$를 달릴 때 걸리는 시간 $y$시간
ㄷ. 넓이가 $35\,cm^2$, 밑변의 길이가 $x\,cm$인 삼각형의 높이 $y\,cm$
ㄹ. 한 권의 두께가 $2\,cm$인 책을 $x$권 쌓았을 때 책들의 두께의 합 $y\,cm$

**09** $x$의 값이 2배, 3배, 4배, …가 될 때 $y$의 값은 $\dfrac{1}{2}$배, $\dfrac{1}{3}$배, $\dfrac{1}{4}$배, …가 되고, $x=4$일 때 $y=6$이다. $x$와 $y$ 사이의 관계식을 구하시오.

**10** 용량이 $600\,L$인 물탱크에 매분 $x\,L$씩 $y$분 동안 물을 채우면 물탱크가 가득 찬다고 한다. 매분 $24\,L$씩 물을 채울 때, 물탱크에 물이 가득 차는 데 걸리는 시간은 몇 분인지 구하시오.

**11** 다음 중 $x$와 $y$ 사이의 관계를 나타내는 그래프가 제2사분면과 제4사분면을 지나는 것을 모두 고르면? (정답 2개)

① $y = -4x$  ② $y = \dfrac{5}{x}$  ③ $y = 6x$

④ $y = -\dfrac{7}{x}$  ⑤ $y = \dfrac{1}{2}x$

**12** 다음 중 오른쪽 그래프에 대한 설명으로 옳은 것은?

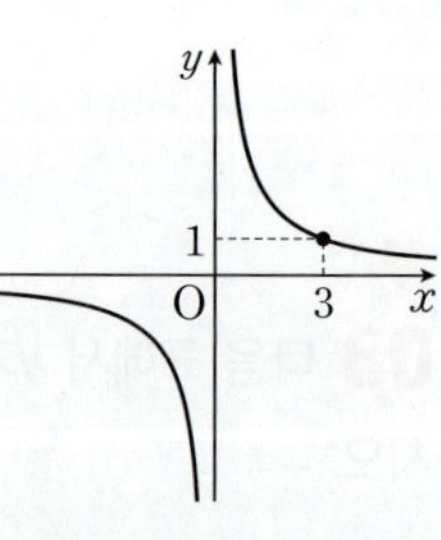

① 정비례 관계의 그래프이다.

② $y = -\dfrac{3}{x}$의 그래프이다.

③ 점 $(-1, -3)$을 지난다.

④ $x > 0$일 때, $x$의 값이 증가하면 $y$의 값도 증가한다.

⑤ $\dfrac{y}{x}$의 값이 일정하다.

**13** 반비례 관계 $y=\dfrac{8}{x}$의 그래프가 두 점 $(2, a)$, $(b, -2)$
를 지날 때, $a+b$의 값을 구하시오.

**14** 오른쪽 그림과 같은 그래프가
두 점 $(-2, 6)$, $(4, k)$를 지날 때,
$k$의 값을 구하시오.

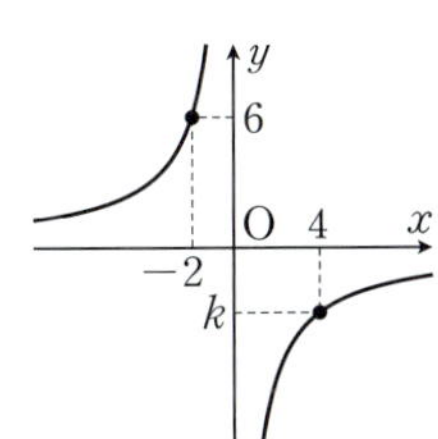


**15** 오른쪽 그림은 정비례 관계
$y=ax$, 반비례 관계 $y=\dfrac{6}{x}$의 그래
프이다. 두 그래프가 만나는 점 A의
$x$좌표가 2일 때, 수 $a$의 값을 구하
시오.

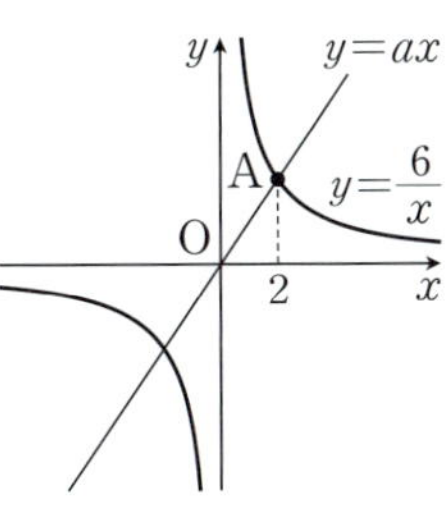



## Level Up

**16** 오른쪽 그림과 같이 정비례
관계 $y=\dfrac{1}{2}x$의 그래프 위의 점
A와 정비례 관계 $y=-\dfrac{3}{4}x$의
그래프 위의 점 B의 $y$좌표가 모두
$-6$일 때, 삼각형 OAB의 넓이를 구하시오. (단, O는 원점)

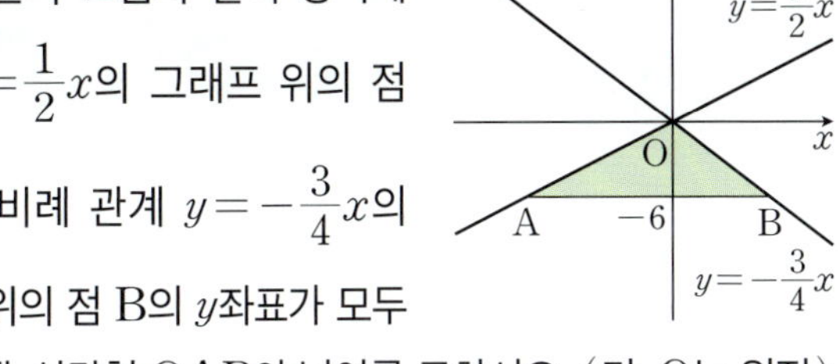



**17** 반비례 관계 $y=\dfrac{10}{x}$의 그래프 위의 점 중에서 제3사
분면 위에 있고, $x$좌표와 $y$좌표가 모두 정수인 점은 모두 몇
개인지 구하시오.

**18** 오른쪽 그림은 반비례 관계
$y=\dfrac{a}{x}$의 그래프이고 두 점 A, C는
이 그래프 위의 점이다. 네 변이 $x$축
또는 $y$축에 평행한 직사각형
ABCD의 넓이가 49일 때, 수 $a$의
값을 구하시오.

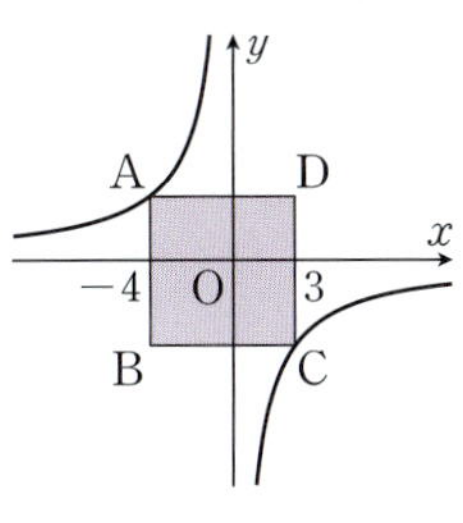

Memo

## 국어 독해·문법·어휘 훈련서

수능 국어의 자신감을 깨우는 단계별 실력 완성 훈련서

| | |
|---|---|
| 독해 | 0_준비편, 1_기본편, 2_실력편, 3_수능편 |
| 어휘 | 1_종합편, 2_수능편 |
| 문법 | 1_기본편, 2_수능편 |

## 영어 문법·독해 훈련서

중학교 영어의 핵심 문법과 독해 스킬 공략으로
내신·서술형·수능까지 단계별 완성 훈련서

GRAMMAR BITE

| | |
|---|---|
| 문법 | PREP |
| 문법 | Grade 1, Grade 2, Grade 3 |
| 문법 | PLUS 수능 |

READING BITE

| | |
|---|---|
| 독해 | PREP |
| 독해 | Grade 1, Grade 2, Grade 3 |
| 독해 | SUM |

## 내신 필수 기본서

자세하고 쉬운 설명으로 개념을 이해하고, 특별한 비법으로 자신 있게
시험을 대비하는 필수 기본서

**[2022 개정]**

| | |
|---|---|
| 사회 | ①-1, ①-2* |
| 역사 | ①-1, ①-2* |
| 과학 | 1-1, 1-2* |

*2025년 상반기 출간 예정

**[2022 개정]**

| | |
|---|---|
| 국어 | (신유식) 1-1, 1-2* |
| | (민병곤) 1-1, 1-2* |
| 영어 | 1-1, 1-2* |

*2025년 상반기 출간 예정

**[2015 개정]**

| | |
|---|---|
| 국어 | 2-1, 2-2, 3-1, 3-2 |
| 영어 | 2-1, 2-2, 3-1, 3-2 |
| 수학 | 2(상), 2(하), 3(상), 3(하) |
| 사회 | ①-1, ①-2, ②-1, ②-2 |
| 역사 | ①-1, ①-2, ②-1, ②-2 |
| 과학 | 2-1, 2-2, 3-1, 3-2 |

*국어, 영어는 미래엔 교과서 연계 도서입니다.

## 수학 개념·유형 훈련서

빠르게 반복하며 수학 실력을 제대로 완성하는
단계별 내신 완성 훈련서

**[2022 개정]**

| | |
|---|---|
| 수학 | 1-1, 1-2, 2-1, 2-2, 3-1*, 3-2* |

*2025년 상반기 출간 예정

**[2015 개정]**

| | |
|---|---|
| 수학 | 2(상), 2(하), 3(상), 3(하) |

**[2015 개정]**

| | |
|---|---|
| 수학 | 2(상), 2(하), 3(상), 3(하) |

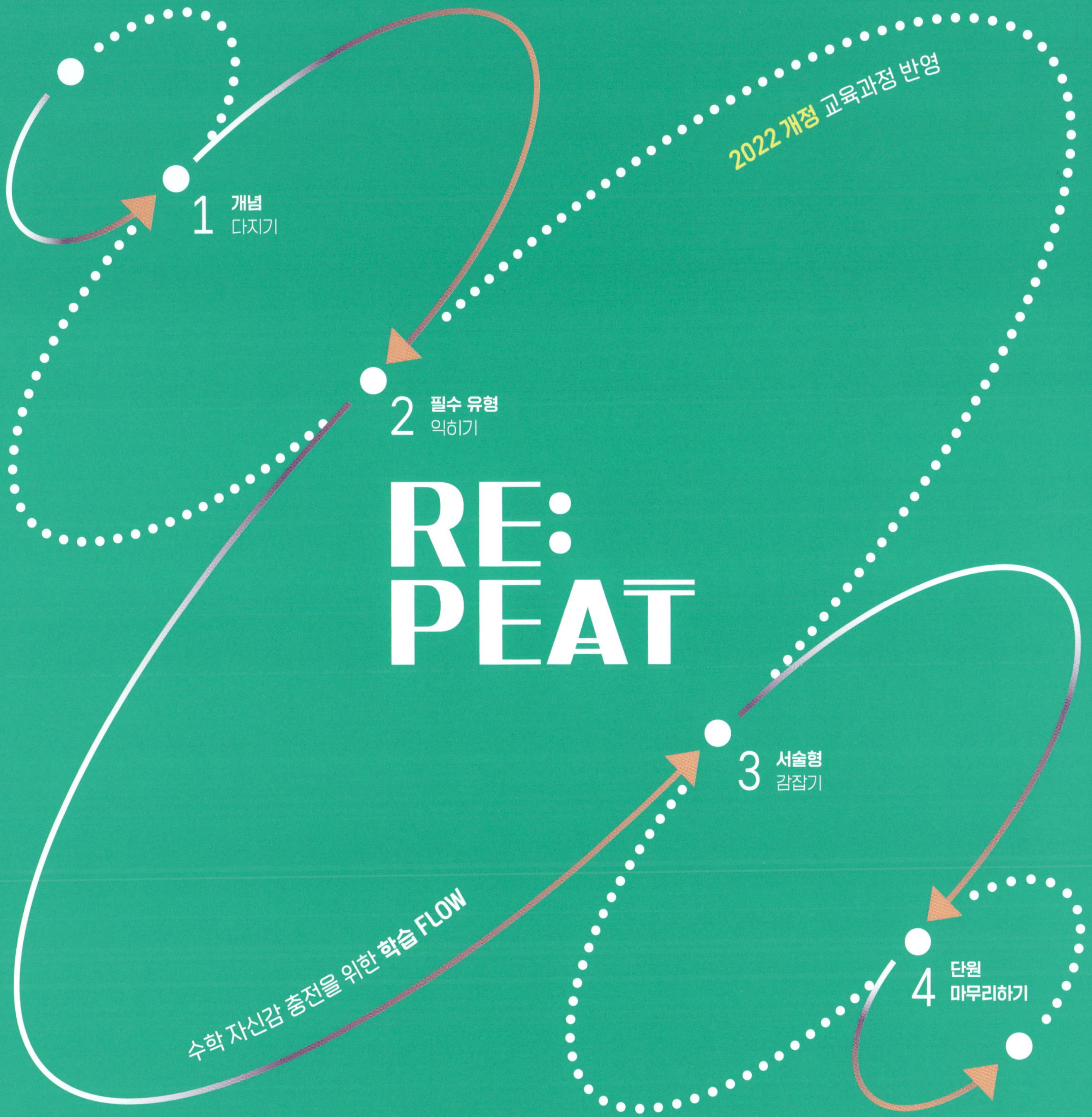


**반복 책** 개념 책과 쌍둥이 구성으로 반복 학습

반복 학습으로 실력을 완성하는 **개념 기본서**

# 리:피트 개념

## 중등 수학 1-1

Mirae N 에듀

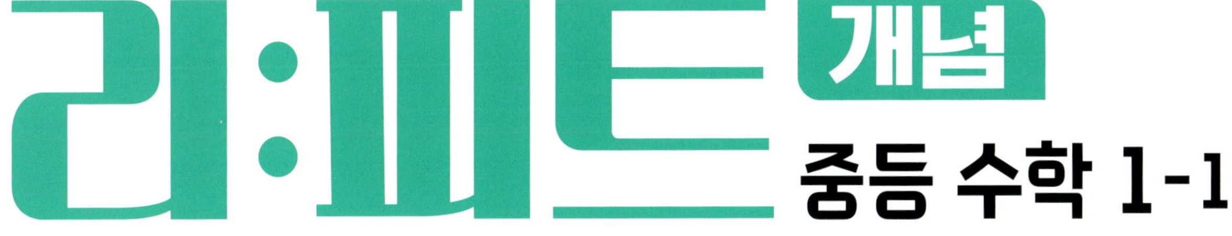

중등 수학

# 1-1

# 소인수분해

## 소수와 합성수

자연수
- 1: 약수가 1개
- 소수: 약수가 2개
- 합성수: 약수가 3개 이상

(1) **소수**: 1보다 큰 자연수 중 1과 자기 자신만을 약수로 가지는 수
(2) **합성수**: 1보다 큰 자연수 중 소수가 아닌 수

## 거듭제곱

$$2 \times 2 \times 2 \times 2 \times 2 = 2^5$$

지수 · 밑

(1) **거듭제곱**: 같은 수나 문자를 여러 번 곱한 것을 간단히 나타낸 것
(2) **밑**: 거듭제곱에서 여러 번 곱하는 수나 문자
(3) **지수**: 거듭제곱에서 밑이 곱해진 개수

## 소인수분해

$$18 = 2 \times 3^2$$

(소수가 될 때까지 나누기)

(1) **소인수**: 어떤 자연수의 약수 중에서 소수인 것
(2) **소인수분해**: 어떤 자연수를 그 수의 소인수들만의 곱으로 나타내는 것

## 소인수분해와 약수

$$18 = 2 \times 3^2$$

$3^2$의 약수 → $(2+1)$개

| $\times$ | $1$ | $3$ | $3^2$ |
|---|---|---|---|
| $1$ | $1 \times 1 = 1$ | $1 \times 3 = 3$ | $1 \times 3^2 = 9$ |
| $2$ | $2 \times 1 = 2$ | $2 \times 3 = 6$ | $2 \times 3^2 = 18$ |

2의 약수 → $(1+1)$개

18의 약수 → $(1+1) \times (2+1) = 6$(개)

자연수 $A$가 $A = a^m \times b^n$ ($a$, $b$는 서로 다른 소수, $m$, $n$은 자연수)으로 소인수분해 될 때

(1) $A$의 약수
→ $a^m$의 약수와 $b^n$의 약수를 곱해서 구한다.
→ ($a^m$의 약수) $\times$ ($b^n$의 약수) 꼴

(2) $A$의 약수의 개수 → $(m+1) \times (n+1)$

<table>
<tr><td>

**최대공약수<br>구하기**

</td><td>

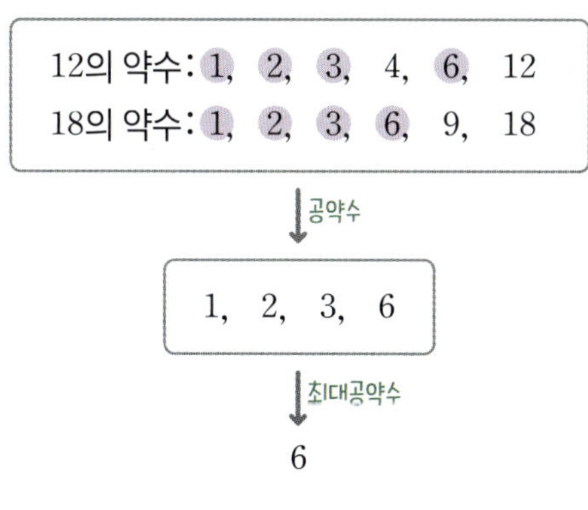

</td><td>

❶ 두 수를 각각 소인수분해 하여 거듭제곱으로 나타낸다.

❷ 공통인 소인수의 거듭제곱에서 지수가 작거나 같은 것을 택한다.

❸ ❷에서 택한 것을 모두 곱한다.

</td></tr>
<tr><td>

**최대공약수의<br>성질**

</td><td>

12의 약수: 1, 2, 3, 4, 6, 12
18의 약수: 1, 2, 3, 6, 9, 18

↓ 공약수

1, 2, 3, 6

↓ 최대공약수

6

</td><td>

두 개 이상의 자연수의 공약수는 그 수들의 최대 공약수의 약수이다.

</td></tr>
<tr><td>

**최소공배수<br>구하기**

</td><td>

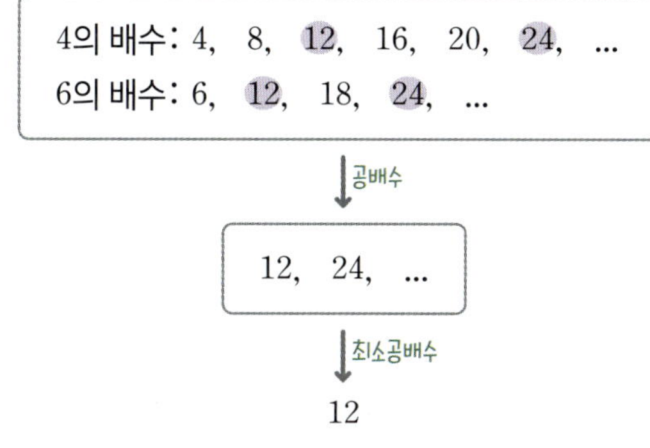

</td><td>

❶ 두 수를 각각 소인수분해 하여 거듭제곱으로 나타낸다.

❷ 공통인 소인수의 거듭제곱에서 지수가 크거나 같은 것을 택한다.
또 공통이 아닌 소인수의 거듭제곱을 모두 택한다.

❸ ❷에서 택한 것을 모두 곱한다.

</td></tr>
<tr><td>

**최소공배수의<br>성질**

</td><td>

4의 배수: 4, 8, 12, 16, 20, 24, …
6의 배수: 6, 12, 18, 24, …

↓ 공배수

12, 24, …

↓ 최소공배수

12

</td><td>

두 개 이상의 자연수의 공배수는 그 수들의 최소 공배수의 배수이다.

</td></tr>
</table>

# 01 소인수분해

## 개념 **1** 소수와 합성수

✓ 소수와 합성수 구분하기

**01** 다음 수의 약수를 모두 구하고, 소수와 합성수 중 알맞은 것에 ○표를 하시오.

(1) 5 ➜ 약수: ＿＿＿＿＿＿＿ ➜ (소수, 합성수)

(2) 12 ➜ 약수: ＿＿＿＿＿＿＿ ➜ (소수, 합성수)

(3) 29 ➜ 약수: ＿＿＿＿＿＿＿ ➜ (소수, 합성수)

(4) 33 ➜ 약수: ＿＿＿＿＿＿＿ ➜ (소수, 합성수)

(5) 49 ➜ 약수: ＿＿＿＿＿＿＿ ➜ (소수, 합성수)

✓ 소수와 합성수의 성질

**02** 다음 설명 중 옳은 것은 ○표, 옳지 않은 것은 ×표를 하시오.

(1) 가장 작은 합성수는 1이다. (   )

(2) 가장 작은 소수는 2이다. (   )

(3) 약수가 4개인 수는 합성수이다. (   )

(4) 짝수 중 소수는 2뿐이다. (   )

## 개념 **2** 거듭제곱

✓ 거듭제곱으로 나타내기 (1)

**01** 다음을 거듭제곱으로 나타내시오.

(1) $4 \times 4 \times 4 \times 4 \times 4$

(2) $7 \times 7 \times 7 \times 7 \times 7 \times 7$

(3) $\dfrac{2}{5} \times \dfrac{2}{5} \times \dfrac{2}{5}$

(4) $\dfrac{1}{3 \times 3 \times 3 \times 3}$

✓ 거듭제곱으로 나타내기 (2)

**02** 다음을 거듭제곱으로 나타내시오.

(1) $2 \times 2 \times 3 \times 3 \times 3$

(2) $2 \times 3 \times 5 \times 5 \times 3 \times 5 \times 2$

(3) $\dfrac{1}{3} \times \dfrac{1}{3} \times \dfrac{1}{5} \times \dfrac{1}{5}$

(4) $\dfrac{1}{2} \times \dfrac{1}{7} \times \dfrac{1}{11} \times \dfrac{1}{7} \times \dfrac{1}{7} \times \dfrac{1}{11}$

(5) $\dfrac{1}{3 \times 3 \times 11 \times 11 \times 11}$

(6) $\dfrac{1}{2 \times 2 \times 5 \times 13 \times 5 \times 2}$

✓ 소인수분해 하기

**01** 다음 수를 소인수분해 하시오.

(1) $12 = 2 \times \square = 2 \times 2 \times \square$
$= \underline{\qquad}$

(2) $27 = 3 \times \square = 3 \times 3 \times \square$
$= \underline{\qquad}$

(3) $60 = 2 \times \square = 2 \times 2 \times \square$
$= 2 \times 2 \times 3 \times \square$
$= \underline{\qquad}$

**02** 다음 수를 소인수분해 하시오.

(1) $28 < \begin{array}{c}\square \\ 14 < \begin{array}{c}\square \\ \square\end{array}\end{array}$

$\rightarrow \quad 28 = \underline{\qquad}$

(2) $66 <$

$\rightarrow \quad 66 = \underline{\qquad}$

(3) $135 <$

$\rightarrow \quad 135 = \underline{\qquad}$

**03** 다음 수를 소인수분해 하시오.

(1)
$$
\begin{array}{r}
2\ )\ 40 \\
2\ )\ \square \\
\square\ )\ \square \\
\hline
\square
\end{array}
$$
$\rightarrow \quad 40 = \underline{\qquad}$

(2)
$$
\ )\ 75
$$
$\rightarrow \quad 75 = \underline{\qquad}$

(3)
$$
\ )\ 126
$$
$\rightarrow \quad 126 = \underline{\qquad}$

✓ 소인수 구하기

**04** 다음 수를 소인수분해 하고, 소인수를 모두 구하시오.

(1) $16 \quad \rightarrow \quad 16 = \underline{\qquad}$
$\rightarrow \quad$ 소인수: $\underline{\qquad}$

(2) $20 \quad \rightarrow \quad 20 = \underline{\qquad}$
$\rightarrow \quad$ 소인수: $\underline{\qquad}$

(3) $45 \quad \rightarrow \quad 45 = \underline{\qquad}$
$\rightarrow \quad$ 소인수: $\underline{\qquad}$

(4) $140 \quad \rightarrow \quad 140 = \underline{\qquad}$
$\rightarrow \quad$ 소인수: $\underline{\qquad}$

✔ 약수 구하기

**01** 다음 표를 완성하고, 이를 이용하여 주어진 수의 약수를 모두 구하시오.

(1) $2^2 \times 3$

| $\times$ | 1 | 3 |
|---|---|---|
| 1 | | |
| 2 | | |
| $2^2$ | | |

→ 약수: ________________________

(2) $2^2 \times 5^2$

| $\times$ | 1 | 5 | |
|---|---|---|---|
| 1 | | | |
| | | | |
| | | | |

→ 약수: ________________________

소인수분해

(3) $98 = $ __________

| $\times$ | 1 | 7 | |
|---|---|---|---|
| 1 | | | |
| | | | |
| | | | |

→ 약수: ________________________

(4) $225 = $ __________

| $\times$ | 1 | | |
|---|---|---|---|
| 1 | | | |
| 3 | | | |
| | | | |

→ 약수: ________________________

**02** 소인수분해를 이용하여 다음 수의 약수를 모두 구하시오.

(1) 54

(2) 121

✔ 약수의 개수 구하기

**03** 다음 수의 약수의 개수를 구하시오.

(1) $2^2 \times 5$

→ $(\Box + 1) \times (\Box + 1) = \Box$

(2) $7^2 \times 11^2$

(3) $2^2 \times 5 \times 7^3$

**04** 다음 수의 약수의 개수를 구하시오.

(1) $99 = 3^{\Box} \times 11^{\Box}$

→ $(\Box + 1) \times (\Box + 1) = \Box$

(2) 110

(3) 168

# 필수 유형 익히기



**유형 1** 소수와 합성수 구분하기

**01** 다음 수 중 소수는 모두 몇 개인지 구하시오.

$$2, \quad 8, \quad 11, \quad 25, \quad 39, \quad 43$$

**02** 다음 수 중 소수의 개수를 $a$, 합성수의 개수를 $b$라 할 때, $a-b$의 값을 구하시오.

$$1, \quad 5, \quad 17, \quad 27, \quad 53, \quad 98$$

**유형 2** 소수와 합성수의 성질

**03** 다음 보기 중 옳은 것을 모두 고르시오.

보기
ㄱ. 가장 작은 합성수는 3이다.
ㄴ. 합성수는 모두 홀수이다.
ㄷ. 짝수 중 소수는 2뿐이다.
ㄹ. 자연수는 1, 소수, 합성수로 이루어져 있다.

**04** 다음 중 옳은 것을 모두 고르면? (정답 2개)

① 소수는 모두 짝수이다.
② 가장 작은 소수는 3이다.
③ 1은 소수도 아니고 합성수도 아니다.
④ 모든 자연수는 소수이거나 합성수이다.
⑤ 모든 자연수는 1개 이상의 약수를 갖는다.

**유형 3** 거듭제곱으로 나타내기

**05** 다음 중 옳은 것은?

① $3^4=12$
② $2+2+2=2^3$
③ $5\times5\times5\times5=4\times5$
④ $2\times2\times2\times7\times7=2^3\times7^2$
⑤ $\dfrac{1}{3}\times\dfrac{1}{3}\times\dfrac{1}{3}\times\dfrac{1}{3}=\dfrac{4}{3^4}$

**06** $3\times3\times5\times7\times5\times5=3^a\times5^b\times7^c$일 때, 자연수 $a$, $b$, $c$에 대하여 $a+b-c$의 값을 구하시오.

## 유형 4  소인수분해 하기

**07** 다음 중 소인수분해 한 것으로 옳지 <u>않은</u> 것은?

① $24=2^3\times3$  ② $45=3^2\times5$

③ $72=2^3\times3^2$  ④ $108=2^3\times3^3$

⑤ $196=2^2\times7^2$

**08** 540을 소인수분해 하면 $2^a\times3^b\times5^c$일 때, 자연수 $a$, $b$, $c$에 대하여 $a+b+c$의 값은?

① 5  ② 6  ③ 7

④ 8  ⑤ 9

## 유형 5  소인수 구하기

**09** 다음 중 210의 소인수가 <u>아닌</u> 것은?

① 2  ② 3  ③ 5

④ 7  ⑤ 11

**10** 다음 중 200과 소인수가 같은 것은?

① 12  ② 30  ③ 45

④ 100  ⑤ 150

## 유형 6  제곱인 수 만들기

**11** $2\times5^3\times a$가 어떤 자연수의 제곱이 될 때, 가장 작은 자연수 $a$의 값은?

① 2  ② 3  ③ 5

④ 10  ⑤ 15

**12** 63에 자연수를 곱하여 어떤 자연수의 제곱이 되도록 할 때, 곱할 수 있는 가장 작은 자연수를 구하시오.

**13** 12에 자연수 $a$를 곱하여 어떤 자연수의 제곱이 되도록 할 때, 다음 중 $a$의 값이 될 수 <u>없는</u> 것은?

① 3  ② $2\times3$  ③ $2^2\times3$

④ $3\times5^2$  ⑤ $3\times7^2$

## 약수 구하기

**14** 다음 중 $2^2 \times 7^3$의 약수가 <u>아닌</u> 것은?

① 1        ② 2        ③ 7
④ $2^2 \times 7^2$        ⑤ $2^3 \times 7^3$

**15** 다음 중 300의 약수가 <u>아닌</u> 것은?

① $2 \times 3$        ② $2^2 \times 3$        ③ $2 \times 3^2$
④ $2 \times 3 \times 5$        ⑤ $2^2 \times 3 \times 5$


## 약수의 개수 구하기

**16** 다음 중 약수의 개수가 가장 많은 것은?

① 51        ② 121        ③ $2^7$
④ $2^4 \times 11$        ⑤ $2^3 \times 5^2$

**17** 다음 중 98과 약수의 개수가 같은 것은?

① 16        ② 22        ③ 28
④ $3^2 \times 5^2$        ⑤ $2 \times 7^2 \times 11$


## 약수의 개수의 활용

**18** $2^a \times 11^2$의 약수의 개수가 21일 때, 자연수 $a$의 값을 구하시오.

**19** $27 \times 5^a$의 약수의 개수가 12일 때, 자연수 $a$의 값은?

① 1        ② 2        ③ 3
④ 4        ⑤ 5

### 개념 5 소인수분해를 이용하여 최대공약수 구하기

✔ 최대공약수 구하기 (1)

**01** 다음 수의 최대공약수를 소인수의 곱으로 나타내시오.

(1)
$$3^2 \times 5^3$$
$$3^2 \times 5^2$$

( 최대공약수 ) =

(2)
$$2^3 \times 3^2 \times 5^3$$
$$2^2 \times 3^4 \times 5 \times 7$$
$$2^3 \times 3^3 \times 5$$

( 최대공약수 ) =

(3) $2 \times 3^2 \times 7,\ 2^2 \times 3^2 \times 5$

(4) $3 \times 5^2 \times 7,\ 3^2 \times 5 \times 7,\ 3^3 \times 7^2$

✔ 최대공약수 구하기 (2)

**02** 소인수분해를 이용하여 다음 수의 최대공약수를 구하시오.

(1)
$$20 = 2^2 \times \boxed{\phantom{0}}$$
$$50 = 2 \times \boxed{\phantom{0}}$$
$$( 최대공약수 ) = 2 \times \boxed{\phantom{0}} = \boxed{\phantom{0}}$$

(2)
$$72 =$$
$$90 =$$
$$108 =$$
( 최대공약수 ) =

(3) $30, 45$

(4) $16, 28, 44$

### 개념 6 최대공약수의 성질

✔ 최대공약수의 성질

**01** 다음 수의 최대공약수를 구하고, 최대공약수를 이용하여 공약수를 모두 구하시오.

(1)
$$2 \times 3^3$$
$$2^2 \times 3^2$$
( 최대공약수 ) =
→ 공약수: _______________

(2)
$$2^2 \times 3$$
$$2^2 \times 3 \times 7$$
$$2^3 \times 3^3$$
( 최대공약수 ) =
→ 공약수: _______________

(3)
$$12 =$$
$$42 =$$
( 최대공약수 ) =
→ 공약수: _______________

(4)
$$32 =$$
$$56 =$$
$$80 =$$
( 최대공약수 ) =
→ 공약수: _______________

✓ 최소공배수 구하기 (1)

**01** 다음 수의 최소공배수를 소인수의 곱으로 나타내시오.

(1)
$$2^2 \times 3^3$$
$$2^3 \times 3^2$$
( 최소공배수 ) $=$

(2)
$$2 \times 3^3$$
$$2^2 \quad \times 7^2$$
$$2 \times 3^3 \times 7$$
( 최소공배수 ) $=$

(3) $3^2 \times 5,\ 3 \times 7$

(4) $2 \times 3^2,\ 3 \times 5,\ 2^2 \times 3^3 \times 5^2$

✓ 최소공배수 구하기 (2)

**02** 소인수분해를 이용하여 다음 수의 최소공배수를 구하시오.

(1)
$$8 = \square$$
$$36 = \square \times 3^2$$
( 최소공배수 ) $= \square \times 3^2 = \square$

(2)
$$20 =$$
$$56 =$$
$$70 =$$
( 최소공배수 ) $=$

(3) $45,\ 60$

(4) $12,\ 30,\ 36$



✓ 최소공배수의 성질

**01** 다음 수의 최소공배수를 구하고, 최소공배수를 이용하여 공배수를 작은 것부터 차례대로 3개 구하시오.

(1)
$$2 \times 3^2$$
$$2^2 \times 3$$
( 최소공배수 ) $=$
➡ 공배수: ____________

(2)
$$2 \times 3^2$$
$$3 \times 5^2$$
$$2^2 \times 3 \times 5$$
( 최소공배수 ) $=$
➡ 공배수: ____________

(3)
$$28 =$$
$$70 =$$
( 최소공배수 ) $=$
➡ 공배수: ____________

(4)
$$18 =$$
$$30 =$$
$$45 =$$
( 최소공배수 ) $=$
➡ 공배수: ____________

유형 **1** 최대공약수 구하기

**01** 두 수 $2^3 \times 3^2 \times 5$, $2^2 \times 5^3 \times 11$의 최대공약수는?

① $2^3$
② $2^2 \times 5$
③ $2^2 \times 3^2$
④ $2^2 \times 5^3$
⑤ $2^3 \times 3^2 \times 5^3 \times 11$

**02** 소인수분해를 이용하여 세 수 36, 60, 90의 최대공약수를 구하시오.

유형 **2** 최대공약수의 성질

**03** 다음 중 두 수 $2^3 \times 5 \times 7^2$, $2^2 \times 5 \times 7$의 공약수가 <u>아닌</u> 것은?

① $2^2 \times 5$
② $5 \times 7$
③ $2^3 \times 5$
④ $2 \times 5 \times 7$
⑤ $2^2 \times 5 \times 7$

**04** 다음 중 세 수 60, $2^2 \times 5^2$, $2 \times 3^2 \times 5$의 공약수를 모두 고르면? (정답 2개)

① 2
② 6
③ 9
④ 10
⑤ 15

유형 **3** 서로소

**05** 다음 중 10과 서로소인 것은?

① 2
② 5
③ 16
④ 21
⑤ 30

**06** 다음 중 두 수가 서로소가 <u>아닌</u> 것은?

① 8, 21
② 9, 25
③ 15, 16
④ 28, 63
⑤ 35, 72

유형 **4** 최소공배수 구하기

**07** 두 수 $2 \times 3^2 \times 5^3$, $2^2 \times 3 \times 5^2 \times 7$의 최소공배수는?

① $2 \times 3 \times 5^2$
② $2 \times 3^2 \times 5^2$
③ $2^2 \times 3 \times 5^2 \times 7$
④ $2^2 \times 3^2 \times 5^3 \times 7$
⑤ $2^3 \times 3^2 \times 5^3 \times 7$

**08** 소인수분해를 이용하여 세 수 35, 56, 140의 최소공배수를 구하시오.

**09** 다음 중 두 수 $2^2 \times 7$, $2 \times 7^2$의 공배수가 <u>아닌</u> 것은?

① $2 \times 7$　　② $2^2 \times 7^2$　　③ $2^3 \times 7^2$

④ $2^2 \times 3^2 \times 7^2$　　⑤ $2^2 \times 5 \times 7^2$

**10** 다음 중 세 수 $36$, $2^3 \times 3$, $2 \times 3^2 \times 5$의 공배수는?

① $2^2 \times 3^3$　　　　② $2^3 \times 3^2$

③ $2^2 \times 3^2 \times 5$　　　　④ $2^3 \times 3 \times 5^2$

⑤ $2^3 \times 3^2 \times 5 \times 7$



**11** 두 수 $2^a \times 3^2$, $2^5 \times 3^b \times c$의 최대공약수가 $2^3 \times 3^2$이고 최소공배수가 $2^5 \times 3^4 \times 7$일 때, 자연수 $a$, $b$, $c$에 대하여 $a+b+c$의 값을 구하시오.

**12** 두 수 $2 \times 3^a \times 5$, $2^b \times 3 \times 5^c$의 최대공약수가 $30$이고 최소공배수가 $180$일 때, 자연수 $a$, $b$, $c$에 대하여 $a+b-c$의 값을 구하시오.



**13** 두 분수 $\dfrac{1}{18}$, $\dfrac{1}{24}$의 어느 것에 곱하여도 그 결과가 자연수가 되게 하는 가장 작은 자연수를 구하시오.

**14** 두 분수 $\dfrac{20}{n}$, $\dfrac{30}{n}$이 모두 자연수가 되도록 하는 자연수 $n$의 값 중 가장 큰 수를 구하시오.

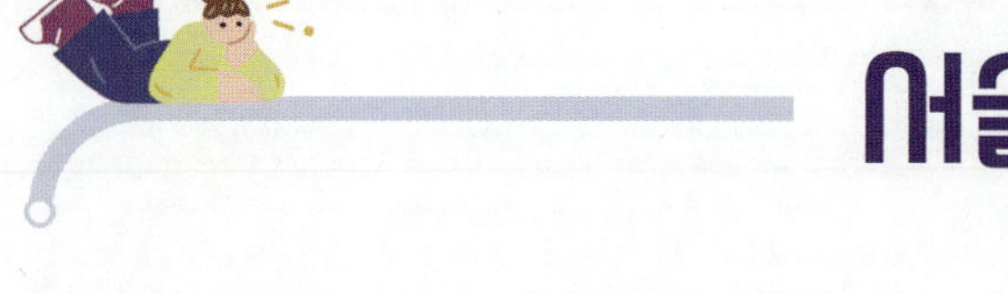



# 서술형 감잡기

**01** $12 \times 15$를 소인수분해 하면 $2^a \times 3^b \times 5^c$일 때, 자연수 $a$, $b$, $c$에 대하여 $a+b+c$의 값을 구하시오.

답 ________________

**02** 96에 가능한 한 작은 자연수 $a$를 곱하여 어떤 자연수 $b$의 제곱이 되도록 할 때, $a$, $b$의 값을 구하시오.

답 ________________

**03** 168의 약수의 개수와 $3^3 \times 5^x$의 약수의 개수가 같을 때, 자연수 $x$의 값을 구하시오.

답 ________________

**04** 소인수분해를 이용하여 세 수 $2^3 \times 3$, 45, $2^2 \times 3^2 \times 5$의 최대공약수와 최소공배수를 각각 구하시오.

답 ________________

# 단원 마무리하기

**01** 30 이하의 자연수 중 소수의 개수는?

① 7　　　　② 8　　　　③ 9

④ 10　　　　⑤ 11

**02** 오른쪽 표에서 약수가 2개인 자연수가 적혀 있는 칸을 모두 색칠하시오.

| 1 | 2 | 3 |
|---|---|---|
| 8 | 15 | 19 |
| 23 | 31 | 47 |
| 49 | 50 | 53 |

**03** 다음 중 옳은 것을 모두 고르면? (정답 2개)

① 가장 작은 소수는 2이다.

② 합성수는 모두 짝수이다.

③ 약수가 2개인 자연수는 합성수이다.

④ 20 이하의 소수는 7개이다.

⑤ 1은 소수도 합성수도 아니다.

**04** 다음 중 옳은 것을 모두 고르면? (정답 2개)

① $2^4 = 8$

② $5 \times 5 \times 5 \times 5 = 4^5$

③ $\dfrac{1}{11} \times \dfrac{1}{11} \times \dfrac{1}{11} = \left(\dfrac{1}{11}\right)^3$

④ $3 \times 3 \times 5 \times 5 \times 5 = 3^2 + 5^3$

⑤ $5 \times 5 \times 7 \times 5 \times 7 = 5^3 \times 7^2$

**05** 다음 중 소인수분해를 바르게 한 것은?

① $40 = 2^4 \times 5$　　　　② $84 = 2 \times 3^2 \times 7$

③ $180 = 4 \times 5 \times 9$　　　　④ $196 = 2^2 \times 7^2$

⑤ $200 = 2^3 \times 5$

**06** 다음 중 72의 소인수를 모두 고르면? (정답 2개)

① 2　　　　② 3　　　　③ 5

④ 7　　　　⑤ 11

**서술형**

**07** $150 \times a = b^2$을 만족시키는 가장 작은 자연수 $a$, $b$에 대하여 $b-a$의 값을 구하시오.

**08** 아래 표를 이용하여 54의 약수를 구하려고 할 때, 다음 중 옳지 <u>않은</u> 것은?

| × | 1 | 3 | $3^2$ | (가) |
|---|---|---|---|---|
| (나) | 1 | 3 | 9 | |
| 2 | 2 | 6 | (다) | |

① 54를 소인수분해 하면 $2 \times 3^3$이다.
② (가)에 알맞은 수는 $3^3$이다.
③ (나)에 알맞은 수는 1이다.
④ (다)에 알맞은 수는 18이다.
⑤ $2 \times 3^4$이 54의 약수임을 알 수 있다.

**09** 다음 중 $3^3 \times 5$와 약수의 개수가 같은 것은?

① $2 \times 3^4$      ② $2^2 \times 7^2$      ③ $2^9$
④ 84      ⑤ 130

**10** 자연수 $2^4 \times \square$의 약수의 개수가 10일 때, 다음 중 $\square$ 안에 들어갈 수 <u>없는</u> 수는?

① 3      ② 5      ③ 9
④ 11      ⑤ 32

**11** 세 수 $2^2 \times 3$, 270, $2^3 \times 3^2 \times 7$의 공약수가 <u>아닌</u> 것은?

① 1      ② 2      ③ 3
④ $2 \times 3$      ⑤ $2^2 \times 3^2$

**12** 다음 중 두 수가 서로소인 것은?

① 12, 33      ② 16, 81      ③ 28, 49
④ 17, 51      ⑤ 38, 95

**13** 세 수 $2^5 \times 3$, $2^2 \times 3^2 \times 5$, $2^4 \times 3^3 \times 7$의 최대공약수와 최소공배수를 차례대로 구하면?

① $2^2 \times 3$, $2^3 \times 3^2$
② $2^2 \times 3$, $2^4 \times 3^3 \times 5 \times 7$
③ $2^2 \times 3$, $2^5 \times 3^3 \times 5 \times 7$
④ $2^2 \times 3 \times 7$, $2^5 \times 3^3 \times 5 \times 7$
⑤ $2^2 \times 3^2 \times 5 \times 7$, $2^5 \times 3^3 \times 5 \times 7$

**14** 다음 중 두 수 $2^2 \times 5^2$, $2 \times 5 \times 7$의 공배수는?

① $2 \times 5$　　② $2^2 \times 7$　　③ $2^2 \times 5^2$

④ $2 \times 5 \times 7$　　⑤ $2^2 \times 5^2 \times 7^2$

**15** 두 수 $2^a \times 3^3$, $2 \times 3^b \times c$의 최대공약수가 $2 \times 3^2$이고 최소공배수가 $2 \times 3^3 \times 5$일 때, 자연수 $a$, $b$, $c$에 대하여 $a+b+c$의 값을 구하시오.

**16** 세 분수 $\dfrac{54}{n}$, $\dfrac{90}{n}$, $\dfrac{126}{n}$이 모두 자연수가 되도록 하는 자연수 $n$의 값 중 가장 큰 수를 구하시오.

## Level Up

**17** $5 \times 6 \times 7 \times 8 \times 9 \times 10$을 소인수분해 했을 때, 소인수 2의 지수를 구하시오.

**18** 10보다 크고 20보다 작은 자연수 중에서 15와 서로소인 수는 모두 몇 개인지 구하시오.

**19** 두 자연수 $2 \times a$, $5 \times a$의 최소공배수가 70일 때, 이 두 자연수의 합을 구하시오.

# 정수와 유리수

## 양의 부호와 음의 부호

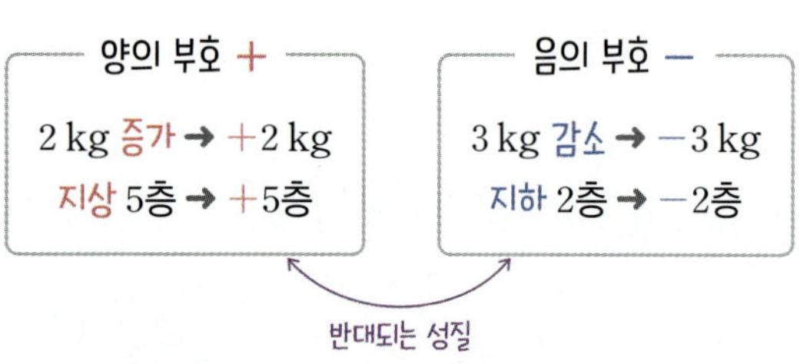



어떤 기준을 중심으로 서로 반대되는 성질을 갖는 수량을 한쪽에는 ＋, 다른 쪽에는 －를 붙여서 구별하여 나타낸다.

→ ＋ : 양의 부호,   － : 음의 부호

## 양수와 음수

$+2,\ +\dfrac{1}{2},\ +6.5$ — 수 앞에 양의 부호가 있으므로 → 양수

$-4,\ -\dfrac{2}{3},\ -1.7$ — 수 앞에 음의 부호가 있으므로 → 음수

(1) **양수**: 0이 아닌 수에 양의 부호 ＋를 붙인 수
(2) **음수**: 0이 아닌 수에 음의 부호 －를 붙인 수

## 정수

$$\text{정수}\begin{cases}\text{양의 정수(자연수)}: +1,\ +2,\ +3,\ \dots\\ 0\\ \text{음의 정수}: -1,\ -2,\ -3,\ \dots\end{cases}$$

(1) **양의 정수**: $+1,\ +2,\ +3,\ \dots$과 같이 자연수에 양의 부호 ＋를 붙인 수
(2) **음의 정수**: $-1,\ -2,\ -3,\ \dots$과 같이 자연수에 음의 부호 －를 붙인 수

→ 양의 정수, 0, 음의 정수를 통틀어 **정수**라 한다.

## 유리수

$$\text{유리수}\begin{cases}\text{정수}\begin{cases}\text{양의 정수(자연수)}: +1,\ +2,\ \dots\\ 0\\ \text{음의 정수}: -1,\ -2,\ \dots\end{cases}\\ \text{정수가 아닌 유리수}: -\dfrac{1}{2},\ -0.1,\ +\dfrac{3}{5},\ \dots\end{cases}$$

(1) **양의 유리수**: 분모, 분자가 자연수인 분수에 양의 부호 ＋를 붙인 수
(2) **음의 유리수**: 분모, 분자가 자연수인 분수에 음의 부호 －를 붙인 수

→ 양의 유리수, 0, 음의 유리수를 통틀어 **유리수**라 한다.

<table>
<tr><td>수직선</td><td>

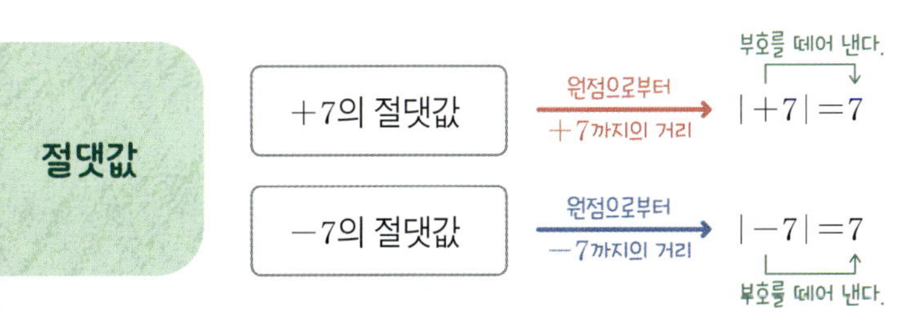


</td><td>

직선 위에 원점을 정한 후 **원점의 오른쪽에 양수**, **왼쪽에 음수**를 나타낸 것을 **수직선**이라 한다.
→ 정수와 마찬가지로 유리수도 모두 수직선 위에 나타낼 수 있다.

</td></tr>
<tr><td>절댓값</td><td>



</td><td>

수직선 위에서 원점으로부터 어떤 수를 나타내는 점까지의 거리를 **절댓값**이라 한다.

</td></tr>
<tr><td>수의 대소 관계</td><td>

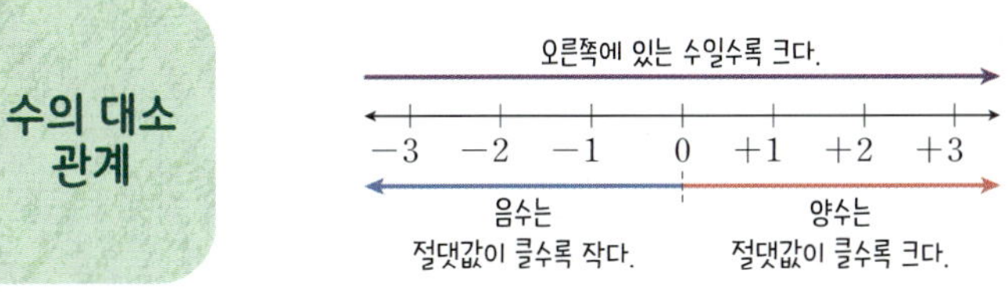


</td><td>

유리수를 수직선 위에 나타내면 오른쪽에 있는 수가 왼쪽에 있는 수보다 크다.
(1) 양수는 0보다 크고, 음수는 0보다 작다.
(2) 양수끼리는 절댓값이 큰 수가 더 크다.
(3) 음수끼리는 절댓값이 큰 수가 더 작다.

</td></tr>
</table>

### 부등호의 사용

| $a > b$ | $a < b$ | $a \geq b$ | $a \leq b$ |
| --- | --- | --- | --- |
| $a$는 $b$보다 **크다**.<br>$a$는 $b$ **초과이다**. | $a$는 $b$보다 **작다**.<br>$a$는 $b$ **미만이다**. | $a$는 $b$보다 **크거나 같다**.<br>$a$는 $b$보다 **작지 않다**.<br>$a$는 $b$ **이상이다**. | $a$는 $b$보다 **작거나 같다**.<br>$a$는 $b$보다 **크지 않다**.<br>$a$는 $b$ **이하이다**. |

# 01 정수와 유리수

## 개념 1 양수와 음수

✔ 양의 부호와 음의 부호

**01** 다음을 양의 부호 $+$ 또는 음의 부호 $-$ 를 사용하여 나타내시오.

(1) 동쪽으로 45 m 떨어진 지점을 $+45$로 나타낼 때, 서쪽으로 20 m 떨어진 지점

(2) 300원 손해를 $-300$으로 나타낼 때, 500원 이익

✔ 양수와 음수

**02** 다음 수가 양수인지 음수인지 말하시오.

(1) $+10$          (2) $-5$

(3) $+\dfrac{3}{8}$          (4) $1.2$

(5) $3$          (6) $-\dfrac{2}{9}$

**03** 다음 수를 양의 부호 $+$ 또는 음의 부호 $-$ 를 사용하여 나타내고, 양수와 음수로 구분하시오.

(1) 0보다 $\dfrac{5}{2}$만큼 큰 수

(2) 0보다 4만큼 작은 수

## 개념 2 정수와 유리수

✔ 유리수의 분류

**01** 다음 수를 보기에서 모두 고르시오.

보기
$$-10, \quad +2, \quad -5.1, \quad \frac{14}{7}, \quad 0, \quad 3.14$$

(1) 정수          (2) 양의 유리수

(3) 음의 유리수          (4) 정수가 아닌 유리수

## 개념 3 수직선

✔ 수를 수직선 위에 나타내기

**01** 다음 수를 수직선 위에 나타내시오.

(1) $+3$    (2) $-1$    (3) $-1.5$    (4) $\dfrac{5}{2}$

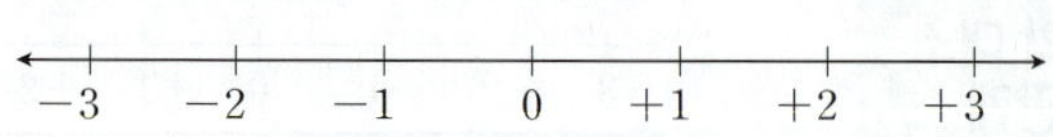

✔ 수직선 위에서 점이 나타내는 수

**02** 다음 수직선에서 네 점 A, B, C, D가 나타내는 수를 각각 말하시오.

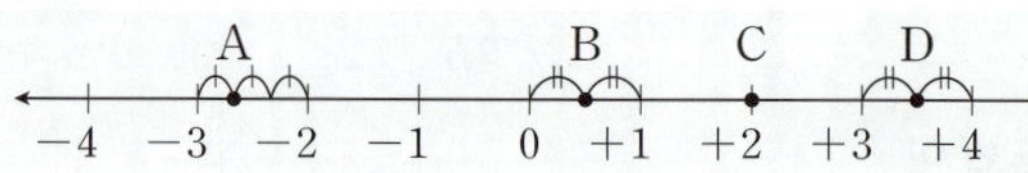

한 번 더

**유형 1  양의 부호와 음의 부호**

**01** 다음 중 양의 부호 $+$ 또는 음의 부호 $-$ 를 사용하여 나타낸 것으로 옳지 <u>않은</u> 것은?

① 벌점 5점: $-5$점
② 지상 6층: $+6$층
③ 영상 $10\,^{\circ}\mathrm{C}$: $+10\,^{\circ}\mathrm{C}$
④ 2000원 이익: $+2000$원
⑤ 600원 인상: $-600$원

**02** 다음 보기 중 양의 부호 $+$ 또는 음의 부호 $-$ 를 사용하여 나타낸 것으로 옳은 것을 모두 고르시오.

┌ 보기 ┐
ㄱ. 20% 감소: $-20\%$
ㄴ. 5 cm 증가: $-5\,\mathrm{cm}$
ㄷ. 해저 100 m: $-100\,\mathrm{m}$
ㄹ. 6일 후: $-6$일

**유형 2  정수와 유리수의 분류**

**03** 다음 수에 대한 설명으로 옳지 <u>않은</u> 것은?

$$2.5, \quad -5, \quad 0, \quad +4, \quad -2, \quad 3, \quad \frac{4}{3}$$

① 자연수는 2개이다.
② 음의 정수는 2개이다.
③ 정수는 5개이다.
④ 양의 유리수는 2개이다.
⑤ 정수가 아닌 유리수는 2개이다.

**04** 다음 수 중 유리수의 개수를 $a$, 정수가 아닌 유리수의 개수를 $b$라 할 때, $a+b$의 값을 구하시오.

$$-2.8, \quad +3, \quad 0, \quad \frac{1}{2}, \quad -6, \quad 2.7, \quad +3$$

**유형 3  정수와 유리수의 성질**

**05** 다음 중 옳은 것은?

① 0은 자연수이다.
② 음의 유리수가 아닌 유리수는 양의 유리수이다.
③ 모든 유리수는 정수이다.
④ 양의 정수 중 가장 작은 수는 0이다.
⑤ 양의 정수는 무수히 많다.

**06** 다음 보기 중 옳은 것을 모두 고르시오.

┌ 보기 ┐
ㄱ. 모든 자연수는 유리수이다.
ㄴ. 양의 유리수는 '$+$'를 생략하여 나타낼 수 있다.
ㄷ. 이웃하는 두 정수 사이에는 무수히 많은 유리수가 있다.
ㄹ. $-0.5$는 음의 정수이다.

---

**유형 4  수직선 위에서 점이 나타내는 수**

**07** 다음 중 수직선 위의 다섯 개의 점 A, B, C, D, E가 나타내는 수로 옳지 <u>않은</u> 것은?

A    B    C    D    E
$-4$  $-3$  $-2$  $-1$  $0$  $+1$  $+2$  $+3$  $+4$

① A: $-4$    ② B: $-\dfrac{3}{2}$    ③ C: $-1$

④ D: $+\dfrac{1}{3}$    ⑤ E: $+3$

**08** 다음 중 수직선 위의 다섯 개의 점 A, B, C, D, E가 나타내는 수로 옳은 것을 모두 고르면? (정답 2개)

A    B    C    D    E
$-4$  $-3$  $-2$  $-1$  $0$  $+1$  $+2$  $+3$  $+4$

① A: $-\dfrac{8}{3}$    ② B: $-1$    ③ C: $+\dfrac{3}{2}$

④ D: $+\dfrac{5}{3}$    ⑤ E: $+\dfrac{15}{4}$

**유형 5  수직선 위에서 가장 가까운 정수 찾기**

**09** 수직선 위에서 $\dfrac{10}{3}$에 가장 가까운 정수를 $a$, $-\dfrac{3}{4}$에 가장 가까운 정수를 $b$라 할 때, $a$, $b$의 값을 각각 구하시오.

**10** 수직선 위에서 $-\dfrac{9}{5}$에 가장 가까운 정수를 $a$, $\dfrac{4}{3}$에 가장 가까운 정수를 $b$라 할 때, $a$, $b$의 값을 각각 구하면?

① $a=-3,\ b=0$    ② $a=-2,\ b=0$
③ $a=-2,\ b=1$    ④ $a=-1,\ b=0$
⑤ $a=-1,\ b=1$

**한 걸음 더**

**유형 6  수직선 위에서 같은 거리에 있는 점**

**11** 수직선 위에서 $-2$와 4를 나타내는 두 점으로부터 같은 거리에 있는 점이 나타내는 수를 구하시오.

**12** 수직선 위에서 $-1$과 3을 나타내는 두 점으로부터 같은 거리에 있는 점이 나타내는 수를 구하시오.

# 02 수의 대소 관계



## 개념 4 절댓값

✓ 절댓값

**01** 다음 수의 절댓값을 기호를 사용하여 나타내고, 그 값을 구하시오.

(1) $+4$

(2) $-9$

(3) $-\dfrac{10}{7}$

(4) $+0.85$

**02** 다음을 구하시오.

(1) $+6$의 절댓값

(2) $-3$의 절댓값

(3) $|+6.2|$

(4) $\left|-\dfrac{5}{2}\right|$

**03** 다음을 구하시오.

(1) 절댓값이 7인 수

(2) 절댓값이 3.4인 수

(3) 절댓값이 2인 양수

(4) 절댓값이 $\dfrac{2}{9}$인 음수

## 개념 5 수의 대소 관계

✓ 수의 대소 관계

**01** 다음 ☐ 안에 부등호 $>$와 $<$ 중 알맞은 것을 써넣으시오.

(1) $0 \ \square \ -5$

(2) $+4 \ \square \ -6$

(3) $-7 \ \square \ 9$

(4) $-3 \ \square \ -1$

**02** 다음 두 수의 대소 관계를 부등호 $>$ 또는 $<$를 사용하여 나타내시오.

(1) $-\dfrac{5}{2}, 0$

(2) $-2, +5$

(3) $\dfrac{7}{2}, 2.5$

(4) $-\dfrac{1}{2}, -\dfrac{1}{6}$

✓ 부등호를 사용하여 나타내기

**03** 다음을 부등호를 사용하여 나타내시오.

(1) $x$는 $-3$ 이상이고 0보다 작다.

(2) $x$는 1 초과이고 4 미만이다.

(3) $x$는 2보다 작지 않고 3보다 크지 않다.

(4) $x$는 $-2$보다 크거나 같고 5 이하이다.

# 필수 유형 익히기



---

**유형 1** 절댓값

**01** $-5$의 절댓값을 $a$, 절댓값이 $\dfrac{12}{5}$인 음수를 $b$라 할 때, $a$, $b$의 값을 각각 구하시오.

**02** $-\dfrac{9}{2}$의 절댓값을 $a$, 절댓값이 $\dfrac{10}{3}$인 양수를 $b$라 할 때, $a$, $b$의 값을 각각 구하시오.

**유형 2** 절댓값의 대소 관계

**03** 다음 수를 절댓값이 큰 수부터 차례로 나열할 때, 세 번째에 오는 수를 구하시오.

$$-2, \quad 0, \quad \dfrac{4}{3}, \quad -3.5, \quad -8, \quad +5$$

---

**04** 다음 수를 수직선 위에 나타내었을 때, 원점에서 가장 가까이 있는 수는?

① $-4$  　　② $-1.3$　　③ $0.8$

④ $+2$　　　⑤ $\dfrac{10}{3}$

**유형 3** 절댓값이 같고 부호가 반대인 두 수

**05** 절댓값이 같고 부호가 반대인 두 수를 수직선 위에 나타내었더니 두 수를 나타내는 두 점 사이의 거리가 12이었다. 이때 두 수를 구하시오.

**06** 절댓값이 같고 부호가 반대인 두 수를 수직선 위에 나타내었더니 두 수를 나타내는 두 점 사이의 거리가 26이었다. 이때 두 수 중에서 작은 수를 구하시오.

**07** 다음 중 두 수의 대소 관계가 옳지 <u>않은</u> 것은?

① $-\dfrac{7}{3} < 0$       ② $13 > -15$

③ $\dfrac{9}{2} > |-3|$       ④ $-\dfrac{2}{3} > -\dfrac{1}{4}$

⑤ $+3 > \left|-\dfrac{9}{4}\right|$

**08** 다음 중 □ 안에 알맞은 부등호가 나머지 넷과 <u>다른</u> 하나는?

① $3 \,\square\, -4.1$       ② $|+2| \,\square\, \left|-\dfrac{14}{3}\right|$

③ $-\dfrac{5}{2} \,\square\, -\dfrac{7}{2}$       ④ $|-4| \,\square\, +\dfrac{6}{5}$

⑤ $0 \,\square\, -\dfrac{1}{6}$

유형 **5** 부등호를 사용하여 나타내기

**09** 다음 중 '$x$는 $-6$보다 크거나 같고 3 이하이다.'를 부등호를 사용하여 나타낸 것은?

① $x \leq 3$       ② $-6 < x < 3$

③ $-6 \leq x < 3$       ④ $-6 < x \leq 3$

⑤ $-6 \leq x \leq 3$

**10** 다음 중 부등호를 사용하여 나타낸 것으로 옳지 <u>않은</u> 것은?

① $x$는 2 이하이다. → $x \leq 2$

② $x$는 $-3$ 초과이다. → $x > -3$

③ $x$는 6 이상이다. → $x \geq 6$

④ $x$는 4보다 작지 않다. → $x > 4$

⑤ $x$는 $-5$보다 작거나 같다. → $x \leq -5$

유형 **6** 두 수 사이에 있는 정수 찾기

**11** $-4 < x \leq \dfrac{8}{3}$ 을 만족시키는 정수 $x$의 개수를 구하시오.

**12** 다음 중 $-2 \leq x < \dfrac{5}{4}$ 를 만족시키는 정수 $x$가 될 수 <u>없는</u> 것은?

① $-2$       ② $-1$       ③ $0$

④ $1$       ⑤ $2$

# 서술형 감잡기

**01** 수직선 위에서 $\dfrac{15}{4}$에 가장 가까운 정수를 $a$, $-\dfrac{7}{3}$에 가장 가까운 정수를 $b$라 할 때, $a$, $b$의 값을 각각 구하시오.

답 ___________

**02** $-\dfrac{9}{5}$의 절댓값을 $a$, 절댓값이 $\dfrac{14}{3}$인 양수를 $b$라 할 때, $a$, $b$의 값을 각각 구하시오.

답 ___________

**03** 절댓값이 같고 부호가 반대인 두 수를 수직선 위에 나타내었더니 두 수를 나타내는 두 점 사이의 거리가 8이었다. 이때 두 수 중 작은 수를 구하시오.

답 ___________

**04** '$x$는 $-\dfrac{13}{4}$보다 크고 1보다 작거나 같다.'를 부등호를 사용하여 나타내고, 이를 만족시키는 정수 $x$를 모두 구하시오.

답 ___________

# 단원 마무리하기

**01** 다음 중 밑줄 친 부분을 양의 부호 $+$ 또는 음의 부호 $-$를 사용하여 나타낸 것으로 옳지 <u>않은</u> 것은?

① 축구 경기에서 5점 득점하였다. → $+5$점
② 오늘의 기온은 영하 2℃이다. → $-2$℃
③ 소설책 가격이 20% 인하되었다. → $+20\%$
④ 몸무게가 3 kg 증가했다. → $+3$ kg
⑤ 수학여행 가기 5일 전이다. → $-5$일

**02** 다음 수에 대한 설명으로 옳지 <u>않은</u> 것은?

$$-5, \quad +\frac{4}{2}, \quad 1, \quad -3.8, \quad 0, \quad +\frac{11}{4}, \quad -\frac{3}{5}$$

① 자연수는 2개이다.
② 양수는 2개이다.
③ 정수가 아닌 양수는 1개이다.
④ 음의 유리수는 3개이다.
⑤ 정수가 아닌 음수는 2개이다.

**03** 다음 보기 중 옳은 것을 모두 고르시오.

보기
ㄱ. 모든 유리수는 자연수이다.
ㄴ. 음의 유리수가 아닌 유리수는 양의 유리수이다.
ㄷ. 음수는 음의 부호를 생략하여 나타낼 수 없다.
ㄹ. 양의 정수 중 가장 작은 수는 1이다.

**04** 다음 수를 수직선 위에 나타내었을 때, 가장 왼쪽에 있는 수는?

① $-3$　　　② $1$　　　③ $\dfrac{5}{2}$
④ $-\dfrac{9}{2}$　　　⑤ $-\dfrac{7}{3}$

**05** 다음 중 수직선 위의 다섯 개의 점 A, B, C, D, E에 대한 설명으로 옳지 <u>않은</u> 것은?

① 정수가 아닌 유리수를 나타내는 점은 2개이다.
② 음의 정수를 나타내는 점은 2개이다.
③ 자연수를 나타내는 점은 1개이다.
④ 두 점 A와 B 사이에는 1개의 음수가 있다.
⑤ 두 점 C와 E 사이에는 2개의 정수가 있다.

**06** 수직선 위에서 두 수 $a$, $b$를 나타내는 두 점 사이의 거리가 10이고 이 두 점의 한가운데에 있는 점을 나타내는 수가 $-1$일 때, $a$, $b$의 값을 각각 구하면? (단, $a<0$)

① $a=-10, b=0$　　　② $a=-7, b=+3$
③ $a=-6, b=+4$　　　④ $a=-5, b=+5$
⑤ $a=-4, b=+6$

단원 마무리하기

**서술형**

**07** $-\dfrac{5}{3}$의 절댓값을 $a$, 절댓값이 $\dfrac{7}{2}$인 음수를 $b$라 할 때, $a$, $b$의 값을 각각 구하시오.

**08** 다음 중 수직선 위에서 절댓값이 7인 서로 다른 두 수가 나타내는 두 점 사이의 거리는?

① 12  ② 14  ③ 16
④ 18  ⑤ 20

**09** 다음 중 옳은 것을 모두 고르면? (정답 2개)

① 절댓값은 항상 0 이상이다.
② 두 수에서 절댓값이 큰 수가 크다.
③ 절댓값은 항상 2개이다.
④ 음수는 절댓값이 클수록 작다.
⑤ $|a| < |b|$이면 $a < b$이다.

**10** 다음 수를 수직선 위에 나타내었을 때, 원점에서 가장 멀리 떨어져 있는 수는?

① $-\dfrac{2}{3}$  ② $3$  ③ $-2.5$
④ $\dfrac{7}{3}$  ⑤ $\dfrac{15}{4}$

**11** 두 정수 $a$와 $b$의 절댓값은 같고 $a$가 $b$보다 10만큼 작다고 할 때, $a$, $b$의 값을 각각 구하시오.

**12** $|x| \leq 4$를 만족시키는 정수 $x$는 모두 몇 개인가?

① 8개  ② 9개  ③ 10개
④ 11개  ⑤ 12개

**13** 다음 중 □ 안에 알맞은 부등호가 나머지 넷과 <u>다른</u> 하나는?

① $5 \;\square\; -2$　　　　② $3.4 \;\square\; 0$

③ $\left| -\dfrac{5}{2} \right| \;\square\; |5|$　　　④ $|-5.5| \;\square\; |-4.5|$

⑤ $|-1.2| \;\square\; -1$

**14** 다음 수를 크기가 작은 수부터 차례로 나열할 때, 세 번째에 오는 수를 구하시오.

$$-6, \quad +\frac{8}{3}, \quad -\frac{7}{4}, \quad +4, \quad -3$$

**15** 다음 중 부등호를 사용하여 나타낸 것으로 옳지 <u>않은</u> 것은?

① $x$는 5보다 크거나 같다. ➜ $x \geq 5$

② $x$는 2보다 크지 않다. ➜ $x \leq 2$

③ $x$는 0보다 크고 3 미만이다. ➜ $0 < x < 3$

④ $x$는 $-\dfrac{3}{2}$ 이상이고 $-\dfrac{1}{4}$ 보다 작다. ➜ $-\dfrac{3}{2} \leq x < -\dfrac{1}{4}$

⑤ $x$는 $-1.6$ 초과이고 4 이하이다. ➜ $-1.6 < x < 4$

**16** 두 수 $-\dfrac{13}{3}$ 과 2 사이에 있는 정수는 모두 몇 개인가?

① 4개　　　　② 5개　　　　③ 6개

④ 7개　　　　⑤ 8개

## Level Up

**17** 다음 조건을 모두 만족시키는 정수 $a$의 값을 구하시오.

> (가) $a$는 $-3$ 이상이고 $-\dfrac{5}{3}$ 보다 작다.
>
> (나) $|a| \geq 3$

**18** 다음 조건을 모두 만족시키는 서로 다른 세 정수 $a$, $b$, $c$의 대소 관계를 바르게 나타내시오.

> (가) $a$는 2보다 크다.
>
> (나) $b$와 $c$는 $-2$보다 크다.
>
> (다) $|c| = |-2|$
>
> (라) $a$는 $b$보다 $-2$에 더 가깝다.

# 정수와 유리수의 계산

## 정수와 유리수의 덧셈

공통인 부호

$(+2)+(+5)=+(2+5)=+7$

절댓값의 합

절댓값이 큰 수의 부호

$(-2)+(+5)=+(5-2)=+3$

절댓값의 차

(1) **부호가 같은 두 수의 덧셈**: 두 수의 **절댓값의 합**에 공통인 부호를 붙인다.

(2) **부호가 다른 두 수의 덧셈**: 두 수의 **절댓값의 차**에 절댓값이 큰 수의 부호를 붙인다.

## 덧셈의 계산 법칙

$(-1)+(+6)+(-9)$

$=(+6)+(-1)+(-9)$ — 덧셈의 교환법칙

$=(+6)+\{(-1)+(-9)\}$ — 덧셈의 결합법칙

$=(+6)+(-10)$

$=-4$

(1) **덧셈의 교환법칙**: $a+b=b+a$

(2) **덧셈의 결합법칙**: $(a+b)+c=a+(b+c)$

## 정수와 유리수의 뺄셈

뺄셈을 덧셈으로

$(+3)-(+2)=(+3)+(-2)=+(3-2)=+1$

부호는 반대로

뺄셈을 덧셈으로

$(-3)-(-1)=(-3)+(+1)=-(3-1)=-2$

부호는 반대로

두 수의 뺄셈은 **빼는 수의 부호를 바꾸어 덧셈으로 고쳐서** 계산한다.

## 정수와 유리수의 곱셈

부호가 같으면 $+$

$(+3)\times(+2)=+(3\times2)=+6$

절댓값의 곱

부호가 다르면 $-$

$(+3)\times(-2)=-(3\times2)=-6$

절댓값의 곱

(1) **부호가 같은 두 수의 곱셈**: 두 수의 **절댓값의 곱**에 양의 부호 $+$를 붙인다.

(2) **부호가 다른 두 수의 곱셈**: 두 수의 **절댓값의 곱**에 음의 부호 $-$를 붙인다.

| **곱셈의 계산 법칙** | $(+5) \times (-7) \times (-2)$ <br> $= (-7) \times (+5) \times (-2)$    곱셈의 교환법칙 <br> $= (-7) \times \{(+5) \times (-2)\}$    곱셈의 결합법칙 <br> $= (-7) \times (-10)$ <br> $= +70$ | (1) **곱셈의 교환법칙**: $a \times b = b \times a$ <br> (2) **곱셈의 결합법칙**: $(a \times b) \times c = a \times (b \times c)$ |

| **분배법칙** | $15 \times \left(-\dfrac{4}{3} + \dfrac{3}{5}\right) = 15 \times \left(-\dfrac{4}{3}\right) + 15 \times \dfrac{3}{5}$ <br> $= -20 + 9$ <br> $= -11$ | (1) $a \times (b+c) = a \times b + a \times c$ <br> (2) $(a+b) \times c = a \times c + b \times c$ |

| **정수와 유리수의 나눗셈** | 부호가 같으면 $+$ <br> $(+8) \div (+2) = +(8 \div 2) = +4$ <br> 절댓값의 나눗셈의 몫 <br><br> 부호가 다르면 $-$ <br> $(+8) \div (-2) = -(8 \div 2) = -4$ <br> 절댓값의 나눗셈의 몫 | (1) **부호가 같은 두 수의 나눗셈**: 두 수의 절댓값의 나눗셈의 몫에 양의 부호 $+$를 붙인다. <br> (2) **부호가 다른 두 수의 나눗셈**: 두 수의 절댓값의 나눗셈의 몫에 음의 부호 $-$를 붙인다. |

| **역수를 이용한 수의 나눗셈** | 나눗셈을 곱셈으로 <br> $(+4) \div \left(-\dfrac{2}{5}\right) = (+4) \times \left(-\dfrac{5}{2}\right) = -\left(4 \times \dfrac{5}{2}\right) = -10$ <br> 역수 | (1) **역수**: 어떤 두 수의 곱이 1일 때, 한 수를 다른 수의 역수라 한다. <br> (2) **역수를 이용한 나눗셈**: 나누는 수를 그 역수로 바꾸고 나눗셈은 곱셈으로 고쳐서 계산한다. |

| **혼합 계산** | $9 - \{5 + (-2)^3\} \times (-7)$    거듭제곱 계산 <br> $= 9 - \{5 + (-8)\} \times (-7)$    괄호 안 계산 <br> $= 9 - (-3) \times (-7)$    곱셈 계산 <br> $= 9 - 21$    뺄셈 계산 <br> $= -12$ | ❶ 거듭제곱이 있으면 **거듭제곱**을 먼저 계산한다. <br> ❷ 괄호가 있으면 **괄호 안**을 먼저 계산한다. 이때 괄호는 소괄호 ( ), 중괄호 { }, 대괄호 [ ]의 순서로 계산한다. <br> ❸ **곱셈과 나눗셈**을 순서대로 계산한다. <br> ❹ **덧셈과 뺄셈**을 순서대로 계산한다. |

## 개념 1 정수와 유리수의 덧셈

✓ 두 수의 덧셈

**01** 다음을 계산하시오.

(1) $(+6)+(+2)$

(2) $(-4)+(-3)$

(3) $(+7)+(-4)$

(4) $(-9)+(+5)$

**02** 다음을 계산하시오.

(1) $\left(+\dfrac{1}{3}\right)+\left(+\dfrac{5}{3}\right)$

(2) $\left(-\dfrac{1}{4}\right)+\left(-\dfrac{2}{5}\right)$

(3) $\left(+\dfrac{9}{4}\right)+\left(-\dfrac{1}{4}\right)$

(4) $\left(-\dfrac{3}{5}\right)+\left(+\dfrac{3}{4}\right)$

(5) $(+4.2)+(+0.8)$

(6) $(-2.1)+(-1.3)$

(7) $(+5.7)+(-3.7)$

(8) $(-4.6)+(+2.5)$

## 개념 2 덧셈의 계산 법칙

✓ 덧셈의 계산 법칙

**01** 다음 계산 과정에서 ㈎, ㈏에 이용된 덧셈의 계산 법칙을 말하시오.

$$
\begin{aligned}
&(+3)+(-5)+(+9) \\
&=(+3)+(+9)+(-5) \quad\big)\text{㈎} \\
&=\{(+3)+(+9)\}+(-5) \quad\big)\text{㈏} \\
&=(+12)+(-5) \\
&=+7
\end{aligned}
$$

✓ 덧셈의 계산 법칙을 이용한 세 수 이상의 덧셈

**02** 다음을 계산하시오.

(1) $(+8)+(-5)+(-8)$

(2) $(-6)+(+3)+(-1)$

(3) $(-10)+(+7)+(-4)+(+1)$

**03** 다음을 계산하시오.

(1) $\left(-\dfrac{5}{2}\right)+(+15)+\left(-\dfrac{11}{2}\right)$

(2) $(+1.2)+(-6)+(+2.8)$

(3) $\left(+\dfrac{1}{2}\right)+\left(-\dfrac{5}{4}\right)+\left(+\dfrac{9}{2}\right)+\left(-\dfrac{7}{4}\right)$

✔ 두 수의 뺄셈

**01** 다음을 계산하시오.

(1) $(+7)-(+2)$

(2) $(-9)-(+4)$

(3) $(+5)-(-2)$

(4) $(-10)-(-4)$

**02** 다음을 계산하시오.

(1) $\left(+\dfrac{2}{7}\right)-\left(+\dfrac{9}{7}\right)$

(2) $\left(-\dfrac{5}{4}\right)-\left(+\dfrac{3}{2}\right)$

(3) $\left(+\dfrac{8}{5}\right)-\left(-\dfrac{12}{5}\right)$

(4) $\left(-\dfrac{8}{3}\right)-\left(-\dfrac{1}{2}\right)$

(5) $(+4.5)-(+5.6)$

(6) $(-3.3)-(+1.2)$

(7) $(+5.4)-(-1.6)$

(8) $(-10.9)-(-2.3)$



✔ 덧셈과 뺄셈의 혼합 계산

**01** 다음을 계산하시오.

(1) $(+3)+(-5)-(+2)$

(2) $(+8)-(-3)+(-6)$

(3) $\left(+\dfrac{3}{2}\right)+\left(-\dfrac{11}{3}\right)-\left(-\dfrac{5}{2}\right)$

(4) $\left(-\dfrac{1}{2}\right)-\left(-\dfrac{1}{3}\right)+\left(-\dfrac{1}{4}\right)$

(5) $(+1.2)-(+0.2)+(-0.6)$

✔ 부호가 생략된 수의 혼합 계산

**02** 다음을 계산하시오.

(1) $5-8+3$

(2) $2-7+3-8$

(3) $\dfrac{2}{3}+\dfrac{8}{3}-\dfrac{4}{3}$

(4) $\dfrac{1}{4}+2-\dfrac{13}{4}$

(5) $2.6-3.2-5.4+1.5$

# 필수 유형 익히기




---

**유형 1  수의 덧셈**

**01** 다음 중 계산 결과가 옳지 <u>않은</u> 것은?

① $(+3)+(+4)=+7$

② $(-5)+(-3)=-8$

③ $\left(-\dfrac{5}{7}\right)+\left(+\dfrac{2}{7}\right)=-1$

④ $\left(+\dfrac{2}{5}\right)+\left(-\dfrac{12}{5}\right)=-2$

⑤ $(+1.2)+(-3.5)=-2.3$

**02** 다음 중 계산 결과가 나머지 넷과 <u>다른</u> 하나는?

① $(+3)+(-5)$

② $(-4)+(+2)$

③ $(+1.2)+(-3.2)$

④ $\left(-\dfrac{5}{4}\right)+\left(-\dfrac{3}{4}\right)$

⑤ $\left(-\dfrac{2}{3}\right)+\left(+\dfrac{4}{3}\right)$

**유형 2  덧셈의 계산 법칙**

**03** 다음 계산 과정에서 ㉠, ㉡에 이용된 덧셈의 계산 법칙을 말하시오.

$$
\begin{aligned}
&(-4)+(+12)+(-6) \\
&=(+12)+(-4)+(-6) \qquad \text{㉠}\\
&=(+12)+\{(-4)+(-6)\} \qquad \text{㉡}\\
&=(+12)+(-10) \\
&=+2
\end{aligned}
$$

**04** 다음 계산 과정에서 ①~⑤에 들어갈 것으로 알맞지 <u>않은</u> 것은?

$$
\begin{aligned}
&(-3)+\left(+\dfrac{5}{2}\right)+(-7)+\left(+\dfrac{3}{2}\right) \\
&=(-3)+(-7)+\left(+\dfrac{5}{2}\right)+\left(+\dfrac{3}{2}\right) \qquad \text{①}\\
&=\{(-3)+(-7)\}+\left\{\left(+\dfrac{5}{2}\right)+\left(+\dfrac{3}{2}\right)\right\} \qquad \text{②}\\
&=(\text{③})+(\text{④})=\text{⑤}
\end{aligned}
$$

① 덧셈의 교환법칙　　② 덧셈의 결합법칙

③ $-10$　　　　　　　④ $+4$

⑤ $-2$

**유형 3  수의 뺄셈**

**05** 다음 중 계산 결과가 옳은 것을 모두 고르면?

(정답 2개)

① $(+9)-(+7)=-2$

② $(-10)-(-5)=-5$

③ $\left(-\dfrac{7}{4}\right)-\left(-\dfrac{10}{4}\right)=-\dfrac{3}{4}$

④ $\left(-\dfrac{5}{2}\right)-\left(+\dfrac{5}{6}\right)=-\dfrac{10}{3}$

⑤ $(+3.4)-(+1.2)=-2.2$

**06** 다음 중 $(+3)-(-7)$의 계산 결과와 같은 것은?

① $(+14)-(-4)$

② $(-3)+(+7)$

③ $(+5.7)-(-4.3)$

④ $\left(-\dfrac{3}{5}\right)-\left(+\dfrac{7}{5}\right)$

⑤ $\left(-\dfrac{5}{2}\right)-\left(+\dfrac{7}{2}\right)$

## 유형 4 덧셈과 뺄셈의 혼합 계산

**07** 다음을 계산하시오.

$$(+3)-\left(+\frac{5}{3}\right)-(-5)+\left(-\frac{7}{3}\right)$$

**08** $(-5)+\left(-\frac{7}{2}\right)-\left(-\frac{1}{2}\right)+(-4)$를 바르게 계산

하면?

① $-12$   ② $-6$   ③ $0$
④ $+6$   ⑤ $+12$

## 유형 5 부호가 생략된 수의 혼합 계산

**09** $-\frac{7}{5}+11-\frac{8}{5}$ 을 계산하시오.

**10** 다음 보기 중 계산 결과가 가장 큰 것을 고르시오.

보기
ㄱ. $9-12+7-10$
ㄴ. $\frac{7}{5}-2+\frac{3}{2}$
ㄷ. $6.5-3.2-2.3$

## 유형 6 어떤 수보다 □만큼 큰(작은) 수

**11** $-8$보다 3만큼 큰 수를 $a$, $-2$보다 3만큼 작은 수를 $b$라 할 때, $a-b$의 값을 구하시오.

**12** $-3$보다 $-1$만큼 큰 수를 $a$, 4보다 $-2$만큼 작은 수를 $b$라 할 때, $a+b$의 값을 구하시오.

## 유형 7 바르게 계산한 답 구하기

**13** 어떤 수에서 $-2$를 빼야 할 것을 잘못하여 더했더니 6이 되었다. 이때 바르게 계산한 답을 구하시오.

**14** 어떤 수에 $-\frac{2}{3}$를 더해야 할 것을 잘못하여 뺐더니 $\frac{7}{6}$이 되었다. 이때 바르게 계산한 답을 구하시오.

# 02 정수와 유리수의 곱셈



✓ 두 수의 곱셈

**01** 다음을 계산하시오.

(1) $(+3) \times (+2)$

(2) $(-5) \times (-2)$

(3) $(+7) \times (-4)$

(4) $(-3) \times (+6)$

**02** 다음을 계산하시오.

(1) $(+4) \times \left(+\dfrac{5}{2}\right)$

(2) $\left(-\dfrac{6}{5}\right) \times \left(-\dfrac{10}{3}\right)$

(3) $\left(+\dfrac{15}{2}\right) \times \left(-\dfrac{4}{5}\right)$

(4) $\left(-\dfrac{10}{3}\right) \times \left(+\dfrac{3}{2}\right)$

(5) $(+1.2) \times (+5)$

(6) $(-2.5) \times (-10)$

(7) $(+2.5) \times (-4)$

(8) $(-3.7) \times (+0.1)$



✓ 곱셈의 계산 법칙

**01** 다음 계산 과정에서 (개), (내)에 이용된 곱셈의 계산 법칙을 말하시오.

$$(+5) \times (-2) \times (+3)$$
$$= (-2) \times (+5) \times (+3) \quad \text{(개)}$$
$$= (-2) \times \{(+5) \times (+3)\} \quad \text{(내)}$$
$$= (-2) \times (+15)$$
$$= -30$$

✓ 곱셈의 계산 법칙을 이용한 세 수 이상의 곱셈

**02** 다음을 계산하시오.

(1) $(-5) \times (+13) \times (-2)$

(2) $(-3) \times (+4) \times (-3)$

**03** 다음을 계산하시오.

(1) $(+10) \times \left(-\dfrac{1}{2}\right) \times (+3)$

(2) $\left(-\dfrac{20}{3}\right) \times (+5) \times \left(-\dfrac{6}{5}\right)$

(3) $(+8) \times (-0.25) \times (+5)$

✓ 세 수 이상의 곱셈

**01** 다음을 계산하시오.

(1) $(-4) \times (+2) \times (+5)$

(2) $(+6) \times (-3) \times (-5)$

(3) $(-3) \times (-7) \times (+2) \times (-2)$

(4) $(-1.5) \times (+3) \times (-2) \times (+5)$

**02** 다음을 계산하시오.

(1) $\left(-\dfrac{1}{3}\right) \times \left(-\dfrac{2}{5}\right) \times (-45)$

(2) $\left(-\dfrac{5}{9}\right) \times \left(-\dfrac{3}{10}\right) \times \left(+\dfrac{1}{2}\right)$

(3) $\dfrac{5}{4} \times (-8) \times \dfrac{7}{2} \times \left(-\dfrac{3}{14}\right)$

(4) $\left(-\dfrac{2}{3}\right) \times (-12) \times \left(-\dfrac{5}{4}\right) \times \dfrac{1}{2}$

✓ 거듭제곱의 계산

**03** 다음을 계산하시오.

(1) $(-3)^2$

(2) $-2^3$

(3) $(-2)^5$

(4) $\left(-\dfrac{1}{5}\right)^3$

**04** 다음을 계산하시오.

(1) $(-2)^2 \times \left(-\dfrac{1}{2}\right)$

(2) $(-3)^2 \times (-1)^3 \times \left(+\dfrac{1}{3}\right)$

개념 **8** 분배법칙

✓ 분배법칙

**01** 분배법칙을 이용하여 다음을 계산하시오.

(1) $(-6) \times \left\{\dfrac{1}{3} + \left(-\dfrac{5}{2}\right)\right\}$

(2) $\left\{\left(-\dfrac{2}{9}\right) + \dfrac{7}{6}\right\} \times (-18)$

(3) $\dfrac{5}{11} \times 9 + \dfrac{5}{11} \times 13$

(4) $(-1.2) \times 3.5 + (-0.8) \times 3.5$

# 필수 유형 익히기

유형 **1** 수의 곱셈

**01** 다음 중 계산 결과가 옳지 <u>않은</u> 것은?

① $(-3) \times (-4) = +12$

② $(+2) \times \left(-\dfrac{9}{4}\right) = -\dfrac{9}{2}$

③ $\left(-\dfrac{8}{3}\right) \times \left(+\dfrac{15}{4}\right) = -10$

④ $\left(+\dfrac{4}{3}\right) \times \left(-\dfrac{9}{5}\right) = -\dfrac{12}{5}$

⑤ $(+1.5) \times \left(-\dfrac{8}{15}\right) = -8$

**02** 다음 중 계산 결과가 가장 큰 것은?

① $(-1) \times (+2)$  ② $(+3) \times \left(-\dfrac{1}{6}\right)$

③ $\left(-\dfrac{3}{2}\right) \times \left(-\dfrac{10}{3}\right)$  ④ $(-1.2) \times (-5)$

⑤ $\left(+\dfrac{1}{5}\right) \times (-0.3)$

유형 **2** 곱셈의 계산 법칙

**03** 다음 계산 과정에서 ㉠, ㉡에 이용된 곱셈의 계산 법칙을 말하시오.

$$(-25) \times \left(+\dfrac{11}{2}\right) + (-4)$$
$$= \left(+\dfrac{11}{2}\right) \times (-25) \times (-4) \quad \text{㉠}$$
$$= \left(+\dfrac{11}{2}\right) \times \{(-25) \times (-4)\} \quad \text{㉡}$$
$$= \left(+\dfrac{11}{2}\right) \times (+100) = +550$$

**04** 다음 계산 과정에서 ㉠~㉣에 들어갈 알맞은 것을 구하시오.

$$\left(-\dfrac{9}{5}\right) \times \left(+\dfrac{2}{3}\right) \times \left(-\dfrac{10}{3}\right)$$
$$= \left(+\dfrac{2}{3}\right) \times \left(-\dfrac{9}{5}\right) \times \left(-\dfrac{10}{3}\right) \quad \text{곱셈의 ㉠ 법칙}$$
$$= \left(+\dfrac{2}{3}\right) \times \left\{\left(-\dfrac{9}{5}\right) \times \left(-\dfrac{10}{3}\right)\right\} \quad \text{곱셈의 ㉡ 법칙}$$
$$= \left(+\dfrac{2}{3}\right) \times (\boxed{㉢})$$
$$= \boxed{㉣}$$

유형 **3** 세 수 이상의 곱셈

**05** 다음을 계산하시오.

$$(-6) \times \left(-\dfrac{7}{3}\right) \times (-2)^2 \times \left(-\dfrac{15}{7}\right)$$

**06** 다음을 계산하시오.

$$(-3) \times \left(-\dfrac{1}{2}\right)^3 \times (+10) \times \left(+\dfrac{4}{3}\right)$$

유형 4 거듭제곱의 계산

**07** 다음 중 가장 큰 수는?

① $-\left(\dfrac{1}{2}\right)^2$  ② $\left(-\dfrac{1}{2}\right)^2$  ③ $\left(-\dfrac{1}{2}\right)^3$

④ $-\left(-\dfrac{1}{2}\right)^2$  ⑤ $-\left(-\dfrac{1}{2}\right)^3$

**08** 다음 중 가장 작은 수는?

① $(-4)^2$  ② $-4^2$  ③ $-(-4)^2$

④ $(-4)^3$  ⑤ $-(-4)^3$

유형 **5** 분배법칙(1)

**09** 다음은 분배법칙을 이용하여 $8 \times 105$를 계산하는 과정이다. 세 수 $a$, $b$, $c$에 대하여 $a+b+c$의 값을 구하시오.

$$8 \times 105 = 8 \times (100+a)$$
$$= 8 \times 100 + 8 \times a$$
$$= 800 + b$$
$$= c$$

**10** 다음 식을 만족시키는 두 수 $a$, $b$에 대하여 $a \times b$의 값을 구하시오.

$$3.2 \times (+2.7) + 3.2 \times (+7.3) = 3.2 \times a = b$$

유형 **6** 분배법칙(2)

**11** 세 유리수 $a$, $b$, $c$에 대하여 $a \times b = -4$, $a \times (b+c) = 20$일 때, $a \times c$의 값을 구하시오.

**12** 세 유리수 $a$, $b$, $c$에 대하여 $a \times c = \dfrac{1}{4}$, $a \times (b-c) = 3$일 때, $a \times b$의 값을 구하시오.

# 03 정수와 유리수의 나눗셈

## 개념 9 정수와 유리수의 나눗셈

✓ 두 수의 나눗셈

**01** 다음을 계산하시오.

(1) $(+18) \div (+3)$

(2) $(-25) \div (-5)$

(3) $(+24) \div (-4)$

(4) $(-36) \div (+3)$

(5) $(+45) \div (-9)$

(6) $(-30) \div (+6)$

**02** 다음을 계산하시오.

(1) $(+4.2) \div (+0.6)$

(2) $(-6.4) \div (-0.8)$

(3) $(+3.5) \div (-0.7)$

(4) $(-2.8) \div (+0.2)$

## 개념 10 역수를 이용한 수의 나눗셈

✓ 역수

**01** 다음 수의 역수를 구하시오.

(1) $+\dfrac{1}{6}$

(2) $-2$

(3) $-\dfrac{9}{4}$

(4) $+1.5$

✓ 역수를 이용한 수의 나눗셈

**02** 다음을 계산하시오.

(1) $(+15) \div \left(+\dfrac{3}{2}\right)$

(2) $(-8) \div \left(-\dfrac{2}{5}\right)$

(3) $(+20) \div \left(-\dfrac{5}{4}\right)$

(4) $(-24) \div \left(+\dfrac{6}{7}\right)$

(5) $\left(+\dfrac{4}{3}\right) \div (-12)$

(6) $\left(-\dfrac{9}{2}\right) \div (-18)$

**03** 다음을 계산하시오.

(1) $(+1.25) \div \left(-\dfrac{10}{3}\right)$

(2) $\left(-\dfrac{4}{3}\right) \div (+0.6)$

(3) $\left(-1\dfrac{3}{5}\right) \div (-4)$

(4) $\left(-3\dfrac{1}{2}\right) \div \left(-1\dfrac{4}{3}\right)$



## 덧셈, 뺄셈, 곱셈, 나눗셈의 혼합 계산

✓ 곱셈과 나눗셈의 혼합 계산

**01** 다음을 계산하시오.

(1) $(-5) \div \left(+\dfrac{5}{3}\right) \times \left(+\dfrac{4}{3}\right)$

(2) $\left(-\dfrac{18}{7}\right) \times \left(-\dfrac{5}{9}\right) \div (+4)$

(3) $(-3)^2 \times \left(-\dfrac{3}{4}\right) \div (+6)$

(4) $\left(-\dfrac{7}{2}\right) \div \left(-\dfrac{1}{2}\right)^2 \times \left(+\dfrac{3}{8}\right)$

---

✓ 덧셈, 뺄셈, 곱셈, 나눗셈의 혼합 계산

**02** 다음 계산 과정에서 □ 안에 들어갈 알맞은 수를 써넣으시오.

(1) 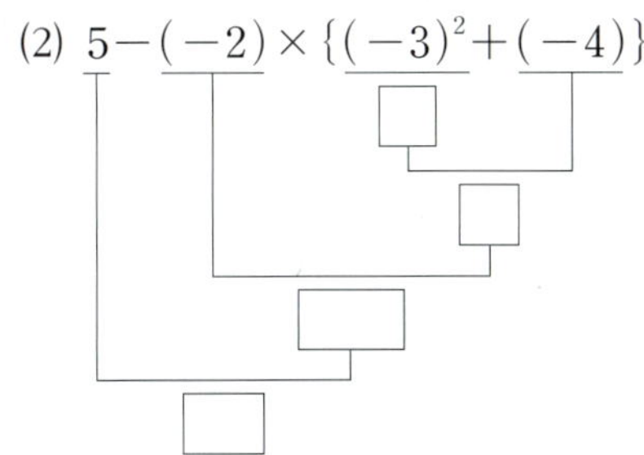

(2) $5-(-2) \times \{(-3)^2 + (-4)\}$

**03** 다음을 계산하시오.

(1) $\left(-\dfrac{4}{7}\right) \div \left(-\dfrac{8}{21}\right) + \left(-\dfrac{1}{2}\right)$

(2) $\left(-\dfrac{2}{3}\right) \times (-3)^2 - (-5)$

(3) $-10 + (-24) \times \left(-\dfrac{1}{2}\right)^3 - 7$

(4) $-2 - \{(-3)^2 - (-4)\} \times \dfrac{5}{13}$

(5) $\left\{\dfrac{1}{2} - (-2)^2 \times \dfrac{7}{8}\right\} \div \left(-\dfrac{9}{5}\right)$

한 번 더

---

**유형 1  역수 구하기**

**01** $\dfrac{5}{8}$의 역수를 $a$, $-2$의 역수를 $b$라 할 때, $a \times b$의 값을 구하시오.

**02** $2\dfrac{2}{5}$의 역수를 $a$, $-0.4$의 역수를 $b$라 할 때, $a \div b$의 값은?

① $-6$      ② $-\dfrac{25}{24}$      ③ $-\dfrac{4}{5}$

④ $-\dfrac{2}{3}$      ⑤ $-\dfrac{1}{6}$

**유형 2  수의 나눗셈**

**03** 다음 중 계산 결과가 옳지 <u>않은</u> 것은?

① $(+39) \div (-13) = -3$

② $(-54) \div (-6) = +9$

③ $\left(+\dfrac{18}{5}\right) \div (-3) = -\dfrac{5}{6}$

④ $\left(-\dfrac{5}{3}\right) \div \left(+\dfrac{10}{9}\right) = -\dfrac{3}{2}$

⑤ $(+1.5) \div (+0.3) = +5$

**04** $A = (+10) \div \left(-\dfrac{2}{3}\right)$, $B = \left(-\dfrac{25}{2}\right) \div (-1.5)$일 때, $A+B$의 값을 구하시오.

**유형 3  곱셈과 나눗셈 사이의 관계**

한 걸음 더

**05** 다음 $\square$ 안에 알맞은 수를 구하시오.

$$\square \div \left(-\dfrac{4}{15}\right) = -\dfrac{3}{2}$$

**06** 다음 $\square$ 안에 알맞은 수는?

$$\square \times (-8) = \dfrac{16}{3}$$

① $-\dfrac{2}{3}$      ② $-\dfrac{3}{4}$      ③ $+\dfrac{2}{3}$

④ $+\dfrac{3}{4}$      ⑤ $+\dfrac{6}{5}$

**07** 다음 중 계산 결과가 옳은 것은?

① $\left(-\dfrac{5}{3}\right)\times\left(+\dfrac{8}{15}\right)\div\left(+\dfrac{4}{3}\right)=-\dfrac{3}{2}$

② $\left(-\dfrac{9}{8}\right)\div\left(-\dfrac{3}{2}\right)\times(+12)=\dfrac{1}{6}$

③ $(-2)^2\times\left(+\dfrac{5}{12}\right)\div\left(+\dfrac{1}{6}\right)=10$

④ $\left(-\dfrac{7}{9}\right)\div\left(-\dfrac{1}{3}\right)^3\times(+3)=7$

⑤ $\left(+\dfrac{5}{4}\right)\div(-20)\times\left(+\dfrac{32}{7}\right)=-\dfrac{5}{7}$

**08** 다음을 계산하시오.

$$\left(-\dfrac{3}{2}\right)\div\left(-\dfrac{1}{2}\right)^2\times\left(-\dfrac{5}{9}\right)$$



**09** 다음 식의 계산 순서를 차례대로 나열하고, 계산 결과를 구하시오.

$$-\dfrac{5}{6}-\left\{3-(-2)^2\times\dfrac{3}{8}\right\}\times\left(-\dfrac{1}{3}\right)$$

$$\underset{\textcircled{\tiny ㄱ}}{\uparrow}\quad\underset{\textcircled{\tiny ㄴ}}{\uparrow}\quad\underset{\textcircled{\tiny ㄷ}}{\uparrow}\ \underset{\textcircled{\tiny ㄹ}}{\uparrow}\quad\underset{\textcircled{\tiny ㅁ}}{\uparrow}$$

**10** 다음 식의 계산 순서를 차례대로 나열하고, 계산 결과를 구하시오.

$$-\dfrac{2}{5}\times\left\{\left(-\dfrac{3}{2}\right)^2\div\left(-\dfrac{3}{8}\right)-9\right\}+4$$

$$\underset{\textcircled{\tiny ㄱ}}{\uparrow}\quad\underset{\textcircled{\tiny ㄴ}}{\uparrow}\ \underset{\textcircled{\tiny ㄷ}}{\uparrow}\qquad\underset{\textcircled{\tiny ㄹ}}{\uparrow}\ \underset{\textcircled{\tiny ㅁ}}{\uparrow}$$



**11** 어떤 수를 $\dfrac{3}{4}$ 으로 나누어야 할 것을 잘못하여 곱했더니 2가 되었다. 이때 바르게 계산한 답을 구하시오.

**12** 어떤 수에 $-\dfrac{5}{12}$ 를 곱해야 할 것을 잘못하여 나누었더니 $-\dfrac{9}{25}$ 가 되었다. 이때 바르게 계산한 답을 구하시오.

**01** $-\dfrac{1}{3}$ 보다 $\dfrac{1}{5}$ 만큼 작은 수를 $a$, $\dfrac{3}{2}$ 보다 $-\dfrac{1}{4}$ 만큼 큰 수를 $b$라 할 때, $a \times b$의 값을 구하시오.

답 _______________

**02** 다음 중 서로 다른 세 수를 뽑아 곱한 값 중에서 가장 큰 수를 $a$, 가장 작은 수를 $b$라 할 때, $a+b$의 값을 구하시오.

$$-\frac{4}{3}, \quad 2, \quad -6, \quad \frac{7}{2}$$

답 _______________

**03** 어떤 수 $a$에 $-\dfrac{3}{2}$ 을 곱해야 할 것을 잘못하여 더했더니 $-\dfrac{39}{10}$ 가 되었다. 이때 바르게 계산한 답을 구하시오.

답 _______________

**04** $A=(-2)^3 \div \dfrac{4}{5} \div \dfrac{1}{2}$, $B=\left(-\dfrac{3}{7}\right) \div (-3)^2 \times 14$ 일 때, $A \div B$의 값을 구하시오.

답 _______________

# 단원 마무리하기

**01** 다음 중 계산 결과가 가장 작은 것은?

① $(-5)-(-3)$  ② $(-4)+(+7)$

③ $\left(-\dfrac{1}{3}\right)+\left(+\dfrac{3}{2}\right)$  ④ $(+4.5)-(+3.7)$

⑤ $\left(+\dfrac{1}{2}\right)-(+2.5)+(-0.3)$

**02** 다음 계산 과정에서 ㉠~㉣에 들어갈 알맞은 것을 구하시오.

$$\left(-\dfrac{5}{4}\right)+(+2)+\left(-\dfrac{3}{4}\right)$$

$$=(+2)+\left(-\dfrac{5}{4}\right)+\left(-\dfrac{3}{4}\right) \quad \text{덧셈의 } ㉠ \text{ 법칙}$$

$$=(+2)+\left\{\left(-\dfrac{5}{4}\right)+\left(-\dfrac{3}{4}\right)\right\} \quad \text{덧셈의 } ㉡ \text{ 법칙}$$

$$=(+2)+(\;㉢\;)$$

$$=㉣$$

**03** $a=(-2)-(-3)+(+1)$, $b=\left(-\dfrac{5}{6}\right)+\left(-\dfrac{7}{2}\right)-\left(+\dfrac{2}{3}\right)$일 때, $a+b$의 값을 구하시오.

**04** 다음 중 계산 결과가 옳은 것은?

① $8-5+2=-5$

② $7+10-12=5$

③ $\dfrac{5}{3}-\dfrac{3}{4}+\dfrac{1}{6}=\dfrac{1}{4}$

④ $3-\dfrac{1}{2}+\dfrac{3}{5}=\dfrac{3}{2}$

⑤ $1.2+0.3-2.4=0.9$

**05** 3보다 $-\dfrac{1}{2}$만큼 큰 수를 $a$, $-2$보다 $-\dfrac{3}{2}$만큼 작은 수를 $b$라 할 때, $a-b$의 값은?

① $-4$  ② $-3$  ③ $-1$

④ $3$  ⑤ $6$



**06** 어떤 수 $a$에 $\dfrac{5}{4}$를 더해야 할 것을 잘못하여 뺐더니 $-\dfrac{12}{5}$가 되었다. 이때 바르게 계산한 답을 구하시오.

**07** $A=\left(+\dfrac{3}{2}\right)\times\left(-\dfrac{7}{12}\right)$, $B=\left(-\dfrac{5}{4}\right)\times\left(+\dfrac{3}{10}\right)$일 때, $A-B$의 값은?

① $-\dfrac{1}{2}$  ② $-\dfrac{1}{3}$  ③ $0$

④ $\dfrac{1}{3}$  ⑤ $\dfrac{1}{2}$

**08** 다음 계산 과정에서 ①~⑤에 들어갈 것으로 알맞지 <u>않</u>은 것은?

$$(+0.6)\times\left(-\dfrac{7}{3}\right)\times(+5)$$
$$=\left(-\dfrac{7}{3}\right)\times(+0.6)\times(+5) \quad \text{①}$$
$$=\left(-\dfrac{7}{3}\right)\times\{(+0.6)\times(+5)\} \quad \text{②}$$
$$=(\text{③})\times(\text{④})$$
$$=(\text{⑤})$$

① 곱셈의 교환법칙  ② 곱셈의 결합법칙

③ $-\dfrac{7}{3}$  ④ $+3$

⑤ $+7$

**09** 다음 중 가장 큰 수는?

① $-\dfrac{1}{2^2}$  ② $\left(-\dfrac{1}{2}\right)^2$  ③ $-\left(-\dfrac{1}{2}\right)^3$

④ $-\left(-\dfrac{1}{3}\right)^2$  ⑤ $\left(-\dfrac{1}{3}\right)^3$

**10** 다음은 분배법칙을 이용하여 $15\times98$을 계산하는 과정 이다. 세 자연수 $a$, $b$, $c$에 대하여 $a+b+c$의 값을 구하시오.

$$15\times98=15\times(100-a)$$
$$=15\times100-15\times a$$
$$=1500-b$$
$$=c$$

**11** 다음 중 두 수가 서로 역수 관계인 것을 모두 고르면?

(정답 2개)

① $5,\ -5$  ② $4,\ -\dfrac{1}{4}$

③ $-\dfrac{3}{2},\ -\dfrac{2}{3}$  ④ $0.1,\ 10$

⑤ $0.5,\ \dfrac{1}{5}$

**12** 다음 중 계산 결과가 가장 작은 것은?

① $(-5)\div(+10)$

② $\left(+\dfrac{5}{2}\right)\times\left(-\dfrac{8}{15}\right)$

③ $(+12)\times\left(+\dfrac{7}{4}\right)\times\left(-\dfrac{3}{14}\right)$

④ $\left(-\dfrac{3}{8}\right)\div\left(+\dfrac{3}{4}\right)\div\left(+\dfrac{1}{6}\right)$

⑤ $\left(-\dfrac{3}{4}\right)\div\left(-\dfrac{9}{2}\right)\div(-6)$

**13** 다음 중 계산 결과가 옳은 것은?

① $(-3) \div (-9) \times \left(+\dfrac{6}{5}\right) = \dfrac{5}{2}$

② $\left(+\dfrac{9}{4}\right) \times \left(-\dfrac{8}{3}\right) \div (-6) = 1$

③ $\left(+\dfrac{5}{12}\right) \times (-2)^2 \div (+10) = 6$

④ $\left(+\dfrac{8}{9}\right) \div \left(+\dfrac{1}{3}\right) \times \left(-\dfrac{1}{2}\right)^3 = \dfrac{1}{3}$

⑤ $\left(-\dfrac{5}{4}\right) \div \left(+\dfrac{10}{3}\right) \times (+16) = -5$

**14** 다음 식의 계산 순서를 차례대로 나열하고, 계산 결과를 구하시오.

$$4 \div \{(-3)^2 + 6 \times (-2)\} - \left(-\dfrac{1}{2}\right)$$

ㄱ  ㄴ ㄷ ㄹ   ㅁ

**15** 다음 ☐ 안에 알맞은 수를 구하시오.

$$\boxed{\phantom{x}} \div \left(-\dfrac{1}{3}\right)^2 \times \dfrac{5}{18} = -10$$



**16** 오른쪽 그림의 삼각형에서 세 변에 놓인 네 수의 합이 모두 같을 때, ㉠과 ㉡에 알맞은 수를 각각 구하시오.

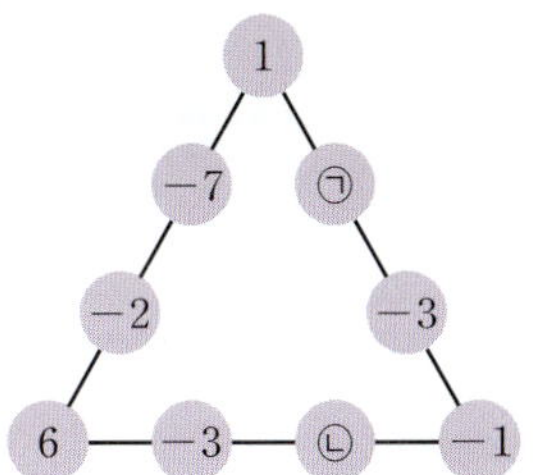


**17** 다음을 계산하시오.

$$\dfrac{1}{3} \times \left(-\dfrac{3}{5}\right) \times \dfrac{5}{7} \times \left(-\dfrac{7}{9}\right) \times \cdots \times \dfrac{95}{97} \times \left(-\dfrac{97}{99}\right)$$

**18** 미현이와 신우가 계단에서 가위바위보 놀이를 하여 이기면 5칸 올라가고 지면 2칸 내려가기로 했다. 같은 위치에서 시작하여 가위바위보를 7번 하여 미현이가 4번 이겼다고 할 때, 두 사람이 몇 칸 떨어져 있는지 구하시오. (단, 비긴 경우는 없으며, 계단의 개수는 오르내리기에 충분히 많다.)

# 문자의 사용과 식

## 문자의 사용

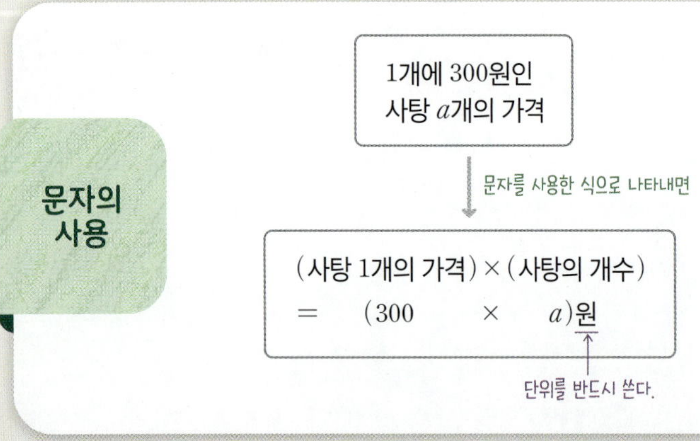


문자를 사용하면 구체적인 값이 주어지지 않은 수량이나 그들 사이의 관계를 식으로 간단히 나타낼 수 있다.

## 곱셈 기호의 생략

(1) (수)×(문자): 수를 문자 앞에 쓴다. → $2 \times a = 2a,\quad a \times (-3) = -3a$

(2) $1 \times$ (문자) 또는 $(-1) \times$ (문자): 1을 생략한다. → $1 \times a = a,\quad (-1) \times b = -b$

(3) (문자)×(문자): 알파벳 순서로 쓴다. → $b \times a \times c = abc$

(4) 같은 문자의 곱: 거듭제곱으로 나타낸다. → $x \times x \times x = x^3$

(5) 괄호가 있는 식과 수의 곱: 수를 괄호 앞에 쓴다. → $(x+y) \times 2 = 2(x+y)$

## 나눗셈 기호의 생략

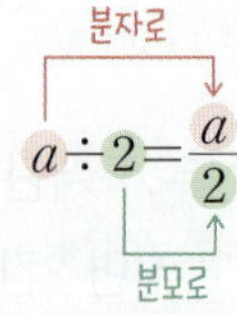


나눗셈 기호 ÷를 생략하고, 분수의 꼴로 나타낸다.

## 대입과 식의 값



(1) 대입: 문자를 사용한 식에서 문자를 어떤 수로 바꾸어 넣는 것

(2) 식의 값: 문자를 사용한 식에서 문자에 어떤 수를 대입하여 구한 값

| **다항식** | $\underset{x\text{의 계수}}{3x} + \underset{y\text{의 계수}}{(-5y)} + \underset{상수항}{4}$  <br> 항 | (1) **항**: 수 또는 문자의 곱으로 이루어진 식 <br> (2) **상수항**: 문자 없이 수만으로 이루어진 항 <br> (3) **계수**: 문자를 포함한 항에서 문자 앞에 곱해진 수 <br> (4) **다항식**: 몇 개의 항의 합으로 이루어진 식 <br> (5) **단항식**: 다항식 중에서 한 개의 항으로만 이루어진 식 |

| **일차식** | $\underset{차수:\,2}{2x^2} \underset{차수:\,1}{-x} \underset{차수:\,0}{+1}$  → 다항식의 차수: 2 | (1) **차수**: 어떤 항에서 문자가 곱해진 개수 <br> (2) **다항식의 차수**: 다항식에서 차수가 가장 큰 항의 차수 <br> (3) **일차식**: 차수가 1인 다항식 |

**단항식과 수의 곱셈, 나눗셈**

$$
\begin{aligned}
(1)\ 3x \times 5 &= 3 \times x \times 5 & \text{곱셈의 교환법칙} \\
&= 3 \times 5 \times x & \text{곱셈의 결합법칙} \\
&= (3 \times 5) \times x \\
&= 15x \\
(2)\ 6x \div 2 &= 6 \times x \times \frac{1}{2} & \text{나누는 수의 역수 곱하기} \\
&= \left(6 \times \frac{1}{2}\right) \times x & \text{곱셈의 교환법칙, 결합법칙} \\
&= 3x
\end{aligned}
$$

(1) (수) × (단항식), (단항식) × (수)
→ 수끼리 곱하여 문자 앞에 쓴다.
(2) (단항식) ÷ (수)
→ 나누는 수의 역수를 곱한다.

**일차식과 수의 곱셈, 나눗셈**

$$
\begin{aligned}
(1)\ -2(3x+1) &= (-2) \times 3x + (-2) \times 1 \\
&= -6x - 2 \\
(2)\ (4x+2) \div 2 &= (4x+2) \times \frac{1}{2} = 4x \times \frac{1}{2} + 2 \times \frac{1}{2} \\
&= 2x + 1
\end{aligned}
$$

(1) (수) × (일차식), (일차식) × (수)
→ 분배법칙을 이용하여 일차식의 각 항에 수를 곱한다.
(2) (일차식) ÷ (수)
→ 분배법칙을 이용하여 나누는 수의 역수를 일차식의 각 항에 곱한다.

**일차식의 덧셈과 뺄셈**

$$
\begin{aligned}
(2x+3) &+ (x-2) & \text{괄호 풀기} \\
&= 2x + 3 + x - 2 & \text{동류항끼리 모으기} \\
&= 2x + x + 3 - 2 & \text{동류항끼리 계산} \\
&= 3x + 1
\end{aligned}
$$

괄호를 푼 다음 동류항끼리 모아서 계산한다.

## 개념 1 문자의 사용

✓ 문자를 사용한 식으로 나타내기

**01** 다음을 문자를 사용한 식으로 나타내시오.

(1) $a$를 2배 한 것에서 $b$를 뺀 수

(2) 백의 자리의 숫자가 $a$, 십의 자리의 숫자가 $b$, 일의 자리의 숫자가 7인 세 자리의 자연수

(3) 현재 $a$살인 지민이의 7년 후의 나이

(4) 3점짜리 문제 $a$개, 4점짜리 문제 $b$개를 맞혔을 때의 점수

(5) $x$개에 4500원인 자두 1개의 가격

(6) 1개에 800원인 음료수 $a$개를 사고 6000원을 냈을 때의 거스름돈

(7) 밑변의 길이가 $x\,\mathrm{cm}$이고 높이가 $h\,\mathrm{cm}$인 삼각형의 넓이

(8) 자동차가 시속 $50\,\mathrm{km}$로 $t$시간 동안 달린 거리

## 개념 2 곱셈 기호와 나눗셈 기호의 생략

✓ 곱셈 기호의 생략

**01** 다음 식을 곱셈 기호 $\times$를 생략하여 나타내시오.

(1) $a \times (-3)$

(2) $a \times 0.01$

(3) $b \times 9 \times a$

(4) $(-4) \times x \times x \times y$

(5) $(a+2) \times (-1)$

(6) $(a+5) \times 2 + b \times (-6)$

✓ 나눗셈 기호의 생략

**02** 다음 식을 나눗셈 기호 $\div$를 생략하여 나타내시오.

(1) $7 \div a$

(2) $x \div (-6)$

(3) $a \div \dfrac{4}{7}$

(4) $2x \div y$

(5) $(a+b) \div 9$

(6) $5 \div x - y \div 8$

**03** 다음 식을 곱셈 기호 $\times$와 나눗셈 기호 $\div$를 생략하여 나타내시오.

(1) $a \times b \div 5$

(2) $x \div 2 \div y \times 3$

## 개념 3 대입과 식의 값

✓ 식의 값 구하기

**01** $a=-2$일 때, 다음 식의 값을 구하시오.

(1) $3a$

(2) $10-a$

(3) $\dfrac{14}{a}+5$

(4) $a^2+2a$

**02** $x=4$, $y=-1$일 때, 다음 식의 값을 구하시오.

(1) $x-5y$

(2) $2(x+y)$

(3) $-\dfrac{15}{x-y}$

(4) $x^2+4y-13$

**03** $x=-\dfrac{1}{2}$, $y=1$일 때, 다음 식의 값을 구하시오.

(1) $2x+4y$

(2) $6x-y^2$

(3) $\dfrac{4}{x}-\dfrac{2}{y}$

## 유형 1 곱셈 기호와 나눗셈 기호의 생략

**01** 다음 중 기호 $\times$, $\div$를 생략하여 나타낸 식으로 옳지 않은 것을 모두 고르면? (정답 2개)

① $b\times a\times(-1)=-ab$

② $x\div\dfrac{1}{5}\times y=\dfrac{xy}{5}$

③ $x\times(-4)\times x+y=-4x^2+y$

④ $3\times(a-b)\div a=\dfrac{3(a-b)}{a}$

⑤ $(-2)\div(x\div y)\times y=-\dfrac{2y}{x}$

**02** 다음 중 기호 $\times$, $\div$를 생략하여 나타낸 식이 나머지 넷과 다른 하나는?

① $a\div b\div c$ ② $(a\div b)\div c$ ③ $a\div(b\div c)$

④ $a\div(b\times c)$ ⑤ $a\times\dfrac{1}{b}\times\dfrac{1}{c}$

## 유형 2 문자를 사용한 식으로 나타내기

**03** 다음 중 문자를 사용하여 나타낸 식으로 옳은 것은?

① 연속하는 두 자연수 중에서 큰 수가 $x$일 때, 작은 수

➡ $x+1$

② 토끼 $x$마리와 오리 $y$마리의 전체 다리의 수

➡ $2(x+y)$개

③ 한 변의 길이가 $x\,\mathrm{cm}$인 마름모의 둘레의 길이

➡ $(4+x)\,\mathrm{cm}$

④ $x$원의 $10\,\%$ ➡ $10x$원

⑤ 두 수 $a$, $b$의 평균 ➡ $\dfrac{a+b}{2}$

**04** 다음 보기 중 문자를 사용하여 나타낸 식으로 옳은 것을 모두 고르시오.

> **보기**
> ㄱ. 십의 자리의 숫자가 $a$, 일의 자리의 숫자가 $b$인 두 자리의 자연수 ➡ $a+b$
> ㄴ. 2시간 동안 $a\,\mathrm{km}$를 달린 기차의 속력 ➡ 시속 $2a\,\mathrm{km}$
> ㄷ. 현재 $x$살인 현종이의 3년 전 나이 ➡ $(x-3)$살
> ㄹ. 전체 쪽수가 200쪽인 책을 하루에 10쪽씩 $x$일 동안 읽었을 때, 남은 쪽수 ➡ $(200-10x)$쪽

**유형 3 · 식의 값 구하기 (1)**

**05** $a=-3$일 때, 다음 중 식의 값이 나머지 넷과 <u>다른</u> 하나는?

① $2a$  ② $a+9$  ③ $-\dfrac{18}{a}$

④ $a^2-3$  ⑤ $(a+6)\div\dfrac{1}{2}$

**06** $x=5,\ y=-2$일 때, 다음 중 식의 값이 가장 작은 것은?

① $x+y$  ② $-xy$  ③ $3y-x$

④ $x^2-y^2$  ⑤ $\dfrac{3xy}{10}$

**유형 4 · 식의 값 구하기 (2); 분모에 분수를 대입하는 경우**

**07** $a=-\dfrac{1}{2},\ b=\dfrac{1}{4}$일 때, $\dfrac{4}{a}-\dfrac{2}{b}$의 값은?

① $-16$  ② $-8$  ③ $0$

④ $8$  ⑤ $16$

**08** $x=\dfrac{1}{3}$일 때, 다음 중 식의 값이 7인 것은?

① $6x$  ② $3x-1$  ③ $\dfrac{2}{x}$

④ $-x^2$  ⑤ $3(x+2)$

**유형 5 · 식의 값의 활용; 식의 주어진 경우**

**09** 지면에서 초속 $60\,\mathrm{m}$로 똑바로 쏘아 올린 물체의 $t$초 후의 높이는 $(60t-5t^2)\,\mathrm{m}$라고 한다. 쏘아 올린 지 2초 후의 이 물체의 높이는?

① $80\,\mathrm{m}$  ② $90\,\mathrm{m}$  ③ $100\,\mathrm{m}$

④ $110\,\mathrm{m}$  ⑤ $120\,\mathrm{m}$

**10** 기온이 $x\,^{\circ}\mathrm{C}$일 때, 소리는 1초에 $\left(\dfrac{3}{5}x+331\right)\mathrm{m}$를 움직인다고 한다. 기온이 $20\,^{\circ}\mathrm{C}$일 때, 소리는 1초에 몇 m를 움직이는지 구하시오.

**유형 6** 식의 값의 활용; 식이 주어지지 않은 경우

**11** 오른쪽 그림과 같은 사다리꼴의 넓이를 $a$, $b$, $h$를 사용한 식으로 나타내고 $a=5$, $b=9$, $h=6$일 때, 사다리꼴의 넓이를 구하시오.

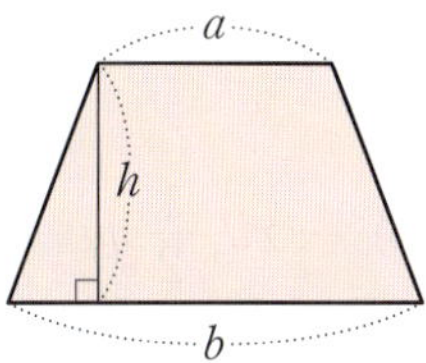

**12** 오른쪽 그림과 같은 직육면체에 대하여 다음 물음에 답하시오.

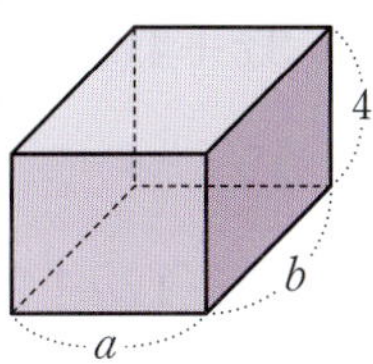

(1) 직육면체의 겉넓이를 $a$, $b$를 사용한 식으로 간단히 나타내시오.

(2) $a=5$, $b=6$일 때, 직육면체의 겉넓이를 구하시오.

---

**개념 4 다항식과 일차식**

✓ 다항식의 이해

**01** 아래 다항식에 대하여 다음을 구하시오.

(1) $-2x+7y-4$

① 항 ② 상수항
③ $x$의 계수 ④ $y$의 계수

(2) $x^2-3x+8$

① 항 ② 상수항
③ $x^2$의 계수 ④ $x$의 계수

(3) $\dfrac{a}{2}-b+6$

① 항 ② 상수항
③ $a$의 계수 ④ $b$의 계수

✓ 일차식 판별하기

**02** 다음 다항식의 차수를 구하고, 일차식인지 아닌지 판별하시오.

(1) $5x-1$ ➡ 다항식의 차수: ___________
　　➡ ( 일차식이다, 일차식이 아니다 ).

(2) $a^2+a+2$ ➡ 다항식의 차수: ___________
　　➡ ( 일차식이다, 일차식이 아니다 ).

(3) $3-\dfrac{x}{2}$ ➡ 다항식의 차수: ___________
　　➡ ( 일차식이다, 일차식이 아니다 ).

✓ 단항식과 수의 곱셈, 나눗셈

**01** 다음 식을 계산하시오.

(1) $(-5) \times 3a$

(2) $\dfrac{3}{4}y \times 12$

(3) $18x \div (-3)$

(4) $\dfrac{3}{5}a \div \left(-\dfrac{3}{10}\right)$

✓ 일차식과 수의 곱셈, 나눗셈

**02** 다음 식을 계산하시오.

(1) $-2(6-y)$

(2) $(12a-8) \times \dfrac{1}{4}$

(3) $(-5x+2) \times (-3)$

(4) $(20-5a) \div 5$

(5) $(4y+10) \div (-2)$

(6) $(8b+2) \div \dfrac{2}{3}$



✓ 동류항의 덧셈과 뺄셈

**01** 다음 중 두 항이 동류항인 것은 ○표, 동류항이 아닌 것은 ×표를 하시오.

(1) $-1, 4$　　　　　　　( 　　　 )

(2) $2a, 2b$　　　　　　　( 　　　 )

(3) $x, -\dfrac{x}{2}$　　　　　　　( 　　　 )

(4) $3y, y^3$　　　　　　　( 　　　 )

(5) $-xy, \dfrac{1}{2}xy$　　　　　　　( 　　　 )

(6) $\dfrac{a}{b}, -\dfrac{3a}{2b}$　　　　　　　( 　　　 )

**02** 다음 식을 간단히 하시오.

(1) $3x+4x$

(2) $5a-12a+2a$

(3) $4b+7-b-11$

(4) $6x-\dfrac{1}{2}y+\dfrac{3}{4}y-x$

✔ 일차식의 덧셈과 뺄셈

**03** 다음 식을 계산하시오.

(1) $(4x+1)+(x+7)$

(2) $(3a-2)+(3-4a)$

(3) $5(b+4)+(6b-9)$

(4) $(5x+1)-(x-7)$

(5) $(7x-9)-(-x-4)$

(6) $\dfrac{1}{3}(9b-6)-\dfrac{3}{4}(12b+8)$

**04** 다음 식을 계산하시오.

(1) $\dfrac{x+1}{2}+\dfrac{x-2}{4}$

(2) $\dfrac{x+5}{3}-\dfrac{2x+1}{4}$

(3) $\dfrac{a-2}{6}+a+3$

(4) $\dfrac{a-1}{5}-\dfrac{a+2}{7}$

---

**유형 1** 다항식의 이해

**01** 다음 중 다항식 $-x^2+5x-2$에 대한 설명으로 옳지 않은 것은?

① 다항식의 차수는 2이다.
② 항은 3개이다.
③ $x^2$의 계수는 1이다.
④ $x$의 계수는 5이다.
⑤ 상수항은 $-2$이다.

**02** 다항식 $4x-8y+3$에서 $x$의 계수를 $a$, $y$의 계수를 $b$, 상수항을 $c$라 할 때, $a+b-c$의 값을 구하시오.

**유형 2** 일차식

**03** 다음 보기 중 일차식인 것을 모두 고르시오.

> 보기
> ㄱ. $-3x$  ㄴ. $x^2-1$  ㄷ. $0.1y+4$
> ㄹ. $\dfrac{1}{x}+2$  ㅁ. $0\times x+3$  ㅂ. $\dfrac{1}{5}a$

**04** 다음 중 일차식인 것을 모두 고르면? (정답 2개)

① $-2$  ② $\dfrac{1}{x}$  ③ $7-4a$

④ $\dfrac{x+1}{2}$  ⑤ $a^2-4a$



정답과 해설 76쪽

**유형 3 단항식과 수의 곱셈, 나눗셈**

**05** 다음 중 옳지 <u>않은</u> 것은?

① $4x \times (-2) = -8x$

② $\dfrac{2}{3}a \times 9 = 6a$

③ $(-15x) \div 3 = -5x$

④ $(-6b) \div \dfrac{6}{7} = -\dfrac{36}{7}b$

⑤ $\dfrac{5}{4}x \div \left(-\dfrac{5}{12}\right) = -3x$

**06** $(-20x) \times \left(-\dfrac{3}{5}\right) = ax$, $18y \div (-6) = by$일 때, $a+b$의 값은? (단, $a$, $b$는 수)

① $-12$      ② $-8$      ③ $0$

④ $6$      ⑤ $9$

**유형 4 일차식과 수의 곱셈, 나눗셈**

**07** 다음 중 옳지 <u>않은</u> 것을 모두 고르면? (정답 2개)

① $-2(x-4) = -2x+8$

② $(8x+6) \times \left(-\dfrac{1}{2}\right) = -4x+3$

③ $\left(\dfrac{1}{3}a - \dfrac{1}{6}\right) \times 12 = 4a-2$

④ $(14x+8) \div 2 = 7x+4$

⑤ $(20-15y) \div \left(-\dfrac{5}{2}\right) = -4+3y$

**08** 다음 중 계산 결과가 $3x-1$인 것은?

① $3(x-1)$      ② $\dfrac{1}{2}(6x-4)$

③ $(15x-5) \times \left(-\dfrac{1}{5}\right)$      ④ $(4-12x) \div (-4)$

⑤ $(x-3) \div \dfrac{1}{3}$

**유형 5 동류항**

**09** 다음 중 $2x$와 동류항인 것의 개수는?

$$2, \quad -4x, \quad \dfrac{2}{a}, \quad y^2, \quad -\dfrac{3}{5}x, \quad xy, \quad \dfrac{x}{10}$$

① $2$      ② $3$      ③ $4$

④ $5$      ⑤ $6$

**10** 다음 중 동류항끼리 짝 지어진 것은?

① $-a, -b$      ② $4, 4x$

③ $-3x, \dfrac{3}{x}$      ④ $y^2, \dfrac{2}{3}y$

⑤ $7a, -\dfrac{a}{9}$

**11** 다음 중 옳은 것은?

① $(x+1)+4(2-x)=9x-3$

② $4(3a-2)-6a=6a-2$

③ $\dfrac{1}{3}(9x-3)+\dfrac{1}{4}(4x+16)=2x+4$

④ $-(x+7)-2(3x-5)=-7x+3$

⑤ $4x-\{3x-(8-x)+1\}=x-9$

**12** $2(4x-5)-\dfrac{1}{5}(25-10x)$를 계산했을 때, $x$의 계수와 상수항의 합을 구하시오.



**13** $\dfrac{x-2}{3}-\dfrac{1-2x}{4}$를 계산하시오.

**14** $\dfrac{x-5}{6}-\dfrac{1-5x}{2}$를 계산하면 $ax+b$일 때, 수 $a$, $b$에 대하여 $a-b$의 값을 구하시오.



**15** $A=x-4y$, $B=5x+y$일 때, $3A-B$를 계산하면?

① $-2x-13y$　② $-x+7y$　③ $x-10y$

④ $2x-4y$　⑤ $3x+8y$

**16** $A=2x-5$, $B=1-3x$일 때, $A-2(A+B)$를 계산하면?

① $3x-2$　② $3x+5$　③ $4x-6$

④ $4x+3$　⑤ $5x-1$



**17** 다음 ☐ 안에 알맞은 식을 구하시오.

$$\boxed{\phantom{xxx}}-(9x-4)=2-3x$$

**18** $5x-11-(\boxed{\phantom{xxx}})=x+6$에서 ☐ 안에 알맞은 식은?

① $-4x-6$　② $-4x+13$　③ $4x-17$

④ $4x+5$　⑤ $6x-5$

# 서술형 감잡기

**01** 오른쪽 그림과 같은 직육면체의 부피를 $x$, $y$, $z$를 사용한 식으로 나타내고 $x=4$, $y=8$, $z=5$일 때, 직육면체의 부피를 구하시오.

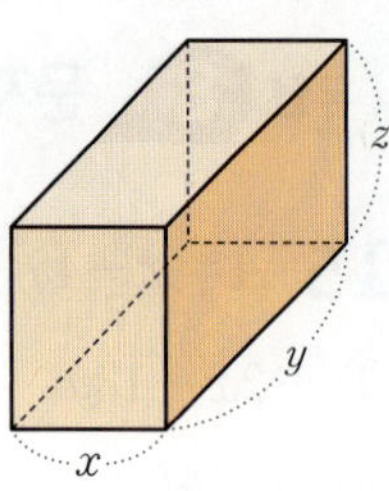



답 ___________________

**02** 다항식 $\frac{1}{3}x^2-4x+6$의 차수를 $a$, $x$의 계수를 $b$, 상수항을 $c$라 할 때, $a+b+c$의 값을 구하시오.

답 ___________________

**03** $\dfrac{2x-1}{3}-\dfrac{2(3x+4)}{5}$ 를 계산했을 때, $x$의 계수와 상수항의 합을 구하시오.

답 ___________________

**04** 어떤 다항식에 $3x-8$을 더해야 할 것을 잘못하여 뺐더니 $2x+5$가 되었다. 이때 바르게 계산한 식을 구하시오.

답 ___________________

# 단원 마무리하기

중요

**01** 다음 중 기호 $\times$, $\div$를 생략하여 나타낸 것으로 옳은 것은?

① $x \times (-0.1) = -0.x$

② $x \div \dfrac{2}{7} \times y = \dfrac{2}{7}xy$

③ $(a - 2b) \times (-5) = a - 2b - 5$

④ $a \times b \times b \times (-4) = ab^2 - 4$

⑤ $x \div 3 + (-6) \times y = \dfrac{x}{3} - 6y$

**02** 다음 보기 중 문자를 사용하여 나타낸 식으로 옳은 것을 모두 고르시오.

┌ 보기 ┐

ㄱ. $x$시간 10분 ➡ $(60x + 10)$분

ㄴ. 둘레의 길이가 $y$ cm인 정사각형의 한 변의 길이
　　➡ $4y$ cm

ㄷ. 80쪽짜리 책을 하루에 $a$쪽씩 5일 동안 읽었을 때,
　　남은 쪽수 ➡ $(5a - 80)$쪽

ㄹ. $x$ km의 거리를 시속 3 km로 걸을 때 걸리는 시간
　　➡ $\dfrac{x}{3}$시간

**03** $a = -1$일 때, 다음 중 식의 값이 나머지 넷과 다른 하나는?

① $-a$ 　　　 ② $a^2$ 　　　 ③ $(-a)^2$

④ $-\dfrac{1}{a^2}$ 　　 ⑤ $\left(-\dfrac{1}{a}\right)^2$

**04** $a = \dfrac{1}{2}$, $b = -\dfrac{1}{4}$, $c = -\dfrac{1}{5}$일 때, $\dfrac{3}{a} + \dfrac{1}{b} - \dfrac{4}{c}$의 값을 구하시오.

서술형

**05** 오른쪽 그림과 같은 마름모의 넓이를 $x$, $y$를 사용한 식으로 나타내고 $x = 12$, $y = 7$일 때, 마름모의 넓이를 구하시오.

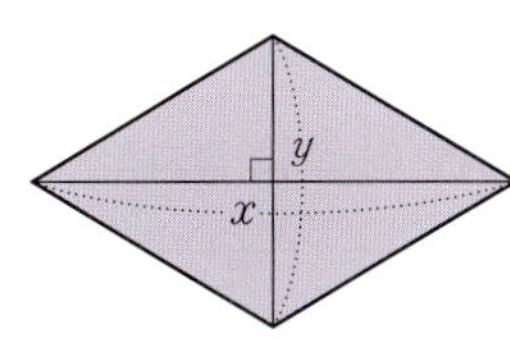

**06** 다음 중 다항식 $5x^2 - 2x - 1$에 대한 설명으로 옳은 것은?

① 다항식의 차수는 5이다.

② 항은 $5x^2$, $-2x$, $-1$의 3개이다.

③ 상수항은 1이다.

④ $5x^2$과 $-2x$는 동류항이다.

⑤ $x^2$의 계수와 $x$의 계수의 합은 7이다.

**07** 다항식 $ax+6y+b$에서 $x$의 계수는 $y$의 계수의 $\dfrac{1}{2}$배이고, 상수항은 $x$의 계수보다 7만큼 작다. 수 $a$, $b$에 대하여 $a+b$의 값을 구하시오.

**08** 다음 중 일차식인 것은 모두 몇 개인지 구하시오.

$$-5a, \quad -8, \quad 0.3x-1, \quad x^2+4,$$
$$\frac{1}{x}+5, \quad \frac{2}{3}y+\frac{1}{3}, \quad 10-0\times a$$

**09** 다음 중 계산 결과가 $\dfrac{1}{3}(6x-12)$와 같은 것은?

① $2(x+2)$  ② $(2x-1)\times(-2)$

③ $(x-2)\div\dfrac{1}{3}$  ④ $(2-x)\div\left(-\dfrac{1}{2}\right)$

⑤ $(3x-6)\div(-3)$



**10** $-\dfrac{1}{4}(8x-20)$을 계산했을 때 $x$의 계수를 $a$, $(12x-18)\div\left(-\dfrac{3}{2}\right)$을 계산했을 때 상수항을 $b$라 하자. 이때 $a+b$의 값을 구하시오.

**11** 다음 중 동류항끼리 짝 지어지지 <u>않은</u> 것은?

① $a, -a$  ② $8y, \dfrac{y}{5}$  ③ $\dfrac{1}{26}x, -2x$

④ $2x, x^2$  ⑤ $-4, \dfrac{1}{3}$

**12** 다음 중 옳지 <u>않은</u> 것은?

① $a-4a+6a=3a$

② $(8x-2)+(x-5)=9x-7$

③ $3(x+2)-4x=-x+6$

④ $2(4x-5)+3(x+1)=11x-7$

⑤ $4(x+3)-\dfrac{1}{2}(10x-2)=-x+1$

**13** $\dfrac{x-3}{2}-\dfrac{3x+1}{6}+\dfrac{4-x}{3}=ax+b$일 때, 수 $a$, $b$에 대하여 $ab$의 값을 구하시오.

**14** $A=x+3y$, $B=-4x+2y$일 때, $2(A-2B)-5A+B$를 계산하시오.

**15** 다음 ☐ 안에 알맞은 식을 구하시오.

$$\boxed{\phantom{xx}}-4\left(\dfrac{3}{2}x-1\right)=5x-2$$

서술형

**16** 어떤 다항식에서 $7x-4$를 빼야 할 것을 잘못하여 더했더니 $3x+5$가 되었다. 이때 바르게 계산한 식을 구하시오.

## Level Up

**17** $ax^2+9x-2+3x^2-4x+1$이 $x$에 대한 일차식일 때, 수 $a$의 값을 구하시오.

**18** 다음 표에서 가로, 세로, 대각선에 놓인 세 일차식의 합이 모두 같을 때, $A-B$를 $x$를 사용한 식으로 나타내시오.

| $9x-13$ | | $B$ |
|---|---|---|
| $4x+8$ | $5x-1$ | $6x-10$ |
| $A$ | | |

**19** 오른쪽 그림과 같은 직사각형에서 색칠한 부분의 넓이를 $a$를 사용한 식으로 나타내시오.

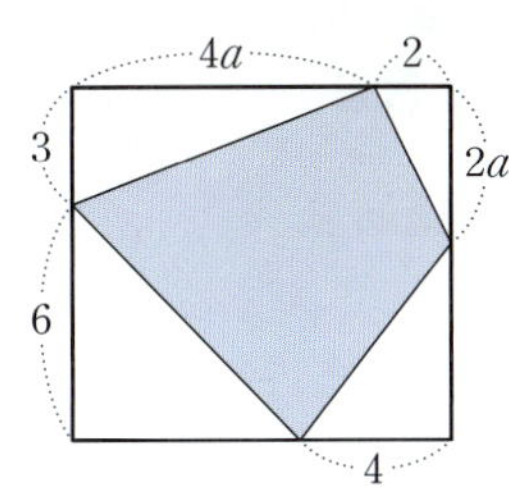

# 5 일차방정식

## 등식

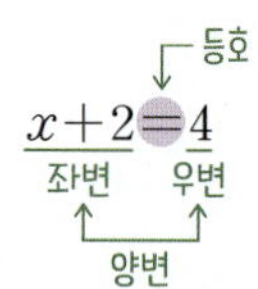


등호($=$)를 사용하여 수나 식이 서로 같음을 나타낸 식 등식이라 한다.

## 방정식

방정식 $5-x=4$의 해 구하기

| $x$의 값 | 좌변의 값 | 우변의 값 | 등식의 참, 거짓 |
|---|---|---|---|
| $-1$ | $5-(-1)=6$ | 4 | 거짓 |
| 0 | $5-0=5$ | 4 | 거짓 |
| 1 | $5-1=4$ | 4 | 참 |

→ 해: $x=1$

방정식: 미지수의 값에 따라 참이 되기도 하고 거짓이 되기도 하는 등식

(1) 미지수: 방정식에서 $x$, $y$ 등의 문자
(2) 방정식의 해(근): 방정식을 참이 되게 하는 미지수의 값
(3) 방정식을 푼다: 방정식의 해를 모두 구하는 것

## 등식의 성질

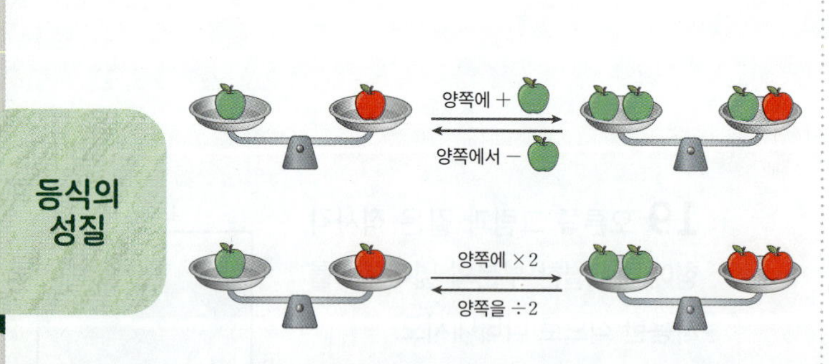


(1) 등식의 양변에 같은 수를 더해도 등식은 성립한다.
(2) 등식의 양변에서 같은 수를 빼도 등식은 성립한다.
(3) 등식의 양변에 같은 수를 곱해도 등식은 성립한다.
(4) 등식의 양변을 0이 아닌 같은 수로 나누어도 등식은 성립한다.

## 이항

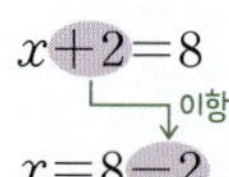


등식의 성질을 이용하여 등식의 한 변에 있는 항을 그 항의 부호를 바꾸어 다른 변으로 옮기는 것을 이항이라 한다.

| **일차방정식** | $3x-1=x$ <br><br> 우변의 모든 항을 <br> 좌변으로 이항 <br><br> $3x-1-x=0$ <br><br> 정리 <br><br> $2x-1=0$ ← 일차방정식 <br> $\underbrace{\phantom{2x-1}}_{(x\text{에 대한 일차식})}$ | 우변의 모든 항을 좌변으로 이항하여 정리할 때 $\underset{\underset{\longrightarrow\ ax+b=0\ (a\neq0)}{}}{(x\text{에 대한 일차식})=0}$ 꼴이 되는 방정식을 $x$에 대한 **일차방정식**이라 한다. |

| **일차방정식의 풀이** | $3x-3=x+5$ <br> $3x-x=5+3$ $\quad$ 이항하기 <br> $2x=8$ $\qquad$ $ax=b$ 꼴로 정리하기 <br> $\therefore\ x=4$ $\qquad$ $x=(수)$ 꼴로 나타내기 | ❶ 일차항은 좌변으로, 상수항은 우변으로 각각 이항한다. <br> ❷ $ax=b\ (a\neq0)$ 꼴로 정리한다. <br> ❸ 양변을 $x$의 계수로 나누어 $x=(수)$ 꼴로 나타낸다. |

| **여러 가지 일차방정식의 풀이** | $2(x+3)=5x\ \xrightarrow{\text{괄호 풀기}}\ 2x+6=5x$ <br><br> $0.8x-1.2=0.2x\ \xrightarrow[\text{곱하기}]{\text{양변에 10을}}\ 8x-12=2x$ <br><br> $\dfrac{1}{2}x+\dfrac{2}{3}=-\dfrac{1}{6}x\ \xrightarrow[\text{6을 곱하기}]{\substack{\text{양변에 분모의}\\\text{최소공배수인}}}\ 3x+4=-x$ | (1) **괄호가 있는 일차방정식**: 분배법칙을 이용하여 괄호를 풀어 정리한 후 푼다. <br> (2) **계수가 소수인 일차방정식**: 양변에 10의 거듭제곱을 곱하여 계수를 모두 정수로 고쳐서 푼다. <br> (3) **계수가 분수인 일차방정식**: 양변에 분모의 최소공배수를 곱하여 계수를 모두 정수로 고쳐서 푼다. |

| **일차방정식의 활용** | ❶ **미지수 정하기** $\quad$ 문제의 뜻을 이해하고, 구하려는 값을 미지수 $x$로 놓는다. <br> ❷ **방정식 세우기** $\quad$ 문제의 뜻에 맞게 $x$에 대한 일차방정식을 세운다. <br> ❸ **방정식 풀기** $\qquad$ 일차방정식을 푼다. <br> ❹ **확인하기** $\qquad\ \ $ 구한 해가 문제의 뜻에 맞는지 확인한다. |

# 01 방정식과 그 해

## 개념 1 등식

### ✔ 등식 찾기

**01** 다음 중 등식인 것은 ○표, 등식이 아닌 것은 ×표를 하시오.

(1) $2x-5$　　　　　　　　　（　　　）

(2) $3+8=10$　　　　　　　　（　　　）

(3) $3x-2 \geq 7$　　　　　　　（　　　）

(4) $4x+1=-x$　　　　　　　（　　　）

**02** 다음 보기 중 등식인 것을 모두 고르시오.

보기
ㄱ. $x+2x=8$　　　　　ㄴ. $a-5<0$
ㄷ. $4-3a$　　　　　　ㄹ. $\dfrac{4}{7}b-2=-b$
ㅁ. $6 \geq 2$　　　　　　ㅂ. $5x=8y$

### ✔ 문장을 등식으로 나타내기

**03** 다음 문장을 등식으로 나타내시오.

(1) 어떤 수 $x$의 3배에서 1을 뺀 값은 6이다.

(2) 가로의 길이가 $3\,\text{cm}$, 세로의 길이가 $x\,\text{cm}$인 직사각형의 넓이는 $15\,\text{cm}^2$이다.

## 개념 2 방정식과 그 해

### ✔ 방정식의 해

**01** 다음 중 [　] 안의 수가 주어진 방정식의 해인 것은 ○표, 해가 아닌 것은 ×표를 하시오.

(1) $x-4=5$ $[1]$　　　　　（　　　）

(2) $6x-2=1 \left[\dfrac{1}{2}\right]$　　　（　　　）

(3) $-x=5x+12$ $[-2]$　　（　　　）

(4) $\dfrac{1}{3}x+1=-2$ $[9]$　　（　　　）

(5) $2x-5=x-8$ $[-3]$　　（　　　）

### ✔ 항등식 찾기

**02** 다음 중 항등식인 것은 ○표, 항등식이 아닌 것은 ×표를 하시오.

(1) $x+3=4$　　　　　　　　（　　　）

(2) $x-5x=-4x$　　　　　　（　　　）

(3) $10-8=2x$　　　　　　　（　　　）

(4) $5x-2=2-5x$　　　　　　（　　　）

(5) $3(x-1)+7=3x+4$　　　（　　　）

## 개념 3 등식의 성질

✓ 등식의 성질

**01** 다음 중 옳은 것은 ○표, 옳지 않은 것은 ×표를 하시오.

(1) $x=y$이면 $x+4=y+4$이다. ( )

(2) $a=b$이면 $-\dfrac{a}{6}=-\dfrac{b}{6}$이다. ( )

(3) $x-3=y+3$이면 $x=y$이다. ( )

(4) $x-5=2y-5$이면 $x=2y$이다. ( )

(5) $\dfrac{x}{2}=\dfrac{y}{3}$이면 $2x=3y$이다. ( )

(6) $ac=bc$이면 $a=b$이다. ( )

✓ 이항

**02** 다음 등식에서 밑줄 친 항을 이항하시오.

(1) $x\underline{-1}=6$

(2) $3x\underline{+5}=-1$

(3) $2x=\underline{x}+8$

(4) $\underline{4}-x=2\underline{x}+9$

## 유형 1 문장을 등식으로 나타내기

**01** 다음 중 문장을 등식으로 나타낸 것으로 옳지 <u>않은</u> 것은?

① 어떤 수 $x$에 9를 더한 값은 15이다. → $x+9=15$

② 한 변의 길이가 $x\,\mathrm{cm}$인 정삼각형의 둘레의 길이는 21 cm이다. → $3x=21$

③ 한 개에 500원인 지우개 $a$개의 가격은 12500원이다. → $500a=12500$

④ 시속 $x\,\mathrm{km}$로 3시간 동안 간 거리는 50 km이다. → $\dfrac{x}{3}=50$

⑤ 길이가 $a\,\mathrm{cm}$인 끈을 $b\,\mathrm{cm}$만큼 잘라 내고 남은 끈의 길이는 20 cm이다. → $a-b=20$

**02** 다음 문장을 등식으로 나타내시오.

> 귤 60개를 한 상자에 $x$개씩 넣었더니 3상자가 되고 6개가 남는다.

## 유형 2 방정식의 해

**03** 다음 방정식 중 해가 $x=-2$인 것은?

① $2x=-6$  ② $4-x=2x$

③ $\dfrac{3}{2}x-6=0$  ④ $1+3x=5x-1$

⑤ $7x+4=2x-6$

**04** 다음 중 [ ] 안의 수가 주어진 방정식의 해가 <u>아닌</u> 것은?

① $3x=-6$ $[-2]$

② $9-2x=-1$ $[5]$

③ $4x+2=7x-4$ $[2]$

④ $5x-7=2(x-4)$ $\left[-\dfrac{1}{3}\right]$

⑤ $\dfrac{x-5}{2}=x-\dfrac{3}{2}$ $[-1]$

---

유형 **3** 항등식

**05** 다음 중 항등식인 것은?

① $2x+9$ 　　② $12-x=5$

③ $3x-2x=-x$ 　　④ $4x-10=2(2x-5)$

⑤ $6x-8=8-6x$

**06** 다음 중 $x$의 값에 관계없이 항상 참인 등식을 모두 고르면? (정답 2개)

① $6x-1$ 　　② $x+2x=3$

③ $7x-4=-4+7x$ 　　④ $5(x+3)=5x+3$

⑤ $\dfrac{1}{2}(8x-2)=4x-1$

---

유형 **4** 등식의 성질

**07** $a=b$일 때, 다음 보기 중 옳은 것을 모두 고르시오.

보기

ㄱ. $2-a=2-b$ 　　ㄴ. $3a+4=3b-4$

ㄷ. $-5a+1=5b-1$ 　　ㄹ. $\dfrac{a}{2}+7=7+\dfrac{b}{2}$

**08** 다음 중 옳지 <u>않은</u> 것은?

① $x=y$이면 $x+3=y+3$이다.

② $x-5=y-5$이면 $x=y$이다.

③ $\dfrac{x}{2}=\dfrac{y}{4}$이면 $x=2y$이다.

④ $x=-y$이면 $-6x=6y$이다.

⑤ $3x-8=3y-8$이면 $x=y$이다.

**09** $a=3b$일 때, 다음 중 옳지 <u>않은</u> 것은?

① $a+5=3b+5$ 　　② $2a=6b$

③ $\dfrac{a}{3}=b$ 　　④ $a-2=3b-6$

⑤ $4a+1=12b+1$

유형 **5** 등식의 성질을 이용한 방정식의 풀이

**10** 다음은 등식의 성질을 이용하여 방정식 $5x+3=-7$ 을 푸는 과정이다. 이때 등식의 성질 '$a=b$이면 $a-c=b-c$ 이다.'를 이용한 곳을 고르시오. (단, $c$는 자연수)

$$5x+3=-7 \xrightarrow{\;\;㉠\;\;} 5x=-10 \xrightarrow{\;\;㉡\;\;} x=-2$$

**11** 다음은 등식의 성질을 이용하여 방정식 $\frac{1}{2}x+9=5$를 푸는 과정이다. ㈎, ㈏에 이용된 등식의 성질을 보기에서 고르시오.

$$\frac{1}{2}x+9=5 \xrightarrow{\;\;㈎\;\;} \frac{1}{2}x=-4 \xrightarrow{\;\;㈏\;\;} x=-8$$

> **보기**
>
> $a=b$이고, $c$는 자연수일 때
> ㄱ. $a+c=b+c$　　　　ㄴ. $a-c=b-c$
> ㄷ. $ac=bc$　　　　　ㄹ. $\dfrac{a}{c}=\dfrac{b}{c}$

유형 **6** 이항

**12** 다음 중 밑줄 친 항을 이항한 것으로 옳지 <u>않은</u> 것은?

① $-\underline{x}+1=2$ ➡ $-x=2-1$
② $2x+\underline{6}=8$ ➡ $2x=8-6$
③ $x=\underline{4x}-1$ ➡ $x-4x=-1$
④ $3x\underline{-2}=x+2$ ➡ $3x+x=2+2$
⑤ $x-3=\underline{-x}+1$ ➡ $x+x=1+3$

**13** 다음 중 밑줄 친 항을 이항한 것으로 옳은 것은?

① $x\underline{+5}=3$ ➡ $x=3+5$
② $4x=\underline{-x}+9$ ➡ $4x-x=9$
③ $2x\underline{-8}=\underline{3x}$ ➡ $2x+3x=-8$
④ $4x\underline{-7}=\underline{x}+8$ ➡ $4x-x=8+7$
⑤ $\underline{12}-5x=\underline{-3x}+7$ ➡ $-5x+3x=7+12$

유형 **7** 항등식이 될 조건

**14** 등식 $ax-10=4x+2b$가 $x$에 대한 항등식일 때, 수 $a$, $b$에 대하여 $a+b$의 값은?

① $-5$　　　　② $-3$　　　　③ $-1$
④ $1$　　　　⑤ $3$

**15** 등식 $2(ax-1)+b=6x+10$이 $x$의 값에 관계없이 항상 성립할 때, 수 $a$, $b$에 대하여 $b-a$의 값은?

① $5$　　　　② $6$　　　　③ $7$
④ $8$　　　　⑤ $9$

# 02 일차방정식의 풀이

## 개념 4 일차방정식과 그 풀이

✓ 일차방정식 찾기

**01** 다음 중 일차방정식인 것은 ◯표, 일차방정식이 아닌 것은 ×표를 하시오.

(1) $3x-2=5$　　　　　　（　　　）

(2) $4x+6$　　　　　　　（　　　）

(3) $2(x+3)=-x$　　　　（　　　）

(4) $2-x=x^2+1$　　　　（　　　）

(5) $x^2+7x=x^2-x$　　　（　　　）

✓ 일차방정식의 풀이

**02** 다음 일차방정식을 푸시오.

(1) $4x+2=10$

(2) $9=2x-1$

(3) $2x+3=-x$

(4) $x+5=5x-7$

(5) $2-4x=x-8$

(6) $6x+11=-7-3x$

## 개념 5 여러 가지 일차방정식의 풀이

✓ 괄호가 있는 일차방정식의 풀이

**01** 다음 일차방정식을 푸시오.

(1) $2(x-1)=6$

(2) $-(x-3)=2x$

(3) $4(2x+1)=3x-6$

✓ 계수가 소수 또는 분수인 일차방정식의 풀이

**02** 다음 일차방정식을 푸시오.

(1) $0.2x+0.5=1.1$

(2) $1.3x-1.6=1$

(3) $0.4x+0.9=-1.2-0.3x$

**03** 다음 일차방정식을 푸시오.

(1) $\dfrac{1}{2}x+4=3$

(2) $\dfrac{2}{5}x-1=-\dfrac{1}{10}x$

(3) $\dfrac{5}{3}x-\dfrac{3}{2}x=-1$

# 필수 유형 익히기


---

**유형 1** 일차방정식

**01** 다음 중 일차방정식을 모두 고르면? (정답 2개)

① $7-2x$
② $6x-8=10-5x$
③ $x^2+1=2x$
④ $3(x-1)=3x+1$
⑤ $x^2+5x-4=1+3x+x^2$

**02** 다음 중 일차방정식이 <u>아닌</u> 것을 모두 고르면?

(정답 2개)

① $x+9=4$
② $1-2x^2=0$
③ $8x-2=5x+3$
④ $\dfrac{1}{5}x^2-6=\dfrac{1}{5}x^2+x$
⑤ $\dfrac{1}{x}-2=0$

**유형 2** 괄호가 있는 일차방정식의 풀이

**03** 다음 중 일차방정식의 해가 가장 큰 것은?

① $3x+7=10$
② $-x+8=4x-2$
③ $5x-6=3(x+2)$
④ $2(x+7)=5(x+4)$
⑤ $10-2(x-1)=4(x-3)$

**04** 다음 중 일차방정식의 해가 나머지 넷과 <u>다른</u> 하나는?

① $7x-4=3x+12$
② $11-x=2x-1$
③ $2(2-x)=-8$
④ $3(x+1)=5(x-1)$
⑤ $8-5(x-4)=x+4$

**유형 3** 계수가 소수 또는 분수인 일차방정식의 풀이

**05** 다음 중 일차방정식의 해가 가장 작은 것은?

① $8x-5=3x$
② $5x-2(x+1)=4$
③ $9-(2x-1)=3(2-x)$
④ $0.7x+1=0.2x-1.5$
⑤ $\dfrac{x+1}{2}=\dfrac{2-x}{3}+\dfrac{1}{2}$

**06** 다음 중 일차방정식 $\dfrac{1}{2}(x-4)=-3$과 해가 같은 것은?

① $4x-5=3$
② $6x-5=2x+7$
③ $3(x+1)=6-2(2-x)$
④ $0.4(2x+1)=-2$
⑤ $\dfrac{2}{3}x-1=\dfrac{3}{4}x-\dfrac{5}{6}$

---

**유형 4** 소수인 계수와 분수인 계수가 모두 있는 일차방정식의 풀이

**07** 다음 일차방정식을 푸시오.

$$\frac{2}{3}x - 0.6(x+2) = \frac{x-4}{5}$$

**08** 일차방정식 $\dfrac{3}{2}x + \dfrac{1-x}{4} = 0.5(x-2)$를 푸시오.

---

**유형 5** 일차방정식의 해가 주어질 때, 수의 값 구하기

**09** 일차방정식 $x+6 = ax-2$의 해가 $x=4$일 때, 수 $a$의 값은?

① $-3$  ② $-2$  ③ $2$
④ $3$  ⑤ $4$

---

**10** 일차방정식 $2(x-4)+5 = -(x+a)$의 해가 $x=-3$일 때, 수 $a$의 값은?

① $4$  ② $6$  ③ $8$
④ $10$  ⑤ $12$

---

**한 걸음 더**

**유형 6** 두 일차방정식의 해가 같을 때, 수의 값 구하기

**11** 다음 $x$에 대한 두 일차방정식의 해가 같을 때, 수 $a$의 값을 구하시오.

$$6x-5 = 3x+4, \qquad 4(a-x) = 2x-10$$

**12** 다음 $x$에 대한 두 일차방정식의 해가 같을 때, 수 $a$의 값을 구하시오.

$$0.1x-1 = 0.5x-1.8, \qquad 7x+a = 5-3(x-4)$$

# 03 일차방정식의 활용



✔ 연속하는 자연수에 대한 문제

**01** 연속하는 두 자연수의 합이 75일 때, 두 자연수를 구하려고 한다. 다음 물음에 답하시오.

(1) 두 자연수 중 작은 수를 $x$라 할 때, 방정식을 세우시오.

(2) (1)의 방정식을 푸시오.

(3) 두 자연수를 구하시오.

**02** 연속하는 두 짝수의 합이 46일 때, 두 짝수 중 작은 수를 구하시오.

✔ 개수에 대한 문제

**03** 한 개에 500원인 쿠키와 한 개에 800원인 음료수를 합하여 10개를 사고 6800원을 지불하였다. 쿠키와 음료수를 각각 몇 개 샀는지 구하려고 할 때, 다음 물음에 답하시오.

(1) 쿠키를 $x$개 샀다고 할 때, 방정식을 세우시오.

(2) (1)의 방정식을 푸시오.

(3) 쿠키와 음료수를 각각 몇 개 샀는지 구하시오.

**04** 지현이가 3점짜리 문제와 4점짜리 문제를 합하여 15문제를 맞혀 54점을 받았을 때, 지현이는 3점짜리 문제를 몇 개 맞혔는지 구하시오.

✔ 나이에 대한 문제

**05** 올해 어머니의 나이는 37살이고 명수의 나이는 15살이다. 어머니의 나이가 명수의 나이의 2배가 되는 때는 몇 년 후인지 구하려고 할 때, 다음 물음에 답하시오.

(1) $x$년 후에 어머니의 나이가 명수의 나이의 2배가 된다고 할 때, 방정식을 세우시오.

(2) (1)의 방정식을 푸시오.

(3) 어머니의 나이가 명수의 나이의 2배가 되는 때는 몇 년 후인지 구하시오.

**06** 서희의 나이는 동생보다 4살이 더 많고 서희와 동생의 나이의 합은 28살일 때, 서희의 나이를 구하시오.

## 개념 7 일차방정식의 활용; 거리, 속력, 시간

✓ 거리, 속력, 시간에 대한 문제

**01** 집에서 도서관까지 자전거를 타고 왕복하는데 갈 때는 시속 $10\,\mathrm{km}$로 가고 올 때는 시속 $15\,\mathrm{km}$로 왔더니 총 1시간이 걸렸다. 집에서 도서관까지의 거리를 구하려고 할 때, 다음 물음에 답하시오.

(1) 집에서 도서관까지의 거리를 $x\,\mathrm{km}$라 할 때, 다음 표를 완성하시오.

| | 갈 때 | 올 때 |
|---|---|---|
| 거리($\mathrm{km}$) | $x$ | |
| 속력($\mathrm{km/h}$) | 10 | 15 |
| 시간(시간) | | |

(2) (갈 때 걸린 시간)＋(올 때 걸린 시간)＝(총 걸린 시간)임을 이용하여 방정식을 세우시오.

(3) (2)의 방정식을 푸시오.

(4) 집에서 도서관까지의 거리를 구하시오.

**02** 두 지점 사이를 자동차로 왕복하는데 갈 때는 시속 $60\,\mathrm{km}$로 가고 올 때는 시속 $100\,\mathrm{km}$로 왔더니 총 2시간이 걸렸다. 두 지점 사이의 거리를 구하려고 할 때, 다음 물음에 답하시오.

(1) 두 지점 사이의 거리를 $x\,\mathrm{km}$라 할 때, 방정식을 세우시오.

(2) (1)의 방정식을 푸시오.

(3) 두 지점 사이의 거리를 구하시오.

## 유형 1 연속하는 자연수에 대한 문제

**01** 연속하는 세 자연수의 합이 63일 때, 세 자연수 중 가장 작은 수를 구하시오.

**02** 연속하는 세 홀수의 합이 117일 때, 세 홀수 중 가장 큰 수는?

① 39      ② 41      ③ 43
④ 45      ⑤ 47

## 유형 2 개수, 나이에 대한 문제

**03** 어느 농구 경기에서 한 선수가 2점 슛과 3점 슛을 합하여 13개를 넣고 30점을 득점하였다. 이 선수가 2점 슛을 몇 개 넣었는지 구하시오.

**04** 현재 소윤이와 삼촌의 나이의 합은 41살이다. 5년 후에 삼촌의 나이가 소윤이의 나이의 2배가 된다고 할 때, 현재 소윤이의 나이는?

① 11살 　　② 12살 　　③ 13살
④ 14살 　　⑤ 15살



**05** 가로의 길이가 세로의 길이보다 $6\,cm$ 더 긴 직사각형의 둘레의 길이가 $68\,cm$일 때, 이 직사각형의 가로의 길이는?

① $14\,cm$ 　　② $16\,cm$ 　　③ $18\,cm$
④ $20\,cm$ 　　⑤ $22\,cm$

**06** 높이가 $4\,cm$이고 넓이가 $12\,cm^2$인 사다리꼴이 있다. 이 사다리꼴의 아랫변의 길이가 윗변의 길이보다 $2\,cm$ 더 길 때, 윗변의 길이를 구하시오.



**07** A 지점과 B 지점 사이를 왕복하는데 갈 때는 시속 $3\,km$로 가고, 올 때는 시속 $12\,km$로 왔더니 총 3시간 30분이 걸렸다. 이때 두 지점 A, B 사이의 거리를 구하시오.

**08** 등산을 하는데 올라갈 때는 시속 $2\,km$로 걷고, 내려올 때는 올라갈 때보다 $1\,km$ 더 긴 등산로를 따라 시속 $4\,km$로 걸었더니 총 4시간이 걸렸다. 이때 올라간 거리는?

① $3\,km$ 　　② $4\,km$ 　　③ $5\,km$
④ $6\,km$ 　　⑤ $7\,km$

**09** 찬수네 집과 지민이네 집 사이의 거리는 $1800\,m$이다. 찬수는 분속 $70\,m$, 지민이는 분속 $50\,m$로 각자의 집에서 상대방의 집을 향하여 동시에 출발하였을 때, 찬수는 집에서 출발한 지 몇 분 후에 지민이를 만나는가?

① 12분 후 　　② 13분 후 　　③ 14분 후
④ 15분 후 　　⑤ 16분 후

# 서술형 감잡기



**01** 등식 $4x-a=2(bx-1)+9$가 $x$에 대한 항등식일 때, 수 $a$, $b$에 대하여 $a+b$의 값을 구하시오.

답 ____________________

**02** 다음 $x$에 대한 두 일차방정식의 해가 같을 때, 수 $a$의 값을 구하시오.

$$5(x+3)+1=2(x+5), \quad \frac{1}{4}(x+a)=0.4x-0.7$$

답 ____________________

**03** 학생들에게 사과를 나누어 주는데 한 학생에게 5개씩 나누어 주면 3개가 남고, 6개씩 나누어 주면 5개가 부족하다고 한다. 이때 학생 수와 사과의 개수를 차례로 구하시오.

답 ____________________

**04** A 지점과 B 지점 사이를 왕복하는데 갈 때는 시속 $100\,\mathrm{km}$로 가고, 올 때는 시속 $80\,\mathrm{km}$로 왔더니 올 때는 갈 때보다 15분이 더 걸렸다. 이때 두 지점 A, B 사이의 거리를 구하시오.

답 ____________________

# 단원 마무리하기

**01** 다음 중 문장을 등식으로 나타낸 것으로 옳지 <u>않은</u> 것은?

① 14에서 어떤 수 $x$를 빼면 6이다.   →   $14-x=6$

② 한 변의 길이가 $x$ cm인 정사각형의 둘레의 길이는
32 cm이다.   →   $4x=32$

③ 600원짜리 연필 $x$자루를 사고 5000원을 냈을 때의 거스름돈은 200원이다.   →   $600x-5000=200$

④ 정가가 $x$원인 인형을 10% 할인하여 판매한 가격은
14000원이다.   →   $\dfrac{9}{10}x=14000$

⑤ 시속 40 km로 $x$시간 동안 달린 거리는 150 km이다.
   →   $40x=150$

**02** 다음 중 [   ] 안의 수가 주어진 방정식의 해가 <u>아닌</u> 것은?

① $x-4=2$   $[\,6\,]$

② $2x-3=-7$   $[-2]$

③ $x+4=3-x$   $\left[-\dfrac{1}{2}\right]$

④ $5x-2=2(x+2)$   $[\,3\,]$

⑤ $-(x+5)=3(x+1)$   $[-2]$

**03** 다음 중 항등식인 것은?

① $2x=-2$

② $7=2+5x$

③ $x-4=2x-4$

④ $\dfrac{1}{2}x+3=\dfrac{1}{3}x+2$

⑤ $x+(x-5)=2x-5$

**04** 등식 $(a-2)x+5=\dfrac{1}{3}(x-b)$가 $x$의 값에 관계없이

항상 참일 때, 수 $a$, $b$에 대하여 $ab$의 값을 구하시오.

**05** 다음 중 옳지 <u>않은</u> 것은?

① $a=b$이면 $a+c=b+c$이다.

② $a-c=b-c$이면 $a=b$이다.

③ $ac=bc$이면 $a=b$이다.

④ $a=b$이면 $ac=bc$이다.

⑤ $a=b$이면 $\dfrac{a}{c}=\dfrac{b}{c}$이다. (단, $c\neq0$)

**06** 다음 중 방정식을 변형하는 과정에서 이용된 등식의 성질이 나머지 넷과 <u>다른</u> 하나는?

① $x+3=8$   →   $x=5$

② $-\dfrac{x}{2}+1=5$   →   $-\dfrac{x}{2}=4$

③ $-7x=21$   →   $x=-3$

④ $2x+1=5$   →   $2x=4$

⑤ $5(x+2)=-10$   →   $5x=-20$

**07** 다음 중 밑줄 친 항을 이항한 것으로 옳지 <u>않은</u> 것은?

① $x-2=7$ ➡ $x=7+2$

② $4x+6=15$ ➡ $4x=15-6$

③ $5x=7-2x$ ➡ $5x+2x=7$

④ $2x-5=3x-3$ ➡ $2x-3x=-3+5$

⑤ $5x+4=-x-10$ ➡ $5x+x=-10+4$

**08** 다음 보기 중 일차방정식인 것의 개수를 구하시오.

보기

ㄱ. $\dfrac{1}{x}=0$  ㄴ. $4-3x=-1$

ㄷ. $x^2-x=0$  ㄹ. $8x+3=3x-8$

ㅁ. $3x-5=3(x+2)$  ㅂ. $x^2+4x-1=x(x+2)$

**09** 다음 중 $4x-3=ax+8$이 $x$에 대한 일차방정식이 되기 위한 수 $a$의 값으로 적당하지 <u>않은</u> 것은?

① $-4$  ② $-2$  ③ $0$

④ $2$  ⑤ $4$

**10** 다음 중 일차방정식 $-3x+10=4$와 해가 같은 것은?

① $4x+3=7$

② $3x-4=x+2$

③ $x+11=2(x+4)$

④ $5(2-x)=4(x-2)$

⑤ $-6x-4=2(x+6)$

서술형
**11** 일차방정식 $\dfrac{7}{4}(x+1)=x-\dfrac{5}{4}$의 해를 $x=a$, 일차방정식 $0.9x-0.2=0.4(x+7)$의 해를 $x=b$라 할 때, $a+b$의 값을 구하시오.

**12** 일차방정식 $\dfrac{5x+a}{6}=\dfrac{x+3}{4}-1$의 해가 $x=-1$일 때, 수 $a$의 값을 구하시오.

**13** 다음 $x$에 대한 두 일차방정식의 해가 같을 때, 수 $a$의 값을 구하시오.

$$2-3(x+1)=-4x+a, \quad \dfrac{x-4}{2}=\dfrac{2x-5}{3}$$

**14** 일차방정식 $\dfrac{1}{2}x-0.3=0.1x-\dfrac{3}{5}$의 해가 $x=a$일 때, $x$에 대한 일차방정식 $ax+1=0$을 푸시오.

**서술형**

**15** 연속하는 세 짝수의 합이 78일 때, 세 짝수 중 가장 큰 수와 가장 작은 수의 합을 구하시오.

**16** 현재 형과 동생의 예금액은 각각 20000원과 5000원이다. 형은 매달 3000원씩, 동생은 매달 2000원씩 저금한다면 형의 예금액이 동생의 예금액의 2배가 되는 것은 몇 개월 후인지 구하시오. (단, 이자는 생각하지 않는다.)

**17** 현재 다현이와 어머니의 나이의 차는 34살이다. 12년 후에 어머니의 나이가 다현이의 나이의 2배보다 10살 많아진다고 할 때, 현재 다현이의 나이를 구하시오.

## Level Up

**18** $x$에 대한 일차방정식 $\dfrac{6x+a}{5}=3$의 해가 자연수가 되도록 하는 모든 자연수 $a$의 값의 합을 구하시오.

**19** 민정이가 학교를 나선 지 10분 후에 연경이가 민정이를 따라나섰다. 같은 길을 민정이는 분속 30 m로 걸어가고, 연경이는 분속 90 m로 달려갈 때, 두 사람이 만날 때까지 연경이가 달린 거리를 구하시오.



정답과 해설 87쪽

# 좌표평면과 그래프

<table>
<tr>
<td>수직선 위의<br>점의 좌표</td>
<td>

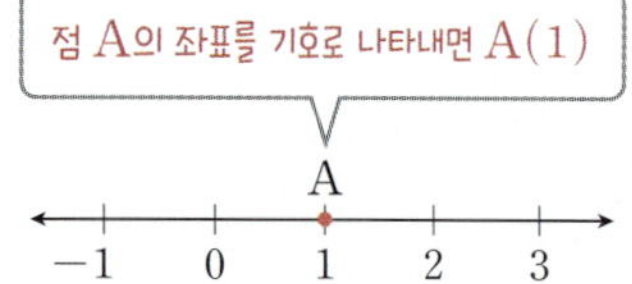


</td>
<td>

① 좌표: 수직선 위의 한 점에 대응하는 수<br>
[기호] 점 P의 좌표가 $a$일 때 → P$(a)$<br>
② 좌표가 0인 점을 수직선의 원점이라 하며 O로 나타낸다.

</td>
</tr>
<tr>
<td>좌표평면<br>위의 점의<br>좌표</td>
<td>

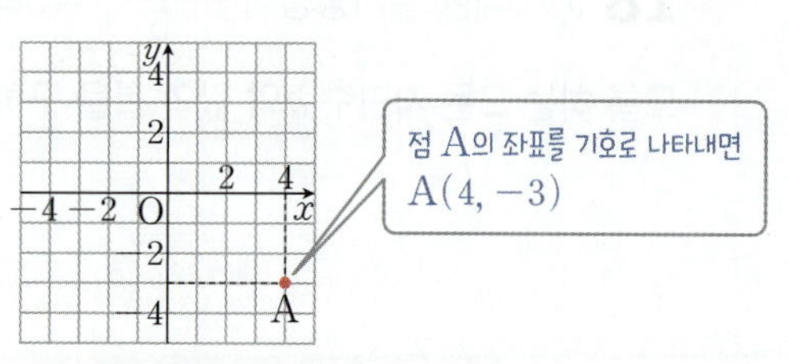


</td>
<td>

좌표평면 위의 한 점 P에서 $x$축, $y$축에 각각 수선을 그어 이 수선과 $x$축, $y$축이 만나는 점에 대응하는 수를 각각 $a$, $b$라 할 때, 순서쌍 $(a, b)$를 점 P의 좌표라 한다. 이때 $a$를 점 P의 $x$좌표, $b$를 점 P의 $y$좌표라 한다.

</td>
</tr>
<tr>
<td>사분면</td>
<td>

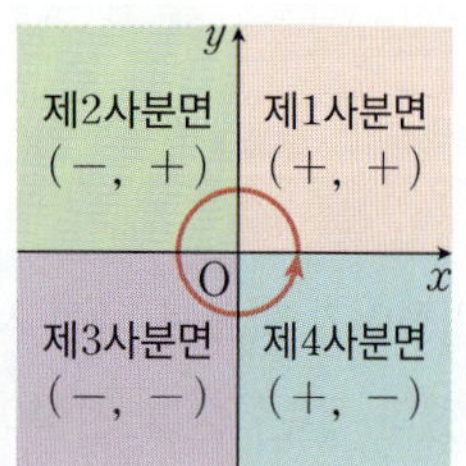


</td>
<td>

좌표평면은 좌표축에 의하여 네 부분으로 나뉘는데, 그 각각을 제1사분면, 제2사분면, 제3사분면, 제4사분면이라 한다.

</td>
</tr>
<tr>
<td>그래프</td>
<td>

$(0, 0), (1, 2),$
$(2, 4), (3, 6),$
$(4, 8), (5, 10)$ →
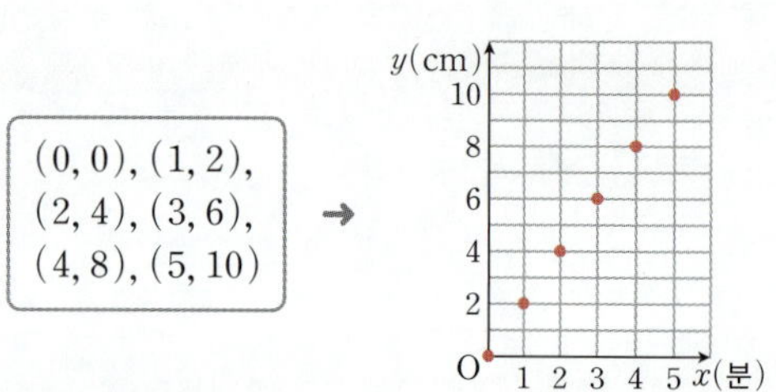


</td>
<td>

여러 가지 상황 또는 자료를 분석하여 그 변화나 상태를 한눈에 알아볼 수 있도록 좌표평면 위에 나타낸 점이나 직선 또는 곡선 등을 그래프라 한다.

</td>
</tr>
</table>

# 01 순서쌍과 좌표



✔ 수직선 위의 점의 좌표

**01** 다음 수직선 위의 네 점 A, B, C, D의 좌표를 각각 기호로 나타내시오.

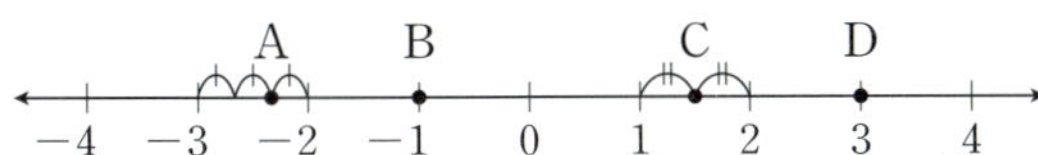

**02** 네 점 $A(-3)$, $B\left(-\dfrac{3}{2}\right)$, $C\left(\dfrac{8}{3}\right)$, $D(5)$를 다음 수직선 위에 각각 나타내시오.

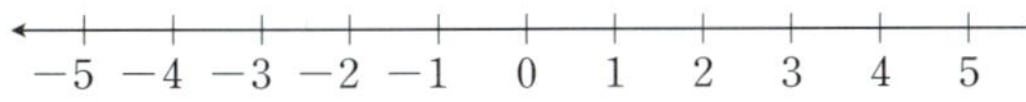

✔ 좌표평면 위의 점의 좌표

**03** 다음 좌표평면 위의 네 점 A, B, C, D의 좌표를 각각 기호로 나타내시오.

(1) 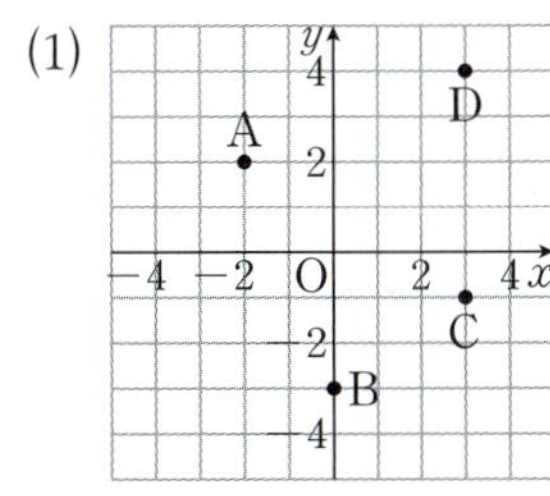

(2) 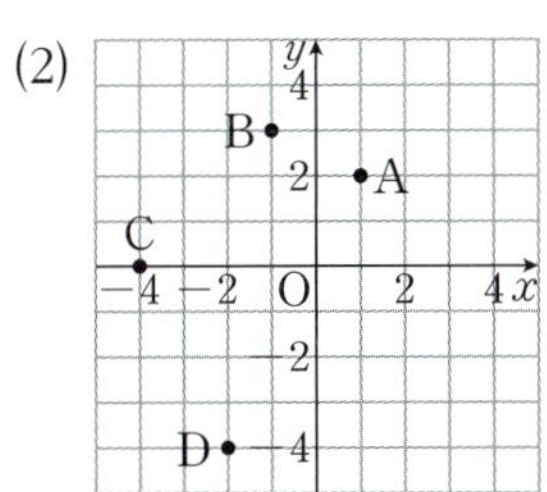

**04** 다음 네 점 A, B, C, D를 각각 좌표평면 위에 나타내시오.

(1) $A(1, 0)$, $B(3, -3)$, $C(-3, -1)$, $D(-1, 4)$

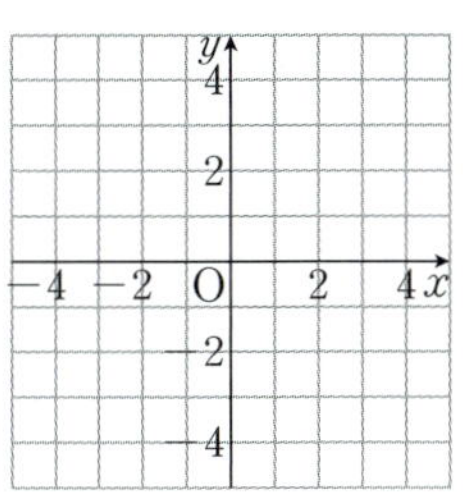

(2) $A(3, -4)$, $B(1, 4)$, $C(-4, 2)$, $D(-2, -1)$

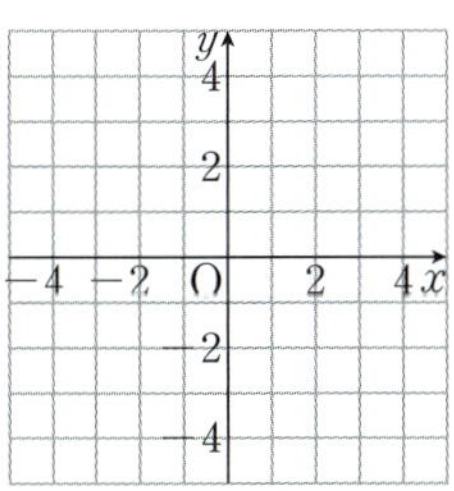



✔ 사분면 위의 점

**01** 다음 점은 제몇 사분면 위의 점인지 구하시오.

(1) $A(1, 5)$

(2) $B(-4, 2)$

(3) $C(2, -3)$

(4) $D(-1, 6)$

(5) $E(-3, -5)$

(6) $F(7, 10)$

(7) $G(6, -8)$

(8) $H(-9, -2)$

## 유형 1 순서쌍

**01** 두 순서쌍 $(a, -8)$, $(3, 4b)$가 서로 같을 때, $a+b$의 값을 구하시오.

**02** 두 순서쌍 $(-6, 2a-1)$, $\left(\dfrac{1}{3}b-4, 7\right)$이 서로 같을 때, $b-a$의 값을 구하시오.

## 유형 2 좌표평면 위의 점의 좌표

**03** 다음 중 오른쪽 좌표평면 위의 점 A, B, C, D, E의 좌표를 나타낸 것으로 옳지 <u>않은</u> 것은?

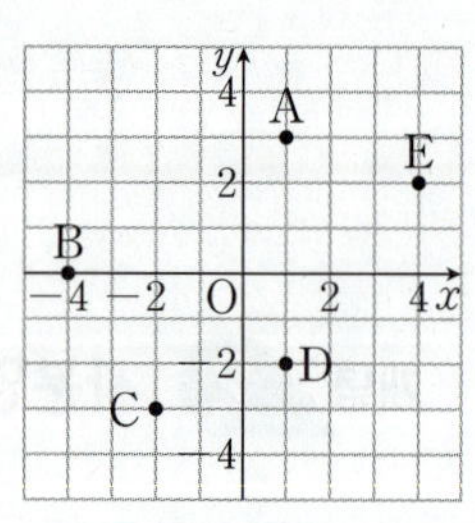

① A$(1, 3)$ ② B$(0, -4)$
③ C$(-2, -3)$ ④ D$(1, -2)$
⑤ E$(4, 2)$

**04** 오른쪽 좌표평면 위의 두 점 A, B에 대하여 점 A의 $x$좌표를 $a$, 점 B의 $y$좌표를 $b$라 할 때, $a+b$의 값을 구하시오.

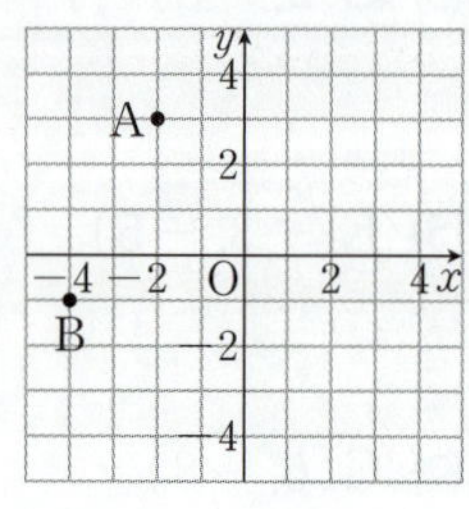

## 유형 3 좌표평면 위의 도형의 넓이

**05** 좌표평면 위의 세 점 A$(3, 3)$, B$(-2, 2)$, C$(3, -1)$을 꼭짓점으로 하는 삼각형 ABC의 넓이를 구하시오.

**06** 좌표평면 위의 네 점 A$(-3, 2)$, B$(-3, -1)$, C$(2, -1)$, D$(2, 2)$를 꼭짓점으로 하는 사각형 ABCD의 넓이를 구하시오.

## 유형 4 좌표축 위의 점의 좌표

**07** 다음 중 $x$축 위에 있고, $x$좌표가 $-4$인 점의 좌표는?

① $(-4, 0)$ ② $(0, -4)$ ③ $(0, 4)$
④ $(4, 0)$ ⑤ $(4, -4)$

**08** 다음 중 $y$축 위에 있고, $y$좌표가 $\dfrac{4}{5}$인 점의 좌표는?

① $\left(-\dfrac{4}{5}, 0\right)$ ② $\left(0, -\dfrac{4}{5}\right)$ ③ $\left(0, \dfrac{4}{5}\right)$
④ $\left(\dfrac{4}{5}, 0\right)$ ⑤ $\left(\dfrac{4}{5}, -\dfrac{4}{5}\right)$

## 유형 5 사분면 위의 점

**09** 다음 중 제2사분면 위의 점인 것은?

① $(0, -2)$    ② $(3, -1)$    ③ $(4, 6)$

④ $(-1, -7)$    ⑤ $(-5, 8)$

**10** 다음 중 점의 좌표와 그 점이 속하는 사분면을 바르게 짝 지은 것은?

① $(-1, 1)$ ➡ 제1사분면

② $(0, 4)$ ➡ 제4사분면

③ $(2, 6)$ ➡ 제3사분면

④ $(-5, -2)$ ➡ 제3사분면

⑤ $(3, -1)$ ➡ 제2사분면

### 한 걸음 더
## 유형 6 사분면 판단하기

**11** 점 $(a, b)$가 제4사분면 위의 점일 때, 점 $(-b, -a)$는 제몇 사분면 위의 점인지 구하시오.

**12** 점 $(b, a)$가 제2사분면 위의 점일 때, 점 $(-a, ab)$는 제몇 사분면 위의 점인지 구하시오.

## 개념 3 그래프

✓ 그래프로 나타내기

**01** 집에서 출발한 지 $x$분 후의 집으로부터 떨어진 거리를 $y\,\mathrm{km}$라 할 때, 다음 상황에 알맞은 그래프를 보기에서 각각 고르시오.

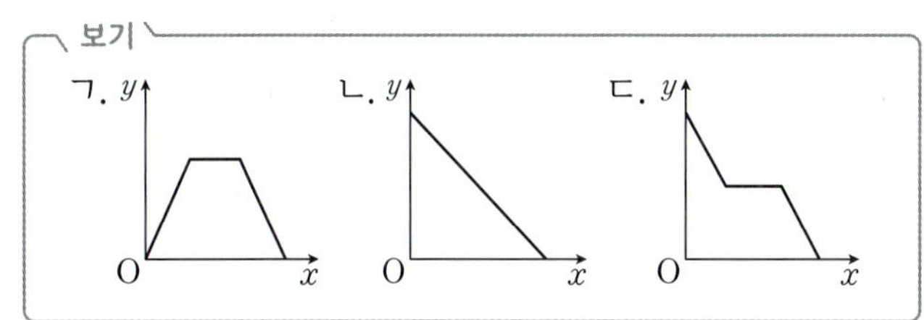


(1) 현주는 학교에서 곧바로 집으로 돌아왔다.

(2) 정수는 집에서 출발하여 서점에 갔다 다시 집으로 돌아왔다.

(3) 서아는 학교에서 집으로 오는 길에 편의점에 들렸다가 집에 왔다.

## 개념 4 그래프의 해석

✓ 그래프의 해석

**01** 오른쪽 그래프는 진희가 집에서 할머니 댁까지 갔다 올 때, 집에서 출발한 지 $x$분 후 집으로부터의 거리 $y\,\mathrm{m}$ 사이의 관계를 나타낸 것이다. 다음 물음에 답하시오.

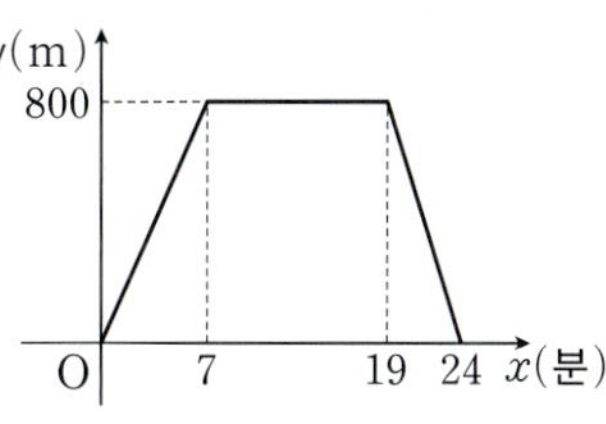


(1) 진희가 할머니 댁에 머무른 시간을 구하시오.

(2) 진희가 집에서 할머니 댁까지 가는 데 걸린 시간을 구하시오.

(3) 진희가 집에서 출발하여 할머니 댁까지 갔다 오는 데 걸린 총 시간을 구하시오.

정답과 해설 89쪽

# 필수 유형 <sup>한 번 더</sup> 익히기



## 유형 1  상황을 그래프로 나타내기

**01** 오른쪽 그래프는 정아가 음료수를 마실 때, 시간에 따른 음료수의 양의 변화를 나타낸 것이다. 다음 보기 중 그래프가 나타내는 상황에 가장 알맞은 것을 고르시오.

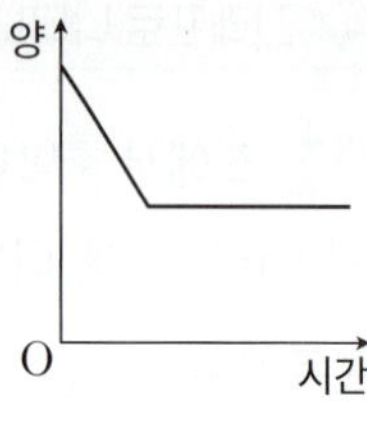


> **보기**
>
> ㄱ. 음료수를 일정한 속력으로 다 마셨다.
> ㄴ. 음료수를 일정한 속력으로 마시다가 잠시 쉬었다 다시 마셨다.
> ㄷ. 음료수를 일정한 속력으로 마시다가 그만 마셨다.
> ㄹ. 음료수를 일정한 속력으로 빠르게 다 마셨다.

**02** 다음 상황에서 집에서 출발하여 $x$분 동안 이동한 거리를 $y$ m라 할 때, $x$와 $y$ 사이의 관계를 알맞게 나타낸 그래프는?

> 집에서 출발하여 학교로 가는 길에 준비물을 놓고 와서 집에 다시 되돌아갔다가 학교로 갔다.

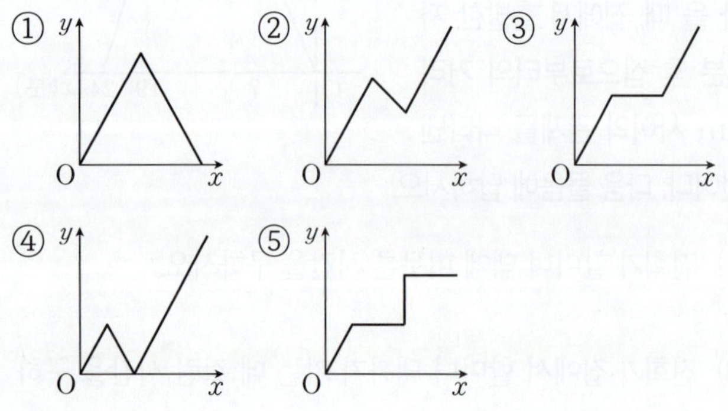


## 유형 2  그래프의 해석

**03** 오른쪽 그래프는 어떤 경비행기가 이륙하기 위해 활주로를 달리기 시작한 지 $x$분 후의 고도 $y$ km 사이의 관계를 그래프로 나타낸 것이다. 다음 보기 중 이 그래프에 대한 설명으로 옳은 것을 모두 고르시오.

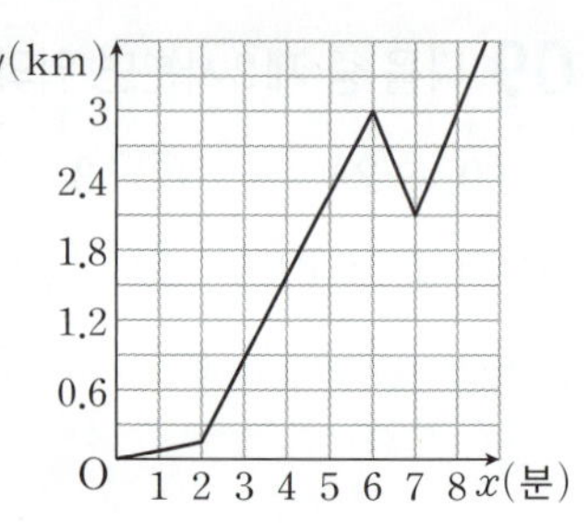


> **보기**
>
> ㄱ. 경비행기의 고도가 1.5 km가 되는 것은 활주로를 달리기 시작한 지 2분 후이다.
> ㄴ. 경비행기가 활주로를 달리기 시작한 지 6분 후의 경비행기의 고도는 2.4 km이다.
> ㄷ. 경비행기의 고도가 낮아졌다가 다시 높아지기 시작한 것은 활주로를 달리기 시작한 지 7분 후이다.

**04** 오른쪽 그래프는 찬준이가 달리기를 시작한 지 $x$분 후의 소모되는 열량 $y$ kcal 사이의 관계를 그래프로 나타낸 것이다. 다음 보기 중 이 그래프에 대한 설명으로 옳은 것을 모두 고르시오.

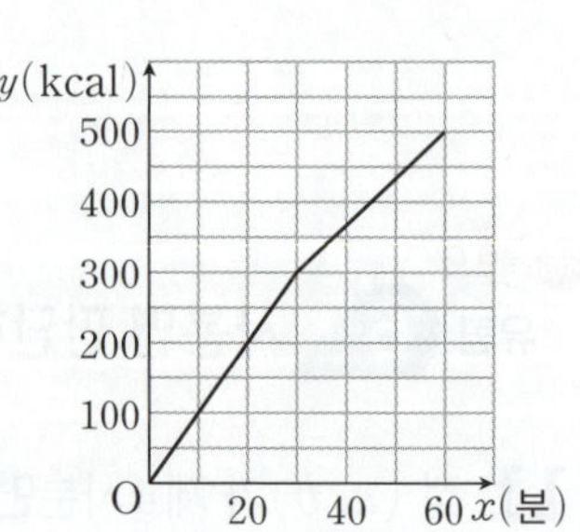


> **보기**
>
> ㄱ. 200 kcal를 소모하려면 달리기를 15분 동안 해야 한다.
> ㄴ. 달리기를 1시간 동안 했을 때 소모되는 열량은 500 kcal이다.
> ㄷ. 달리기를 20분 동안 했을 때 소모되는 열량은 달리기를 10분 동안 했을 때 소모되는 열량의 3배이다.

**05** 아래 그래프는 수현이가 대관람차의 어느 한 칸에 탑승한 지 $x$분 후의 지면으로부터의 높이를 $y$ m라 할 때, $x$와 $y$ 사이의 관계를 나타낸 것이다. 다음 물음에 답하시오.

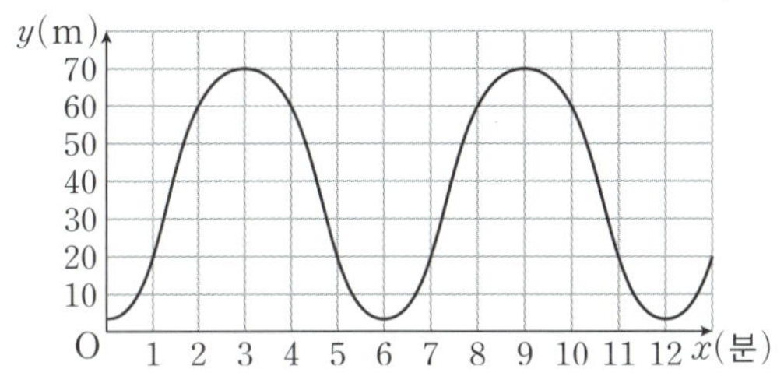

(1) 수현이가 탑승한 칸이 지면으로부터 가장 높은 곳에 있을 때의 높이를 구하시오.

(2) 수현이가 탑승한 칸의 지면으로부터의 높이가 처음으로 60 m가 되는 때는 탑승하고 몇 분 후인지 구하시오.

(3) 대관람차가 한 바퀴 도는 데 걸리는 시간을 구하시오.

**06** 아래 그래프는 어느 날 하루 동안 해수면의 높이 변화를 시각에 따라 나타낸 것이다. 다음 보기 중 이 그래프에 대한 설명으로 옳은 것을 모두 고르시오.

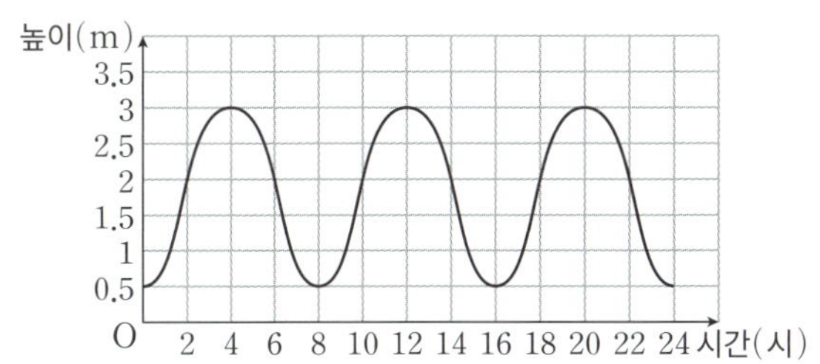

보기

ㄱ. 오전 2시의 해수면의 높이는 2 m이다.

ㄴ. 이 날 해수면이 가장 높았던 때는 두 번 있었다.

ㄷ. 해수면의 높이가 높아졌다가 낮아지는 것을 8시간 간격으로 반복한다.



**07** 오른쪽 그림과 같은 모양의 두 물통 A, B에 일정한 속력으로 물을 넣을 때, 다음 보기 중 물의 높이를 시간에 따라 나타낸 그래프로 알맞은 것을 각각 고르시오.

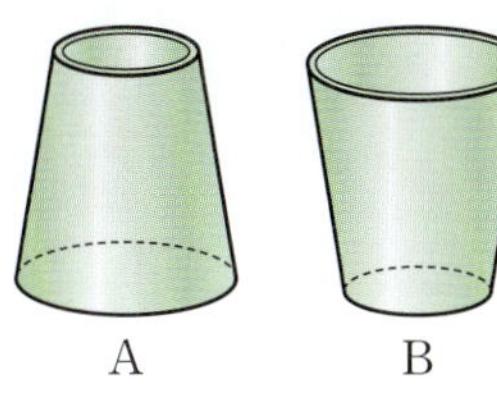

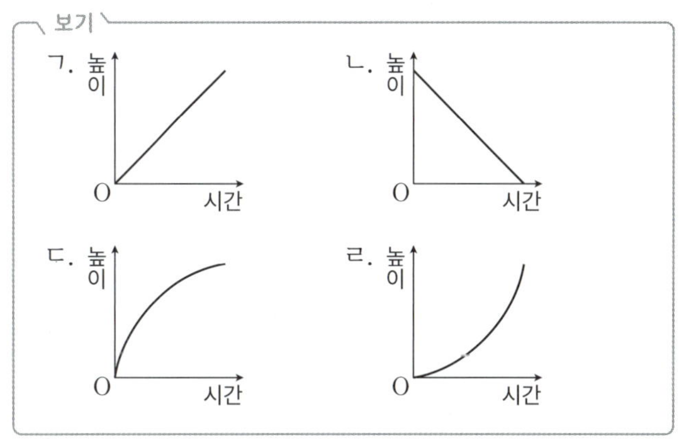

**08** 오른쪽 그림과 같은 용기에 시간당 일정한 양의 물을 넣을 때, 다음 중 시간 $x$와 물의 높이 $y$ 사이의 관계를 나타낸 그래프로 가장 알맞은 것은?

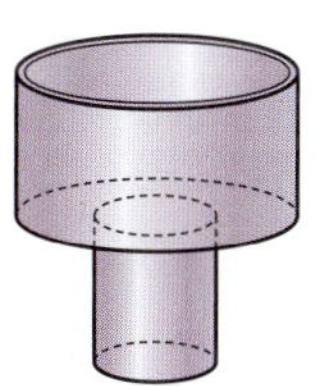

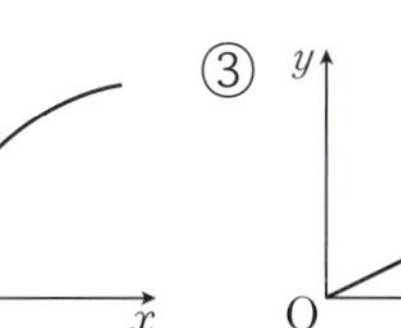

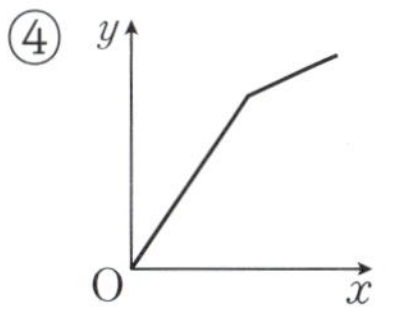

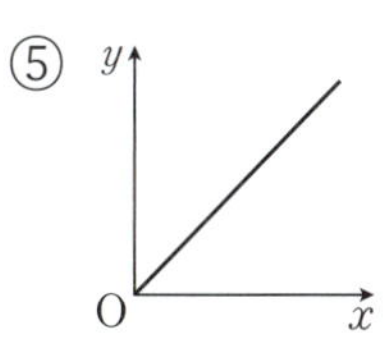

# 서술형 감잡기

**01** 두 순서쌍 $(2a+5,\ 6-b)$, $(a+1,\ 3b-2)$가 서로 같을 때, $a+b$의 값을 구하시오.

답 ____________________

**02** 점 $(7,\ a-3)$은 $x$축 위의 점이고, 점 $(b-1,\ 2b+1)$은 $y$축 위의 점일 때, $a+b$의 값을 구하시오.

답 ____________________

**03** 좌표평면 위의 세 점 $A(-3,\ 4)$, $B(-2,\ -2)$, $C(3,\ -2)$를 꼭짓점으로 하는 삼각형 ABC의 넓이를 구하시오.

답 ____________________

**04** 점 $(ab,\ a+b)$가 제1사분면 위의 점일 때, 점 $(b,\ -a)$는 제몇 사분면 위의 점인지 구하시오.

답 ____________________

# 단원 마무리하기

**01** 두 순서쌍 $(a-6,\ b-2)$, $(3a-2,\ -2b+1)$이 서로 같을 때, $a+b$의 값을 구하시오.

**02** 다음 중 오른쪽 좌표평면 위의 점의 좌표를 나타낸 것으로 옳지 <u>않</u>은 것은?

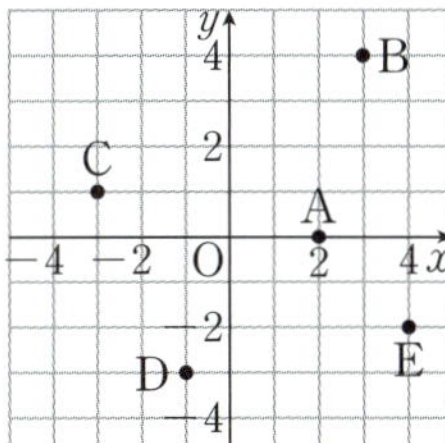

① $A(0,\ 2)$
② $B(3,\ 4)$
③ $C(-3,\ 1)$
④ $D(-1,\ -3)$
⑤ $E(4,\ -2)$

**03** 다음 중 $y$축 위에 있고, $y$좌표가 $-\dfrac{2}{5}$인 점의 좌표는?

① $\left(-\dfrac{2}{5},\ 0\right)$
② $\left(\dfrac{2}{5},\ 0\right)$
③ $\left(0,\ -\dfrac{2}{5}\right)$
④ $\left(0,\ \dfrac{2}{5}\right)$
⑤ $\left(-\dfrac{2}{5},\ -\dfrac{2}{5}\right)$

**04** 좌표평면 위의 세 점 $A(2,\ 5)$, $B(-4,\ 3)$, $C(2,\ -2)$를 꼭짓점으로 하는 삼각형 ABC의 넓이를 구하시오.

**05** 다음 중 옳지 <u>않</u>은 것은?

① 점 $(-1,\ 0)$은 $x$축 위의 점이다.
② 점 $(0,\ 5)$는 $y$축 위의 점이다.
③ 점 $(-2,\ 3)$은 제3사분면 위의 점이다.
④ 점 $(0,\ 4)$는 어느 사분면에도 속하지 않는다.
⑤ 제1사분면과 제4사분면 위의 점은 모두 $x$좌표가 양수이다.



**06** 점 $P(a,\ -b)$가 제3사분면 위의 점일 때, 점 $Q(ab,\ a-b)$는 제몇 사분면 위의 점인지 구하시오.

**07** 점 $(b,\ ab)$가 제3사분면 위의 점일 때, 다음 중 점 $(a,\ b-a)$와 같은 사분면 위의 점은?

① $(2,\ 3)$
② $(0,\ -1)$
③ $(4,\ -5)$
④ $(-3,\ -1)$
⑤ $(-6,\ 4)$

**08** 현수는 직선 거리를 한 번 왕복하여 돌아왔다. 출발한 후 경과 시간 $x$에 따른 출발점으로부터 떨어진 거리를 $y$라 할 때, 다음 중 $x$와 $y$ 사이의 관계를 나타낸 그래프로 알맞은 것은?

① 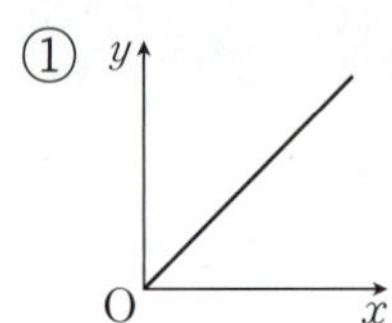
② 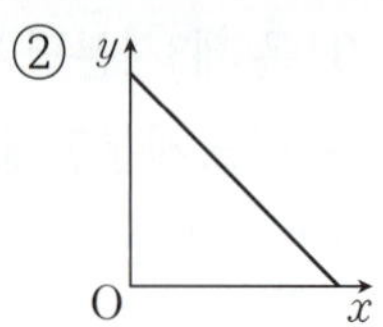
③ 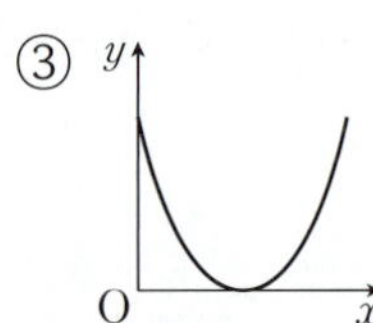
④ 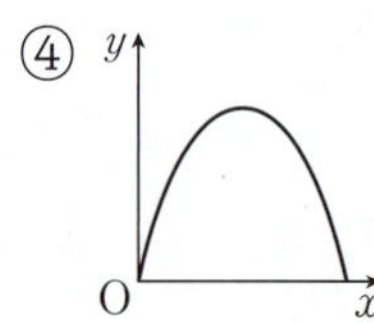
⑤ 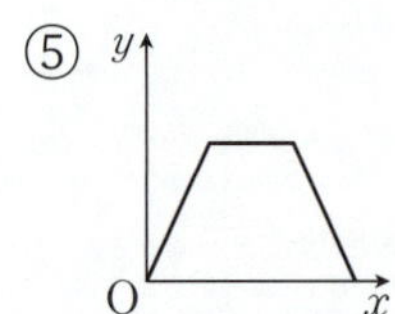

**09** 오른쪽 그림과 같은 모양의 빈 병에 일정한 속력으로 물을 넣을 때, $x$분 후의 물이 높이를 $y$ cm라 하자. 이때 $x$와 $y$ 사이의 관계를 나타낸 그래프로 알맞은 것은?

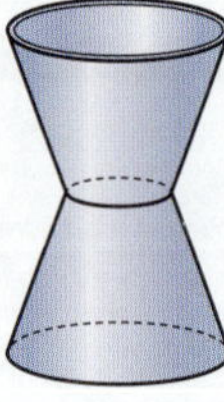

① 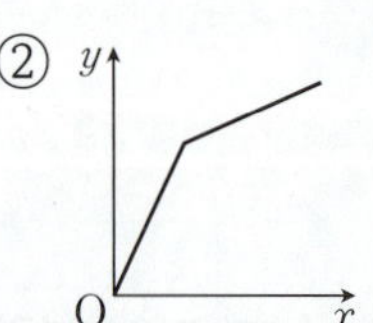
② 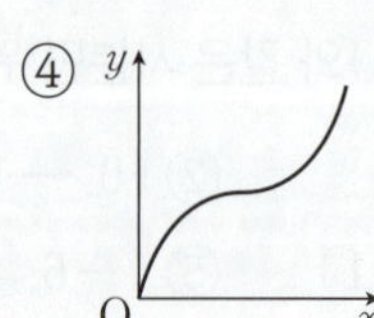
③
④
⑤

**10** 아래 그래프는 민준이가 자전거를 타고 집을 출발하여 도서관까지 가는데 출발한 지 $x$분 후의 집으로부터의 거리 $y$ km 사이의 관계를 나타낸 것이다. 다음 중 옳지 <u>않은</u> 것은?

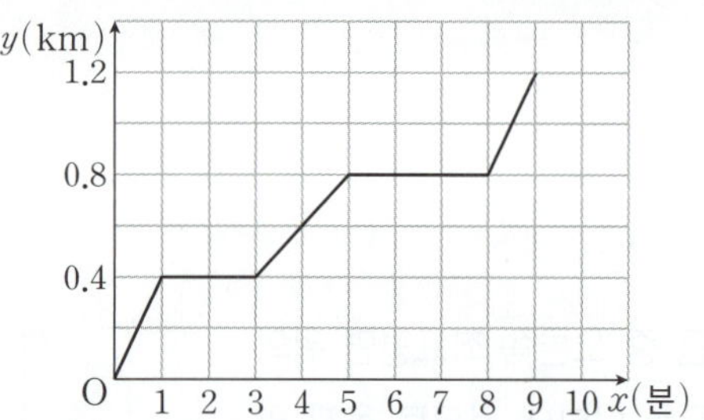

① 집에서 도서관까지 가는 데 9분이 걸렸다.
② 집에서 도서관까지의 거리는 1.2 km이다.
③ 민준이는 가는 길에 2번 쉬었다.
④ 민준이가 쉰 시간은 총 4분이다.
⑤ 집에서 출발하여 4분 동안 움직인 거리는 0.6 km이다.

## Level Up

**11** 아래 그래프는 찬빈이와 지오가 6 km 마라톤 대회에서 동시에 출발하였을 때, 달린 거리를 시간에 따라 각각 나타낸 것이다. 다음 물음에 답하시오.

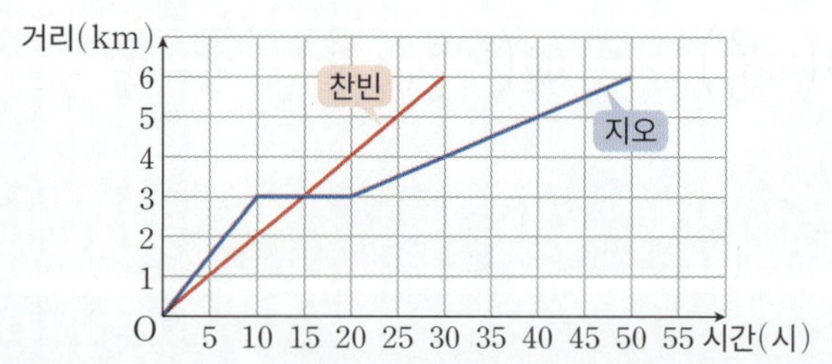


(1) 찬빈이와 지오가 출발한 지 몇 분 후에 처음으로 다시 만나는지 구하시오.

(2) 찬빈이가 결승점에 도착한 지 몇 분 후에 지오가 도착하는지 구하시오.

(3) 출발한 지 20분 후 찬빈이와 지오 사이이 거리를 구하시오.

# 7 정비례와 반비례

**정비례**

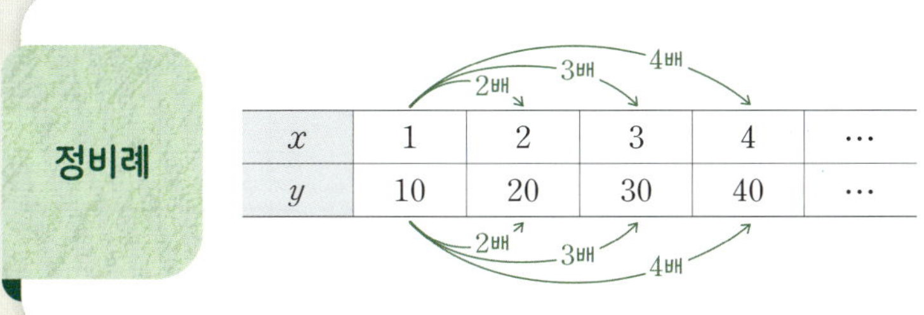

| $x$ | 1 | 2 | 3 | 4 | $\cdots$ |
|---|---|---|---|---|---|
| $y$ | 10 | 20 | 30 | 40 | $\cdots$ |

두 변수 $x$, $y$에 대하여 $x$의 값이 2배, 3배, 4배, $\cdots$로 변함에 따라 $y$의 값도 2배, 3배, 4배, $\cdots$로 변할 때, $y$는 $x$에 **정비례**한다고 한다.

**정비례 관계의 그래프**

|  | $a>0$일 때 | $a<0$일 때 |
|---|---|---|
| 그래프 | $y=ax$ 그래프, 점 $(1, a)$ | $y=ax$ 그래프, 점 $(1, a)$ |
| 그래프의 모양 | 오른쪽 위로 향하는 직선 | 오른쪽 아래로 향하는 직선 |
| 지나는 사분면 | 제1사분면, 제3사분면 | 제2사분면, 제4사분면 |
| 증가·감소 상태 | $x$의 값이 증가하면 $y$의 값도 증가 | $x$의 값이 증가하면 $y$의 값은 감소 |

**반비례**

| $x$ | 1 | 2 | 3 | 4 | $\cdots$ |
|---|---|---|---|---|---|
| $y$ | 60 | 30 | 20 | 15 | $\cdots$ |

두 변수 $x$, $y$에 대하여 $x$의 값이 2배, 3배, 4배, $\cdots$로 변함에 따라 $y$의 값이 $\frac{1}{2}$배, $\frac{1}{3}$배, $\frac{1}{4}$배, $\cdots$로 변할 때, $y$는 $x$에 **반비례**한다고 한다.

**반비례 관계의 그래프**

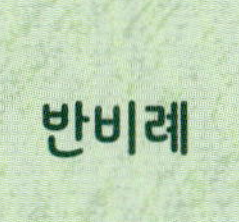
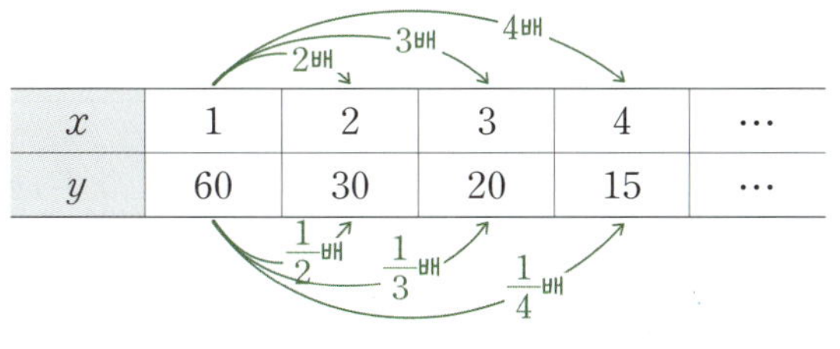

|  | $a>0$일 때 | $a<0$일 때 |
|---|---|---|
| 그래프 | 점 $(1, a)$ | 점 $(1, a)$ |
| 지나는 사분면 | 제1사분면, 제3사분면 | 제2사분면, 제4사분면 |
| 증가·감소 상태 | $x$의 값이 증가하면 $y$의 값은 감소 | $x$의 값이 증가하면 $y$의 값도 증가 |

# 01 정비례

## 개념 1 정비례 관계

✓ 정비례 관계

**01** 다음 중 $y$가 $x$에 정비례하는 것은 ○표, 정비례하지 않는 것은 ×표를 하시오.

(1) $y=2x$ (  )

(2) $y=x^2$ (  )

(3) $y=x+4$ (  )

(4) $y=-\dfrac{1}{3}x$ (  )

(5) $xy=6$ (  )

✓ 정비례 관계식

**02** 가로의 길이가 $5\,\mathrm{cm}$, 세로의 길이가 $x\,\mathrm{cm}$인 직사각형의 넓이를 $y\,\mathrm{cm}^2$라 할 때, 다음 물음에 답하시오.

(1) 표를 완성하시오.

| $x\,(\mathrm{cm})$ | 1 | 2 | 3 | 4 | 5 | $\cdots$ |
|---|---|---|---|---|---|---|
| $y\,(\mathrm{cm}^2)$ | | | | | | $\cdots$ |

(2) $x$와 $y$ 사이의 관계식을 구하고, $y$가 $x$에 정비례함을 확인하시오.

## 개념 2 정비례 관계의 그래프

✓ 정비례 관계의 그래프

**01** 다음 정비례 관계의 그래프를 좌표평면 위에 나타내시오.

(1) $y=3x$

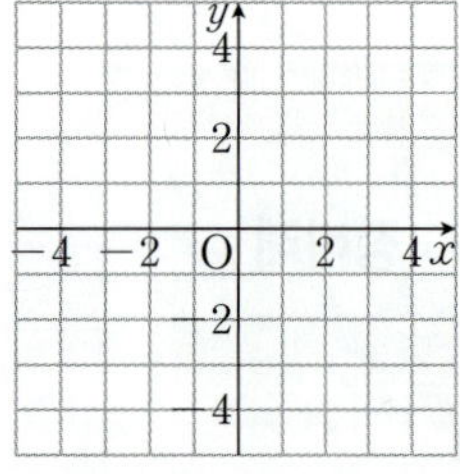

(2) $y=-2x$

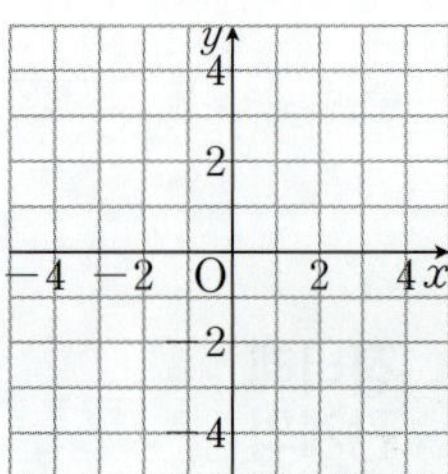

**02** 그래프가 다음 조건을 모두 만족시키는 것을 보기에서 모두 고르시오.

보기

ㄱ. $y=5x$    ㄴ. $y=-4x$    ㄷ. $y=\dfrac{2}{7}x$

ㄹ. $y=12x$    ㅁ. $y=-\dfrac{2}{3}x$    ㅂ. $y=-\dfrac{x}{8}$

(1) 제1사분면을 지나는 직선이다.

(2) 오른쪽 아래로 향하는 직선이다.

(3) $x$의 값이 증가할 때 $y$의 값도 증가하는 직선이다.

# 필수 유형 익히기


## 유형 1  정비례 관계 찾기

**01** 다음 중 $y$가 $x$에 정비례하는 것은?

① $y=2x+1$ ② $xy=3$ ③ $y=x-4$

④ $y=\dfrac{2}{x}$ ⑤ $y=-\dfrac{1}{2}x$

**02** 다음 보기 중 $y$가 $x$에 정비례하는 것을 모두 고르시오.

보기
ㄱ. 올해 16살인 수진이의 $x$년 후의 나이 $y$살
ㄴ. 사슴 $x$마리의 다리의 개수 $y$
ㄷ. 한 변의 길이가 $x\,\mathrm{cm}$인 정사각형의 넓이 $y\,\mathrm{cm}^2$
ㄹ. 무게가 $300\,\mathrm{g}$인 케이크를 $x$조각으로 나누었을 때 한 조각의 무게 $y\,\mathrm{g}$

## 유형 2  정비례 관계식 구하기

**03** 두 변수 $x$, $y$에 대하여 $y$가 $x$에 정비례하고, $x=-\dfrac{1}{2}$일 때 $y=3$이다. $x$와 $y$ 사이의 관계식을 구하시오.

**04** 두 변수 $x$, $y$에 대하여 $y$가 $x$에 정비례하고, $x=3$일 때 $y=12$이다. $x=-2$일 때 $y$의 값을 구하시오.

## 유형 3  정비례 관계의 그래프

**05** 다음 중 정비례 관계 $y=\dfrac{2}{5}x$의 그래프는?

① 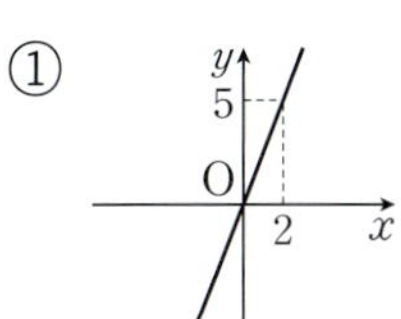 ② 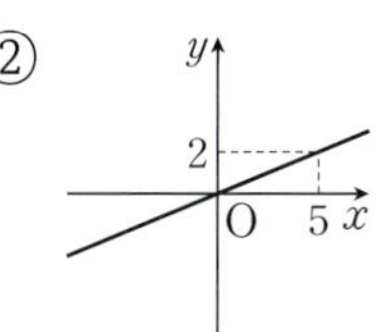

③ 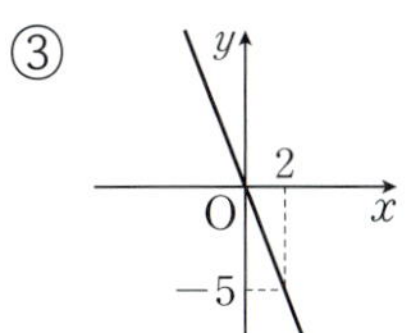 ④ 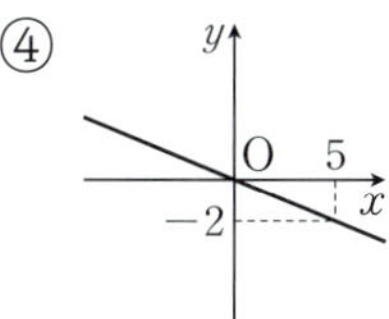

⑤ 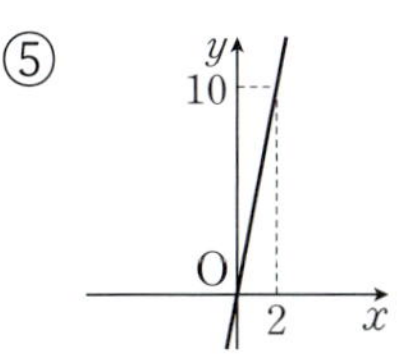

## 유형 4  정비례 관계의 그래프의 성질

**06** 다음 보기 중 정비례 관계 $y=-6x$의 그래프에 대한 설명으로 옳은 것을 모두 고르시오.

보기
ㄱ. 점 $(-1,\ 6)$을 지난다.
ㄴ. 제2사분면과 제4사분면을 지난다.
ㄷ. $x$의 값이 증가하면 $y$의 값도 증가한다.

**07** 다음 보기 중 정비례 관계 $y=ax\,(a\neq0)$의 그래프에 대한 설명으로 옳은 것을 모두 고르시오.

보기
ㄱ. 원점을 지난다.
ㄴ. $a>0$일 때, 오른쪽 위로 향하는 직선이다.
ㄷ. $a<0$일 때, 제1사분면과 제3사분면을 지난다.

유형 5 정비례 관계의 그래프 위의 점

유형 **5** 정비례 관계의 그래프 위의 점

**08** 정비례 관계 $y=-2x$의 그래프가 점 $(a,\,a-9)$를 지날 때, $a$의 값을 구하시오.

**09** 정비례 관계 $y=ax$의 그래프가 점 $(4,\,-12)$를 지날 때, 수 $a$의 값을 구하시오.

걸음 더

유형 **6** 그래프가 주어질 때, 정비례 관계식 구하기

**10** 오른쪽 그래프가 나타내는 $x$와 $y$ 사이의 관계식을 구하시오.

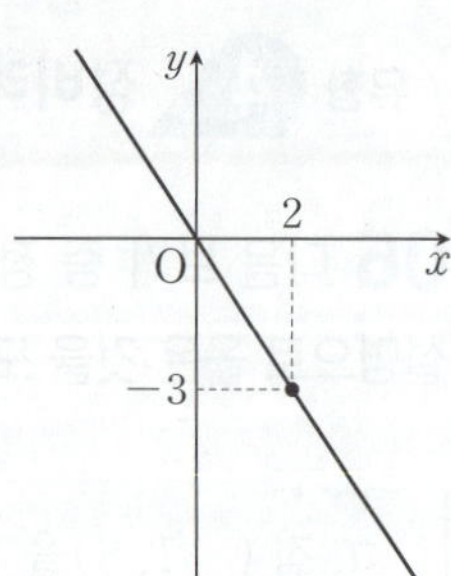

**11** 오른쪽 그림과 같은 그래프가 점 $(3,\,k)$를 지날 때, $k$의 값을 구하시오.

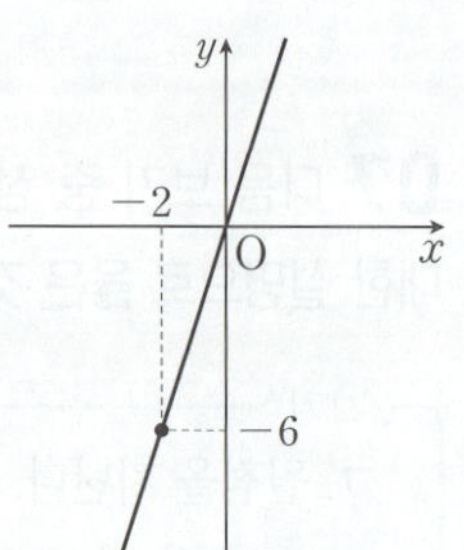

개념 **3** 반비례 관계

✔ 반비례 관계

**01** 다음 중 $y$가 $x$에 반비례하는 것은 ○표, 반비례하지 않는 것은 ×표를 하시오.

(1) $y=4x$　　　　　　　　　　（　　　）

(2) $y=-\dfrac{6}{x}$　　　　　　　　　（　　　）

(3) $y=\dfrac{1}{x}+3$　　　　　　　　（　　　）

(4) $y=\dfrac{1}{5x}$　　　　　　　　　（　　　）

(5) $xy=-7$　　　　　　　　　（　　　）

✔ 반비례 관계식

**02** 사탕 60개를 $x$명이 똑같이 나누어 가질 때, 1명이 갖게 되는 사탕을 $y$개라 하자. 다음 물음에 답하시오.

(1) 표를 완성하시오.

| $x$(명) | 1 | 2 | 3 | 4 | 5 | … |
|---|---|---|---|---|---|---|
| $y$(개) | | | | | | … |

(2) $x$와 $y$ 사이의 관계식을 구하고, $y$가 $x$에 반비례함을 확인하시오.

## 개념 4 반비례 관계의 그래프

✓ 반비례 관계의 그래프

**01** 다음 반비례 관계의 그래프를 좌표평면 위에 나타내시오.

(1) $y=\dfrac{3}{x}$

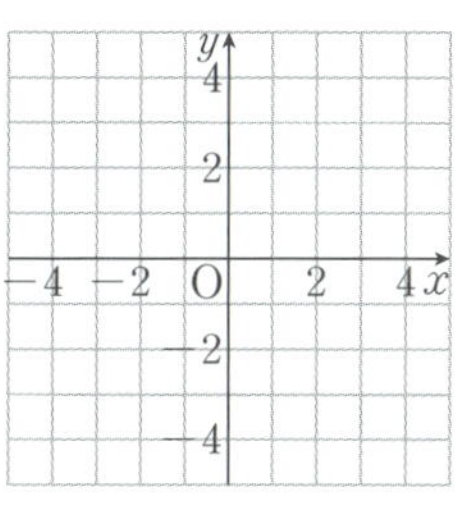

(2) $y=-\dfrac{2}{x}$

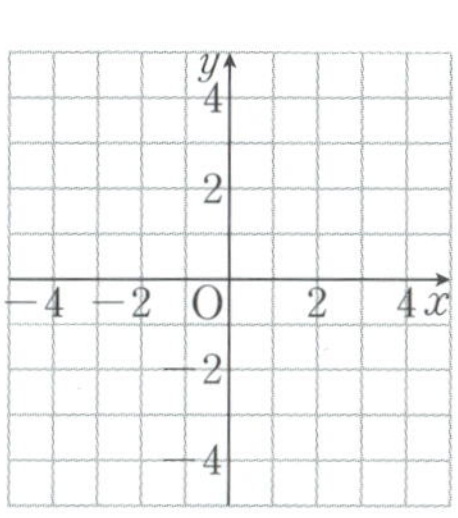

**02** 그래프가 다음 조건을 모두 만족시키는 것을 보기에서 모두 고르시오.

보기
$$ㄱ.\ y=\frac{2}{x} \qquad ㄴ.\ y=-\frac{8}{x} \qquad ㄷ.\ y=\frac{3}{x}$$
$$ㄹ.\ y=-\frac{5}{x} \qquad ㅁ.\ y=\frac{10}{x} \qquad ㅂ.\ y=-\frac{7}{x}$$

(1) 제3사분면을 지난다.

(2) $x>0$ 또는 $x<0$일 때, $x$의 값이 증가할 때 $y$의 값도 증가한다.

(3) $x>0$ 또는 $x<0$일 때, $x$의 값이 증가할 때 $y$의 값은 감소한다.

## 유형 1 반비례 관계 찾기

**01** 다음 중 $y$가 $x$에 반비례하는 것은?

① $y=-2x$  ② $y=\dfrac{3}{2}x+1$

③ $xy=5$  ④ $y=\dfrac{x}{6}$

⑤ $y=-\dfrac{2}{x}-1$

**02** 다음 보기 중 $y$가 $x$에 반비례하는 것을 모두 고르시오.

보기
ㄱ. 자연수 $x$의 역수 $y$

ㄴ. 학생 25명 중에서 여학생이 $x$명일 때 남학생 수 $y$명

ㄷ. 둘레의 길이가 $x\,\mathrm{cm}$인 정사각형의 한 변의 길이 $y\,\mathrm{cm}$

ㄹ. 시속 $x\,\mathrm{km}$로 45km를 갈 때, 걸린 시간 $y$시간

## 유형 2 반비례 관계식 구하기

**03** 두 변수 $x$, $y$에 대하여 $y$가 $x$에 반비례하고, $x=-3$일 때 $y=3$이다. $x$와 $y$ 사이의 관계식을 구하시오.

**04** 두 변수 $x$, $y$에 대하여 $y$가 $x$에 반비례하고, $x=4$일 때 $y=\dfrac{3}{2}$이다. $x=2$일 때 $y$의 값을 구하시오.

---

**유형 3** 반비례 관계의 그래프

**05** 다음 중 반비례 관계 $y=-\dfrac{8}{x}$의 그래프는?

① 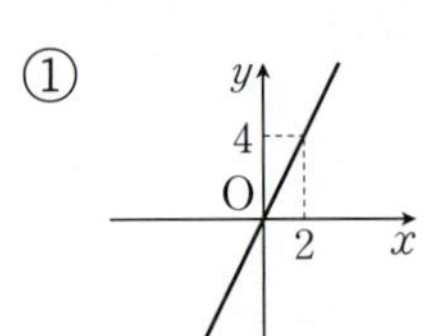

② 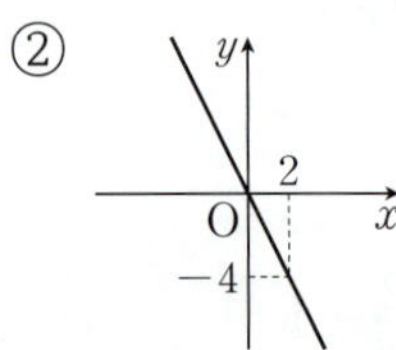

③ 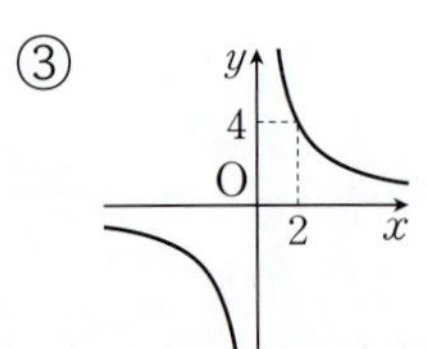

④ 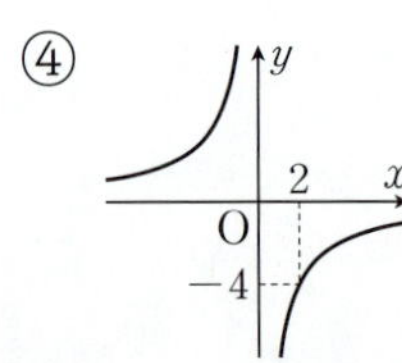

⑤ 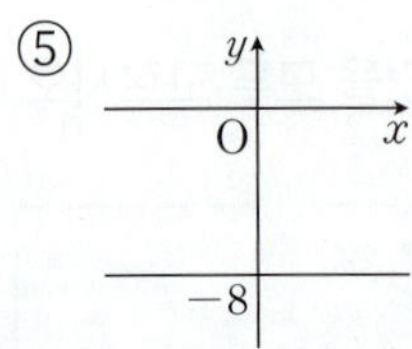

---

**유형 4** 반비례 관계의 그래프의 성질

**06** 다음 보기 중 반비례 관계 $y=\dfrac{14}{x}$의 그래프에 대한 설명으로 옳은 것을 모두 고르시오.

> **보기**
>
> ㄱ. 원점을 지나지 않는다.
> ㄴ. 제1사분면과 제3사분면을 지난다.
> ㄷ. $x>0$에서 $x$의 값이 증가하면 $y$의 값도 증가한다.

**07** 다음 보기 중 반비례 관계 $y=\dfrac{a}{x}(a\neq0)$의 그래프에 대한 설명으로 옳은 것을 모두 고르시오.

> **보기**
>
> ㄱ. 점 $(1,\,a)$를 지난다.
> ㄴ. $a>0$일 때, 제2사분면과 제4사분면을 지난다.
> ㄷ. $a<0$, $x<0$일 때, $x$의 값이 증가하면 $y$의 값은 감소한다.

---

**유형 5** 반비례 관계의 그래프 위의 점

**08** 점 $(a,\,-3)$이 반비례 관계 $y=\dfrac{5}{x}$의 그래프 위의 점일 때, $a$의 값을 구하시오.

**09** 반비례 관계 $y=\dfrac{a}{x}$의 그래프가 점 $(4,\,-1)$을 지날 때, 수 $a$의 값을 구하시오.

---

**유형 6** 그래프가 주어질 때, 반비례 관계식 구하기 한 걸음 더

**10** 오른쪽 그래프가 나타내는 $x$와 $y$ 사이의 관계식을 구하시오.

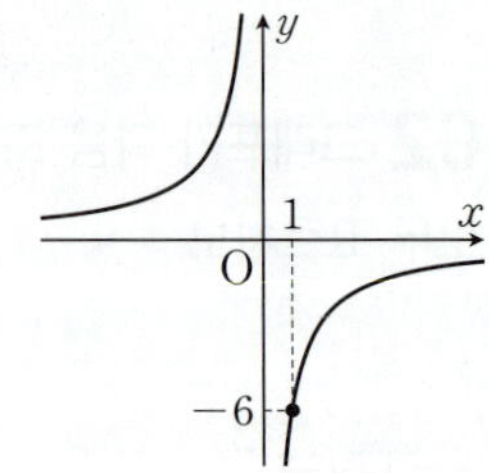

**11** 오른쪽 그림과 같은 그래프가 두 점 $(-3,\,k)$, $(1,\,9)$를 지날 때, $k$의 값을 구하시오.

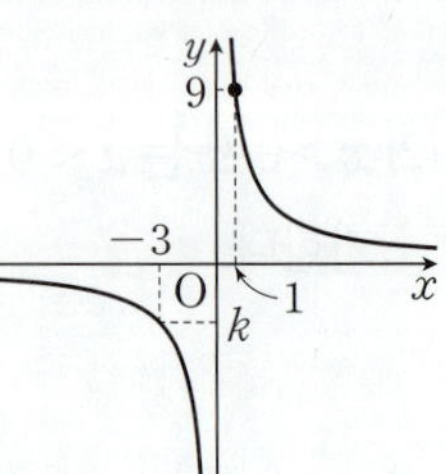

**01** 어떤 양초에 불을 붙이면 매분 0.6 cm씩 탄다고 한다. 불을 붙인 지 $x$분 후에 줄어든 양초의 길이를 $y$ cm라 할 때, 다음 물음에 답하시오.

(1) $x$와 $y$ 사이의 관계식을 구하시오.

(2) 불을 붙인 지 15분 후에 줄어든 양초의 길이를 구하시오.

답 ___________

**02** 정비례 관계 $y=ax$의 그래프가 오른쪽 그림과 같을 때, $a-b$의 값을 구하시오. (단, $a$는 수)

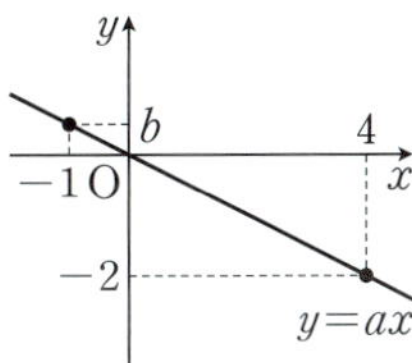

답 ___________

**03** 다음 표에서 $y$가 $x$에 반비례할 때, $p+q$의 값을 구하시오.

| $x$ | 2 | $-1$ | $q$ |
|---|---|---|---|
| $y$ | $-9$ | $p$ | 6 |

답 ___________

**04** 수진이네 집에서 고모네 집까지 자동차를 타고 가는데 시속 60 km로 4시간이 걸린다. 시속 $x$ km로 가면 $y$시간이 걸린다고 할 때, $x$와 $y$ 사이의 관계식을 구하고, 3시간 만에 도착하려면 시속 몇 km로 가야 하는지 구하시오.

답 ___________

# 단원 마무리하기

**01** 다음 중 $y$가 $x$에 정비례하는 것은?

① $y=x-2$　　② $xy=35$　　③ $\dfrac{y}{x}=2$

④ $y=\dfrac{10}{x}$　　⑤ $x+y=1$

**02** $y$가 $x$에 정비례하고, $x=2$일 때 $y=-4$이다. 다음 보기 중 옳은 것을 모두 고르시오.

> 보기
>
> ㄱ. $x$의 값이 5배가 되면 $y$의 값은 $\dfrac{1}{5}$배가 된다.
> ㄴ. $x$와 $y$ 사이의 관계식은 $y=-2x$이다.
> ㄷ. $x=3$일 때, $y=6$이다.

**03** 다음 표에서 $y$가 $x$에 정비례할 때, $p+q$의 값을 구하시오.

| $x$ | $p$ | $-2$ | $4$ |
|---|---|---|---|
| $y$ | $3$ | $q$ | $-2$ |

**04** 휘발유 $1\,\mathrm{L}$로 $12\,\mathrm{km}$를 갈 수 있는 자동차가 있다. 이 자동차로 집에서 $180\,\mathrm{km}$ 떨어진 친척 집에 가는 데 필요한 휘발유의 양은?

① $12\,\mathrm{L}$　　② $13\,\mathrm{L}$　　③ $14\,\mathrm{L}$

④ $15\,\mathrm{L}$　　⑤ $16\,\mathrm{L}$

**05** 다음 중 정비례 관계 $y=ax\,(a\neq0)$의 그래프에 대한 설명으로 옳은 것을 모두 고르면? (정답 2개)

① $a>0$일 때, 오른쪽 아래로 향하는 직선이다.
② $a<0$일 때, 제2사분면과 제4사분면을 지난다.
③ 점 $(1,\,a)$를 지난다.
④ $a>0$일 때, $a$의 값이 커질수록 $x$축에 가까워진다.
⑤ $x$의 값이 증가하면 $y$의 값도 증가한다.

**서술형**

**06** 정비례 관계 $y=3x$의 그래프가 두 점 $(-a,\,15)$, $(6,\,3b)$를 지날 때, $a-b$의 값을 구하시오.

**07** 다음 중 오른쪽 그림과 같은 그래프 위의 점은?

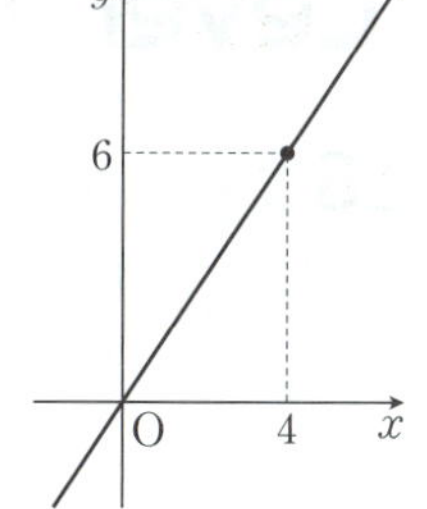

① $(0, 1)$  　② $(-1, 2)$
③ $(2, 4)$  　④ $(-3, -2)$
⑤ $(6, 9)$

**08** 다음 중 $y$가 $x$에 반비례하지 <u>않는</u> 것은?

① 곱이 40인 두 수 $x$, $y$
② 한 개에 $x$원인 과자 $y$개를 샀을 때의 가격 3000원
③ 나이가 $x$살인 동생보다 2살 많은 형의 나이 $y$살
④ 가로의 길이가 $x$ cm이고 넓이가 $30$ cm$^2$인 직사각형의 세로의 길이 $y$ cm
⑤ 우유 2 L를 $x$명이 똑같이 나누어 마실 때, 한 명이 마시는 우유의 양 $y$ L

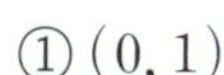

**09** $x$의 값이 2배, 3배, 4배, …가 될 때 $y$의 값은 $\dfrac{1}{2}$배, $\dfrac{1}{3}$배, $\dfrac{1}{4}$배, …가 되고, $x=3$일 때 $y=-12$이다. $x$와 $y$ 사이의 관계식을 구하시오.

**10** 크기가 같은 정사각형 모양의 타일 45개를 모두 겹치지 않게 이어 붙여 직사각형 모양을 만들려고 한다. 가로, 세로에 붙인 타일의 개수를 각각 $x$, $y$라 할 때, 가로에 5개의 타일을 붙이면 세로에는 몇 개의 타일을 붙여야 하는지 구하시오.

**11** 다음 중 $x$와 $y$ 사이의 관계를 나타내는 그래프가 제1사분면과 제3사분면을 지나는 것을 모두 고르면? (정답 2개)

① $y=-3x$  　② $y=\dfrac{4}{x}$  　③ $y=5x$
④ $y=-\dfrac{2}{x}$  　⑤ $y=-\dfrac{1}{3}x$

**12** 다음 중 오른쪽 그래프에 대한 설명으로 옳지 <u>않은</u> 것은?

① 반비례 관계의 그래프이다.
② $x$와 $y$ 사이의 관계식은 $y=-\dfrac{12}{x}$이다.
③ 점 $(2, 6)$을 지난다.
④ $x<0$일 때, $x$의 값이 증가하면 $y$의 값은 감소한다.
⑤ 제1사분면과 제3사분면을 지난다.

**13** 반비례 관계 $y=-\dfrac{6}{x}$의 그래프가 두 점 $(a, -3)$, $(-1, b)$를 지날 때, $a+b$의 값을 구하시오.

**14** 오른쪽 그림과 같은 그래프가 두 점 $(-2, 4)$, $(3, k)$를 지날 때, $k$의 값을 구하시오.

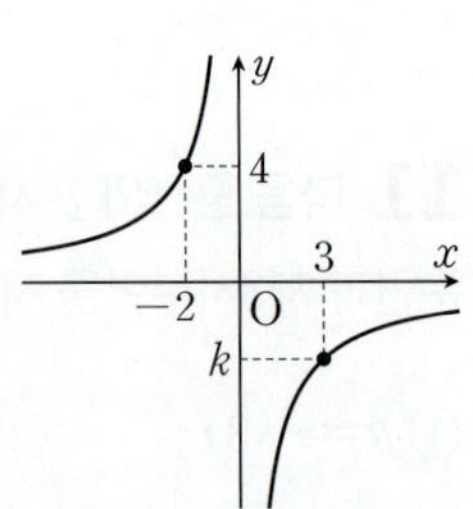

서술형

**15** 오른쪽 그림은 정비례 관계 $y=\dfrac{4}{3}x$, 반비례 관계 $y=\dfrac{a}{x}$의 그래프이다. 두 그래프가 만나는 점 A의 $x$좌표가 3일 때, 수 $a$의 값을 구하시오.

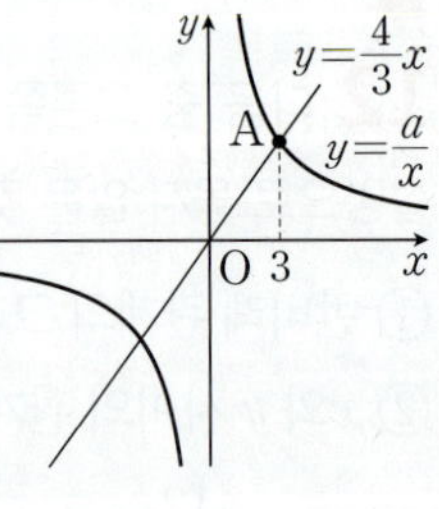

## Level Up

**16** 오른쪽 그림과 같이 정비례 관계 $y=\dfrac{1}{3}x$의 그래프 위의 점 A와 정비례 관계 $y=-\dfrac{5}{2}x$의 그래프 위의 점 B의 $y$좌표가 모두 $-5$일 때, 삼각형 OAB의 넓이를 구하시오.

(단, O는 원점)

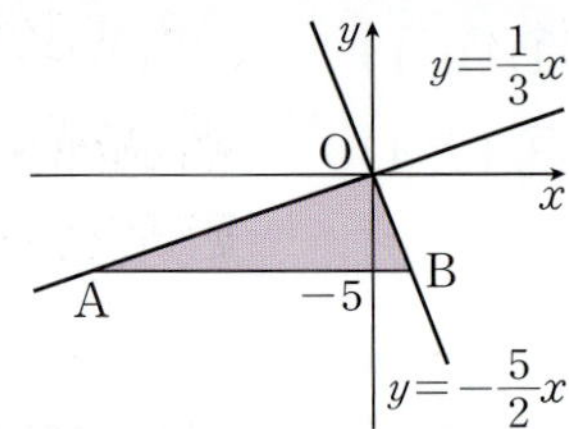

**17** 반비례 관계 $y=-\dfrac{9}{x}$의 그래프 위의 점 중에서 제2사분면 위에 있고, $x$좌표와 $y$좌표가 모두 정수인 점은 모두 몇 개인지 구하시오.

**18** 오른쪽 그림은 반비례 관계 $y=\dfrac{a}{x}$의 그래프이고 두 점 B, D는 이 그래프 위의 점이다. 네 변이 $x$축 또는 $y$축에 평행한 직사각형 ABCD의 넓이가 40일 때, 수 $a$의 값을 구하시오.

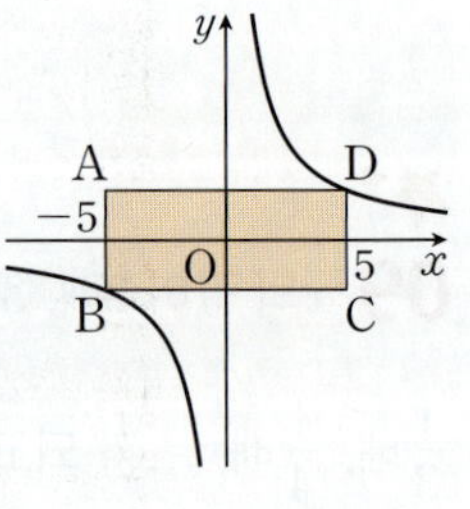

# 라:피트 개념

## 중등 수학 1-1

**Contact Mirae-N**

www.mirae-n.com

(우)06532 서울시 서초구 신반포로 321

1800-8890

# 미래엔 교과서 연계 도서

교과서 예습 복습과 학교 시험 대비까지
한 권으로 완성하는 자율학습서와 실전 유형서

## 미래엔 교과서 자습서

**[2022 개정]**
국어 (신유식) 1-1, 1-2*
　　　(민병곤) 1-1, 1-2*
영어 1
수학 1
사회 ①, ②*
역사 ①, ②*
도덕 ①, ②*
과학 1
기술·가정 ①, ②*
생활 일본어, 생활 중국어, 한문

*2025년 상반기 출간 예정

**[2015 개정]**
국어 2-1, 2-2, 3-1, 3-2
영어 2, 3
수학 2, 3
사회 ①, ②
역사 ①, ②
도덕 ①, ②
과학 2, 3
기술·가정 ①, ②
한문

## 미래엔 교과서 평가 문제집

**[2022 개정]**
국어 (신유식) 1-1, 1-2*
　　　(민병곤) 1-1, 1-2*
영어 1-1, 1-2*
사회 ①, ②*
역사 ①, ②*
도덕 ①, ②*
과학 1

*2025년 상반기 출간 예정

**[2015 개정]**
국어 2-1, 2-2, 3-1, 3-2
영어 2-1, 2-2, 3-1, 3-2
사회 ①, ②
역사 ①, ②
도덕 ①, ②
과학 2, 3

# 예비 고1을 위한 고등 도서

## 비주얼 개념서

이미지 연상으로 필수 개념을 쉽게 익히는
비주얼 개념서

국어　문법
영어　분석독해

## 문학 입문서

작품 이해에서 문제 해결까지
손쉬운 비법을 담은 문학 입문서

현대 문학, 고전 문학

## 필수 기본서

복잡한 개념은 쉽고, 핵심 문제는 완벽하게!
사회·과학 내신의 필수 개념서

사회　통합사회1, 통합사회2*, 한국사1, 한국사2*
과학　통합과학1, 통합과학2

*2025년 상반기 출간 예정

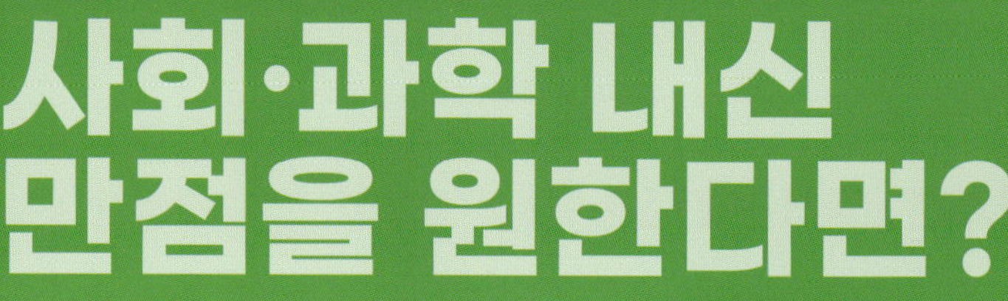

학교 시험에서 잘 써먹을 수 있는
개념 정리와 필수 유형으로 정리했다!

**꼼꼼한 개념 학습**
꼭 알아야 할 교과서 핵심 개념을 필수 탐구와 자료로 꼼꼼하게 익히자!

**기출 적응 훈련**
꼭 출제되는 문제 유형을 단계별 문제를 풀며 완벽하게 적응하자!

**반복 실전 훈련**
다양한 문제 유형으로 반복하며 실전에 자신 있게 다가가자!

미래엔이 PICK한 개념과 유형으로 실력 PEAK에 도달하세요.

고등학교 내신과 수능을 다 잡는
**필수 개념 기본서**

**사회**   통합사회1, 통합사회2*,
         한국사1, 한국사2*

**과학**   통합과학1, 통합과학2,
         물리학*, 화학*, 생명과학*, 지구과학*

*2025년 상반기 출간 예정

# 리:피트 개념

## 중등 수학 1-1

---

**한 번의 배움이 지속가능한 실력이 되는**
**STUDY POINT**

**1. 개념 학습법**
개념 Bridge와 개념 Check로 이어지는 2단계 개념 학습법을 통해 탄탄하게 개념을 세웁니다.

**2. 유형 학습법**
사고력과 문제 해결력을 키우며 서술형도 훈련하여 모든 실전에서 자신 있게 도전합니다.

**3. 반복 학습법**
개념 책과 반복 책의 1:1 매칭 학습으로 자연스럽게 반복하며 수학 실력을 완성합니다.

---

**Mirae N 에듀**

# 라:피트 개념

## 중등 수학 1-1

### 정답과 해설

Mirae N 에듀

# 정답과
# 해설

# 정답과 해설

## 중등 수학 1-1

# 1 소인수분해

## 01 소인수분해

### 개념 1   8쪽

개념 Bridge   답   소수, 합성수

개념 check

**01** 답 (1) 1, 7, 소수   (2) 1, 2, 5, 10, 합성수
    (3) 1, 13, 소수   (4) 1, 2, 4, 7, 14, 28, 합성수

**01-1** 답 (1) 합성수   (2) 합성수   (3) 소수   (4) 소수

**02** 답 (1) ×   (2) ×   (3) ○   (4) ○
(1) 1은 소수도 아니고 합성수도 아니다.
(2) 가장 작은 합성수는 4이다.
(3) 소수의 약수는 1과 자기 자신의 2개이다.
(4) 10보다 작은 소수는 2, 3, 5, 7의 4개이다.

### 개념 2   9쪽

개념 Bridge   답   3, 3, 4, 4

개념 check

**01** 답 (1) $5^3$   (2) $7^4$   (3) $\left(\dfrac{1}{3}\right)^4$   (4) $\dfrac{1}{2^5}$

**01-1** 답 (1) $3^5$   (2) $17^3$   (3) $\left(\dfrac{1}{2}\right)^3$   (4) $\dfrac{1}{11^4}$

**02** 답 (1) $2^3 \times 3^2$   (2) $3 \times 5^2 \times 7^2$   (3) $\left(\dfrac{1}{3}\right)^2 \times \left(\dfrac{1}{13}\right)^2$
    (4) $\dfrac{1}{5^2 \times 17^3}$

**02-1** 답 (1) $3^2 \times 7^3$   (2) $2^2 \times 5^2 \times 11$   (3) $\left(\dfrac{1}{2}\right)^3 \times \dfrac{1}{3}$
    (4) $\dfrac{1}{7^3 \times 13^2}$

### 개념 3   10쪽

개념 Bridge   답   3, 3, 3 / 2, 3

개념 check

**01** 답 (1) $2^2 \times 3^2$   (2) $2^3 \times 5^2$

**01-1** 답 (1) $2^3 \times 3$   (2) $3^2 \times 5$   (3) $2^7$   (4) $2^2 \times 5 \times 7$

**02** 답 (1) 5, 7   (2) 2, 3, 7
(1) $35 = 5 \times 7$이므로 35의 소인수는 5, 7이다.
(2) $84 = 2^2 \times 3 \times 7$이므로 84의 소인수는 2, 3, 7이다.

**02-1** 답 (1) 2, 7   (2) 2, 5   (3) 2, 3, 11   (4) 2, 3, 7
(1) $28 = 2^2 \times 7$이므로 28의 소인수는 2, 7이다.
(2) $50 = 2 \times 5^2$이므로 50의 소인수는 2, 5이다.
(3) $132 = 2^2 \times 3 \times 11$이므로 132의 소인수는 2, 3, 11이다.
(4) $252 = 2^2 \times 3^2 \times 7$이므로 252의 소인수는 2, 3, 7이다.

### 개념 4   11쪽

개념 Bridge   답   1, 2, 6

개념 check

**01** 답 (1)

| × | 1 | 5 | $5^2$ |
|---|---|---|---|
| 1 | 1 | 5 | 25 |
| 2 | 2 | 10 | 50 |

약수: 1, 2, 5, 10, 25, 50

(2)

| × | 1 | 3 | $3^2$ |
|---|---|---|---|
| 1 | 1 | 3 | 9 |
| 2 | 2 | 6 | 18 |
| $2^2$ | 4 | 12 | 36 |

약수: 1, 2, 3, 4, 6, 9, 12, 18, 36

**01-1** 답 (1) 1, 3, 7, 9, 21, 27, 63, 189
    (2) 1, 3, 5, 15, 25, 75

(1) 오른쪽 표에서 $3^3 \times 7$의 약수는
   1, 3, 7, 9, 21, 27, 63, 189

| × | 1 | 7 |
|---|---|---|
| 1 | 1 | 7 |
| 3 | 3 | 21 |
| $3^2$ | 9 | 63 |
| $3^3$ | 27 | 189 |

(2) $75 = 3 \times 5^2$이므로 오른쪽 표
에서 75의 약수는
   1, 3, 5, 15, 25, 75

| × | 1 | 5 | $5^2$ |
|---|---|---|---|
| 1 | 1 | 5 | 25 |
| 3 | 3 | 15 | 75 |

**02** 답 (1) 5   (2) 15   (3) 12   (4) 8
(1) $3^4$의 약수의 개수는
   $4+1 = 5$
(2) $2^4 \times 5^2$의 약수의 개수는
   $(4+1) \times (2+1) = 15$
(3) $2^2 \times 3 \times 7$의 약수의 개수는
   $(2+1) \times (1+1) \times (1+1) = 12$

(4) $54 = 2 \times 3^3$이므로 약수의 개수는

$(1+1) \times (3+1) = 8$

**02-1** 답 (1) 12  (2) 4  (3) 6  (4) 18

(1) $7^2 \times 11^3$의 약수의 개수는

$(2+1) \times (3+1) = 12$

(2) $27 = 3^3$이므로 약수의 개수는

$3+1 = 4$

(3) $63 = 3^2 \times 7$이므로 약수의 개수는

$(2+1) \times (1+1) = 6$

(4) $180 = 2^2 \times 3^2 \times 5$이므로 약수의 개수는

$(2+1) \times (2+1) \times (1+1) = 18$

---

## 필수 유형 익히기

12~14쪽

| | | | |
|---|---|---|---|
| **01** 3개 | **01-1** 2 | **02** ㄱ, ㄹ | **02-1** ① |
| **03** ⑤ | **03-1** ⑤ | **04** ③ | **04-1** 15 |
| **05** ③, ⑤ | **05-1** ③ | | |
| **06** (1) $2^2 \times 7$  (2) 7 | | **06-1** 6 | |
| **07** ⑤ | **07-1** ② | **08** ⑤ | **08-1** ④ |
| **09** ③ | **09-1** ④ | | |

### 01

9의 약수는 1, 3, 9이므로 합성수이다.

11의 약수는 1, 11뿐이므로 소수이다.

19의 약수는 1, 19뿐이므로 소수이다.

24의 약수는 1, 2, 3, 4, 6, 8, 12, 24이므로 합성수이다.

33의 약수는 1, 3, 11, 33이므로 합성수이다.

41의 약수는 1, 41뿐이므로 소수이다.

57의 약수는 1, 3, 19, 57이므로 합성수이다.

따라서 소수는 11, 19, 41의 3개이다.

### 01-1

1은 소수도 아니고 합성수도 아니다.

2의 약수는 1, 2뿐이므로 소수이다.

13의 약수는 1, 13뿐이므로 소수이다.

15의 약수는 1, 3, 5, 15이므로 합성수이다.

27의 약수는 1, 3, 9, 27이므로 합성수이다.

31의 약수는 1, 31뿐이므로 소수이다.

47의 약수는 1, 47뿐이므로 소수이다.

따라서 소수는 2, 13, 31, 47의 4개이므로 $a=4$

합성수는 15, 27의 2개이므로 $b=2$

$\therefore a-b = 2$

### 02

ㄴ. 소수의 약수는 1과 자기 자신의 2개이다.

ㄷ. 9는 합성수이지만 홀수이다.

ㅁ. 소수가 아닌 자연수는 1 또는 합성수이다.

따라서 보기 중 옳은 것은 ㄱ, ㄹ이다.

### 02-1

① 2는 소수이지만 짝수이다.

④ 5의 배수 중 소수는 5의 1개뿐이다.

⑤ 한 자리 자연수 중 소수는 2, 3, 5, 7의 4개이다.

따라서 옳지 않은 것은 ①이다.

### 03

⑤ $2 \times 2 \times 5 \times 2 \times 5 = 2^3 \times 5^2$

### 03-1

① $2^4 = 16$  

② $4+4+4+4 = 4 \times 4$

③ $5 \times 5 \times 5 = 5^3$  

④ $\dfrac{1}{7} \times \dfrac{1}{7} \times \dfrac{1}{7} = \left(\dfrac{1}{7}\right)^3$

따라서 옳은 것은 ⑤이다.

### 04

① $18 = 2 \times 3^2$  

② $16 = 2^4$

④ $75 = 3 \times 5^2$  

⑤ $140 = 2^2 \times 5 \times 7$

따라서 소인수분해를 바르게 한 것은 ③이다.

### 04-1

$156 = 2^2 \times 3 \times 13$이므로

$2^2 \times 3 \times 13 = 2^a \times 3 \times b$에서 $a=2$, $b=13$

$\therefore a+b = 15$

### 05

$126 = 2 \times 3^2 \times 7$이므로 126의 소인수는 2, 3, 7이다.

따라서 126의 소인수가 아닌 것은 ③, ⑤이다.

### 05-1

① $15 = 3 \times 5$이므로 15의 소인수는 3, 5이다.

② $45 = 3^2 \times 5$이므로 45의 소인수는 3, 5이다.

③ $50 = 2 \times 5^2$이므로 50의 소인수는 2, 5이다.

④ $135 = 3^3 \times 5$이므로 135의 소인수는 3, 5이다.

⑤ $225 = 3^2 \times 5^2$이므로 225의 소인수는 3, 5이다.

따라서 소인수가 나머지 넷과 다른 하나는 ③이다.

### 06

(1) $2^2 \times 7$

(2) $2^2 \times 7$에서 7의 지수가 짝수가 되어야 하므로 곱할 수 있는 가장 작은 자연수는 7이다.

## 06-1

150을 소인수분해 하면 $150=2\times3\times5^2$
$2\times3\times5^2$에서 2와 3의 지수가 짝수가 되어야 하므로 곱할 수 있는 가장 작은 자연수는 $2\times3=6$이다.

## 07

$2^3\times7$의 약수는 $(2^3$의 약수$)\times(7$의 약수$)$ 꼴이다.
⑤ $2^2\times7^2$에서 $7^2$은 7의 약수가 아니므로 $2^3\times7$의 약수가 아니다.

## 07-1

$135=3^3\times5$이므로 135의 약수는
$(3^3$의 약수$)\times(5$의 약수$)$ 꼴이다.
② $3^2\times5$에서 $3^2$은 $3^3$의 약수이고 5는 5의 약수이므로 135의 약수이다.

## 08

① $36=2^2\times3^2$이므로 약수의 개수는
　$(2+1)\times(2+1)=9$
② $50=2\times5^2$이므로 약수의 개수는
　$(1+1)\times(2+1)=6$
③ $2^6$의 약수의 개수는
　$6+1=7$
④ $2\times3\times11$의 약수의 개수는
　$(1+1)\times(1+1)\times(1+1)=8$
⑤ $3^4\times7$의 약수의 개수는
　$(4+1)\times(1+1)=10$
따라서 약수의 개수가 가장 많은 것은 ⑤이다.

## 08-1

① $3^5$의 약수의 개수는
　$5+1=6$
② $63=3^2\times7$이므로 약수의 개수는
　$(2+1)\times(1+1)=6$
③ $75=3\times5^2$이므로 약수의 개수는
　$(1+1)\times(2+1)=6$
④ $130=2\times5\times13$이므로 약수의 개수는
　$(1+1)\times(1+1)\times(1+1)=8$
⑤ $3\times7^2$의 약수의 개수는
　$(1+1)\times(2+1)=6$
따라서 약수의 개수가 나머지 넷과 다른 하나는 ④이다.

## 09

$3^a\times5^2$의 약수의 개수가 18이므로
$(a+1)\times(2+1)=18$에서 $(a+1)\times3=6\times3$
$a+1=6$　∴ $a=5$

## 09-1

$2^a\times49=2^a\times7^2$이고 약수의 개수가 15이므로
$(a+1)\times(2+1)=15$에서 $(a+1)\times3=5\times3$
$a+1=5$　∴ $a=4$

# 02 최대공약수와 최소공배수

**개념 5** 15쪽

**개념 Bridge** 답 $2^2$, 12

**개념 check**

**01** 답 (1) $2^2\times5^2$　(2) $2\times3^2$

(1)
$$\begin{array}{r}2^3\times5^2\\2^2\times5^3\\\hline(\text{최대공약수})=2^2\times5^2\end{array}$$

(2)
$$\begin{array}{r}2^3\times3^2\\2\times3^2\times5\\2^2\times3^3\\\hline(\text{최대공약수})=2\times3^2\end{array}$$

**01-1** 답 (1) $3\times5$　(2) $2\times3\times5$　(3) $2\times5^2$　(4) $2\times3$

(1)
$$\begin{array}{r}3^2\times5^2\\3\times5\times7\\\hline(\text{최대공약수})=3\times5\end{array}$$

(2)
$$\begin{array}{r}2^2\times3\times5\\2\times3^2\times5\\\hline(\text{최대공약수})=2\times3\times5\end{array}$$

(3)
$$\begin{array}{r}2^2\times5^2\\2^3\times5^2\times7^2\\2\times5^3\times7\\\hline(\text{최대공약수})=2\times5^2\end{array}$$

(4)
$$\begin{array}{r}2\times3\times5\\2^2\times3\times7\\2\times3^2\times5^2\\\hline(\text{최대공약수})=2\times3\end{array}$$

**02** 답 (1) 12　(2) 6

(1)
$$\begin{array}{r}36=2^2\times3^2\\84=2^2\times3\times7\\\hline(\text{최대공약수})=2^2\times3=12\end{array}$$

(2)
$$\begin{array}{r}18=2\times3^2\\24=2^3\times3\\30=2\times3\times5\\\hline(\text{최대공약수})=2\times3=6\end{array}$$

**02-1** 답 (1) 4  (2) 14  (3) 12  (4) 10

(1) $\quad\quad\quad 16 = 2^4$

$\quad\quad\quad 44 = 2^2 \times 11$

(최대공약수)$= 2^2 \quad\quad = 4$

(2) $\quad\quad\quad 28 = 2^2 \quad\quad \times 7$

$\quad\quad\quad 70 = 2 \times 5 \times 7$

(최대공약수)$= 2 \quad\quad \times 7 = 14$

(3) $\quad\quad\quad 48 = 2^4 \times 3$

$\quad\quad\quad 84 = 2^2 \times 3 \times 7$

$\quad\quad\quad 96 = 2^5 \times 3$

(최대공약수)$= 2^2 \times 3 \quad\quad = 12$

(4) $\quad\quad\quad 40 = 2^3 \quad\quad \times 5$

$\quad\quad\quad 90 = 2 \times 3^2 \times 5$

$\quad\quad 180 = 2^2 \times 3^2 \times 5$

(최대공약수)$= 2 \quad\quad \times 5 = 10$

## 개념 6
16쪽

개념 **Bridge** 답 6, 6

개념 **check**

**01** 답 (1) 최대공약수: 6, 공약수: 1, 2, 3, 6
$\quad\quad$ (2) 최대공약수: 4, 공약수: 1, 2, 4

(1) $2 \times 3^2$, $2 \times 3 \times 5$의 최대공약수는 $2 \times 3 = 6$
따라서 두 수의 공약수는 6의 약수이므로 1, 2, 3, 6이다.

(2) $20 = 2^2 \times 5$, $72 = 2^3 \times 3^2$이므로 20, 72의 최대공약수는 $2^2 = 4$
따라서 두 수의 공약수는 4의 약수이므로 1, 2, 4이다.

**01-1** 답 (1) 1, 3, 5, 15  (2) 1, 2, 7, 14
$\quad\quad$ (3) 1, 2, 4, 8  (4) 1, 2, 3, 6, 9, 18

(1) $3^2 \times 5$, $3 \times 5^3$의 최대공약수는 $3 \times 5 = 15$
따라서 두 수의 공약수는 15의 약수이므로 1, 3, 5, 15이다.

(2) $2 \times 5 \times 7$, $2^2 \times 3 \times 7$, $2 \times 7^2$의 최대공약수는 $2 \times 7 = 14$
따라서 세 수의 공약수는 14의 약수이므로 1, 2, 7, 14이다.

(3) $40 = 2^3 \times 5$, $56 = 2^3 \times 7$이므로 40, 56의 최대공약수는 $2^3 = 8$
따라서 두 수의 공약수는 8의 약수이므로 1, 2, 4, 8이다.

(4) $72 = 2^3 \times 3^2$, $90 = 2 \times 3^2 \times 5$, $108 = 2^2 \times 3^3$이므로 72, 90, 108의 최대공약수는 $2 \times 3^2 = 18$
따라서 세 수의 공약수는 18의 약수이므로 1, 2, 3, 6, 9, 18이다.

**02** 답 (1) 1, 서로소이다.  (2) 1, 서로소이다.
$\quad\quad$ (3) 2, 서로소가 아니다.  (4) 1, 서로소이다.

**02-1** 답 (1) ○  (2) ○  (3) ×  (4) ○

(3) $28 = 2^2 \times 7$, $63 = 3^2 \times 7$의 최대공약수는 7이므로 서로소가 아니다.

## 개념 7
17쪽

개념 **Bridge** 답 $2^3$, 120

개념 **check**

**01** 답 (1) $2 \times 3^2 \times 5$  (2) $2^3 \times 3^3 \times 5$

(1) $\quad\quad\quad 2 \times 3^2$

$\quad\quad\quad\quad\quad 3^2 \times 5$

(최소공배수)$= 2 \times 3^2 \times 5$

(2) $\quad\quad\quad 2^2 \times 3$

$\quad\quad\quad 2^3 \times 3^3$

$\quad\quad\quad 2^2 \times 3^2 \times 5$

(최소공배수)$= 2^3 \times 3^3 \times 5$

**01-1** 답 (1) $2^2 \times 5^2 \times 7$  (2) $2^3 \times 3^3 \times 5$
$\quad\quad$ (3) $2^2 \times 3 \times 5$  (4) $2 \times 3^4 \times 5^3 \times 7$

(1) $\quad\quad\quad 2 \times 5^2$

$\quad\quad\quad 2^2 \times 5^2 \times 7$

(최소공배수)$= 2^2 \times 5^2 \times 7$

(2) $\quad\quad\quad 2^2 \times 3^3 \times 5$

$\quad\quad\quad 2^3 \times 3 \times 5$

(최소공배수)$= 2^3 \times 3^3 \times 5$

(3) $\quad\quad\quad 2 \times 3$

$\quad\quad\quad 2 \times 3 \times 5$

$\quad\quad\quad 2^2 \times 3 \times 5$

(최소공배수)$= 2^2 \times 3 \times 5$

(4) $\quad\quad\quad 2 \times 3^2 \times 5^3$

$\quad\quad\quad 2 \times 3^4 \quad\quad \times 7$

$\quad\quad\quad 2 \times 3^3 \quad\quad \times 7$

(최소공배수)$= 2 \times 3^4 \times 5^3 \times 7$

**02** 답 (1) 84  (2) 108

(1) $\quad\quad\quad 12 = 2^2 \times 3$

$\quad\quad\quad 42 = 2 \times 3 \times 7$

(최소공배수)$= 2^2 \times 3 \times 7 = 84$

(2) $\quad\quad\quad 18 = 2 \times 3^2$

$\quad\quad\quad 27 = \quad\quad 3^3$

$\quad\quad\quad 36 = 2^2 \times 3^2$

(최소공배수)$= 2^2 \times 3^3 = 108$

**02-1** 답 (1) 105  (2) 280  (3) 560  (4) 270

(1) $\quad\quad\quad 15 = 3 \times 5$

$\quad\quad\quad 21 = 3 \quad\quad \times 7$

(최소공배수)$= 3 \times 5 \times 7 = 105$

(2) $\quad\quad\quad 20 = 2^2 \times 5$

$\quad\quad\quad 56 = 2^3 \quad\quad \times 7$

(최소공배수)$= 2^3 \times 5 \times 7 = 280$

(3) $\begin{aligned} 16 &= 2^4 \\ 28 &= 2^2 \quad\;\; \times 7 \\ 40 &= 2^3 \times 5 \end{aligned}$

$\overline{(최소공배수) = 2^4 \times 5 \times 7 = 560}$

(4) $\begin{aligned} 45 &= \qquad 3^2 \times 5 \\ 90 &= 2 \times 3^2 \times 5 \\ 135 &= \qquad 3^3 \times 5 \end{aligned}$

$\overline{(최소공배수) = 2 \times 3^3 \times 5 = 270}$

## 개념 8
18쪽

**개념 Bridge** 답 12, 12

**개념 check**

**01** 답 (1) 최소공배수: 70, 공배수: 70, 140, 210
(2) 최소공배수: 90, 공배수: 90, 180, 270

(1) $2 \times 5$, $5 \times 7$의 최소공배수는 $2 \times 5 \times 7 = 70$
따라서 두 수의 공배수는 70의 배수이므로 70, 140, 210, … 이다.

(2) $18 = 2 \times 3^2$, $30 = 2 \times 3 \times 5$이므로 18, 30의 최소공배수는 $2 \times 3^2 \times 5 = 90$
따라서 두 수의 공배수는 90의 배수이므로 90, 180, 270, … 이다.

**01-1** 답 (1) 72, 144, 216  (2) 60, 120, 180
(3) 48, 96, 144  (4) 120, 240, 360

(1) $2 \times 3^2$, $2^3 \times 3$의 최소공배수는 $2^3 \times 3^2 = 72$
따라서 두 수의 공배수는 72의 배수이므로 72, 144, 216, …이다.

(2) $2 \times 5$, $3 \times 5$, $2^2 \times 5$의 최소공배수는 $2^2 \times 3 \times 5 = 60$
따라서 세 수의 공배수는 60의 배수이므로 60, 120, 180, … 이다.

(3) $16 = 2^4$, $24 = 2^3 \times 3$이므로 16, 24의 최소공배수는 $2^4 \times 3 = 48$
따라서 두 수의 공배수는 48의 배수이므로 48, 96, 144, … 이다.

(4) $12 = 2^2 \times 3$, $40 = 2^3 \times 5$, $60 = 2^2 \times 3 \times 5$이므로 12, 40, 60의 최소공배수는 $2^3 \times 3 \times 5 = 120$
따라서 세 수의 공배수는 120의 배수이므로 120, 240, 360, …이다.

**02** 답 (1) 서로소이다.  (2) 70

(2) 5와 14는 서로소이므로 5와 14의 최소공배수는 $5 \times 14 = 70$

**02-1** 답 210

10과 21은 서로소이므로 10과 21의 최소공배수는 $10 \times 21 = 210$

## 필수 유형 익히기
19~20쪽

| | | | |
|---|---|---|---|
| **01** ② | **01-1** ④ | **02** ④ | **02-1** ⑤ |
| **03** ③ | **03-1** ㄱ, ㄹ | **04** ④ | **04-1** ④ |
| **05** ① | **05-1** ② | **06** 1, 2 | **06-1** 4 |
| **07** 84 | **07-1** 6 | | |

### 01
$2^2 \times 3^2$, $2^4 \times 3^2 \times 5$의 최대공약수는 $2^2 \times 3^2$이다.

### 01-1
$48 = 2^4 \times 3$, $96 = 2^5 \times 3$, $120 = 2^3 \times 3 \times 5$이므로 세 수 48, 96, 120의 최대공약수는 $2^3 \times 3 = 24$이다.

### 02
두 수 $2^2 \times 7^2$, $2^3 \times 5^2 \times 7$의 최대공약수는 $2^2 \times 7$이므로 두 수의 공약수는 $2^2 \times 7$의 약수이다.
④ $2^2 \times 5$는 $2^2 \times 7$의 약수가 아니다.

### 02-1
두 수 $72 = 2^3 \times 3^2$, $120 = 2^3 \times 3 \times 5$의 최대공약수는 $2^3 \times 3$이므로 두 수의 공약수는 $2^3 \times 3$의 약수이다.
⑤ $2^2 \times 3^2$은 $2^3 \times 3$의 약수가 아니다.

### 03
두 수의 최대공약수는 다음과 같다.
① 1  ② 1  ③ 3  ④ 1  ⑤ 1
따라서 두 수가 서로소가 아닌 것은 ③이다.

### 03-1
두 수의 최대공약수는 다음과 같다.
ㄱ. 1  ㄴ. 7  ㄷ. 3  ㄹ. 1  ㅁ. 6  ㅂ. 5
따라서 보기 중 두 수가 서로소인 것은 ㄱ, ㄹ이다.

### 04
$2^2 \times 7$, $2^2 \times 5 \times 7$, $2^3 \times 5 \times 7$의 최소공배수는 $2^3 \times 5 \times 7$이다.

### 04-1
$24 = 2^3 \times 3$, $90 = 2 \times 3^2 \times 5$, $180 = 2^2 \times 3^2 \times 5$이므로 세 수 24, 90, 180의 최소공배수는 $2^3 \times 3^2 \times 5$이다.

### 05
두 수 $2^2 \times 5$, $2 \times 5^2$의 최소공배수는 $2^2 \times 5^2$이므로 두 수의 공배수는 $2^2 \times 5^2$의 배수이다.
① $2 \times 5$는 $2^2 \times 5^2$의 배수가 아니다.

## 05-1

두 수 $36=2^2\times3^2$, $54=2\times3^3$의 최소공배수는 $2^2\times3^3$이므로 두 수의 공배수는 $2^2\times3^3$의 배수이다.
② $2^3\times3^2$은 $2^2\times3^3$의 배수가 아니다.

## 06

$$2^a\times3^2$$
$$2\ \times3^b\times5$$
$$\overline{\text{(최대공약수)}=2\ \times3\qquad\rightarrow\quad b=1}$$
$$\text{(최소공배수)}=2^2\times3^2\times5\ \rightarrow\quad a=2$$

## 06-1

$$2^3\times3^2$$
$$2^a\times3\ \times7$$
$$\overline{\text{(최대공약수)}=2^2\times3\qquad\rightarrow\quad a=2}$$
$$\text{(최소공배수)}=2^3\times3^b\times7\ \rightarrow\quad b=2$$
$$\therefore a+b=4$$

## 07

구하는 수는 $12=2^2\times3$, $14=2\times7$의 최소공배수이므로
$2^2\times3\times7=84$

## 07-1

구하는 수는 $24=2^3\times3$, $78=2\times3\times13$의 최대공약수이므로
$2\times3=6$

### 서술형 감잡기
21쪽

| | |
|---|---|
| **01** 6 | **01-1** 22 |
| **02** $a=3$, $b=12$ | **02-1** $a=10$, $b=30$ |

## 01

① 단계 504를 소인수분해 하기 ◀ 50%
$504=2^{\boxed{3}}\times3^{\boxed{2}}\times7$

② 단계 $a$, $b$, $c$의 값 구하기 ◀ 30%
$a=\boxed{3}$, $b=\boxed{2}$, $c=1$

③ 단계 $a+b+c$의 값 구하기 ◀ 20%
$\therefore a+b+c=\boxed{6}$

## 01-1

① 단계 132를 소인수분해 하기 ◀ 50%
$132=2^2\times3\times11$

② 단계 $a$, $b$, $c$의 값 구하기 ◀ 30%
$a=2$, $b=1$, $c=11$

---

③ 단계 $abc$의 값 구하기 ◀ 20%
$\therefore abc=22$

## 02

① 단계 48을 소인수분해 하기 ◀ 30%
$48=2^{\boxed{4}}\times3$

② 단계 $a$의 값 구하기 ◀ 40%
$2^4\times3\times a=b^2$이 되려면 모든 소인수의 지수가 짝수가 되어야 하므로 가능한 한 작은 자연수 $a$의 값은
$a=\boxed{3}$

③ 단계 $b$의 값 구하기 ◀ 30%
$48\times a=2^4\times3\times3=(2^2\times3)\times(2^2\times3)$
$\qquad\qquad=(2^2\times3)^2=12^2$
$\therefore b=\boxed{12}$

## 02-1

① 단계 90을 소인수분해 하기 ◀ 30%
$90=2\times3^2\times5$

② 단계 $a$의 값 구하기 ◀ 40%
$2\times3^2\times5\times a=b^2$이 되려면 모든 소인수의 지수가 짝수가 되어야 하므로 가능한 한 작은 자연수 $a$의 값은
$a=2\times5=10$

③ 단계 $b$의 값 구하기 ◀ 30%
$90\times a=2\times3^2\times5\times2\times5$
$\qquad\quad=(2\times3\times5)\times(2\times3\times5)$
$\qquad\quad=(2\times3\times5)^2=30^2$
$\therefore b=30$

### 단원 마무리하기
22~24쪽

| | | | | |
|---|---|---|---|---|
| **01** ④ | **02** 풀이 참조 | **03** ①, ③ | | **04** ③, ⑤ |
| **05** ④ | **06** ④ | **07** 21 | **08** ④ **09** ④ | **10** ②, ⑤ |
| **11** ⑤ | **12** ⑤ | **13** ③ | **14** ③, ⑤ | **15** 14 |
| **16** 48 | **17** ② | **18** 4개 | **19** 50 | |

**01** 20 이하의 자연수 중 소수는 2, 3, 5, 7, 11, 13, 17, 19의 8개이다.

**02** 약수가 2개인 수는 소수이다.
따라서 소수가 모두 적힌 칸을 색칠하면 오른쪽과 같다.

| 2 | 5 | 7 | 11 |
|---|---|---|---|
| 13 | 17 | 19 | 21 |
| 23 | 39 | 43 | 55 |

**03** ② 9는 홀수이지만 소수가 아니다.
④ 10 이하의 소수는 2, 3, 5, 7의 4개이다.
⑤ 자연수는 1, 소수, 합성수로 이루어져 있다.
따라서 옳은 것은 ①, ③이다.

**04** ① $2^3=8$

② $3\times3\times3\times3=3^4$

④ $2\times2\times3\times3\times3=2^2\times3^3$

따라서 옳은 것은 ③, ⑤이다.

**05** ① $27=3^3$　　　　② $45=3^2\times5$

③ $80=2^4\times5$　　　⑤ $450=2\times3^2\times5^2$

따라서 소인수분해를 바르게 한 것은 ④이다.

**06** ① $18=2\times3^2$이므로 18의 소인수는 2, 3이다.

② $48=2^4\times3$이므로 48의 소인수는 2, 3이다.

③ $96=2^5\times3$이므로 96의 소인수는 2, 3이다.

④ $98=2\times7^2$이므로 98의 소인수는 2, 7이다.

⑤ $108=2^2\times3^3$이므로 108의 소인수는 2, 3이다.

따라서 소인수가 나머지 넷과 다른 하나는 ④이다.

**07** ❶ 단계 $a$의 값 구하기　◀ 40%

$84=2^2\times3\times7$이므로 $84\times a=b^2$이 되려면 가장 작은 자연수 $a$는 $a=3\times7=21$

❷ 단계 $b$의 값 구하기　◀ 40%

$2^2\times3\times7\times3\times7=(2\times3\times7)\times(2\times3\times7)$

$\qquad\qquad\qquad=(2\times3\times7)^2=42^2$

$\therefore b=42$

❸ 단계 $b-a$의 값 구하기　◀ 20%

$\therefore b-a=21$

**08** ① 200을 소인수분해 하면 $2^3\times5^2$이다.

② (가)에 알맞은 수는 1이다.

③ (나)에 알맞은 수는 $2^3$이다.

⑤ $2^2\times5^3$은 200의 약수가 아니다.

따라서 옳은 것은 ④이다.

**09** $2^2\times3\times5$의 약수의 개수는

$(2+1)\times(1+1)\times(1+1)=12$

① $12=2^2\times3$이므로 약수의 개수는

$(2+1)\times(1+1)=6$

② $27=3^3$이므로 약수의 개수는 $3+1=4$

③ $56=2^3\times7$이므로 약수의 개수는

$(3+1)\times(1+1)=8$

④ $72=2^3\times3^2$이므로 약수의 개수는

$(3+1)\times(2+1)=12$

⑤ $110=2\times5\times11$이므로 약수의 개수는

$(1+1)\times(1+1)\times(1+1)=8$

따라서 $2^2\times3\times5$와 약수의 개수가 같은 것은 ④이다.

**10** ① $49\times4=2^2\times7^2$이므로 약수의 개수는

$(2+1)\times(2+1)=9$

② $49\times5=5\times7^2$이므로 약수의 개수는

$(1+1)\times(2+1)=6$

③ $49\times7=7^3$이므로 약수의 개수는 $3+1=4$

④ $49\times9=3^2\times7^2$이므로 약수의 개수는

$(2+1)\times(2+1)=9$

⑤ $49\times11=7^2\times11$이므로 $(2+1)\times(1+1)=6$

따라서 $a$의 값으로 알맞은 것은 ②, ⑤이다.

**11** 세 수 $2^2\times3\times7$, $180=2^2\times3^2\times5$, $2^3\times3^2\times5$의 최대공약수는 $2^2\times3$이므로 세 수의 공약수는 $2^2\times3$의 약수이다.

⑤ $2^2\times3^2$은 $2^2\times3$의 약수가 아니다.

**12** 두 수의 최대공약수는 다음과 같다.

① 6　　② 3　　③ 16　　④ 7　　⑤ 1

따라서 두 수가 서로소인 것은 ⑤이다.

**13**

$$2^5\quad\ \ \times5$$
$$2^2\times3^2\times5^2$$
$$2^4\times3^3\times5\ \times7$$

$$\overline{\qquad\qquad\qquad\qquad\qquad\qquad}$$

$(\text{최대공약수})=2^2\quad\ \ \times5$

$(\text{최소공배수})=2^5\times3^3\times5^2\times7$

**14** 두 수 $2^2\times3$, $2\times3\times7$의 최소공배수는 $2^2\times3\times7$이므로 두 수의 공배수는 $2^2\times3\times7$의 배수인 ③, ⑤이다.

**15**

$$2^a\times3^2$$
$$2^5\times3^b\times c$$

$$\overline{\qquad\qquad\qquad\qquad\qquad\qquad}$$

$(\text{최대공약수})=2^3\times3^2\quad\Rightarrow\ a=3$

$(\text{최소공배수})=2^5\times3^4\times7\quad\Rightarrow\ b=4,\ c=7$

$\therefore a+b+c=14$

**16** 구하는 수는 $4=2^2$, $12=2^2\times3$, $16=2^4$의 최소공배수이므로

$2^4\times3=48$

**17** $1\times2\times3\times4\times5\times6\times7\times8\times9\times10$

$=1\times2\times3\times2^2\times5\times(2\times3)\times7\times2^3\times3^2\times(2\times5)$

$=2^8\times3^4\times5^2\times7$

따라서 $a=8$, $b=4$, $c=2$이므로

$a-b+c=6$

**18** $12=2^2\times3$과 서로소인 수는 2의 배수도 아니고 3의 배수도 아니어야 하므로 10보다 크고 20보다 작은 자연수 중에서 12와 서로소인 수는 11, 13, 17, 19의 4개이다.

**19** $2\times a$, $3\times a$의 최소공배수는 $a\times2\times3$

$a\times2\times3=60$에서

$a\times2\times3=10\times2\times3\quad\therefore a=10$

따라서 두 자연수는 $2\times10=20$, $3\times10=30$이므로 두 자연수의 합은 $20+30=50$

# 2 정수와 유리수

## 01 정수와 유리수

### 개념 1
26쪽

개념 Bridge 답 $+, + / -, -$

개념 check

**01** 답 (1) $-1$ (2) $+5000$

**01-1** 답 (1) $-3$ (2) $+7$

**02** 답 (1) $+2$, 양수 (2) $-3$, 음수

**02-1** 답 (1) $+\dfrac{1}{2}$, 양수 (2) $-2.4$, 음수

### 개념 2
27쪽

개념 Bridge 답 (1) $0, -\dfrac{6}{2}$ (2) $0$

개념 check

**01** 답

| 수 | $-2$ | $+\dfrac{1}{3}$ | $-0.5$ | $+5$ | $+\dfrac{9}{3}$ | $0$ |
|---|---|---|---|---|---|---|
| 양수 | × | ○ | × | ○ | ○ | × |
| 음수 | ○ | × | ○ | × | × | × |
| 정수 | ○ | × | × | ○ | ○ | ○ |
| 유리수 | ○ | ○ | ○ | ○ | ○ | ○ |

**01-1** 답 (1) $7, 0, -8, +\dfrac{21}{7}$ (2) $7, +\dfrac{21}{7}$

(3) $-6.5, -\dfrac{3}{4}, -8$ (4) $-6.5, -\dfrac{3}{4}$

### 개념 3
28쪽

개념 Bridge 답 $-\dfrac{3}{2}, +\dfrac{1}{3}$

개념 check

**01** 답

**01-1** 답

---

**02** 답 A: $-\dfrac{5}{3}$, B: $0$, C: $+\dfrac{3}{2}$, D: $+3$

**02-1** 답 A: $-\dfrac{3}{2}$, B: $-\dfrac{2}{3}$, C: $+1$, D: $+\dfrac{5}{2}$

### 필수 유형 익히기
29~30쪽

| | | | |
|---|---|---|---|
| **01** ⑤ | **01-1** ㄴ, ㄷ | **02** ③ | **02-1** 9 |
| **03** ③ | **03-1** ㄱ, ㄹ | **04** ④ | **04-1** ③ |
| **05** (1) 풀이 참조 (2) $a=-2, b=2$ | | | |
| **05-1** $a=-2, b=1$ | | | |
| **06** (1) 풀이 참조 (2) $-1$ | | **06-1** 1 | |

## 01

① 2점 득점: $+2$점

② 5 kg 감소: $-5$ kg

③ 10 % 인상: $+10$ %

④ 영하 8 ℃: $-8$ ℃

따라서 옳은 것은 ⑤이다.

## 01-1

ㄱ. 3일 전: $-3$일

ㄹ. 800원 이익: $+800$원

따라서 보기 중 옳은 것은 ㄴ, ㄷ이다.

## 02

① 양수는 $+4, \dfrac{8}{4}$의 2개이다.

② 자연수는 $+4, \dfrac{8}{4}(=2)$의 2개이다.

③ 정수는 $+4, 0, \dfrac{8}{4}(=2)$의 3개이다.

④ 유리수는 $-\dfrac{1}{5}, +4, -2.5, 0, \dfrac{8}{4}, -\dfrac{3}{7}$의 6개이다.

⑤ 정수가 아닌 유리수는 $-\dfrac{1}{5}, -2.5, -\dfrac{3}{7}$의 3개이다.

따라서 옳은 것은 ③이다.

## 02-1

유리수는 $3, +\dfrac{4}{2}(=+2), -\dfrac{1}{3}, -0.3, 0, -\dfrac{7}{2}$의 6개이므로

$a=6$

정수가 아닌 유리수는 $-\dfrac{1}{3}, -0.3, -\dfrac{7}{2}$의 3개이므로

$b=3$

$\therefore a+b=9$

## 03

③ 0과 1 사이에는 정수가 없다.

### 03-1

ㄴ. 양의 정수가 아닌 정수는 0 또는 음의 정수이다.

ㄷ. 0은 정수이다.

따라서 보기 중 옳은 것은 ㄱ, ㄹ이다.

### 04

④ D: $+\dfrac{7}{4}$

### 04-1

① A: $-3$　② B: $-\dfrac{7}{3}$　④ D: $+\dfrac{3}{2}$　⑤ E: $+4$

따라서 옳은 것은 ③이다.

### 05

(1)
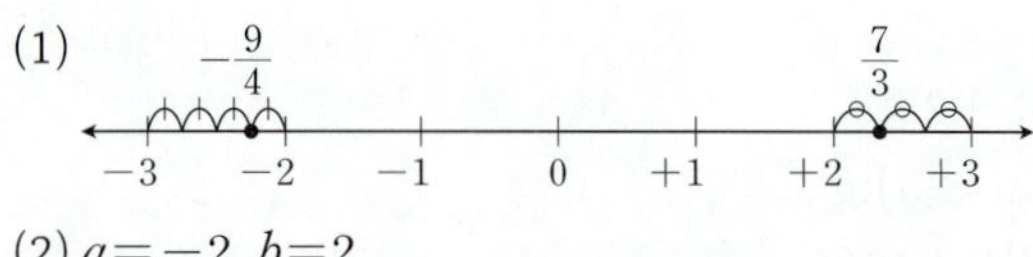

(2) $a=-2,\ b=2$

### 05-1

$-\dfrac{12}{5}\left(=-2\dfrac{2}{5}\right)$와 $\dfrac{2}{3}$를 수직선 위에 나타내면 다음 그림과 같다.

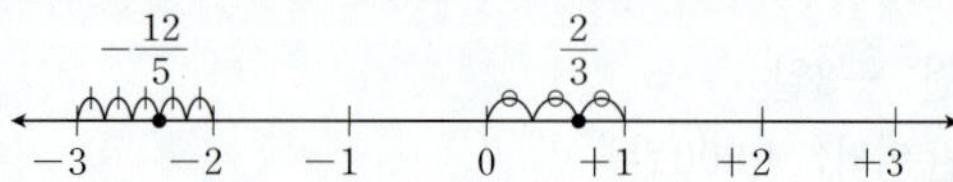

$\therefore a=-2,\ b=1$

### 06

(1)
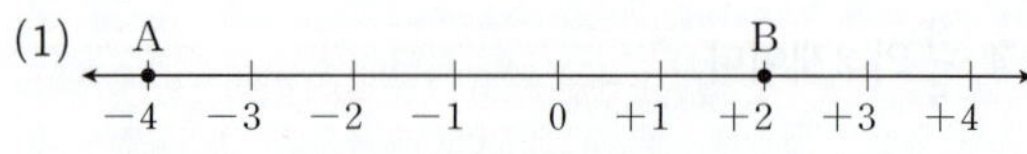

(2)
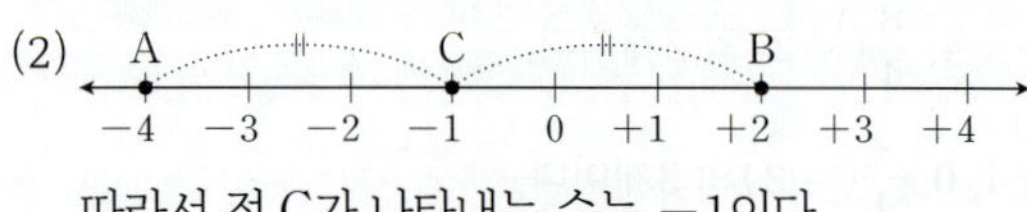

　따라서 점 C가 나타내는 수는 $-1$이다.

### 06-1

$-3$과 5를 수직선 위에 나타내면 다음 그림과 같다.

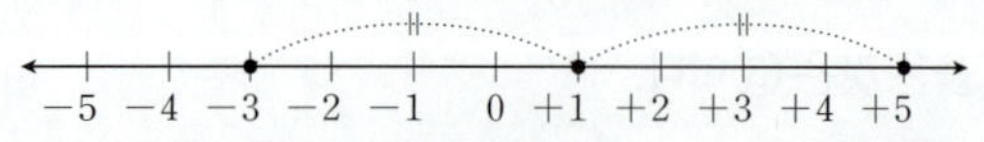

따라서 두 점으로부터 같은 거리에 있는 점이 나타내는 수는 1이다.

## 02 수의 대소 관계

<table><tr><td>개념 4</td><td>31쪽</td></tr></table>

개념 Bridge 답 7, 7, 7, 7



---

개념 check

01 답 (1) $|+2|$, 2　(2) $|-5|$, 5

　　　(3) $|-1.4|$, 1.4　(4) $\left|+\dfrac{3}{8}\right|$, $\dfrac{3}{8}$

01-1 답 (1) 13　(2) 8　(3) 2.9　(4) $\dfrac{2}{7}$

01-2 답 (1) $+6,\ -6$　(2) $+1.2,\ -1.2$　(3) $+\dfrac{3}{2}$　(4) $-\dfrac{9}{5}$

<table><tr><td>개념 5</td><td>32쪽</td></tr></table>

개념 Bridge 답 (1) $<$　(2) $<$　(3) $>$

개념 check

01 답 (1) $>$　(2) $<$

(1) (음수)$<$(양수)이므로 $+3>-1$

(2) $\dfrac{2}{3}=\dfrac{8}{12}$, $\dfrac{3}{4}=\dfrac{9}{12}$이므로

　　$\dfrac{8}{12}<\dfrac{9}{12}$　　$\therefore \dfrac{2}{3}<\dfrac{3}{4}$

01-1 답 (1) $0>-\dfrac{8}{3}$　(2) $-1.5<-\dfrac{4}{3}$

(1) (음수)$<$0이므로 $0>-\dfrac{8}{3}$

(2) $|-1.5|=1.5=\dfrac{3}{2}=\dfrac{9}{6}$, $\left|-\dfrac{4}{3}\right|=\dfrac{4}{3}=\dfrac{8}{6}$이므로

　　$|-1.5|>\left|-\dfrac{4}{3}\right|$　　$\therefore -1.5<-\dfrac{4}{3}$

02 답 (1) $\geq$　(2) $<$, $\leq$

02-1 답 (1) $-1<x\leq3$　(2) $-4\leq x\leq5$

(1) $x$는 $-1$ 초과이고 ➡ $x>-1$

　　$x$는 3 이하이다. ➡ $x\leq3$

　　$\therefore -1<x\leq3$

(2) $x$는 $-4$보다 작지 않고 ➡ $x\geq-4$

　　$x$는 5보다 크지 않다. ➡ $x\leq5$

　　$\therefore -4\leq x\leq5$

### 필수 유형 익히기　　33~34쪽

| | | | |
|---|---|---|---|
| 01 ④ | 01-1 ⑤ | 02 $-\dfrac{5}{4}$ | 02-1 ① |
| 03 $-5$ | 03-1 $+7$ | 04 ④ | 04-1 ③ |
| 05 ④ | 05-1 ⑤ | 06 7 | 06-1 ① |

## 01

$|-4|=4$이므로 $a=4$

절댓값이 $\dfrac{3}{4}$인 음수는 $-\dfrac{3}{4}$이므로 $b=-\dfrac{3}{4}$

## 01-1

$\left|-\dfrac{5}{6}\right|=\dfrac{5}{6}$이므로 $a=\dfrac{5}{6}$

절댓값이 12인 양수는 12이므로 $b=12$

## 02

$|-2.5|=2.5$, $|0|=0$, $|+3|=3$, $\left|-\dfrac{5}{4}\right|=\dfrac{5}{4}$, $\left|\dfrac{9}{2}\right|=\dfrac{9}{2}$이므로 주어진 수의 절댓값의 대소를 비교하면

$$\left|\dfrac{9}{2}\right|>|+3|>|-2.5|>\left|-\dfrac{5}{4}\right|>0$$

따라서 절댓값이 큰 수부터 차례로 나열할 때, 네 번째에 오는 수는 $-\dfrac{5}{4}$이다.

## 02-1

$|-3.2|=3.2$, $|2|=2$, $|-1|=1$, $\left|\dfrac{14}{5}\right|=\dfrac{14}{5}$, $\left|-\dfrac{5}{2}\right|=\dfrac{5}{2}$이므로 주어진 수의 절댓값의 대소를 비교하면

$$|-3.2|>\left|\dfrac{14}{5}\right|>\left|-\dfrac{5}{2}\right|>|2|>|-1|$$

따라서 원점에서 가장 멀리 떨어져 있는 수는 절댓값이 가장 큰 수인 ①이다.

## 03

절댓값이 같고 부호가 반대인 두 수를 나타내는 두 점 사이의 거리가 10이므로 두 점은

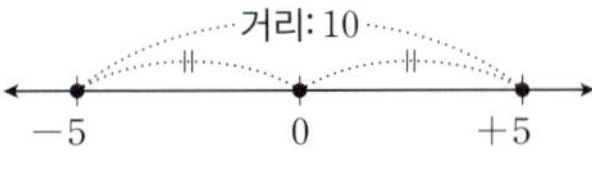

수직선 위에서 원점으로부터의 거리가 각각 $\dfrac{10}{2}(=5)$만큼 떨어져 있다.

따라서 두 수는 $+5$, $-5$이므로 작은 수는 $-5$이다.

## 03-1

절댓값이 같고 부호가 반대인 두 수를 나타내는 두 점 사이의 거리가 14이므로 두 점은

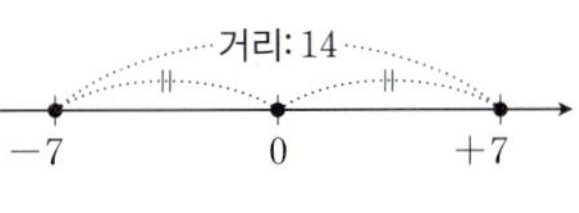

수직선 위에서 원점으로부터의 거리가 각각 $\dfrac{14}{2}(=7)$만큼 떨어져 있다.

따라서 두 수는 $+7$, $-7$이므로 큰 수는 $+7$이다.

## 04

① (음수)<(양수)이므로 $-\dfrac{4}{5}<\dfrac{3}{4}$

② $|-7|=7$, $|-5|=5$이고 음수끼리는 절댓값이 클수록 작으므로 $-7<-5$

③ $\left|-\dfrac{1}{2}\right|=\dfrac{1}{2}=0.5$, $|-0.8|=0.8$이고 음수끼리는 절댓값이 클수록 작으므로 $-\dfrac{1}{2}>-0.8$

④ $\left|-\dfrac{1}{3}\right|=\dfrac{1}{3}$이고 (양수)>0이므로 $\left|-\dfrac{1}{3}\right|>0$

⑤ $|+2|=2$, $|-6|=6$이므로 $|+2|<|-6|$

따라서 옳은 것은 ④이다.

## 04-1

① (음수)<(양수)이므로 $-1.5<1$

② $\dfrac{7}{2}=3.5$, $|-3.6|=3.6$이므로 $\dfrac{7}{2}<|-3.6|$

③ $|-3|=3$, $\left|-\dfrac{10}{3}\right|=\dfrac{10}{3}$이고 음수끼리는 절댓값이 클수록 작으므로 $-3>-\dfrac{10}{3}$

④ $|-4|=4$, $\left|-\dfrac{11}{5}\right|=\dfrac{11}{5}$이므로 $|-4|>\left|-\dfrac{11}{5}\right|$

⑤ $\dfrac{1}{5}=\dfrac{6}{30}$, $\dfrac{1}{6}=\dfrac{5}{30}$이고 $\dfrac{6}{30}>\dfrac{5}{30}$이므로 $\dfrac{1}{5}>\dfrac{1}{6}$

따라서 옳지 않은 것은 ③이다.

## 05

$x$는 $-3$보다 작지 않고 $\to x\geq-3$

$x$는 $\dfrac{4}{5}$ 이하이다. $\to x\leq\dfrac{4}{5}$

$\therefore -3\leq x\leq\dfrac{4}{5}$

## 05-1

① $x$는 5보다 작거나 같다. $\to x\leq5$

② $x$는 $-2$보다 크고 4 이하이다. $\to -2<x\leq4$

③ $x$는 $\dfrac{3}{5}$보다 크지 않다. $\to x\leq\dfrac{3}{5}$

④ $x$는 7.1 미만이다. $\to x<7.1$

따라서 옳은 것은 ⑤이다.

## 06

$\dfrac{7}{3}=2\dfrac{1}{3}$이므로 $-4\leq x<\dfrac{7}{3}$을 만족시키는 정수 $x$는 $-4$, $-3$, $-2$, $-1$, $0$, $1$, $2$의 7개이다.

## 06-1

$-\dfrac{7}{2}=-3\dfrac{1}{2}$이므로 $-\dfrac{7}{2}<x\leq1$을 만족시키는 정수 $x$는 $-3$, $-2$, $-1$, $0$, $1$이다.

따라서 정수 $x$가 될 수 없는 것은 ①이다.

## 서술형 감잡기

**01** $a=-3,\ b=3$  **01-1** $a=-1,\ b=2$
**02** $-2\le x\le\dfrac{7}{4},\ -2,\ -1,\ 0,\ 1$
**02-1** $-\dfrac{9}{2}\le x\le 2,\ -4,\ -3,\ -2,\ -1,\ 0,\ 1,\ 2$

### 01

**① 단계** 수직선 위에 두 수를 나타내기  ◀ 40%

$-\dfrac{11}{4}\left(=-2\dfrac{3}{4}\right)$과 $\dfrac{10}{3}\left(=3\dfrac{1}{3}\right)$을 수직선 위에 나타내면 다음 그림과 같다.

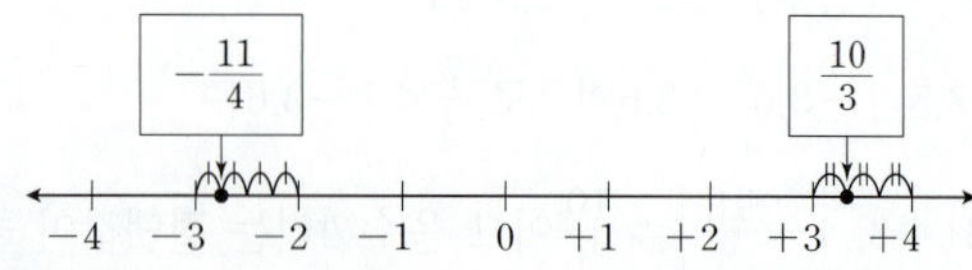

**② 단계** $a$의 값 구하기  ◀ 30%

$-\dfrac{11}{4}$에 가장 가까운 정수는 $\boxed{-3}$이므로 $a=\boxed{-3}$

**③ 단계** $b$의 값 구하기  ◀ 30%

$\dfrac{10}{3}$에 가장 가까운 정수는 $\boxed{3}$이므로 $b=\boxed{3}$

### 01-1

**① 단계** 수직선 위에 두 수를 나타내기  ◀ 40%

$-\dfrac{4}{3}\left(=-1\dfrac{1}{3}\right)$와 $\dfrac{11}{5}\left(=2\dfrac{1}{5}\right)$을 수직선 위에 나타내면 다음 그림과 같다.

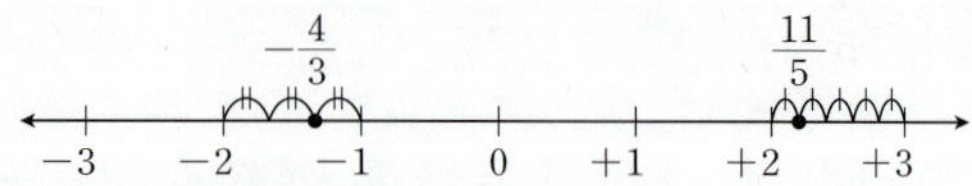

**② 단계** $a$의 값 구하기  ◀ 30%

$-\dfrac{4}{3}$에 가장 가까운 정수는 $-1$이므로 $a=-1$

**③ 단계** $b$의 값 구하기  ◀ 30%

$\dfrac{11}{5}$에 가장 가까운 정수는 $2$이므로 $b=2$

### 02

**① 단계** 주어진 문장을 부등호를 사용하여 나타내기  ◀ 40%

$x$는 $-2$보다 작지 않고 $\rightarrow x\boxed{\ge}-2$

$x$는 $\dfrac{7}{4}$ 이하이다. $\rightarrow x\boxed{\le}\dfrac{7}{4}$

$\therefore \boxed{-2}\le x\le\boxed{\dfrac{7}{4}}$  …… ㉠

**② 단계** $\dfrac{7}{4}$을 대분수로 고쳐 ㉠을 나타내기  ◀ 30%

$\dfrac{7}{4}=\boxed{1\dfrac{3}{4}}$이므로 ㉠에서 $\boxed{-2}\le x\le\boxed{1\dfrac{3}{4}}$

---

**③ 단계** 정수 $x$ 구하기  ◀ 30%

정수 $x$는 $\boxed{-2},\ \boxed{-1},\ \boxed{0},\ \boxed{1}$이다.

### 02-1

**① 단계** 주어진 문장을 부등호를 사용하여 나타내기  ◀ 40%

$x$는 $-\dfrac{9}{2}$ 이상이고 $\rightarrow x\ge-\dfrac{9}{2}$

$x$는 2보다 크지 않다. $\rightarrow x\le 2$

$\therefore -\dfrac{9}{2}\le x\le 2$  …… ㉠

**② 단계** $-\dfrac{9}{2}$를 대분수로 고쳐 ㉠을 나타내기  ◀ 30%

$-\dfrac{9}{2}=-4\dfrac{1}{2}$이므로 ㉠에서 $-4\dfrac{1}{2}\le x\le 2$

**③ 단계** 정수 $x$ 구하기  ◀ 30%

정수 $x$는 $-4,\ -3,\ -2,\ -1,\ 0,\ 1,\ 2$이다.

## 단원 마무리하기



| | | | | |
|---|---|---|---|---|
| **01** ③ | **02** ⑤ | **03** ㄷ, ㄹ | **04** ② | **05** ㄱ, ㄷ |
| **06** ④ | **07** $a=\dfrac{1}{3},\ b=\dfrac{2}{9}$ | | **08** ③ | **09** ⑤ |
| **10** ⑤ | **11** $a=+3,\ b=-3$ | | **12** ② | **13** ⑤ |
| **14** $-4$ | **15** ④ | **16** ③ | **17** $-4$ | **18** $b<c<a$ |

**01** ③ 30분 전 $\rightarrow$ $-30$분

**02** ① 자연수는 3의 1개이다.

② 양수는 3, $+\dfrac{1}{2}$의 2개이다.

③ 정수는 3, $-\dfrac{4}{2}(=-2)$, 0, $-7$의 4개이다.

④ 주어진 수는 모두 유리수이므로 유리수는 6개이다.

⑤ 정수가 아닌 유리수는 $-2.5$, $+\dfrac{1}{2}$의 2개이다.

따라서 옳지 않은 것은 ⑤이다.

**03** ㄱ. $+\dfrac{3}{2}$은 양수이지만 자연수는 아니다.

ㄴ. 0은 정수이다.
따라서 보기 중 옳은 것은 ㄷ, ㄹ이다.

**04** 주어진 수를 수직선 위에 나타내면 다음 그림과 같다.

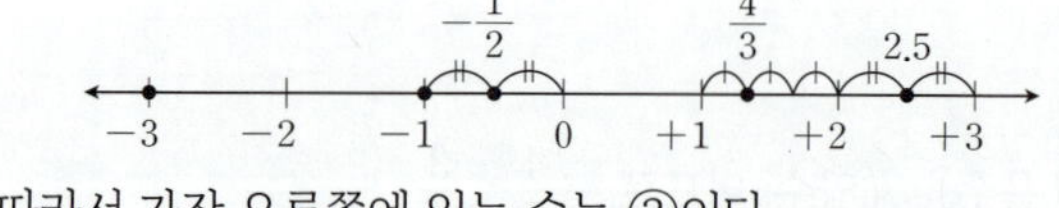

따라서 가장 오른쪽에 있는 수는 ②이다.

**05** ㄱ. 정수를 나타내는 점은 A, C, D의 3개이다.

ㄴ. 음의 유리수를 나타내는 점은 A, B의 2개이다.

ㄷ. 점 E가 나타내는 수는 $3\frac{1}{2}=\frac{7}{2}$이다.

따라서 보기 중 옳은 것은 ㄱ, ㄷ이다.

**06** 수직선 위에서 두 수를 나타내는 두 점 사이의 거리가 12이 므로 두 수는 $-3$으로부터의 거리가 각각 $\frac{12}{2}(=6)$인 점 이 나타내는 수이다.

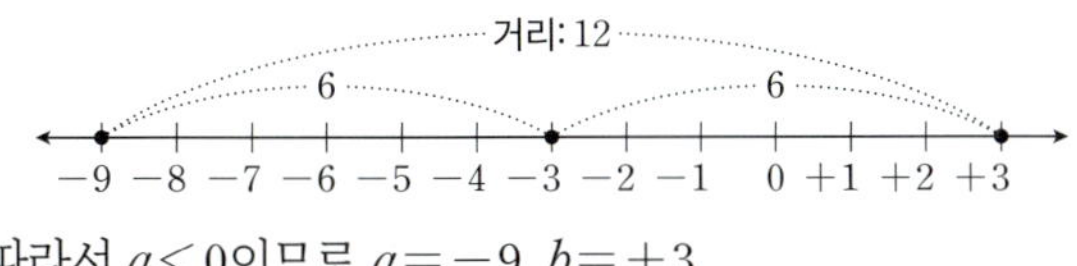


따라서 $a<0$이므로 $a=-9$, $b=+3$

**07** ① 단계 $a$의 값 구하기 ◀ 50%

$\left|-\frac{1}{3}\right|=\frac{1}{3}$이므로 $a=\frac{1}{3}$

② 단계 $b$의 값 구하기 ◀ 50%

절댓값이 $\frac{2}{9}$인 양수는 $\frac{2}{9}$이므로 $b=\frac{2}{9}$

**08** 절댓값이 4인 서로 다른 두 수는 $+4$, $-4$이므로 수직선 위 에서 이 두 수가 나타내는 두 점 사이의 거리는 8이다.

**09** ① 0의 절댓값은 0의 1개이다.

② 음수는 절댓값이 클수록 작다.

③ 절댓값이 가장 작은 수는 0이다.

④ 절댓값은 항상 0보다 크거나 같다.

따라서 옳은 것은 ⑤이다.

**10** $|-3.5|=3.5$, $|-2|=2$, $|1|=1$, $\left|\frac{16}{5}\right|=\frac{16}{5}$,

$\left|-\frac{9}{2}\right|=\frac{9}{2}$이므로 주어진 수의 절댓값의 대소를 비교하면

$\left|-\frac{9}{2}\right|>|-3.5|>\left|\frac{16}{5}\right|>|-2|>|1|$

따라서 원점에서 가장 멀리 떨어져 있는 수는 절댓값이 가 장 큰 수인 ⑤이다.

**11** $a$가 $b$보다 6만큼 크므로 수직선 위에서 두 정수 $a$, $b$를 나 타내는 두 점 사이의 거리가 6이다.

즉, 두 점은 수직선 위에서 원점으로부터의 거리가 각각 $\frac{6}{2}(=3)$만큼 떨어져 있으므로 두 정수 $a$, $b$는 $+3$, $-3$이 다.

따라서 $a>b$이므로 $a=+3$, $b=-3$

**12** $|x|\leq3$을 만족시키는 정수 $x$는 절댓값이 0, 1, 2, 3인 정수 이므로 $-3$, $-2$, $-1$, 0, 1, 2, 3의 7개이다.

**13** ① $\frac{1}{2}=0.5$이므로 $0.3<\frac{1}{2}$

② $|-1|>\left|-\frac{3}{4}\right|$이므로 $-1<-\frac{3}{4}$

③ $\frac{3}{4}=\frac{15}{20}$, $\left|-\frac{7}{5}\right|=\frac{7}{5}=\frac{28}{20}$이므로

$\frac{3}{4}<\left|-\frac{7}{5}\right|$

④ $\left|-\frac{1}{2}\right|=\frac{1}{2}=\frac{3}{6}$, $\left|-\frac{2}{3}\right|=\frac{2}{3}=\frac{4}{6}$이므로

$\left|-\frac{1}{2}\right|<\left|-\frac{2}{3}\right|$

⑤ $|-0.6|=\frac{3}{5}=\frac{21}{35}$, $\frac{2}{7}=\frac{10}{35}$이므로

$|-0.6|>\frac{2}{7}$

따라서 부등호가 나머지 넷과 다른 하나는 ⑤이다.

**14** $-\frac{11}{2}=-5.5$, $\left|-\frac{3}{4}\right|=\frac{3}{4}=0.75$이므로

$\frac{11}{2}<\quad 4<\quad 0.3<\left|-\frac{3}{4}\right|<1.75$

따라서 크기가 작은 수부터 차례로 나열할 때, 두 번째에 오 는 수는 $-4$이다.

**15** ④ $x$는 $-4$보다 크고 $\frac{7}{2}$보다 크지 않다. → $-4<x\leq\frac{7}{2}$

**16** $\frac{11}{7}=1\frac{4}{7}$이므로 $-2$와 $\frac{11}{7}$ 사이에 있는 정수는 $-1$, 0, 1의 3개이다.

**17** (개)에서 $a$는 $-4$보다 크거나 같고 $\frac{7}{3}$ 미만이므로

$-4\leq a<\frac{7}{3}$

이때 $\frac{7}{3}=2\frac{1}{3}$이므로 $-4\leq a<\frac{7}{3}$을 만족시키는 정수 $a$는 $-4$, $-3$, $-2$, $-1$, 0, 1, 2이다.

(내)에서 $|a|>3$이므로 구하는 정수 $a$의 값은 $-4$이다.

**18** (내)에서 $|c|=|-3|=3$이므로 $c=3$ 또는 $c=-3$이고

(개)에서 $c>-3$이므로 $c=3$

(대)에서 $a>3$이므로

$a>c$ ……… ㉠

(개)에서 $b>-3$이고 (래)에서 $b$는 $c$보다 $-3$에 더 가까우므 로

$b<c$ ……… ㉡

따라서 ㉠, ㉡에서 $b<c<a$

## 정수와 유리수의 계산

## 01 정수와 유리수의 덧셈과 뺄셈

### 개념 1

40쪽

개념 Bridge  답 (1) +, +, +, 10  (2) −, +, −, 10
(3) +, −, +, 2  (4) −, −, −, 2

개념 check

01  답 (1) +13  (2) −16  (3) +2  (4) −4  (5) +3
(6) +3.8

(1) $(+10)+(+3)=+(10+3)=+13$
(2) $(-9)+(-7)=-(9+7)=-16$
(3) $(+7)+(-5)=+(7-5)=+2$
(4) $(-10)+(+6)=-(10-6)=-4$
(5) $\left(+\dfrac{7}{4}\right)+\left(+\dfrac{5}{4}\right)=+\left(\dfrac{7}{4}+\dfrac{5}{4}\right)=+3$
(6) $(+5.4)+(-1.6)=+(5.4-1.6)=+3.8$

01-1  답 (1) +17  (2) −19  (3) $-\dfrac{5}{4}$  (4) $-\dfrac{3}{10}$  (5) +1.6
(6) +2.6

(1) $(+8)+(+9)=+(8+9)=+17$
(2) $(-7)+(-12)=-(7+12)=-19$
(3) $\left(-\dfrac{1}{2}\right)+\left(-\dfrac{3}{4}\right)=\left(-\dfrac{2}{4}\right)+\left(-\dfrac{3}{4}\right)$
$\qquad =-\left(\dfrac{2}{4}+\dfrac{3}{4}\right)=-\dfrac{5}{4}$
(4) $\left(+\dfrac{4}{5}\right)+\left(-\dfrac{11}{10}\right)=\left(+\dfrac{8}{10}\right)+\left(-\dfrac{11}{10}\right)$
$\qquad =-\left(\dfrac{11}{10}-\dfrac{8}{10}\right)=-\dfrac{3}{10}$
(5) $(+1.1)+(+0.5)=+(1.1+0.5)=+1.6$
(6) $(-0.6)+(+3.2)=+(3.2-0.6)=+2.6$

### 개념 2

41쪽

개념 Bridge  답 교환, 결합

개념 check

01  답 $-\dfrac{1}{2}$, $-\dfrac{1}{2}$, $-2$, $-\dfrac{1}{3}$
(가): 덧셈의 교환법칙, (나): 덧셈의 결합법칙

02  답 (1) +2  (2) +1  (3) $-\dfrac{1}{4}$  (4) −1

(1) $(+3)+(-7)+(+6)$
$=(+3)+(+6)+(-7)$
$=\{(+3)+(+6)\}+(-7)$
$=(+9)+(-7)$
$=+2$
(2) $(-8)+(+12)+(-3)$
$=(-8)+(-3)+(+12)$
$=\{(-8)+(-3)\}+(+12)$
$=(-11)+(+12)$
$=+1$
(3) $\left(-\dfrac{10}{7}\right)+\left(+\dfrac{3}{4}\right)+\left(+\dfrac{3}{7}\right)$
$=\left(-\dfrac{10}{7}\right)+\left(+\dfrac{3}{7}\right)+\left(+\dfrac{3}{4}\right)$
$=\left\{\left(-\dfrac{10}{7}\right)+\left(+\dfrac{3}{7}\right)\right\}+\left(+\dfrac{3}{4}\right)$
$=(-1)+\left(+\dfrac{3}{4}\right)$
$=-\dfrac{1}{4}$
(4) $(+4.5)+(-7)+(+1.5)$
$=(+4.5)+(+1.5)+(-7)$
$=\{(+4.5)+(+1.5)\}+(-7)$
$=(+6)+(-7)=-1$

02-1  답 (1) +6  (2) $-\dfrac{15}{8}$  (3) +6  (4) −2

(1) $(-11)+(+6)+(+11)$
$=(-11)+(+11)+(+6)$
$=\{(-11)+(+11)\}+(+6)$
$=0+(+6)$
$=+6$
(2) $\left(-\dfrac{3}{4}\right)+\left(+\dfrac{1}{8}\right)+\left(-\dfrac{5}{4}\right)$
$=\left(-\dfrac{3}{4}\right)+\left(-\dfrac{5}{4}\right)+\left(+\dfrac{1}{8}\right)$
$=\left\{\left(-\dfrac{3}{4}\right)+\left(-\dfrac{5}{4}\right)\right\}+\left(+\dfrac{1}{8}\right)$
$=\left(-\dfrac{8}{4}\right)+\left(+\dfrac{1}{8}\right)$
$=\left(-\dfrac{16}{8}\right)+\left(+\dfrac{1}{8}\right)$
$=-\dfrac{15}{8}$
(3) $(+12.7)+(-5)+(-1.7)$
$=(+12.7)+(-1.7)+(-5)$
$=\{(+12.7)+(-1.7)\}+(-5)$
$=(+11)+(-5)$
$=+6$

(4) $(+3)+\left(-\dfrac{2}{9}\right)+(-4)+\left(-\dfrac{7}{9}\right)$

$\quad =(+3)+(-4)+\left(-\dfrac{2}{9}\right)+\left(-\dfrac{7}{9}\right)$

$\quad =\{(+3)+(-4)\}+\left\{\left(-\dfrac{2}{9}\right)+\left(-\dfrac{7}{9}\right)\right\}$

$\quad =(-1)+(-1)$

$\quad =-2$

---



개념 **Bridge** 답 (1) $+,\ -,\ +,\ -,\ +,\ 2$
　　　　　　　　(2) $+,\ +,\ +,\ +,\ +,\ 10$

개념 **check**

**01** 답 (1) $+4$　(2) $-9$　(3) $+7$　(4) $+2$　(5) $+\dfrac{5}{8}$
　　　　(6) $-3.1$

(1) $(+7)-(+3)=(+7)+(-3)=+4$

(2) $(-4)-(+5)=(-4)+(-5)=-9$

(3) $(+5)-(-2)=(+5)+(+2)=+7$

(4) $(-9)-(-11)=(-9)+(+11)=+2$

(5) $\left(+\dfrac{3}{4}\right)-\left(+\dfrac{1}{8}\right)=\left(+\dfrac{6}{8}\right)+\left(-\dfrac{1}{8}\right)=+\dfrac{5}{8}$

(6) $(-4.7)-(-1.6)=(-4.7)+(+1.6)=-3.1$

**01-1** 답 (1) $+2$　(2) $+11$　(3) $-\dfrac{8}{15}$　(4) $+\dfrac{11}{4}$
　　　　　(5) $-6.8$　(6) $-2.1$

(1) $(+6)-(+4)=(+6)+(-4)=+2$

(2) $(+2)-(-9)=(+2)+(+9)=+11$

(3) $\left(-\dfrac{1}{5}\right)-\left(+\dfrac{1}{3}\right)=\left(-\dfrac{3}{15}\right)+\left(-\dfrac{5}{15}\right)=-\dfrac{8}{15}$

(4) $\left(+\dfrac{5}{2}\right)-\left(-\dfrac{1}{4}\right)=\left(+\dfrac{10}{4}\right)+\left(+\dfrac{1}{4}\right)=+\dfrac{11}{4}$

(5) $(-4.3)-(+2.5)=(-4.3)+(-2.5)=-6.8$

(6) $(-5.6)-(-3.5)=(-5.6)+(+3.5)=-2.1$

---



개념 **Bridge** 답 (1) $+,\ +7,\ +12,\ +8$
　　　　　　　　(2) $+,\ +,\ -,\ -3,\ -10,\ -6$

---

개념 **check**

**01** 답 (1) $+13$　(2) $-\dfrac{9}{4}$

(1) $(-5)+(+11)-(-7)$

$\quad =(-5)+(+11)+(+7)$

$\quad =(-5)+\{(+11)+(+7)\}$

$\quad =(-5)+(+18)$

$\quad =+13$

(2) $\left(-\dfrac{3}{4}\right)-\left(+\dfrac{1}{2}\right)+(-1)$

$\quad =\left(-\dfrac{3}{4}\right)+\left(-\dfrac{1}{2}\right)+(-1)$

$\quad =\left\{\left(-\dfrac{3}{4}\right)+\left(-\dfrac{2}{4}\right)\right\}+(-1)$

$\quad =\left(-\dfrac{5}{4}\right)+(-1)$

$\quad =-\dfrac{9}{4}$

**01-1** 답 (1) $+1$　(2) $-4$　(3) $+2$　(4) $-\dfrac{11}{10}$

(1) $(+5)-(-2)+(-6)$

$\quad =(+5)+(+2)+(-6)$

$\quad =\{(+5)+(+2)\}+(-6)$

$\quad =(+7)+(-6)$

$\quad =+1$

(2) $(-9)+(+3)-(-6)-(+4)$

$\quad =(-9)+(+3)+(+6)+(-4)$

$\quad =\{(-9)+(-4)\}+\{(+3)+(+6)\}$

$\quad =(-13)+(+9)$

$\quad =-4$

(3) $\left(+\dfrac{3}{4}\right)-(-3)-\left(+\dfrac{7}{4}\right)$

$\quad =\left(+\dfrac{3}{4}\right)+(+3)+\left(-\dfrac{7}{4}\right)$

$\quad =\left\{\left(+\dfrac{3}{4}\right)+\left(-\dfrac{7}{4}\right)\right\}+(+3)$

$\quad =(-1)+(+3)$

$\quad =+2$

(4) $\left(-\dfrac{7}{10}\right)-(+10)+\left(+\dfrac{3}{5}\right)-(-9)$

$\quad =\left(-\dfrac{7}{10}\right)+(-10)+\left(+\dfrac{3}{5}\right)+(+9)$

$\quad =\left(-\dfrac{7}{10}\right)+\left(+\dfrac{3}{5}\right)+(-10)+(+9)$

$\quad =\left\{\left(-\dfrac{7}{10}\right)+\left(+\dfrac{6}{10}\right)\right\}+\{(-10)+(+9)\}$

$\quad =\left(-\dfrac{1}{10}\right)+(-1)$

$\quad =-\dfrac{11}{10}$

**02** 답 (1) 3  (2) $-\dfrac{11}{4}$

(1) $6+10-13$
$=(+6)+(+10)-(+13)$
$=(+6)+(+10)+(-13)$
$=\{(+6)+(+10)\}+(-13)$
$=(+16)+(-13)$
$=3$

(2) $3-6+\dfrac{1}{4}$
$=(+3)-(+6)+\left(+\dfrac{1}{4}\right)$
$=(+3)+(-6)+\left(+\dfrac{1}{4}\right)$
$=\{(+3)+(-6)\}+\left(+\dfrac{1}{4}\right)$
$=(-3)+\left(+\dfrac{1}{4}\right)$
$=-\dfrac{11}{4}$


(1) $6+10-13=16-13=3$
(2) $3-6+\dfrac{1}{4}=-3+\dfrac{1}{4}=-\dfrac{11}{4}$

**02-1** 답 (1) $-12$  (2) $-7.5$  (3) $\dfrac{13}{36}$  (4) $-\dfrac{5}{4}$

(1) $-7-13+8$
$=(-7)-(+13)+(+8)$
$=(-7)+(-13)+(+8)$
$=\{(-7)+(-13)\}+(+8)$
$=(-20)+(+8)$
$=-12$

(2) $1.4-3.2-5.7$
$=(+1.4)-(+3.2)-(+5.7)$
$=(+1.4)+(-3.2)+(-5.7)$
$=(+1.4)+\{(-3.2)+(-5.7)\}$
$=(+1.4)+(-8.9)$
$=-7.5$

(3) $\dfrac{1}{4}+\dfrac{1}{3}-\dfrac{2}{9}$
$=\left(+\dfrac{1}{4}\right)+\left(+\dfrac{1}{3}\right)-\left(+\dfrac{2}{9}\right)$
$=\left(+\dfrac{1}{4}\right)+\left(+\dfrac{1}{3}\right)+\left(-\dfrac{2}{9}\right)$
$=\left\{\left(+\dfrac{9}{36}\right)+\left(+\dfrac{12}{36}\right)\right\}+\left(-\dfrac{8}{36}\right)$
$=\left(+\dfrac{21}{36}\right)+\left(-\dfrac{8}{36}\right)$
$=\dfrac{13}{36}$

(4) $-3+\dfrac{1}{3}-\dfrac{1}{4}+\dfrac{5}{3}$
$=(-3)+\left(+\dfrac{1}{3}\right)-\left(+\dfrac{1}{4}\right)+\left(+\dfrac{5}{3}\right)$
$=(-3)+\left(+\dfrac{1}{3}\right)+\left(-\dfrac{1}{4}\right)+\left(+\dfrac{5}{3}\right)$
$=(-3)+\left\{\left(+\dfrac{1}{3}\right)+\left(+\dfrac{5}{3}\right)\right\}+\left(-\dfrac{1}{4}\right)$
$=\{(-3)+(+2)\}+\left(-\dfrac{1}{4}\right)$
$=(-1)+\left(-\dfrac{1}{4}\right)$
$=-\dfrac{5}{4}$


(1) $-7-13+8=-20+8=-12$
(2) $1.4-3.2-5.7=-1.8-5.7=-7.5$
(3) $\dfrac{1}{4}+\dfrac{1}{3}-\dfrac{2}{9}=\dfrac{9}{36}+\dfrac{12}{36}-\dfrac{8}{36}=\dfrac{21}{36}-\dfrac{8}{36}=\dfrac{13}{36}$
(4) $-3+\dfrac{1}{3}-\dfrac{1}{4}+\dfrac{5}{3}=-3+\dfrac{1}{3}+\dfrac{5}{3}-\dfrac{1}{4}=-3+2-\dfrac{1}{4}$
$=-1-\dfrac{1}{4}=-\dfrac{5}{4}$

## 필수 유형 익히기  44~45쪽

**01** ③   **01-1** ③
**02** ㉠: 덧셈의 교환법칙, ㉡: 덧셈의 결합법칙
**02-1** ㉠: 교환, ㉡: 결합, ㉢: $-2$, ㉣: $+1$
**03** ③   **03-1** ⑤   **04** $-\dfrac{5}{4}$   **04-1** ③
**05** $\dfrac{7}{6}$   **05-1** ②   **06** $-10$   **06-1** $-\dfrac{11}{6}$
**07** (1) $-4$  (2) $-1$   **07-1** $\dfrac{1}{2}$

## 01

① $(+4)+(-3)=+(4-3)=+1$
② $\left(-\dfrac{1}{2}\right)+(-2)=\left(-\dfrac{1}{2}\right)+\left(-\dfrac{4}{2}\right)=-\left(\dfrac{1}{2}+\dfrac{4}{2}\right)=-\dfrac{5}{2}$
③ $\left(-\dfrac{1}{2}\right)+\left(+\dfrac{3}{4}\right)=\left(-\dfrac{2}{4}\right)+\left(+\dfrac{3}{4}\right)=+\left(\dfrac{3}{4}-\dfrac{2}{4}\right)=+\dfrac{1}{4}$
④ $(-0.6)+\left(+\dfrac{2}{3}\right)=\left(-\dfrac{3}{5}\right)+\left(+\dfrac{2}{3}\right)=\left(-\dfrac{9}{15}\right)+\left(+\dfrac{10}{15}\right)$
$=+\left(\dfrac{10}{15}-\dfrac{9}{15}\right)=+\dfrac{1}{15}$
⑤ $(+2.8)+(-4.3)=-(4.3-2.8)=-1.5$
따라서 계산 결과가 옳은 것은 ③이다.

## 01-1

① $(-6)+(+3)=-(6-3)=-3$

② $\left(-\dfrac{9}{2}\right)+\left(+\dfrac{3}{2}\right)=-\left(\dfrac{9}{2}-\dfrac{3}{2}\right)=-\dfrac{6}{2}=-3$

③ $\left(+\dfrac{3}{8}\right)+\left(-\dfrac{7}{2}\right)=\left(+\dfrac{3}{8}\right)+\left(-\dfrac{28}{8}\right)=-\left(\dfrac{28}{8}-\dfrac{3}{8}\right)=-\dfrac{25}{8}$

④ $(+2.1)+(-5.1)=-(5.1-2.1)=-3$

⑤ $(-1.4)+(-1.6)=-(1.4+1.6)=-3$

따라서 계산 결과가 나머지 넷과 다른 하나는 ③이다.

## 03

① $(+8)-(+13)=(+8)+(-13)=-5$

② $\left(+\dfrac{2}{3}\right)-\left(-\dfrac{3}{2}\right)=\left(+\dfrac{4}{6}\right)+\left(+\dfrac{9}{6}\right)=+\dfrac{13}{6}$

③ $\left(-\dfrac{5}{7}\right)-\left(-\dfrac{2}{3}\right)=\left(-\dfrac{15}{21}\right)+\left(+\dfrac{14}{21}\right)=-\dfrac{1}{21}$

④ $(-3.3)-(+2.6)=(-3.3)+(-2.6)=-5.9$

⑤ $\left(+\dfrac{7}{2}\right)-(+1.6)=(+3.5)+(-1.6)=+1.9$

따라서 계산 결과가 옳은 것은 ③이다.

## 03-1

$(+7)-(-5)=(+7)+(+5)=+12$

① $(+3)-(+9)=(+3)+(-9)=-6$

② $(-14)-(-2)=(-14)+(+2)=-12$

③ $\left(+\dfrac{5}{3}\right)-\left(+\dfrac{31}{3}\right)=\left(+\dfrac{5}{3}\right)+\left(-\dfrac{31}{3}\right)=-\dfrac{26}{3}$

④ $\left(-\dfrac{11}{6}\right)-\left(+\dfrac{7}{9}\right)=\left(-\dfrac{33}{18}\right)+\left(-\dfrac{14}{18}\right)=-\dfrac{47}{18}$

⑤ $(+3.5)-(-8.5)=(+3.5)+(+8.5)=+12$

따라서 계산 결과가 같은 것은 ⑤이다.

## 04

$\left(+\dfrac{1}{4}\right)+\left(-\dfrac{2}{3}\right)-(+0.5)+\left(-\dfrac{1}{3}\right)$

$=\left(+\dfrac{1}{4}\right)+\left(-\dfrac{2}{3}\right)+\left(-\dfrac{1}{2}\right)+\left(-\dfrac{1}{3}\right)$

$=\left(+\dfrac{1}{4}\right)+\left(-\dfrac{1}{2}\right)+\left(-\dfrac{2}{3}\right)+\left(-\dfrac{1}{3}\right)$

$=\left\{\left(+\dfrac{1}{4}\right)+\left(-\dfrac{2}{4}\right)\right\}+\left\{\left(-\dfrac{2}{3}\right)+\left(-\dfrac{1}{3}\right)\right\}$

$=\left(-\dfrac{1}{4}\right)+(-1)=-\dfrac{5}{4}$

## 04-1

① $(-4)+(+11)-(-9)$

$\quad=(-4)+(+11)+(+9)$

$\quad=(-4)+\{(+11)+(+9)\}$

$\quad=(-4)+(+20)$

$\quad=+16$

② $\left(+\dfrac{1}{4}\right)-\left(+\dfrac{1}{3}\right)+\left(-\dfrac{5}{12}\right)$

$\quad=\left(+\dfrac{1}{4}\right)+\left(-\dfrac{1}{3}\right)+\left(-\dfrac{5}{12}\right)$

$\quad=\left(+\dfrac{3}{12}\right)+\left\{\left(-\dfrac{4}{12}\right)+\left(-\dfrac{5}{12}\right)\right\}$

$\quad=\left(+\dfrac{3}{12}\right)+\left(-\dfrac{9}{12}\right)$

$\quad=-\dfrac{6}{12}=-\dfrac{1}{2}$

③ $\left(+\dfrac{3}{5}\right)-\left(-\dfrac{5}{4}\right)+\left(-\dfrac{9}{20}\right)$

$\quad=\left(+\dfrac{3}{5}\right)+\left(+\dfrac{5}{4}\right)+\left(-\dfrac{9}{20}\right)$

$\quad=\left\{\left(+\dfrac{12}{20}\right)+\left(+\dfrac{25}{20}\right)\right\}+\left(-\dfrac{9}{20}\right)$

$\quad=\left(+\dfrac{37}{20}\right)+\left(-\dfrac{9}{20}\right)$

$\quad=+\dfrac{28}{20}=+\dfrac{7}{5}$

④ $\left(+\dfrac{7}{6}\right)+(-2.5)-\left(+\dfrac{2}{3}\right)$

$\quad=\left(+\dfrac{7}{6}\right)+(-2.5)+\left(-\dfrac{2}{3}\right)$

$\quad=\left\{\left(+\dfrac{7}{6}\right)+\left(-\dfrac{4}{6}\right)\right\}+(-2.5)$

$\quad=\left(+\dfrac{1}{2}\right)+\left(-\dfrac{5}{2}\right)$

$\quad=-\dfrac{4}{2}=-2$

⑤ $(-3.2)+(+0.3)-(-4.2)$

$\quad=(-3.2)+(+0.3)+(+4.2)$

$\quad=(-3.2)+\{(+0.3)+(+4.2)\}$

$\quad=(-3.2)+(+4.5)=+1.3$

따라서 계산 결과가 옳은 것은 ③이다.

## 05

$\dfrac{7}{2}-\dfrac{2}{3}+\dfrac{1}{3}-2$

$=\left(+\dfrac{7}{2}\right)-\left(+\dfrac{2}{3}\right)+\left(+\dfrac{1}{3}\right)-(+2)$

$=\left(+\dfrac{7}{2}\right)+\left(-\dfrac{2}{3}\right)+\left(+\dfrac{1}{3}\right)+(-2)$

$=\left(+\dfrac{7}{2}\right)+\left\{\left(-\dfrac{2}{3}\right)+\left(+\dfrac{1}{3}\right)\right\}+(-2)$

$=\left(+\dfrac{7}{2}\right)+\left(-\dfrac{1}{3}\right)+(-2)$

$=\left(+\dfrac{21}{6}\right)+\left\{\left(-\dfrac{2}{6}\right)+\left(-\dfrac{12}{6}\right)\right\}$

$=\left(+\dfrac{21}{6}\right)+\left(-\dfrac{14}{6}\right)$

$=\dfrac{7}{6}$

## 05-1

① $-2+3-9=(-2)+(+3)-(+9)$
$\qquad\qquad=(-2)+(+3)+(-9)$
$\qquad\qquad=\{(-2)+(-9)\}+(+3)$
$\qquad\qquad=(-11)+(+3)=-8$

② $5-10-5=(+5)-(+10)-(+5)$
$\qquad\qquad=(+5)+(-10)+(-5)$
$\qquad\qquad=\{(+5)+(-5)\}+(-10)$
$\qquad\qquad=0+(-10)=-10$

③ $-\dfrac{1}{6}+\dfrac{1}{2}-\dfrac{4}{3}=\left(-\dfrac{1}{6}\right)+\left(+\dfrac{1}{2}\right)-\left(+\dfrac{4}{3}\right)$
$\qquad\qquad=\left(-\dfrac{1}{6}\right)+\left(+\dfrac{1}{2}\right)+\left(-\dfrac{4}{3}\right)$
$\qquad\qquad=\left\{\left(-\dfrac{1}{6}\right)+\left(-\dfrac{8}{6}\right)\right\}+\left(+\dfrac{1}{2}\right)$
$\qquad\qquad=\left(-\dfrac{3}{2}\right)+\left(+\dfrac{1}{2}\right)$
$\qquad\qquad=-1$

④ $\dfrac{4}{3}-\dfrac{8}{15}+\dfrac{3}{5}=\left(+\dfrac{4}{3}\right)-\left(+\dfrac{8}{15}\right)+\left(+\dfrac{3}{5}\right)$
$\qquad\qquad=\left(+\dfrac{4}{3}\right)+\left(-\dfrac{8}{15}\right)+\left(+\dfrac{3}{5}\right)$
$\qquad\qquad=\left\{\left(+\dfrac{20}{15}\right)+\left(+\dfrac{9}{15}\right)\right\}+\left(-\dfrac{8}{15}\right)$
$\qquad\qquad=\left(+\dfrac{29}{15}\right)+\left(-\dfrac{8}{15}\right)$
$\qquad\qquad=\dfrac{21}{15}=\dfrac{7}{5}$

⑤ $-6.4-3.1+0.5=(-6.4)-(+3.1)+(+0.5)$
$\qquad\qquad=(-6.4)+(-3.1)+(+0.5)$
$\qquad\qquad=\{(-6.4)+(-3.1)\}+(+0.5)$
$\qquad\qquad=(-9.5)+(+0.5)=-9$

따라서 계산 결과가 가장 작은 것은 ②이다.

## 06

$a=2-4=-2,\ b=-3+(-5)=-8$
$\therefore a+b=(-2)+(-8)=-10$

## 06-1

$a=2+(-3)=-1$
$b=\dfrac{1}{3}-\left(-\dfrac{1}{2}\right)=\dfrac{1}{3}+\left(+\dfrac{1}{2}\right)=\dfrac{2}{6}+\dfrac{3}{6}=\dfrac{5}{6}$
$\therefore a-b=-1-\dfrac{5}{6}=-\dfrac{11}{6}$

## 07

(1) 어떤 수를 $\square$라 하면 $\square-3=-7$
$\qquad\therefore \square=-7+3=-4$
(2) 어떤 수가 $-4$이므로 바르게 계산하면
$\qquad -4+3=-1$

## 07-1

어떤 수를 $\square$라 하면 $\square+\left(-\dfrac{2}{5}\right)=-\dfrac{3}{10}$

$\therefore \square=-\dfrac{3}{10}-\left(-\dfrac{2}{5}\right)$
$\qquad=-\dfrac{3}{10}+\left(+\dfrac{4}{10}\right)=\dfrac{1}{10}$

따라서 어떤 수는 $\dfrac{1}{10}$이므로 바르게 계산하면

$\dfrac{1}{10}-\left(-\dfrac{2}{5}\right)=\dfrac{1}{10}+\left(+\dfrac{4}{10}\right)=\dfrac{5}{10}=\dfrac{1}{2}$

# 02 정수와 유리수의 곱셈

## 개념 5
46쪽

개념 Bridge 답 (1) $+,\ +,\ 16$  (2) $+,\ +,\ 21$
(3) $-,\ -,\ 24$  (4) $-,\ -,\ 45$

개념 check

**01** 답 (1) $+15$  (2) $+32$  (3) $+2$  (4) $+\dfrac{1}{2}$  (5) $-\dfrac{1}{10}$
(6) $-3$

(1) $(+5)\times(+3)=+(5\times3)=+15$
(2) $(-4)\times(-8)=+(4\times8)=+32$
(3) $\left(+\dfrac{1}{2}\right)\times(+4)=+\left(\dfrac{1}{2}\times4\right)=+2$
(4) $\left(-\dfrac{4}{5}\right)\times\left(-\dfrac{5}{8}\right)=+\left(\dfrac{4}{5}\times\dfrac{5}{8}\right)=+\dfrac{1}{2}$
(5) $(-0.5)\times\left(+\dfrac{1}{5}\right)=-\left(\dfrac{5}{10}\times\dfrac{1}{5}\right)=-\dfrac{1}{10}$
(6) $(+0.6)\times(-5)=-\left(\dfrac{6}{10}\times5\right)=-3$

**01-1** 답 (1) $+8$  (2) $-18$  (3) $-\dfrac{1}{3}$  (4) $+5$  (5) $0$
(6) $-1$

(1) $(+4)\times(+2)=+(4\times2)=+8$
(2) $(+6)\times(-3)=-(6\times3)=-18$
(3) $\left(-\dfrac{3}{4}\right)\times\left(+\dfrac{4}{9}\right)=-\left(\dfrac{3}{4}\times\dfrac{4}{9}\right)=-\dfrac{1}{3}$
(4) $(-10)\times(-0.5)=+\left(10\times\dfrac{5}{10}\right)=+5$
(6) $\left(+\dfrac{5}{2}\right)\times(-0.4)=-\left(\dfrac{5}{2}\times\dfrac{4}{10}\right)=-1$

## 개념 6

**개념 Bridge** 답 교환, 결합

**개념 check**

**01** 답 $-\dfrac{4}{5}$, $-\dfrac{4}{5}$, $+1$, $+\dfrac{2}{3}$

(가): 곱셈의 교환법칙, (나): 곱셈의 결합법칙

**02** 답 (1) $-700$ (2) $+70$

(1) $(+4)\times(-7)\times(+25)$
$=(+4)\times(+25)\times(-7)$
$=\{(+4)\times(+25)\}\times(-7)$
$=(+100)\times(-7)=-700$

(2) $(-5)\times\left(-\dfrac{7}{3}\right)\times(+6)$
$=(-5)\times(+6)\times\left(-\dfrac{7}{3}\right)$
$=\{(-5)\times(+6)\}\times\left(-\dfrac{7}{3}\right)$
$=(-30)\times\left(-\dfrac{7}{3}\right)=+70$

**02-1** 답 (1) $-4.3$ (2) $-4$

(1) $(+2)\times(-4.3)\times(+0.5)$
$=(+2)\times(+0.5)\times(-4.3)$
$=\{(+2)\times(+0.5)\}\times(-4.3)$
$=(+1)\times(-4.3)=-4.3$

(2) $(-10)\times\left(-\dfrac{1}{3}\right)\times\left(-\dfrac{6}{5}\right)$
$=(-10)\times\left(-\dfrac{6}{5}\right)\times\left(-\dfrac{1}{3}\right)$
$=\left\{(-10)\times\left(-\dfrac{6}{5}\right)\right\}\times\left(-\dfrac{1}{3}\right)$
$=(+12)\times\left(-\dfrac{1}{3}\right)=-4$



## 개념 7

**개념 Bridge** 답 (1) $+$, $+$, $30$ (2) $-$, $-$, $27$

**개념 check**

**01** 답 (1) $+18$ (2) $+3$ (3) $-\dfrac{4}{7}$ (4) $-\dfrac{3}{4}$

(1) $(-1)\times(+9)\times(-2)=+(1\times9\times2)=+18$
(2) $(+4)\times(-0.15)\times(-5)=+(4\times0.15\times5)=+3$
(3) $\dfrac{1}{4}\times\left(-\dfrac{8}{7}\right)\times2=-\left(\dfrac{1}{4}\times\dfrac{8}{7}\times2\right)=-\dfrac{4}{7}$
(4) $(-3)\times\dfrac{1}{2}\times(-4)\times\left(-\dfrac{1}{8}\right)=-\left(3\times\dfrac{1}{2}\times4\times\dfrac{1}{8}\right)=-\dfrac{3}{4}$

**01-1** 답 (1) $+90$ (2) $-12$ (3) $+42$ (4) $-4$

(1) $(+5)\times(-3)\times(-6)=+(5\times3\times6)=+90$

(2) $\left(-\dfrac{8}{5}\right)\times(-2)\times\left(-\dfrac{15}{4}\right)$
$=-\left(\dfrac{8}{5}\times2\times\dfrac{15}{4}\right)=-12$

(3) $(-2)\times(+7)\times(-1)\times(+3)=+(2\times7\times1\times3)$
$=+42$

(4) $\dfrac{2}{7}\times\left(-\dfrac{6}{5}\right)\times(-35)\times\left(-\dfrac{1}{3}\right)$
$=-\left(\dfrac{2}{7}\times\dfrac{6}{5}\times35\times\dfrac{1}{3}\right)=-4$

**02** 답 (1) $+16$ (2) $-16$ (3) $-1$ (4) $-\dfrac{1}{8}$

(1) $(-2)^4=(-2)\times(-2)\times(-2)\times(-2)$
$=+(2\times2\times2\times2)=+16$
(2) $-2^4=-(2\times2\times2\times2)=-16$
(3) $(-1)^5=(-1)\times(-1)\times(-1)\times(-1)\times(-1)$
$=-(1\times1\times1\times1\times1)=-1$
(4) $\left(-\dfrac{1}{2}\right)^3=\left(-\dfrac{1}{2}\right)\times\left(-\dfrac{1}{2}\right)\times\left(-\dfrac{1}{2}\right)$
$=-\left(\dfrac{1}{2}\times\dfrac{1}{2}\times\dfrac{1}{2}\right)=-\dfrac{1}{8}$

**02-1** 답 (1) $+12$ (2) $-28$

(1) $\left(-\dfrac{4}{9}\right)\times(-3)^3=\left(-\dfrac{4}{9}\right)\times(-27)$
$=+\left(\dfrac{4}{9}\times27\right)=+12$
(2) $4\times(-1)^2\times(-7)=4\times(+1)\times(-7)$
$=-(4\times1\times7)=-28$



## 개념 8

**개념 Bridge** 답 $-\dfrac{4}{3}$, $\dfrac{3}{5}$, $-11$

**개념 check**

**01** 답 (1) $-6$, $\dfrac{5}{3}$, $-10$, $-7$ (2) $\dfrac{3}{4}$, $3$, $\dfrac{3}{4}$, $-6$

**01-1** 답 (1) $-5$ (2) $10$ (3) $4$ (4) $-17$

(1) $12\times\left\{\left(-\dfrac{2}{3}\right)+\dfrac{1}{4}\right\}$
$=12\times\left(-\dfrac{2}{3}\right)+12\times\dfrac{1}{4}$
$=-8+3=-5$

(2) $\left(\dfrac{1}{6}-\dfrac{7}{12}\right)\times(-24)$

$\quad =\dfrac{1}{6}\times(-24)-\dfrac{7}{12}\times(-24)$

$\quad =(-4)-(-14)=-4+14=10$

(3) $\dfrac{2}{5}\times 13+\dfrac{2}{5}\times(-3)$

$\quad =\dfrac{2}{5}\times\{13+(-3)\}$

$\quad =\dfrac{2}{5}\times 10=4$

(4) $(-7)\times 1.7+(-3)\times 1.7$

$\quad =\{(-7)+(-3)\}\times 1.7$

$\quad =(-10)\times 1.7=-17$

## 필수 유형 익히기

50~51쪽

**01** ④　　**01-1** ②

**02** ㉠: 곱셈의 교환법칙, ㉡: 곱셈의 결합법칙

**02-1** ㉠: 교환, ㉡: 결합, ㉢: $-\dfrac{4}{7}$, ㉣: $-8$

**03** $-\dfrac{8}{3}$　　**03-1** $+36$　　**04** ⑤　　**04-1** ④

**05** 1275　　**05-1** 14

**06** (1) $a\times b+a\times c$　(2) 18　　　**06-1** $\dfrac{1}{4}$

## 01

① $(+4)\times(-12)=-(4\times 12)=-48$

② $0\times\left(-\dfrac{3}{7}\right)=0$

③ $\left(+\dfrac{5}{8}\right)\times\left(+\dfrac{16}{15}\right)=+\left(\dfrac{5}{8}\times\dfrac{16}{15}\right)=+\dfrac{2}{3}$

④ $(-3.2)\times(-5)=+\left(\dfrac{32}{10}\times 5\right)=+16$

⑤ $\left(+\dfrac{5}{9}\right)\times(-0.4)=-\left(\dfrac{5}{9}\times\dfrac{4}{10}\right)=-\dfrac{2}{9}$

따라서 계산 결과가 옳은 것은 ④이다.

## 01-1

① $(+2)\times(+3)=+(2\times 3)=+6$

② $(-6)\times(+0.5)=-\left(6\times\dfrac{5}{10}\right)=-3$

③ $\left(-\dfrac{2}{3}\right)\times\left(+\dfrac{9}{4}\right)=-\left(\dfrac{2}{3}\times\dfrac{9}{4}\right)=-\dfrac{3}{2}$

④ $\left(+\dfrac{3}{8}\right)\times\left(-\dfrac{10}{9}\right)=-\left(\dfrac{3}{8}\times\dfrac{10}{9}\right)=-\dfrac{5}{12}$

⑤ $\left(-\dfrac{5}{6}\right)\times\left(-\dfrac{12}{5}\right)=+\left(\dfrac{5}{6}\times\dfrac{12}{5}\right)=+2$

따라서 계산 결과가 가장 작은 것은 ②이다.

## 03

$(+4)\times\left(-\dfrac{1}{15}\right)\times(-2)^3\times\left(-\dfrac{5}{4}\right)$

$=(+4)\times\left(-\dfrac{1}{15}\right)\times(-8)\times\left(-\dfrac{5}{4}\right)$

$=-\left(4\times\dfrac{1}{15}\times 8\times\dfrac{5}{4}\right)$

$=-\dfrac{8}{3}$

## 03-1

$(-2)\times(-4)^2\times\left(+\dfrac{3}{8}\right)\times(-3)$

$=(-2)\times(+16)\times\left(+\dfrac{3}{8}\right)\times(-3)$

$=+\left(2\times 16\times\dfrac{3}{8}\times 3\right)$

$=+36$

## 04

① $(-2)^2=(-2)\times(-2)$

$\qquad =+(2\times 2)=+4$

② $-2^2=-(2\times 2)=-4$

③ $-(-2)^2=-(+4)=-4$

④ $(-2)^3=(-2)\times(-2)\times(-2)$

$\qquad =-(2\times 2\times 2)=-8$

⑤ $-(-2)^3=-(-8)=+8$

따라서 가장 큰 수는 ⑤이다.

## 04-1

① $(-3)^2=(-3)\times(-3)$

$\qquad =+(3\times 3)=+9$

② $-3^2=-(3\times 3)=-9$

③ $-(-3)^2=-(+9)=-9$

④ $(-3)^3=(-3)\times(-3)\times(-3)$

$\qquad =-(3\times 3\times 3)=-27$

⑤ $-(-3)^3=-(-27)=+27$

따라서 가장 작은 수는 ④이다.

## 05

$12\times 103=12\times(100+3)$

$\qquad\quad =12\times 100+12\times 3$

$\qquad\quad =1200+36$

$\qquad\quad =1236$

따라서 $a=3$, $b=36$, $c=1236$이므로

$a+b+c=1275$

## 05-1

$2.4 \times (-6.3) + 2.4 \times (-3.7)$
$= 2.4 \times \{(-6.3) + (-3.7)\}$
$= 2.4 \times (-10)$
$= -24$
따라서 $a = -10$, $b = -24$이므로
$a - b = -10 - (-24) = -10 + 24 = 14$

## 06

$(2)\ a \times (b + c) = a \times b + a \times c = 10 + 8 = 18$

## 06-1

$a \times (b - c) = a \times b - a \times c$이므로
$\dfrac{5}{12} = a \times b - \left(-\dfrac{1}{6}\right)$
$\therefore\ a \times b = \dfrac{5}{12} + \left(-\dfrac{1}{6}\right)$
$\qquad\quad = \dfrac{5}{12} + \left(-\dfrac{2}{12}\right)$
$\qquad\quad = \dfrac{3}{12} = \dfrac{1}{4}$

# 03 정수와 유리수의 나눗셈

### 개념 9 52쪽

개념 Bridge 답 $(1)\ +, +, 2$  $(2)\ -, -, 1$

개념 check

**01** 답 $(1) +3$  $(2) +2$  $(3) -6$  $(4) -18$  $(5) +1.2$  $(6) -0.7$

$(1)\ (+6) \div (+2) = +(6 \div 2) = +3$
$(2)\ (-18) \div (-9) = +(18 \div 9) = +2$
$(3)\ (+30) \div (-5) = -(30 \div 5) = -6$
$(4)\ (-54) \div (+3) = -(54 \div 3) = -18$
$(5)\ (+3.6) \div (+3) = +(3.6 \div 3) = +1.2$
$(6)\ (+4.2) \div (-6) = -(4.2 \div 6) = -0.7$

**01-1** 답 $(1) +3$  $(2) +8$  $(3) -3$  $(4) -4$  $(5) +24$  $(6) -6$

$(1)\ (+9) \div (+3) = +(9 \div 3) = +3$
$(2)\ (-32) \div (-4) = +(32 \div 4) = +8$
$(3)\ (+12) \div (-4) = -(12 \div 4) = -3$
$(4)\ (-28) \div (+7) = -(28 \div 7) = -4$
$(5)\ (-4.8) \div (-0.2) = +(4.8 \div 0.2) = +24$
$(6)\ (-5.4) \div (+0.9) = -(5.4 \div 0.9) = -6$

### 개념 10 53쪽

개념 Bridge 답 $\dfrac{1}{3}, \dfrac{10}{7}$

개념 check

**01** 답 $(1) -4$  $(2) \dfrac{1}{11}$  $(3) \dfrac{8}{3}$  $(4) -\dfrac{2}{7}$

**02** 답 $(1) -9$  $(2) -\dfrac{1}{12}$  $(3) -\dfrac{6}{5}$  $(4) +\dfrac{5}{9}$

$(1)\ (-12) \div \left(+\dfrac{4}{3}\right) = -\left(12 \times \dfrac{3}{4}\right) = -9$
$(2)\ \left(-\dfrac{5}{12}\right) \div (+5) = \left(-\dfrac{5}{12}\right) \times \left(+\dfrac{1}{5}\right)$
$\qquad\qquad\qquad\quad = -\left(\dfrac{5}{12} \times \dfrac{1}{5}\right)$
$\qquad\qquad\qquad\quad = -\dfrac{1}{12}$
$(3)\ (+3.4) \div \left(-\dfrac{17}{6}\right) = \left(+\dfrac{34}{10}\right) \times \left(-\dfrac{6}{17}\right)$
$\qquad\qquad\qquad\quad = -\left(\dfrac{34}{10} \times \dfrac{6}{17}\right)$
$\qquad\qquad\qquad\quad = -\dfrac{6}{5}$
$(4)\ \left(-\dfrac{7}{2}\right) \div (-6.3) = \left(-\dfrac{7}{2}\right) \times \left(-\dfrac{10}{63}\right)$
$\qquad\qquad\qquad\quad = +\left(\dfrac{7}{2} \times \dfrac{10}{63}\right)$
$\qquad\qquad\qquad\quad = +\dfrac{5}{9}$

**02-1** 답 $(1) -\dfrac{1}{14}$  $(2) +16$  $(3) -\dfrac{1}{4}$  $(4) +\dfrac{4}{3}$

$(1)\ \left(+\dfrac{4}{7}\right) \div (-8) = \left(+\dfrac{4}{7}\right) \times \left(-\dfrac{1}{8}\right)$
$\qquad\qquad\qquad\quad = -\left(\dfrac{4}{7} \times \dfrac{1}{8}\right)$
$\qquad\qquad\qquad\quad = -\dfrac{1}{14}$
$(2)\ (+4) \div \left(+\dfrac{1}{4}\right) = (+4) \times (+4) = +(4 \times 4) = +16$
$(3)\ \left(-\dfrac{5}{6}\right) \div \left(+\dfrac{10}{3}\right) = \left(-\dfrac{5}{6}\right) \times \left(+\dfrac{3}{10}\right)$
$\qquad\qquad\qquad\quad = -\left(\dfrac{5}{6} \times \dfrac{3}{10}\right)$
$\qquad\qquad\qquad\quad = -\dfrac{1}{4}$
$(4)\ \left(-\dfrac{4}{5}\right) \div (-0.6) = \left(-\dfrac{4}{5}\right) \times \left(-\dfrac{10}{6}\right)$
$\qquad\qquad\qquad\quad = +\left(\dfrac{4}{5} \times \dfrac{10}{6}\right)$
$\qquad\qquad\qquad\quad = +\dfrac{4}{3}$

**개념 Bridge** 답 (1) $4, -\dfrac{1}{4}, -, \dfrac{1}{4}, -\dfrac{4}{3}$

(2) $-8, -3, -, 21, -12$

**개념 check**

**01** 답 (1) $2$    (2) $-90$

(1) $12 \div (-3) \times \left(-\dfrac{1}{2}\right) = 12 \times \left(-\dfrac{1}{3}\right) \times \left(-\dfrac{1}{2}\right)$

$\qquad\qquad\qquad\qquad = +\left(12 \times \dfrac{1}{3} \times \dfrac{1}{2}\right)$

$\qquad\qquad\qquad\qquad = 2$

(2) $\left(-\dfrac{5}{2}\right) \times (-3)^2 \div \dfrac{1}{4} = \left(-\dfrac{5}{2}\right) \times (+9) \times 4$

$\qquad\qquad\qquad\qquad = -\left(\dfrac{5}{2} \times 9 \times 4\right)$

$\qquad\qquad\qquad\qquad = -90$

**01-1** 답 (1) $-4$    (2) $10$

(1) $\left(-\dfrac{3}{7}\right) \times (-6) \div \left(-\dfrac{9}{14}\right) = \left(-\dfrac{3}{7}\right) \times (-6) \times \left(-\dfrac{14}{9}\right)$

$\qquad\qquad\qquad\qquad\qquad = -\left(\dfrac{3}{7} \times 6 \times \dfrac{14}{9}\right)$

$\qquad\qquad\qquad\qquad\qquad = -4$

(2) $(-8) \div \left(-\dfrac{2}{3}\right)^2 \times \left(-\dfrac{5}{9}\right) = (-8) \div \left(+\dfrac{4}{9}\right) \times \left(-\dfrac{5}{9}\right)$

$\qquad\qquad\qquad\qquad\qquad = (-8) \times \left(+\dfrac{9}{4}\right) \times \left(-\dfrac{5}{9}\right)$

$\qquad\qquad\qquad\qquad\qquad = +\left(8 \times \dfrac{9}{4} \times \dfrac{5}{9}\right)$

$\qquad\qquad\qquad\qquad\qquad = 10$

**02** 답 (1) $-5$    (2) $\dfrac{1}{6}$

(1) $2 - \{(-2)^2 - (-1)\} \div \dfrac{5}{7} = 2 - (4+1) \div \dfrac{5}{7}$

$\qquad\qquad\qquad\qquad = 2 - \left(5 \times \dfrac{7}{5}\right)$

$\qquad\qquad\qquad\qquad = 2 - 7 = -5$

(2) $\left\{\dfrac{1}{3} - (-1)^3 \times 2\right\} \div 14 = \left\{\dfrac{1}{3} - (-1) \times 2\right\} \div 14$

$\qquad\qquad\qquad\qquad = \left(\dfrac{1}{3} + 2\right) \div 14$

$\qquad\qquad\qquad\qquad = \dfrac{7}{3} \times \dfrac{1}{14} = \dfrac{1}{6}$

**02-1** 답 (1) $-35$    (2) $2$

(1) $-20 + 18 \div (-6) \times (8-3) = -20 + 18 \div (-6) \times 5$

$\qquad\qquad\qquad\qquad = -20 + 18 \times \left(-\dfrac{1}{6}\right) \times 5$

$\qquad\qquad\qquad\qquad = -20 + (-15)$

$\qquad\qquad\qquad\qquad = -35$

(2) $3 - \left\{27 \times \left(-\dfrac{1}{3}\right)^2 + (-2)\right\} = 3 - \left\{27 \times \dfrac{1}{9} + (-2)\right\}$

$\qquad\qquad\qquad\qquad = 3 - \{3 + (-2)\}$

$\qquad\qquad\qquad\qquad = 3 - 1 = 2$

## 필수 유형 익히기    55~56쪽

| | | | |
|---|---|---|---|
| **01** ② | **01-1** ③ | **02** ⑤ | **02-1** $-13$ |
| **03** $-\dfrac{2}{5}$ | **03-1** $-\dfrac{4}{7}$ | **04** ③ | **04-1** $18$ |
| **05** ㄹ, ㄷ, ㄴ, ㅁ, ㄱ, 3 | | | |
| **05-1** (1) ㄴ, ㄷ, ㄹ, ㄱ, ㅁ   (2) $-3$ | | | |
| **06** $\dfrac{27}{2}$ | **06-1** $\dfrac{9}{49}$ | | |

**01**

$a = \dfrac{9}{4}, b = -\dfrac{1}{3}$ 이므로

$a \times b = \dfrac{9}{4} \times \left(-\dfrac{1}{3}\right) = -\dfrac{3}{4}$

**01-1**

$0.6 = \dfrac{6}{10}, -2\dfrac{4}{3} = -\dfrac{10}{3}$ 이므로

$a = \dfrac{10}{6}, b = -\dfrac{3}{10}$

$\therefore a \times b = \dfrac{10}{6} \times \left(-\dfrac{3}{10}\right) = -\dfrac{1}{2}$

**02**

① $(+42) \div (-7) = -(42 \div 7) = -6$

② $(-20) \div (-28) = +(20 \div 28) = +\dfrac{5}{7}$

③ $\left(+\dfrac{24}{5}\right) \div \left(+\dfrac{8}{15}\right) = \left(+\dfrac{24}{5}\right) \times \left(+\dfrac{15}{8}\right)$

$\qquad\qquad\qquad\qquad = +\left(\dfrac{24}{5} \times \dfrac{15}{8}\right) = +9$

④ $(-3.6) \div (+6) = -(3.6 \div 6) = -0.6$

⑤ $(+0.4) \div (-0.6) = \left(+\dfrac{4}{10}\right) \div \left(-\dfrac{6}{10}\right)$

$\qquad\qquad\qquad\qquad = \left(+\dfrac{4}{10}\right) \times \left(-\dfrac{10}{6}\right)$

$\qquad\qquad\qquad\qquad = -\left(\dfrac{4}{10} \times \dfrac{10}{6}\right) = -\dfrac{2}{3}$

따라서 계산 결과가 옳은 것은 ⑤이다.

## 02-1

$$A=(+12)\div\left(-\frac{6}{5}\right)$$
$$=(+12)\times\left(-\frac{5}{6}\right)$$
$$=-\left(12\times\frac{5}{6}\right)=-10$$
$$B=\left(-\frac{24}{5}\right)\div(-1.6)$$
$$=\left(-\frac{24}{5}\right)\div\left(-\frac{16}{10}\right)$$
$$=\left(-\frac{24}{5}\right)\times\left(-\frac{10}{16}\right)$$
$$=+\left(\frac{24}{5}\times\frac{10}{16}\right)=+3$$
$$\therefore A-B=-10-3=-13$$

## 03

$$\square=\frac{4}{5}\div(-2)=\frac{4}{5}\times\left(-\frac{1}{2}\right)$$
$$=-\left(\frac{4}{5}\times\frac{1}{2}\right)=-\frac{2}{5}$$

## 03-1

$$\square=\frac{16}{7}\times\left(-\frac{1}{4}\right)=-\left(\frac{16}{7}\times\frac{1}{4}\right)=-\frac{4}{7}$$

## 04

① $6\times(-5)\div(-3)=6\times(-5)\times\left(-\frac{1}{3}\right)$
$$=+\left(6\times5\times\frac{1}{3}\right)=10$$
② $(-40)\div5\div(-2)^2=(-40)\div5\div4$
$$=(-40)\times\frac{1}{5}\times\frac{1}{4}$$
$$=-\left(40\times\frac{1}{5}\times\frac{1}{4}\right)$$
$$=-2$$
③ $15\times\frac{2}{3}\div\left(-\frac{1}{5}\right)=15\times\frac{2}{3}\times(-5)$
$$=-\left(15\times\frac{2}{3}\times5\right)=-50$$
④ $\frac{1}{2}\times(-10)\div(-2)^2=\frac{1}{2}\times(-10)\div4$
$$=\frac{1}{2}\times(-10)\times\frac{1}{4}$$
$$=-\left(\frac{1}{2}\times10\times\frac{1}{4}\right)$$
$$=-\frac{5}{4}$$

⑤ $\left(-\frac{3}{2}\right)\div\frac{9}{4}\times\frac{4}{3}=\left(-\frac{3}{2}\right)\times\frac{4}{9}\times\frac{4}{3}$
$$=-\left(\frac{3}{2}\times\frac{4}{9}\times\frac{4}{3}\right)$$
$$=-\frac{8}{9}$$
따라서 계산 결과가 옳지 않은 것은 ③이다.

## 04-1

$$\left(-\frac{3}{4}\right)\div\left(-\frac{1}{3}\right)^2\times\left(-\frac{8}{3}\right)=\left(-\frac{3}{4}\right)\div\frac{1}{9}\times\left(-\frac{8}{3}\right)$$
$$=\left(-\frac{3}{4}\right)\times9\times\left(-\frac{8}{3}\right)$$
$$=+\left(\frac{3}{4}\times9\times\frac{8}{3}\right)$$
$$=18$$

## 05

계산 순서를 차례대로 나열하면 ㄹ, ㄷ, ㄴ, ㅁ, ㄱ이다.
$$2-\left\{\frac{2}{3}-4\div(-2)^2\right\}\times3$$
$$=2-\left(\frac{2}{3}-4\div4\right)\times3$$
$$=2-\left(\frac{2}{3}-1\right)\times3$$
$$=2-\left(-\frac{1}{3}\right)\times3$$
$$=2-(-1)=3$$

## 05-1

(1) 계산 순서를 차례대로 나열하면 ㄴ, ㄷ, ㄹ, ㄱ, ㅁ이다.
(2) $5\times\left\{\left(-\frac{1}{3}\right)^2\div\left(-\frac{5}{18}\right)-\frac{2}{5}\right\}+1$
$$=5\times\left\{\frac{1}{9}\div\left(-\frac{5}{18}\right)-\frac{2}{5}\right\}+1$$
$$=5\times\left\{\frac{1}{9}\times\left(-\frac{18}{5}\right)-\frac{2}{5}\right\}+1$$
$$=5\times\left\{\left(-\frac{2}{5}\right)-\frac{2}{5}\right\}+1$$
$$=5\times\left(-\frac{4}{5}\right)+1$$
$$=(-4)+1=-3$$

## 06

어떤 수를 $\square$라 하면 $\square\times\frac{2}{3}=6$

$$\therefore \square=6\div\frac{2}{3}=6\times\frac{3}{2}=9$$

따라서 어떤 수는 9이므로 바르게 계산하면
$$9\div\frac{2}{3}=9\times\frac{3}{2}=\frac{27}{2}$$

## 06-1

어떤 수를 $\square$라 하면 $\square \div \left(-\dfrac{2}{7}\right) = \dfrac{9}{4}$

$\therefore \square = \dfrac{9}{4} \times \left(-\dfrac{2}{7}\right) = -\left(\dfrac{9}{4} \times \dfrac{2}{7}\right) = -\dfrac{9}{14}$

따라서 어떤 수는 $-\dfrac{9}{14}$이므로 바르게 계산하면

$-\dfrac{9}{14} \times \left(-\dfrac{2}{7}\right) = +\left(\dfrac{9}{14} \times \dfrac{2}{7}\right) = \dfrac{9}{49}$

### 서술형 감잡기 57쪽

| | |
|---|---|
| **01** $a=36,\ b=-8$ | **01-1** $a=120,\ b=-72$ |
| **02** $\dfrac{7}{48}$ | **02-1** $-\dfrac{31}{10}$ |

## 01

**1단계** $a$의 값 구하기 ◀ 50%

$a$는 양수이어야 하므로 양수 1개, 음수 2개를 곱해야 하고, 양수는 절댓값이 큰 수를 뽑아야 한다.

$\therefore a = \boxed{6} \times \boxed{\left(-\dfrac{3}{2}\right)} \times \boxed{(-4)} = \boxed{36}$

**2단계** $b$의 값 구하기 ◀ 50%

$b$는 음수이어야 하므로 양수 2개, 음수 1개를 곱해야 하고, 음수는 절댓값이 큰 수를 뽑아야 한다.

$\therefore b = \boxed{6} \times \boxed{\dfrac{1}{3}} \times \boxed{(-4)} = \boxed{-8}$

## 01-1

**1단계** $a$의 값 구하기 ◀ 50%

$a$는 양수이어야 하므로 양수 1개, 음수 2개를 곱해야 하고, 양수는 절댓값이 큰 수를 뽑아야 한다.

$\therefore a = 4 \times (-6) \times (-5) = 120$

**2단계** $b$의 값 구하기 ◀ 50%

$b$는 음수이어야 하므로 양수 2개, 음수 1개를 곱해야 하고, 음수는 절댓값이 큰 수를 뽑아야 한다.

$\therefore b = 3 \times 4 \times (-6) = -72$

## 02

**1단계** 잘못 계산한 결과를 이용하여 식 세우기 ◀ 30%

$a - \boxed{\dfrac{7}{12}} = \boxed{-\dfrac{1}{3}}$

**2단계** 어떤 수 $a$ 구하기 ◀ 40%

$a = \boxed{-\dfrac{1}{3}} + \boxed{\dfrac{7}{12}} \qquad \therefore a = \boxed{\dfrac{1}{4}}$

**3단계** 바르게 계산한 답 구하기 ◀ 30%

따라서 어떤 수는 $\boxed{\dfrac{1}{4}}$이므로 바르게 계산하면

$\boxed{\dfrac{1}{4}} \times \dfrac{7}{12} = \boxed{\dfrac{7}{48}}$

## 02-1

**1단계** 잘못 계산한 결과를 이용하여 식 세우기 ◀ 30%

어떤 수를 $\square$라 하면 $\square + \left(-\dfrac{5}{3}\right) = \dfrac{7}{2}$

**2단계** 어떤 수 구하기 ◀ 40%

$\square = \dfrac{7}{2} - \left(-\dfrac{5}{3}\right) = \dfrac{7}{2} + \dfrac{5}{3} = \dfrac{31}{6}$

**3단계** 바르게 계산한 답 구하기 ◀ 30%

따라서 어떤 수는 $\dfrac{31}{6}$이므로 바르게 계산하면

$\dfrac{31}{6} \div \left(-\dfrac{5}{3}\right) = \dfrac{31}{6} \times \left(-\dfrac{3}{5}\right) = -\dfrac{31}{10}$

### 단원 마무리하기 58~60쪽

| | | | |
|---|---|---|---|
| **01** ② | **02** ㉠: 교환, ㉡: 결합, ㉢: $-1$, ㉣: $-\dfrac{3}{4}$ | | |
| **03** $\dfrac{3}{8}$ | **04** ③ | **05** ② | **06** $-\dfrac{5}{6}$ **07** ④ |
| **08** ㉠: 교환, ㉡: 결합, ㉢: $-2$, ㉣: $-26$ | | | **09** ② |
| **10** 1624 | **11** ④ | **12** ② | **13** ④ |
| **14** ㉢, ㉣, ㉤, ㉥, ㉡, ㉠, $-\dfrac{1}{2}$ | | | **15** 24 |
| **16** ㉠: $-5$, ㉡: 7 | **17** $\dfrac{1}{25}$ | **18** 8칸 | |

## 01

① $(-8) + (+6) = -2$

② $\left(+\dfrac{9}{2}\right) + \left(-\dfrac{1}{2}\right) = \dfrac{8}{2} = 4$

③ $\left(-\dfrac{2}{5}\right) - \left(-\dfrac{1}{3}\right) = \left(-\dfrac{6}{15}\right) + \left(+\dfrac{5}{15}\right) = -\dfrac{1}{15}$

④ $(+7.4) - (+3.6) = (+7.4) + (-3.6) = 3.8$

⑤ $\left(-\dfrac{1}{4}\right) - (+0.5) - (-1.5)$

$= \left(-\dfrac{1}{4}\right) + (-0.5) + (+1.5)$

$= \left(-\dfrac{1}{4}\right) + \{(-0.5) + (+1.5)\}$

$= \left(-\dfrac{1}{4}\right) + (+1) = \dfrac{3}{4}$

따라서 계산 결과가 가장 큰 것은 ②이다.

**03**

$$a=(-3)-(-9)+(-5)$$
$$=(-3)+(+9)+(-5)$$
$$=\{(-3)+(-5)\}+(+9)$$
$$=(-8)+(+9)$$
$$=1$$
$$b=\left(-\frac{13}{8}\right)+\left(+\frac{7}{4}\right)-\left(-\frac{1}{2}\right)$$
$$=\left(-\frac{13}{8}\right)+\left(+\frac{7}{4}\right)+\left(+\frac{1}{2}\right)$$
$$=\left(-\frac{13}{8}\right)+\left\{\left(+\frac{14}{8}\right)+\left(+\frac{4}{8}\right)\right\}$$
$$=\left(-\frac{13}{8}\right)+\left(+\frac{18}{8}\right)$$
$$=\frac{5}{8}$$
$$\therefore a-b=1-\frac{5}{8}=\frac{3}{8}$$

**04**

① $$-1+2-3=(-1)+(+2)-(+3)$$
$$=(-1)+(+2)+(-3)$$
$$=\{(-1)+(-3)\}+(+2)$$
$$=(-4)+(+2)$$
$$=-2$$

② $$5-9+6=(+5)-(+9)+(+6)$$
$$=(+5)+(-9)+(+6)$$
$$=\{(+5)+(+6)\}+(-9)$$
$$=(+11)+(-9)$$
$$=2$$

③ $$-4-7+15=(-4)-(+7)+(+15)$$
$$=(-4)+(-7)+(+15)$$
$$=\{(-4)+(-7)\}+(+15)$$
$$=(-11)+(+15)$$
$$=4$$

④ $$-\frac{3}{5}+\frac{5}{2}+\frac{1}{10}=\left(-\frac{3}{5}\right)+\left(+\frac{5}{2}\right)+\left(+\frac{1}{10}\right)$$
$$=\left(-\frac{6}{10}\right)+\left\{\left(+\frac{25}{10}\right)+\left(+\frac{1}{10}\right)\right\}$$
$$=\left(-\frac{6}{10}\right)+\left(+\frac{26}{10}\right)$$
$$=2$$

⑤ $$5.1-2.4-1=(+5.1)-(+2.4)-(+1)$$
$$=(+5.1)+(-2.4)+(-1)$$
$$=\{(+5.1)+(-2.4)\}+(-1)$$
$$=(+2.7)+(-1)$$
$$=1.7$$

따라서 계산 결과가 가장 큰 것은 ③이다.

**05**

$$a=-3+5=2$$
$$b=-1-4=-5$$
$$\therefore a+b=2+(-5)=-3$$

**06**

① 단계 잘못 계산한 결과를 이용하여 식 세우기　◀ 30%
$$a-\left(-\frac{2}{3}\right)=\frac{1}{2}$$

② 단계 어떤 수 $a$ 구하기　◀ 40%
$$a=\frac{1}{2}+\left(-\frac{2}{3}\right)=\frac{3}{6}+\left(-\frac{4}{6}\right)=-\frac{1}{6}$$

③ 단계 바르게 계산한 답 구하기　◀ 30%

따라서 어떤 수는 $-\frac{1}{6}$이므로 바르게 계산하면
$$-\frac{1}{6}+\left(-\frac{2}{3}\right)=-\frac{1}{6}+\left(-\frac{4}{6}\right)=-\frac{5}{6}$$

**07**

$$A=\left(+\frac{4}{3}\right)\times\left(-\frac{9}{8}\right)=-\left(\frac{4}{3}\times\frac{9}{8}\right)=-\frac{3}{2}$$
$$B=\left(-\frac{21}{4}\right)\times\left(-\frac{10}{7}\right)=+\left(\frac{21}{4}\times\frac{10}{7}\right)=\frac{15}{2}$$
$$\therefore A+B=-\frac{3}{2}+\frac{15}{2}=6$$

**09**

① $$\left(-\frac{1}{3}\right)^3=\left(-\frac{1}{3}\right)\times\left(-\frac{1}{3}\right)\times\left(-\frac{1}{3}\right)$$
$$=-\left(\frac{1}{3}\times\frac{1}{3}\times\frac{1}{3}\right)=-\frac{1}{27}$$

② $$\left(-\frac{1}{4}\right)^2=\left(-\frac{1}{4}\right)\times\left(-\frac{1}{4}\right)$$
$$=+\left(\frac{1}{4}\times\frac{1}{4}\right)=\frac{1}{16}$$

③ $$-\frac{1}{3^2}=-\frac{1}{3\times3}=-\frac{1}{9}$$

④ $$-\left(-\frac{1}{4}\right)^2=-\frac{1}{16}$$

⑤ $$-\left(-\frac{1}{3}\right)^3=-\left(-\frac{1}{27}\right)=\frac{1}{27}$$

따라서 가장 큰 수는 ②이다.

**10**

$$15\times104=15\times(100+4)$$
$$=15\times100+15\times4$$
$$=1500+60$$
$$=1560$$

따라서 $a=4$, $b=60$, $c=1560$이므로
$$a+b+c=1624$$

**11**

두 수가 서로 역수이려면 두 수의 곱이 1이어야 한다.

① $1\times(-1)=-1$

② $0.3\times3=0.9$

③ $-\frac{4}{5}\times\frac{5}{4}=-1$

④ $4\times0.25=1$

⑤ $-\frac{2}{9}\times(-9)=2$

따라서 두 수가 서로 역수 관계인 것은 ④이다.

**12** ① $(-12) \div (-4) = +(12 \div 4) = 3$

② $\left(+\dfrac{4}{3}\right) \times \left(-\dfrac{9}{2}\right) = -\left(\dfrac{4}{3} \times \dfrac{9}{2}\right) = -6$

③ $\left(+\dfrac{6}{7}\right) \div \left(-\dfrac{3}{7}\right) = \left(+\dfrac{6}{7}\right) \times \left(-\dfrac{7}{3}\right)$

$\qquad = -\left(\dfrac{6}{7} \times \dfrac{7}{3}\right) = -2$

④ $\left(+\dfrac{15}{4}\right) \times (-12) \times \left(-\dfrac{1}{5}\right) = +\left(\dfrac{15}{4} \times 12 \times \dfrac{1}{5}\right)$

$\qquad = 9$

⑤ $\left(-\dfrac{2}{5}\right) \div \left(-\dfrac{1}{10}\right) \div (-4)$

$\quad = \left(-\dfrac{2}{5}\right) \times (-10) \times \left(-\dfrac{1}{4}\right)$

$\quad = -\left(\dfrac{2}{5} \times 10 \times \dfrac{1}{4}\right) = -1$

따라서 계산 결과가 가장 작은 것은 ②이다.

**13** ① $\left(+\dfrac{7}{3}\right) \times \left(-\dfrac{2}{7}\right) \div (-4)$

$\quad = \left(+\dfrac{7}{3}\right) \times \left(-\dfrac{2}{7}\right) \times \left(-\dfrac{1}{4}\right)$

$\quad = +\left(\dfrac{7}{3} \times \dfrac{2}{7} \times \dfrac{1}{4}\right) = \dfrac{1}{6}$

② $\left(-\dfrac{1}{6}\right) \div \left(-\dfrac{5}{12}\right) \times (-10)$

$\quad = \left(-\dfrac{1}{6}\right) \times \left(-\dfrac{12}{5}\right) \times (-10)$

$\quad = -\left(\dfrac{1}{6} \times \dfrac{12}{5} \times 10\right) = -4$

③ $\left(+\dfrac{3}{5}\right) \times \left(-\dfrac{10}{9}\right) \div \left(-\dfrac{1}{2}\right)$

$\quad = \left(+\dfrac{3}{5}\right) \times \left(-\dfrac{10}{9}\right) \times (-2)$

$\quad = +\left(\dfrac{3}{5} \times \dfrac{10}{9} \times 2\right) = \dfrac{4}{3}$

④ $\left(-\dfrac{3}{10}\right) \div \left(-\dfrac{6}{5}\right) \times \left(+\dfrac{2}{9}\right)$

$\quad = \left(-\dfrac{3}{10}\right) \times \left(-\dfrac{5}{6}\right) \times \left(+\dfrac{2}{9}\right)$

$\quad = +\left(\dfrac{3}{10} \times \dfrac{5}{6} \times \dfrac{2}{9}\right) = \dfrac{1}{18}$

⑤ $\left(+\dfrac{5}{12}\right) \div (-2)^2 \times (-16)$

$\quad = \left(+\dfrac{5}{12}\right) \div (+4) \times (-16)$

$\quad = \left(+\dfrac{5}{12}\right) \times \left(+\dfrac{1}{4}\right) \times (-16)$

$\quad = -\left(\dfrac{5}{12} \times \dfrac{1}{4} \times 16\right) = -\dfrac{5}{3}$

따라서 계산 결과가 옳지 않은 것은 ④이다.

**14** 계산 순서를 차례대로 나열하면 ㉢, ㉣, ㉤, ㉥, ㉡, ㉠이
다.

$\dfrac{3}{7} \times \left[ \dfrac{1}{3} - \left\{ \left(-\dfrac{4}{3}\right)^2 \div \dfrac{8}{9} + \dfrac{1}{2} \right\} \times \dfrac{3}{5} \right]$

$= \dfrac{3}{7} \times \left\{ \dfrac{1}{3} - \left( \dfrac{16}{9} \div \dfrac{8}{9} + \dfrac{1}{2} \right) \times \dfrac{3}{5} \right\}$

$= \dfrac{3}{7} \times \left\{ \dfrac{1}{3} - \left( \dfrac{16}{9} \times \dfrac{9}{8} + \dfrac{1}{2} \right) \times \dfrac{3}{5} \right\}$

$= \dfrac{3}{7} \times \left\{ \dfrac{1}{3} - \left( 2 + \dfrac{1}{2} \right) \times \dfrac{3}{5} \right\}$

$= \dfrac{3}{7} \times \left( \dfrac{1}{3} - \dfrac{5}{2} \times \dfrac{3}{5} \right)$

$= \dfrac{3}{7} \times \left( \dfrac{1}{3} - \dfrac{3}{2} \right)$

$= \dfrac{3}{7} \times \left( -\dfrac{7}{6} \right)$

$= -\dfrac{1}{2}$

**15** $\left(-\dfrac{1}{2}\right)^2 \div \left(-\dfrac{3}{10}\right) \times \square = -20$에서

$\dfrac{1}{4} \div \left(-\dfrac{3}{10}\right) \times \square = -20$

$\dfrac{1}{4} \times \left(-\dfrac{10}{3}\right) \times \square = -20$

$\left(-\dfrac{5}{6}\right) \times \square = -20$

$\therefore \square = -20 \div \left(-\dfrac{5}{6}\right) = -20 \times \left(-\dfrac{6}{5}\right) = 24$

**16** $-2 + 5 + (-4) + (-3) = -4$이므로 삼각형의 세 변에
놓인 네 수의 합은 모두 $-4$이어야 한다.

$-2 + ㉠ + 4 + (-1) = -4$에서

$㉠ + 1 = -4$

$\therefore ㉠ = -4 - 1 = -5$

$-1 + ㉡ + (-7) + (-3) = -4$에서

$㉡ + (-11) = -4$

$\therefore ㉡ = -4 - (-11) = -4 + 11 = 7$

**17** $\left(\dfrac{1}{2} - 1\right) \times \left(\dfrac{1}{3} - 1\right) \times \left(\dfrac{1}{4} - 1\right) \times \cdots \times \left(\dfrac{1}{25} - 1\right)$

$= \left(-\dfrac{1}{2}\right) \times \left(-\dfrac{2}{3}\right) \times \left(-\dfrac{3}{4}\right) \times \cdots \times \left(-\dfrac{24}{25}\right)$

곱해진 음수가 24개

$= +\left(\dfrac{1}{2} \times \dfrac{2}{3} \times \dfrac{3}{4} \times \cdots \times \dfrac{24}{25}\right)$

$= \dfrac{1}{25}$

**18** 가위바위보를 10번 하여 선우는 6번 이기고, 4번 졌으므로
선우의 위치는

$3 \times 6 - 1 \times 4 = 18 - 4 = 14$(칸)

가위바위보를 10번 하여 시아는 4번 이기고, 6번 졌으므로
시아의 위치는

$3 \times 4 - 1 \times 6 = 12 - 6 = 6$(칸)

따라서 두 사람은 $14 - 6 = 8$(칸) 떨어져 있다.

 ## 문자의 사용과 식

## 01 문자의 사용과 식의 값

  개념 **1**     62쪽

개념 Bridge 답 $a$

개념 check

**01** 답 (1) $(600 \times x + 700 \times y)$원   (2) $(5000 - a \times 4)$원
(3) $(16 + x)$살   (4) $(a \div 10)$원

**01-1** 답 (1) $(3 \times a)$ cm   (2) $10 \times 5 + 1 \times a$   (3) $\dfrac{y}{80}$시간
(4) $(3000 \div x)$원

개념 **2**     63쪽

개념 check

**01** 답 (1) $5ab$   (2) $0.1xy$   (3) $-2x^2y^2$   (4) $\dfrac{1}{2}(a - 3b)$

**01-1** 답 (1) $7x$   (2) $-5xz$   (3) $0.1a^3b$   (4) $-a(x+y)$

**02** 답 (1) $\dfrac{x}{3}$   (2) $-\dfrac{5a}{2}$   (3) $\dfrac{x+2}{4}$   (4) $\dfrac{1}{3y-1}$

(2) $a \div \left(-\dfrac{2}{5}\right) = a \times \left(-\dfrac{5}{2}\right) = -\dfrac{5a}{2}$

**02-1** 답 (1) $-\dfrac{7}{x}$   (2) $\dfrac{3a}{4}$   (3) $-\dfrac{x+2y}{3}$   (4) $\dfrac{ab}{3}$

(2) $a \div \dfrac{4}{3} = a \times \dfrac{3}{4} = \dfrac{3a}{4}$

(4) $a \div 3 \times b = \dfrac{a}{3} \times b = \dfrac{ab}{3}$

개념 **3**     64쪽

개념 Bridge 답 3, 3, 1

개념 check

**01** 답 (1) 8   (2) 28   (3) $-1$   (4) 24

(1) $x + 3 = 5 + 3 = 8$
(2) $6x - 2 = 6 \times 5 - 2 = 28$
(3) $9 - 2x = 9 - 2 \times 5 = -1$
(4) $x^2 - 1 = 5^2 - 1 = 24$

**01-1** 답 (1) 2, $-3$, 1   (2) 7   (3) $-5$

(2) $b^2 - a = (-3)^2 - 2 = 7$
(3) $\dfrac{a-b}{a+b} = \dfrac{2-(-3)}{2+(-3)} = -5$

**01-2** 답 (1) $-4$   (2) $-\dfrac{3}{2}$   (3) $\dfrac{1}{2}$, 2, 8

(1) $2a + 5b = 2 \times \dfrac{1}{2} + 5 \times (-1) = -4$

(2) $ab - b^2 = \dfrac{1}{2} \times (-1) - (-1)^2 = -\dfrac{3}{2}$

### 필수 유형 익히기     65~66쪽

| | | | |
|---|---|---|---|
| **01** ⑤ | **01-1** ⑤ | **02** ㄴ, ㄷ, ㄹ | **02-1** ④ |
| **03** ① | **03-1** ⑤ | **04** ③ | **04-1** ③ |
| **05** 초속 340 m | | **05-1** 30 ℃ | |
| **06** (1) $\dfrac{1}{2}xy$ (2) 15 | | **06-1** (1) $\dfrac{1}{2}(a+b)h$ (2) 18 | |

## 01

① $a \times 2 \times b \times b \times 3 = 6ab^2$

② $a \div \dfrac{1}{4} \div b = a \times 4 \div b = \dfrac{4a}{b}$

③ $a \div 7 \times b = \dfrac{a}{7} \times b = \dfrac{ab}{7}$

④ $a + b \times c \div 5 = a + bc \div 5$
$\qquad\qquad = a + \dfrac{bc}{5}$

⑤ $a \div 6 - b \times (-8) = \dfrac{a}{6} + 8b$

따라서 옳은 것은 ⑤이다.

## 01-1

① $0.1 \times a \times a = 0.1a^2$

② $(x+y) \times \dfrac{1}{2} = \dfrac{x+y}{2}$

③ $a + b \div c = a + \dfrac{b}{c}$

④ $a \times 2 \div b + 1 = \dfrac{2a}{b} + 1$

⑤ $(a+b) \div \dfrac{3}{2}x \times y = (a+b) \times \dfrac{2}{3x} \times y$
$\qquad\qquad\qquad = \dfrac{2(a+b)y}{3x}$

따라서 옳은 것은 ⑤이다.

## 02

ㄱ. $a$시간 15분 → $(60a+15)$ 분

ㄴ. 수학 점수가 $a$점, 영어 점수가 $b$점일 때, 두 과목의 평균 점수
→ $\dfrac{a+b}{2}$점

ㄷ. 가로의 길이가 $x$ cm, 세로의 길이가 $y$ cm인 직사각형의 둘레
의 길이 → $2(x+y)$ cm

ㄹ. 물 $a$ L를 5개의 컵에 똑같이 나누어 담을 때, 한 컵에 담긴 물
의 양 → $\dfrac{a}{5}$ L

따라서 보기 중 옳은 것은 ㄴ, ㄷ, ㄹ이다.

## 02-1

① 4장에 $c$원인 우표 한 장의 가격 → $\dfrac{c}{4}$ 원

② 한 변의 길이가 $b$ cm인 정사각형의 넓이 → $b^2$ cm$^2$

③ 100점 만점의 시험에서 4점짜리 문제 $x$개를 틀렸을 때 얻은
점수 → $(100-4x)$점

④ $a$원의 40 % → $0.4a$원

⑤ 시속 $a$ km로 20 km를 달렸을 때 걸린 시간 → $\dfrac{20}{a}$시간

따라서 옳은 것은 ④이다.

## 03

① $a-b=-2-5=-7$

② $-\dfrac{a}{b}=-\dfrac{-2}{5}=\dfrac{2}{5}$

③ $\dfrac{ab}{10}=\dfrac{(-2)\times5}{10}=\dfrac{-10}{10}=-1$

④ $3a+2b=3\times(-2)+2\times5=-6+10=4$

⑤ $-\dfrac{1}{a}+\dfrac{1}{b}=-\dfrac{1}{-2}+\dfrac{1}{5}=\dfrac{1}{2}+\dfrac{1}{5}=\dfrac{7}{10}$

따라서 식의 값이 가장 작은 것은 ①이다.

## 03-1

① $a+b=4+(-3)=1$

② $\dfrac{a}{4}+\dfrac{6}{b}=\dfrac{4}{4}+\dfrac{6}{-3}=1-2=-1$

③ $-\dfrac{ab}{2}=-\dfrac{4\times(-3)}{2}=-\dfrac{-12}{2}=6$

④ $a+2b=4+2\times(-3)=4-6=-2$

⑤ $a^2-b^2=4^2-(-3)^2=16-9=7$

따라서 식의 값이 가장 큰 것은 ⑤이다.

## 04

$$8xy^2+\dfrac{1}{y}=8\times(-4)\times\left(\dfrac{1}{2}\right)^2+1\div\dfrac{1}{2}$$
$$=8\times(-4)\times\dfrac{1}{4}+1\times2=-8+2=-6$$

## 04-1

① $2xy=2\times\dfrac{1}{6}\times(-3)=-1$

② $x-y=\dfrac{1}{6}-(-3)=\dfrac{1}{6}+3=\dfrac{19}{6}$

③ $\dfrac{y}{x}=y\div x=-3\div\dfrac{1}{6}=-3\times6=-18$

④ $\dfrac{x}{y}=x\div y=\dfrac{1}{6}\div(-3)=\dfrac{1}{6}\times\left(-\dfrac{1}{3}\right)=-\dfrac{1}{18}$

⑤ $-\dfrac{1}{x}+\dfrac{3}{y}=-1\div x+\dfrac{3}{y}$
$$=-1\div\dfrac{1}{6}+\dfrac{3}{-3}$$
$$=-1\times6+(-1)$$
$$=-6-1=-7$$

따라서 식의 값이 가장 작은 것은 ③이다.

## 05

$x=15$를 $0.6x+331$에 대입하면

$0.6\times15+331=9+331=340$

따라서 기온이 15 ℃일 때, 공기 중에서 소리의 속력은 초속
340 m이다.

## 05-1

$x=86$을 $\dfrac{5}{9}(x-32)$에 대입하면

$\dfrac{5}{9}(86-32)=\dfrac{5}{9}\times54=30$

따라서 화씨온도 86 ℉는 섭씨온도 30 ℃이다.

## 06

(1) (삼각형의 넓이) $=\dfrac{1}{2}\times$ (밑변의 길이) $\times$ (높이)
$$=\dfrac{1}{2}\times x\times y=\dfrac{1}{2}xy$$

(2) $x=6$, $y=5$를 $\dfrac{1}{2}xy$에 대입하면 $\dfrac{1}{2}\times6\times5=15$

따라서 삼각형의 넓이는 15이다.

## 06-1

(1) (사다리꼴의 넓이)
$$=\dfrac{1}{2}\times\{(윗변의 길이)+(아랫변의 길이)\}\times(높이)$$
$$=\dfrac{1}{2}\times(a+b)\times h=\dfrac{1}{2}(a+b)h$$

(2) $a=3$, $b=6$, $h=4$를 $\dfrac{1}{2}(a+b)h$에 대입하면
$$\dfrac{1}{2}\times(3+6)\times4=\dfrac{1}{2}\times9\times4=18$$

따라서 사다리꼴의 넓이는 18이다.

# 02 일차식과 그 계산

**개념 4** 67쪽

**개념 Bridge** 답 1

**개념 check**

**01** 답

| 다항식 | 항 | 상수항 | 계수 |
|---|---|---|---|
| $7x-\dfrac{y}{3}+5$ | $7x,\ -\dfrac{y}{3},\ 5$ | 5 | $x$의 계수: 7<br>$y$의 계수: $-\dfrac{1}{3}$ |
| $4a^3$ | $4a^3$ | 0 | $a^3$의 계수: 4 |

**02** 답 (1) 0, 일차식이 아니다.   (2) 1, 일차식이다.
(3) 2, 일차식이 아니다.

**02-1** 답 (1) ×   (2) ○   (3) ○   (4) ×
(4) 분모에 문자가 있는 식은 다항식이 아니므로 일차식이 아니다.

**개념 5** 68쪽

**개념 check**

**01** 답 (1) $20a$   (2) $-2b$   (3) $2x$   (4) $-20y$

(1) $5\times4a=5\times4\times a=20a$

(2) $\dfrac{2}{3}b\times(-3)=\dfrac{2}{3}\times b\times(-3)=\dfrac{2}{3}\times(-3)\times b=-2b$

(3) $14x\div7=14\times x\times\dfrac{1}{7}=14\times\dfrac{1}{7}\times x=2x$

(4) $16y\div\left(-\dfrac{4}{5}\right)=16\times y\times\left(-\dfrac{5}{4}\right)=16\times\left(-\dfrac{5}{4}\right)\times y=-20y$

**01-1** 답 (1) $6a$   (2) $6b$   (3) $-4x$   (4) $\dfrac{3}{2}y$

(1) $\dfrac{3}{4}a\times8=\dfrac{3}{4}\times a\times8=\dfrac{3}{4}\times8\times a=6a$

(2) $(-3b)\times(-2)=(-3)\times b\times(-2)$
$\qquad=(-3)\times(-2)\times b=6b$

(3) $(-36x)\div9=(-36)\times x\times\dfrac{1}{9}$
$\qquad=(-36)\times\dfrac{1}{9}\times x=-4x$

(4) $\left(-\dfrac{5}{7}y\right)\div\left(-\dfrac{10}{21}\right)=\left(-\dfrac{5}{7}\right)\times y\times\left(-\dfrac{21}{10}\right)$
$\qquad=\left(-\dfrac{5}{7}\right)\times\left(-\dfrac{21}{10}\right)\times y$
$\qquad=\dfrac{3}{2}y$

**02** 답 (1) $6a+15$   (2) $-4b+2$   (3) $2x-4$   (4) $-6+2y$

(1) $3(2a+5)=3\times2a+3\times5=6a+15$

(2) $(6b-3)\times\left(-\dfrac{2}{3}\right)=6b\times\left(-\dfrac{2}{3}\right)-3\times\left(-\dfrac{2}{3}\right)$
$\qquad\qquad=-4b+2$

(3) $(4x-8)\div2=(4x-8)\times\dfrac{1}{2}$
$\qquad=4x\times\dfrac{1}{2}-8\times\dfrac{1}{2}$
$\qquad=2x-4$

(4) $(3-y)\div\left(-\dfrac{1}{2}\right)=(3-y)\times(-2)$
$\qquad=3\times(-2)-y\times(-2)$
$\qquad=-6+2y$

**02-1** 답 (1) $-6a+2$   (2) $1-5b$   (3) $-3x-1$
$\qquad$ (4) $15y-20$

(1) $-2(3a-1)=(-2)\times3a-(-2)\times1=-6a+2$

(2) $(2-10b)\times\dfrac{1}{2}=2\times\dfrac{1}{2}-10b\times\dfrac{1}{2}=1-5b$

(3) $(9x+3)\div(-3)=(9x+3)\times\left(-\dfrac{1}{3}\right)$
$\qquad=9x\times\left(-\dfrac{1}{3}\right)+3\times\left(-\dfrac{1}{3}\right)$
$\qquad=-3x-1$

(4) $(6y-8)\div\dfrac{2}{5}=(6y-8)\times\dfrac{5}{2}$
$\qquad=6y\times\dfrac{5}{2}-8\times\dfrac{5}{2}$
$\qquad=15y-20$

**개념 6** 69쪽

**개념 Bridge** 답 $x,\ 2,\ 3x+1,\ x,\ 2,\ x+5$

**개념 check**

**01** 답 (1) 동류항: $6y,\ 9y,\ -y\ /\ 14y$
$\qquad$ (2) 동류항: $4a$와 $a,\ -3$과 8 / $5a+5$

(1) $6y+9y-y=(6+9-1)y=14y$

(2) $4a-3+a+8=(4+1)a+(-3+8)$
$\qquad=5a+5$

**01-1** 답 (1) $3y+1$   (2) $3a+4b$

(1) $5y-6-2y+7=(5-2)y+(-6+7)=3y+1$

(2) $\dfrac{2}{3}a+5b+\dfrac{7}{3}a-b=\left(\dfrac{2}{3}+\dfrac{7}{3}\right)a+(5-1)b=3a+4b$

**02** 답 (1) $4x-3$  (2) $-y+5$  (3) $x+1$  (4) $2-7y$

(1) $(x+5)+(3x-8)=x+5+3x-8$
$\qquad\qquad\qquad\quad=x+3x+5-8$
$\qquad\qquad\qquad\quad=4x-3$

(2) $(2y+1)-(3y-4)=2y+1-3y+4$
$\qquad\qquad\qquad\quad=2y-3y+1+4$
$\qquad\qquad\qquad\quad=-y+5$

(3) $(-x+3)+2(x-1)=-x+3+2x-2$
$\qquad\qquad\qquad\quad=-x+2x+3-2$
$\qquad\qquad\qquad\quad=x+1$

(4) $3(2-y)-4(y+1)=6-3y-4y-4$
$\qquad\qquad\qquad\quad=6-4-3y-4y$
$\qquad\qquad\qquad\quad=2-7y$

**02-1** 답 (1) $7x-11$  (2) $7x-15$  (3) $-x+3$
$\qquad\qquad$ (4) $\dfrac{11}{6}x+\dfrac{1}{6}$

(1) $(5x+3)+2(x-7)=5x+3+2x-14$
$\qquad\qquad\qquad\quad=5x+2x+3-14$
$\qquad\qquad\qquad\quad=7x-11$

(2) $3(3x-2)-(2x+9)=9x-6-2x-9$
$\qquad\qquad\qquad\quad=9x-2x-6-9$
$\qquad\qquad\qquad\quad=7x-15$

(3) $\dfrac{1}{2}(2x+4)-\dfrac{1}{3}(6x-3)=x+2-2x+1$
$\qquad\qquad\qquad\qquad\qquad=x-2x+2+1$
$\qquad\qquad\qquad\qquad\qquad=-x+3$

(4) $\dfrac{x+2}{3}+\dfrac{3x-1}{2}=\dfrac{2(x+2)}{6}+\dfrac{3(3x-1)}{6}$
$\qquad\qquad\qquad\quad=\dfrac{2x+4+9x-3}{6}$
$\qquad\qquad\qquad\quad=\dfrac{11x+1}{6}=\dfrac{11}{6}x+\dfrac{1}{6}$

<table>
<tr><td colspan="5">필수 유형 익히기   70~72쪽</td></tr>
</table>

| | | | |
|---|---|---|---|
| **01** ④ | **01-1** $-21$ | **02** ②,⑤ | **02-1** ㄴ, ㄷ, ㄹ |
| **03** ⑤ | **03-1** ③ | **04** ㄴ, ㄷ | **04-1** ⑤ |
| **05** ② | **05-1** ㄴ, ㄷ, ㅁ, ㅂ | | |
| **06** ④ | **06-1** ⑤ | | |
| **07** $\dfrac{19}{15}x+\dfrac{2}{15}$ | | **07-1** $a=-\dfrac{1}{12},\ b=-\dfrac{5}{12}$ | |
| **08** ② | **08-1** ③ | **09** $7a+2$ | **09-1** ④ |

**01**

④ $x$의 계수는 $-\dfrac{1}{4}$이다.

**01-1**

$\dfrac{7}{2}x^2-3x+2$에서 $x^2$의 계수는 $\dfrac{7}{2}$, $x$의 계수는 $-3$, 다항식의 차수는 2이므로

$a=\dfrac{7}{2},\ b=-3,\ c=2$

$\therefore abc=-21$

**02**

① 상수항뿐이므로 일차식이 아니다.
② $x^2-x-x^2=-x$이므로 일차식이다.
③ 분모에 문자가 있는 식은 다항식이 아니므로 일차식이 아니다.
④ 다항식의 차수가 2이므로 일차식이 아니다.
⑤ 다항식의 차수가 1이므로 일차식이다.
따라서 일차식인 것은 ②, ⑤이다.

**02-1**

ㄱ. 다항식의 차수가 3이므로 일차식이 아니다.
ㅁ. 분모에 문자가 있는 식은 다항식이 아니므로 일차식이 아니다.
ㅂ. $0\times x-8=-8$이므로 일차식이 아니다.
따라서 보기 중 일차식인 것은 ㄴ, ㄷ, ㄹ이다.

**03**

⑤ $\dfrac{4}{7}y\div\dfrac{1}{14}=\dfrac{4}{7}y\times14=8y$

**03-1**

③ $(-10y)\div(-2)=\dfrac{-10y}{-2}=5y$

**04**

ㄱ. $(x+2)\times(-3)=-3x-6$
ㄹ. $\left(\dfrac{3}{2}x-15\right)\div\dfrac{3}{4}=\left(\dfrac{3}{2}x-15\right)\times\dfrac{4}{3}=2x-20$
따라서 보기 중 옳은 것은 ㄴ, ㄷ이다.

**04-1**

⑤ $(9x-3y)\div(-3)=(9x-3y)\times\left(-\dfrac{1}{3}\right)=-3x+y$

**05**

$3a$와 동류항인 것은 $-\dfrac{1}{5}a,\ -7a$의 2개이다.

## 05-1

ㄱ. 문자는 같지만 차수가 다르다.

ㄹ. $\dfrac{8}{x}$은 분모에 문자가 있으므로 다항식이 아니다.

ㅁ. 상수항끼리는 동류항이다.

따라서 보기 중 동류항끼리 짝 지어진 것은 ㄴ, ㄷ, ㅁ, ㅂ이다.

## 06

④ $(-2x+3)-2(3x-1)=-2x+3-6x+2=-8x+5$

## 06-1

⑤ $3(2x-3)-\dfrac{5}{2}(6x-4)=6x-9-15x+10=-9x+1$

## 07

$$\dfrac{3x-1}{5}+\dfrac{2x+1}{3}=\dfrac{3(3x-1)}{15}+\dfrac{5(2x+1)}{15}$$
$$=\dfrac{9x-3+10x+5}{15}=\dfrac{19x+2}{15}$$
$$=\dfrac{19}{15}x+\dfrac{2}{15}$$

## 07-1

$$\dfrac{x-1}{4}-\dfrac{2x+1}{6}=\dfrac{3(x-1)}{12}-\dfrac{2(2x+1)}{12}$$
$$=\dfrac{3x-3-4x-2}{12}=\dfrac{-x-5}{12}$$
$$=-\dfrac{1}{12}x-\dfrac{5}{12}$$
$$\therefore a=-\dfrac{1}{12},\ b=-\dfrac{5}{12}$$

## 08

$$2A-3B=2(-3x+1)-3(2x-5)$$
$$=-6x+2-6x+15$$
$$=-12x+17$$

## 08-1

$$A-(2A-B)=A-2A+B=-A+B$$
$$=-(-x+2y)+3x-y$$
$$=x-2y+3x-y$$
$$=4x-3y$$

## 09

$\boxed{\phantom{xx}}=8a-5-(a-7)=8a-5-a+7=7a+2$

## 09-1

$\boxed{\phantom{xx}}=x+11+3(2x-6)=x+11+6x-18=7x-7$



## 01

① 단계　분모를 통분하여 동류항끼리 계산하기　◀50%

$$-\dfrac{4x-7}{2}-\dfrac{5x-1}{4}=\dfrac{\boxed{-2}\times(4x-7)-(5x-1)}{4}$$
$$=\dfrac{\boxed{-8x+14}-5x+1}{4}$$
$$=\dfrac{\boxed{-13}x+\boxed{15}}{4}$$
$$=\boxed{-\dfrac{13}{4}}x+\boxed{\dfrac{15}{4}}$$

② 단계　$x$의 계수와 상수항 각각 구하기　◀30%

$x$의 계수는 $\boxed{-\dfrac{13}{4}}$, 상수항은 $\boxed{\dfrac{15}{4}}$이다.

③ 단계　$x$의 계수와 상수항의 합 구하기　◀20%

따라서 구하는 합은 $-\dfrac{13}{4}+\dfrac{15}{4}=\boxed{\dfrac{1}{2}}$

## 01-1

① 단계　분모를 통분하여 동류항끼리 계산하기　◀50%

$$\dfrac{2(5x+2)}{5}-\dfrac{3(2x+1)}{4}=\dfrac{4\times2(5x+2)-5\times3(2x+1)}{20}$$
$$=\dfrac{40x+16-30x-15}{20}$$
$$=\dfrac{10x+1}{20}=\dfrac{1}{2}x+\dfrac{1}{20}$$

② 단계　$x$의 계수와 상수항 각각 구하기　◀30%

$x$의 계수는 $\dfrac{1}{2}$, 상수항은 $\dfrac{1}{20}$이다.

③ 단계　$x$의 계수와 상수항의 곱 구하기　◀20%

따라서 구하는 곱은 $\dfrac{1}{2}\times\dfrac{1}{20}=\dfrac{1}{40}$

## 02

① 단계　어떤 다항식을 $A$로 놓고 잘못 계산한 식 세우기　◀30%

어떤 다항식을 $A$라 하면

$A-(-x+5)=4x+2$

② 단계　어떤 다항식 구하기　◀40%

$A=4x+2+(-x+5)=4x+2-x+5=\boxed{3x+7}$

③ 단계　바르게 계산한 식 구하기　◀30%

따라서 바르게 계산한 식은

$\boxed{3x+7}+(-x+5)=3x+7-x+5$
$$=\boxed{2x+12}$$

## 02-1

①**단계** 어떤 다항식을 $A$로 놓고 잘못 계산한 식 세우기  ◀ 30%
어떤 다항식을 $A$라 하면
$$A+(11x-11)=2x-9$$
②**단계** 어떤 다항식 구하기  ◀ 40%
$$A=2x-9-(11x-11)=2x-9-11x+11=-9x+2$$
③**단계** 바르게 계산한 식 구하기  ◀ 30%
따라서 바르게 계산한 식은
$$-9x+2-(11x-11)=-9x+2-11x+11$$
$$=-20x+13$$

### 단원 마무리하기

74~76쪽

| | | | |
|---|---|---|---|
| **01** ④ | **02** ②, ④ | **03** ③ | **04** 1 |
| **05** $3a+4b$, 48 | **06** ③ | **07** 11 | **08** ②, ③ |
| **09** ② | **10** $-11$ | **11** ⑤ | **12** ① | 
| **13** $-\dfrac{7}{9}$ | | | |
| **14** $9x-17y$ | **15** $-x+\dfrac{8}{3}$ | | **16** $4x-17$ |
| **17** $-5$ | **18** $-x+3$ | | **19** $4a+30$ |

**01**  ④ $\dfrac{3}{4}x \div \dfrac{2}{5}y = \dfrac{3}{4}x \div \dfrac{2y}{5}$
$$=\dfrac{3}{4}x \times \dfrac{5}{2y}$$
$$=\dfrac{15x}{8y}$$

**02**  ① $(2a+2b)$원
② 1분=60초이므로 $x$분=$60x$초
  ∴ $x$분 25초=$(60x+25)$초
③ $100a+10b+c$
④ (거리)=(시간)$\times$(속력)이므로 달린 거리는 $10x\,\mathrm{km}$
⑤ $\dfrac{a}{4}\mathrm{L}$
따라서 옳은 것은 ②, ④이다.

**03**  ① $1-a=1-(-2)=1+2=3$
② $(-a)^2=\{-(-2)\}^2=2^2=4$
③ $-3a^2=-3\times(-2)^2=-3\times4=-12$
④ $a^2-4=(-2)^2-4=4-4=0$
⑤ $a^3=(-2)^3=-8$
따라서 식의 값이 가장 작은 것은 ③이다.

**04**  $\dfrac{7}{a}-\dfrac{4}{b}+\dfrac{3}{c}=7\div a-4\div b+3\div c$
$$=7\div\dfrac{1}{3}-4\div\dfrac{1}{2}+3\div\left(-\dfrac{1}{4}\right)$$
$$=7\times3-4\times2+3\times(-4)$$
$$=21-8-12=1$$

**05**  ①**단계** 사각형의 넓이를 $a$, $b$를 사용한 식으로 나타내기 ◀ 50%
오른쪽 그림과 같이 대각선을 그으면
(사각형의 넓이)
$$=\dfrac{1}{2}\times a\times6+\dfrac{1}{2}\times b\times8$$
$$=3a+4b$$
②**단계** $a=8$, $b=6$일 때, 사각형의 넓이 구하기  ◀ 50%
$a=8$, $b=6$을 $3a+4b$에 대입하면
$$3\times8+4\times6=24+24=48$$
따라서 사각형의 넓이는 48이다.

**06**  ① 항은 $-x^2$, $-2x$, 7이다.
② $x$의 계수는 $-2$이다.
③ $x^2$의 계수는 $-1$, 상수항은 7이므로 $(-1)+7=6$
④ 차수가 2인 다항식이다.
⑤ $x^2$과 $2x$는 차수가 다르므로 동류항이 아니다.
따라서 옳은 것은 ③이다.

**07**  $x$의 계수는 2이고 $y$의 계수는 $a$이므로
$$a=2\times2=4$$
상수항은 $b$이므로 $b=4+3=7$
$$\therefore a+b=11$$

**08**  ① 상수항뿐이므로 일차식이 아니다.
④ 다항식이 아니므로 일차식이 아니다.
⑤ 다항식의 차수가 2이므로 일차식이 아니다.
따라서 일차식인 것은 ②, ③이다.

**09**  $-2(3x-1)=-2\times3x-(-2)\times1=-6x+2$
① $2(3x+1)=2\times3x+2\times1=6x+2$
② $\left(x-\dfrac{1}{3}\right)\div\left(-\dfrac{1}{6}\right)=\left(x-\dfrac{1}{3}\right)\times(-6)$
$$=x\times(-6)-\dfrac{1}{3}\times(-6)$$
$$=-6x+2$$
③ $-2(1-3x)=-2\times1-(-2)\times3x$
$$=-2+6x$$
④ $(1-3x)\div\dfrac{1}{6}=(1-3x)\times6$
$$=1\times6-3x\times6$$
$$=6-18x$$

⑤ $(2x-6) \div (-3) = (2x-6) \times \left(-\dfrac{1}{3}\right)$

$\qquad = 2x \times \left(-\dfrac{1}{3}\right) - 6 \times \left(-\dfrac{1}{3}\right)$

$\qquad = -\dfrac{2}{3}x + 2$

따라서 계산 결과가 $-2(3x-1)$과 같은 것은 ②이다.

**10** ① 단계 $a$의 값 구하기 ◀ 40%

$A = \dfrac{2}{3}(6x-27) = 4x-18$이므로 다항식 $A$의 $x$의 계수는

$a=4$

② 단계 $b$의 값 구하기 ◀ 40%

$B = \left(\dfrac{x}{2}-5\right) \div \left(-\dfrac{1}{3}\right) = \left(\dfrac{x}{2}-5\right) \times (-3) = -\dfrac{3}{2}x + 15$

이므로 다항식 $B$의 상수항은

$b=15$

③ 단계 $a-b$의 값 구하기 ◀ 20%

$\therefore a-b = -11$

**11** ① 문자는 같지만 차수가 다르다.

② 각 문자에 대한 차수가 다르다.

③ $\dfrac{7}{x}$은 다항식이 아니다.

④ 차수는 같지만 문자가 다르다.

따라서 동류항끼리 짝 지어진 것은 ⑤이다.

**12** $5(1-3x) - \dfrac{1}{2}(4x-10) = 5 - 15x - 2x + 5$

$\qquad\qquad\qquad\qquad\qquad = -17x + 10$

따라서 $a = -17,\ b = 10$이므로

$a+b = -7$

**13** $\dfrac{2x+1}{3} - \dfrac{x-1}{2} - \dfrac{3x-2}{4}$

$= \dfrac{4(2x+1)}{12} - \dfrac{6(x-1)}{12} - \dfrac{3(3x-2)}{12}$

$= \dfrac{8x+4 - 6x+6 - 9x+6}{12}$

$= \dfrac{-7x+16}{12} = -\dfrac{7}{12}x + \dfrac{4}{3}$

따라서 $a = -\dfrac{7}{12},\ b = \dfrac{4}{3}$이므로

$ab = -\dfrac{7}{9}$

**14** $6A + B - 2(2A + 3B) = 6A + B - 4A - 6B$

$\qquad\qquad\qquad\qquad = 2A - 5B$

$\qquad\qquad\qquad\qquad = 2(2x-y) - 5(-x+3y)$

$\qquad\qquad\qquad\qquad = 4x - 2y + 5x - 15y$

$\qquad\qquad\qquad\qquad = 9x - 17y$

**15** $\boxed{\phantom{aa}} = 7x - 4 - \dfrac{4}{3}(6x-5) = 7x - 4 - 8x + \dfrac{20}{3}$

$\qquad = -x + \dfrac{8}{3}$

**16** ① 단계 어떤 다항식을 $A$로 놓고 잘못 계산한 식 세우기 ◀ 30%

어떤 다항식을 $A$라 하면

$A + (-3x+10) = -2x+3$

② 단계 어떤 다항식 구하기 ◀ 40%

$A = -2x + 3 - (-3x + 10)$

$\quad = -2x + 3 + 3x - 10 = x - 7$

③ 단계 바르게 계산한 식 구하기 ◀ 30%

따라서 바르게 계산한 식은

$x - 7 - (-3x + 10) = x - 7 + 3x - 10 = 4x - 17$

**17** $x$에 대한 일차식은 $ax + b\,(a,\ b$는 수, $a \neq 0)$의 꼴이다.

$5x^2 - x + 3 + ax^2 + 2x - 7$

$= 5x^2 + ax^2 - x + 2x + 3 - 7$

$= (5+a)x^2 + x - 4$

이 식이 $x$에 대한 일차식이 되려면 $x^2$의 계수가 0이어야 하

므로 $5 + a = 0$ $\qquad \therefore a = -5$

**18** $(x+2) + (-3) + (5x-2) = 6x - 3$이므로

$-3 + A + (4x+1) = 6x - 3$에서

$A + 4x - 2 = 6x - 3$

$\therefore A = 6x - 3 - (4x - 2) = 6x - 3 - 4x + 2 = 2x - 1$

또 $(x+2) + A + B = 6x - 3$에서

$(x+2) + (2x-1) + B = 6x - 3$

$3x + 1 + B = 6x - 3$

$\therefore B = 6x - 3 - (3x + 1) = 6x - 3 - 3x - 1 = 3x - 4$

$\therefore A - B = 2x - 1 - (3x - 4) = 2x - 1 - 3x + 4$

$\qquad\qquad = -x + 3$

**19** 오른쪽 그림에서

(직사각형의 넓이)

$= (2a+10) \times (2+4)$

$= 12a + 60$

(직각삼각형 ㉠의 넓이)

$= \dfrac{1}{2} \times a \times (2+4) = 3a$

(직각삼각형 ㉡의 넓이) $= \dfrac{1}{2} \times (2a+10) \times 4 = 4a + 20$

(직각삼각형 ㉢의 넓이) $= \dfrac{1}{2} \times (2a+10-a) \times 2 = a + 10$

$\therefore$ (색칠한 부분의 넓이)

$= 12a + 60 - \{3a + (4a+20) + (a+10)\}$

$= 12a + 60 - (8a + 30)$

$= 4a + 30$

# 5 일차방정식

## 01 방정식과 그 해

개념 1     78쪽

개념 Bridge 답 (1) 등식이다    (2) 등식이 아니다

개념 check

01 답 (1) ×  (2) ○  (3) ○  (4) ×

01-1 답 (1), (4)

02 답 (1) $2x+1=7$   (2) $3a+b=5000$

02-1 답 (1) $x-5=2x$   (2) $9x=56$

개념 2     79쪽

개념 Bridge 답 ❶ $5-0=5$   ❷ 거짓   ❸ $5-1=4$
            ❹ 참   ❺ $x=1$

개념 check

01 답 (1) ○  (2) ×  (3) ○  (4) ○
각 방정식의 $x$에 [   ] 안의 수를 대입하면
(1) $2\times2-1=3$
(2) $-3\times3+1\ne10$
(3) $1-0=0+1$
(4) $-(1-3)=2$

01-1 답 (2), (4)
각 방정식에 $x=2$를 대입하면
(1) $3-2\ne2-5$
(2) $5\times2-1=9$
(3) $-2-3\ne5$
(4) $2(3\times2-1)+1=11$
따라서 해가 $x=2$인 것은 (2), (4)이다.

02 답 (1) ×  (2) ○  (3) ×  (4) ○
(1) $2x=4$ ➡ (좌변)≠(우변)이므로 항등식이 아니다.
(2) (좌변)$=x-6x=-5x$ ➡ (좌변)=(우변)이므로 항등식이다.
(3) (좌변)$=4x-x=3x$ ➡ (좌변)≠(우변)이므로 항등식이 아니다.
(4) (좌변)$=-2x+4$ ➡ (좌변)=(우변)이므로 항등식이다.

02-1 답 (3), (4)
(1) $x+2$ ➡ 다항식이다.
(2) (좌변)$=5x-15$ ➡ (좌변)≠(우변)이므로 항등식이 아니다.
(3) (우변)$=3x-12$ ➡ (좌변)=(우변)이므로 항등식이다.
(4) (좌변)$=-2x+1$ ➡ (좌변)=(우변)이므로 항등식이다.
따라서 항등식인 것은 (3), (4)이다.

개념 3     80쪽

개념 Bridge 답 (1) 1  (2) 3  (3) 6  (4) 8

개념 check

01 답 (1) ○  (2) ×  (3) ×  (4) ○
(1) $a=2b$의 양변에 3을 더하면
    $a+3=2b+3$
(2) $a=2b$의 양변에서 2를 빼면
    $a-2=2b-2$
(3) $a=2b$의 양변에 2를 곱하면
    $2a=4b$
(4) $a=2b$의 양변을 2로 나누면
    $\dfrac{a}{2}=b$

01-1 답 (1) 1  (2) 2

02 답 (1) $2x=-x+3-6$   (2) $x-3x=5+7$

02-1 답 (1) $x=2+8$     (2) $3x-5x=6$
          (3) $x+4x=-1$  (4) $5x-3x=-1+2$

### 필수 유형 익히기     81~82쪽

| | | | |
|---|---|---|---|
| 01 $5x=4x+3$ | | 01-1 $30-4x=2$ | |
| 02 ④ | 02-1 ④ | 03 ㄴ, ㄹ | 03-1 ⑤ |
| 04 ④ | 04-1 ④ | | |
| 05 ㉠ | 05-1 (개) ㄴ  (내) ㄹ | | |
| 06 ③ | 06-1 ④ | 07 $-2$ | 07-1 48 |

02
각 방정식에 $x=-1$을 대입하면
① $2\times(-1)-1=-3$
② $3\times(-1)+1=-2$
③ $-3-(-1)=2\times(-1)$
④ $6\times(-1)+2\ne5\times(-1)+3$
⑤ $8\times(-1)+7=-1$
따라서 해가 $x=-1$이 아닌 것은 ④이다.

## 02-1

각 방정식의 $x$에 [ ] 안의 수를 대입하면

① $-3-2\neq-1$

② $3\times0-1\neq1+0$

③ $5-2\times1\neq-5$

④ $\dfrac{8+1}{3}=\dfrac{8}{2}-1$

⑤ $2(-2+1)\neq-2+2$

따라서 [ ] 안의 수가 주어진 방정식의 해인 것은 ④이다.

## 03

ㄱ. $3+x=-x$ ➡ (좌변)$\neq$(우변)이므로 항등식이 아니다.

ㄴ. (좌변)$=3x-x=2x$ ➡ (좌변)$=$(우변)이므로 항등식이다.

ㄷ. (우변)$=-8+4x$ ➡ (좌변)$\neq$(우변)이므로 항등식이 아니다.

ㄹ. (우변)$=3(x+2)+1=3x+7$

　➡ (좌변)$=$(우변)이므로 항등식이다.

따라서 보기 중 항등식은 ㄴ, ㄹ이다.

## 03-1

① $x+3$ ➡ 다항식이다.

② (좌변)$=2x-3x=-x$

　➡ (좌변)$\neq$(우변)이므로 항등식이 아니다.

③ $-2+x=-x+2$

　➡ (좌변)$\neq$(우변)이므로 항등식이 아니다.

④ (좌변)$=3(1-2x)=3-6x$

　➡ (좌변)$\neq$(우변)이므로 항등식이 아니다.

⑤ (좌변)$=-2(-2x-1)=4x+2$

　➡ (좌변)$=$(우변)이므로 항등식이다.

따라서 $x$의 값에 관계없이 항상 참인 등식은 ⑤이다.

## 04

④ $8a=b$의 양변에서 1을 빼면 $8a-1=b-1$

## 04-1

④ $a=1$, $b=2$, $c=0$이면 $ac=bc=0$이지만 $a\neq b$이다.

## 06

③ $-2x-x=-5$

## 06-1

① $x=3+4$

② $2x=8-10$

③ $x-3x=-4$

⑤ $3x+x=2-1$

따라서 밑줄 친 항을 이항한 것으로 옳은 것은 ④이다.

## 07

등식 $2x-3b=ax+12$가 $x$에 대한 항등식이므로
(좌변)$=$(우변)이어야 한다.

즉, 좌변과 우변의 $x$의 계수와 상수항이 같아야 하므로

$a=2$, $b=-4$　　$\therefore a+b=-2$

## 07-1

등식 $3x+7=a(x-3)+b$가 $x$에 대한 항등식이므로
(좌변)$=$(우변)이어야 한다.

즉, 좌변과 우변의 $x$의 계수와 상수항이 같아야 하므로

$3x+7=ax-3a+b$에서

$a=3$, $-3a+b=7$　　$\therefore b=16$

$\therefore ab=48$

# 02 일차방정식의 풀이

**개념 4**　　　　　　　　　　83쪽

개념 **Bridge** 답 $x$, 2

개념 check

**01** 답 (1) $\times$　(2) $\times$　(3) $\bigcirc$　(4) $\bigcirc$

(1) 등식이 아니므로 일차방정식이 아니다.

(2) $4x-3=4x+5$에서 $-8=0$

　따라서 일차방정식이 아니다.

(3) $x^2-x=1+x^2$에서 $-x-1=0$

　따라서 일차방정식이다.

(4) $2x+3=x-6$에서 $x+9=0$

　따라서 일차방정식이다.

**02** 답 (1) $x=5$　(2) $x=4$　(3) $x=-\dfrac{1}{2}$　(4) $x=-1$

(1) $2x-3=7$에서 $2x=7+3$

　$2x=10$　　$\therefore x=5$

(2) $-\dfrac{1}{4}x+1=0$에서 $-\dfrac{1}{4}x=-1$

　$\therefore x=4$

(3) $x+2=5x+4$에서 $x-5x=4-2$

　$-4x=2$　　$\therefore x=-\dfrac{1}{2}$

(4) $2x+11=4-5x$에서 $2x+5x=4-11$

　$7x=-7$　　$\therefore x=-1$

**02-1** 답 (1) $x=4$ (2) $x=-2$ (3) $x=\dfrac{1}{3}$ (4) $x=1$

(1) $3x-2=10$에서 $3x=10+2$
　$3x=12$　$\therefore x=4$
(2) $3x=-4x-14$에서 $3x+4x=-14$
　$7x=-14$　$\therefore x=-2$
(3) $2-5x=x$에서 $-5x-x=-2$
　$-6x=-2$　$\therefore x=\dfrac{1}{3}$
(4) $2-x=-2x+3$에서 $-x+2x=3-2$　$\therefore x=1$

### 개념 5

84쪽

개념 Bridge 답 6, 10, 12, 6, 4

개념 check

**01** 답 (1) $x=5$ (2) $x=-1$
(1) $3(x-2)=x+4$에서
　$3x-6=x+4$
　$2x=10$　$\therefore x=5$
(2) $5-3x=4(x+3)$에서
　$5-3x=4x+12$
　$-7x=7$　$\therefore x=-1$

**01-1** 답 (1) $x=4$ (2) $x=2$
(1) $2x-(x+1)=3$에서
　$2x-x-1=3$
　$\therefore x=4$
(2) $4-(x-7)=3(2x-1)$에서
　$4-x+7=6x-3$
　$-7x=-14$　$\therefore x=2$

**02** 답 (1) $x=-5$ (2) $x=-1$
(1) 양변에 10을 곱하면 $2x+6=-4$
　$2x=-10$　$\therefore x=-5$
(2) 양변에 6을 곱하면 $4x+3=x$
　$3x=-3$　$\therefore x=-1$

**02-1** 답 (1) $x=5$ (2) $x=6$ (3) $x=\dfrac{1}{2}$ (4) $x=\dfrac{5}{4}$

(1) 양변에 10을 곱하면 $15x-20=12x-5$
　$3x=15$　$\therefore x=5$
(2) 양변에 100을 곱하면 $25x-100=5x+20$
　$20x=120$　$\therefore x=6$

(3) 양변에 4를 곱하면 $10x+8=24x+1$
　$-14x=-7$　$\therefore x=\dfrac{1}{2}$
(4) 양변에 10을 곱하면 $2(x-4)=7-10x$
　$2x-8=7-10x$
　$12x=15$　$\therefore x=\dfrac{5}{4}$

### 필수 유형 익히기

85~86쪽

| | | | |
|---|---|---|---|
| **01** ㄴ, ㄹ, ㅂ | **01-1** ⑤ | **02** ⑤ | **02-1** ⑤ |
| **03** 3 | **03-1** ⑤ | **04** $x=-1$ | **04-1** $x=\dfrac{25}{3}$ |
| **05** $-8$ | **05-1** 6 | **06** 3 | **06-1** 3 |

## 01

ㄱ. 등식이 아니므로 일차방정식이 아니다.
ㄴ. $4x=x-3$에서 $3x+3=0$ ➡ 일차방정식
ㄷ. $2x+3=2(x-1)$에서 $2x+3=2x-2$, $5=0$
　➡ 일차방정식이 아니다.
ㄹ. $x-5=2x+6$에서 $-x-11=0$ ➡ 일차방정식
ㅁ. $x^2+1=5$에서 $x^2-4=0$ ➡ 일차방정식이 아니다.
ㅂ. $x^2-3x+2=x^2$에서 $-3x+2=0$ ➡ 일차방정식
따라서 보기 중 일차방정식은 ㄴ, ㄹ, ㅂ이다.

## 01-1

① $4=3x+5$에서 $-3x-1=0$ ➡ 일차방정식
② $x+5=-x$에서 $2x+5=0$ ➡ 일차방정식
③ $8x+4=7x+4$에서 $x=0$ ➡ 일차방정식
④ $x^2+3x=1+2x+x^2$에서 $x-1=0$ ➡ 일차방정식
⑤ $3(5x+10)=5(6+3x)$에서 $15x+30=15x+30$,
　$0=0$ ➡ 일차방정식이 아니다.
따라서 일차방정식이 아닌 것은 ⑤이다.

## 02

① $x-5=-2$에서 $x=3$
② $3x-1=x+5$에서 $2x=6$　$\therefore x=3$
③ $2-(2-x)=3$에서
　$2-2+x=3$　$\therefore x=3$
④ $2(x+2)=x+7$에서
　$2x+4=x+7$　$\therefore x=3$
⑤ $3(4-x)=-6(2x+1)$에서
　$12-3x=-12x-6$
　$9x=-18$　$\therefore x=-2$
따라서 해가 나머지 넷과 다른 하나는 ⑤이다.

## 02-1

$x-2(3x+1)=7+4x$에서
$x-6x-2=7+4x$
$-9x=9$ $\quad\therefore x=-1$
① $x-2=-x$에서 $2x=2$ $\quad\therefore x=1$
② $-x+6=-7$에서 $-x=-13$ $\quad\therefore x=13$
③ $4(x+1)=10+x$에서
$\quad 4x+4=10+x$
$\quad 3x=6$ $\quad\therefore x=2$
④ $2(x-4)=3(x+3)$에서
$\quad 2x-8=3x+9$
$\quad -x=17$ $\quad\therefore x=-17$
⑤ $-3(2+x)=-5x-8$에서
$\quad -6-3x=-5x-8$
$\quad 2x=-2$ $\quad\therefore x=-1$
따라서 주어진 일차방정식과 해가 같은 것은 ⑤이다.

## 03

$0.7x+0.2=0.1(x+8)$의 양변에 10을 곱하면
$7x+2=x+8,\ 6x=6$
$\therefore x=1$ $\quad\therefore a=1$
$\dfrac{1}{6}(2x+1)=-\dfrac{1}{2}+\dfrac{2}{3}x$의 양변에 6을 곱하면
$2x+1=-3+4x,\ -2x=-4$
$\therefore x=2$ $\quad\therefore b=2$
$\therefore a+b=3$

## 03-1

① $2+4x=x+5$에서
$\quad 3x=3$ $\quad\therefore x=1$
② $2(3x-5)=4(2x-1)$에서
$\quad 6x-10=8x-4$
$\quad -2x=6$ $\quad\therefore x=-3$
③ 양변에 10을 곱하면
$\quad 5x=2x+6$
$\quad 3x=6$ $\quad\therefore x=2$
④ 양변에 12를 곱하면
$\quad 3(x+5)=2(7-x)$
$\quad 3x+15=14-2x$
$\quad 5x=-1$ $\quad\therefore x=-\dfrac{1}{5}$
⑤ 양변에 10을 곱하면
$\quad 25-2x=5x-10$
$\quad -7x=-35$ $\quad\therefore x=5$
따라서 해가 가장 큰 것은 ⑤이다.

## 04

소수를 분수로 고치면
$\dfrac{x}{2}+\dfrac{2-x}{6}=\dfrac{1}{2}(x+1)$
양변에 6을 곱하면
$3x+2-x=3(x+1)$
$3x+2-x=3x+3$
$-x=1$ $\quad\therefore x=-1$

## 04-1

소수를 분수로 고치면
$\dfrac{3}{4}(7-x)=\dfrac{3}{2}-\dfrac{3}{10}x$
양변에 20을 곱하면
$15(7-x)=30-6x$
$5(7-x)=10-2x,\ 35-5x=10-2x$
$-3x=-25$ $\quad\therefore x=\dfrac{25}{3}$

## 05

$ax-5=3x+6$에 $x=-1$을 대입하면
$-a-5=-3+6$
$-a=8$ $\quad\therefore a=-8$

## 05-1

$3-\dfrac{x+a}{4}=a+2x$에 $x=-2$를 대입하면
$3-\dfrac{-2+a}{4}=a-4$
양변에 4를 곱하면
$12-(-2+a)=4(a-4)$
$12+2-a=4a-16$
$-5a=-30$ $\quad\therefore a=6$

## 06

$x-2=0$에서 $x=2$
$2(x+3)+1=4x+a$에 $x=2$를 대입하면
$2(2+3)+1=8+a$
$10+1=8+a$ $\quad\therefore a=3$

## 06-1

$\dfrac{x+1}{6}+\dfrac{x-2}{3}=1$의 양변에 6을 곱하면
$x+1+2(x-2)=6$
$x+1+2x-4=6$
$3x=9$ $\quad\therefore x=3$
$ax+1=x+7$에 $x=3$을 대입하면
$3a+1=3+7,\ 3a=9$ $\quad\therefore a=3$

개념 **Bridge** 답 $2x+5$, $2x+5$, $5$, $5$, $5$, $15$, $5$, $15$

개념 check

**01** 답 (1) $x+(x+1)=57$　(2) $x=28$　(3) 28, 29

(1) 두 자연수 중 작은 수를 $x$라 하면 큰 수는 $x+1$이므로
　　$x+(x+1)=57$
(2) $x+(x+1)=57$에서
　　$2x+1=57$, $2x=56$　∴ $x=28$
(3) 연속하는 두 자연수는 28, 29이다.

**01-1** 답 13, 15
두 홀수 중 작은 수를 $x$라 하면 큰 수는 $x+2$이므로
$x+(x+2)=28$
$2x+2=28$, $2x=26$　∴ $x=13$
따라서 연속하는 두 홀수는 13, 15이다.

**02** 답 (1) $2(11-x)+3x=26$　(2) $x=4$　(3) 4개
(1) 3점 슛을 $x$개 넣었다고 하면 2점 슛은 $(11-x)$개 넣었으므로
　　$2(11-x)+3x=26$
(2) $2(11-x)+3x=26$에서
　　$22-2x+3x=26$　∴ $x=4$
(3) 3점 슛을 4개 넣었다.

**02-1** 답 사탕: 15개, 젤리: 5개
사탕을 $x$개 샀다고 하면 젤리는 $(20-x)$개를 샀으므로
$200x+300(20-x)=4500$
$200x+6000-300x=4500$
$-100x=-1500$　∴ $x=15$
따라서 사탕은 15개, 젤리는 5개를 샀다.

**03** 답 (1) $45+x=3(13+x)$　(2) $x=3$　(3) 3년 후
(1) $x$년 후에 아버지의 나이는 $(45+x)$살,
　　민지의 나이는 $(13+x)$살이므로
　　$45+x=3(13+x)$
(2) $45+x=3(13+x)$에서 $45+x=39+3x$
　　$-2x=-6$　∴ $x=3$
(3) 3년 후 아버지의 나이가 민지의 나이의 3배가 된다.

**03-1** 답 누나: 18살, 동생: 14살
누나의 나이를 $x$살이라 하면 동생의 나이는 $(x-4)$살이므로
$x+(x-4)=32$
$2x-4=32$, $2x=36$　∴ $x=18$
따라서 누나의 나이는 18살, 동생의 나이는 14살이다.



개념 check

**01** 답 (1) 풀이 참조　(2) $\dfrac{x}{2}+\dfrac{x}{3}=4$　(3) $\dfrac{24}{5}$ km

(1)

|  | 올라갈 때 | 내려올 때 |
|---|---|---|
| 거리(km) | $x$ | $x$ |
| 속력(km/h) | 2 | 3 |
| 시간(시간) | $\dfrac{x}{2}$ | $\dfrac{x}{3}$ |

(2) $\dfrac{x}{2}+\dfrac{x}{3}=4$
(3) $\dfrac{x}{2}+\dfrac{x}{3}=4$의 양변에 6을 곱하면
　　$3x+2x=24$
　　$5x=24$　∴ $x=\dfrac{24}{5}$
　　따라서 올라간 거리는 $\dfrac{24}{5}$ km이다.

**01-1** 답 36 km
집과 박물관 사이의 거리를 $x$ km라 하면
$\dfrac{x}{60}+\dfrac{x}{90}=1$
양변에 180을 곱하면
$3x+2x=180$
$5x=180$　∴ $x=36$
따라서 집과 박물관 사이의 거리는 36 km이다.

### 필수 유형 익히기　89쪽

| **01** 22 | **01-1** 27 | **02** 3마리 | **02-1** 45살 |
|---|---|---|---|
| **03** 12 cm | **03-1** 5 cm | **04** $\dfrac{40}{3}$ km | **04-1** 4 km |

### 01
세 자연수 중 가장 작은 수를 $x$라 하면
$x+(x+1)+(x+2)=69$
$3x+3=69$, $3x=66$　∴ $x=22$
따라서 가장 작은 수는 22이다.

### 01-1
세 홀수 중 가장 큰 수를 $x$라 하면
$x+(x-2)+(x-4)=75$
$3x-6=75$, $3x=81$　∴ $x=27$
따라서 가장 큰 수는 27이다.

## 02

소가 $x$마리 있다고 하면 닭은 $(12-x)$마리 있고 소의 다리는
4개, 닭의 다리는 2개이므로
$4x+2(12-x)=30$
$4x+24-2x=30,\ 2x=6$
$\therefore\ x=3$
따라서 소는 3마리이다.

## 02-1

현재 아버지의 나이를 $x$살이라 하면 아들의 나이는 $(58-x)$살
이다.
3년 후에 아버지의 나이는 $(x+3)$살이고 아들의 나이는
$(61-x)$살이므로
$x+3=3(61-x)$
$x+3=183-3x$
$4x=180\quad \therefore\ x=45$
따라서 현재 아버지의 나이는 45살이다.

## 03

직사각형의 세로의 길이를 $x\,\text{cm}$라 하면 가로의 길이는
$(x+4)\,\text{cm}$이므로
$2x+2(x+4)=56$
$2x+2x+8=56$
$4x=48\quad \therefore\ x=12$
따라서 직사각형의 세로의 길이는 $12\,\text{cm}$이다.

## 03-1

사다리꼴의 윗변의 길이를 $x\,\text{cm}$라 하면 아랫변의 길이는
$(x+6)\,\text{cm}$이므로
$\dfrac{1}{2}\times\{x+(x+6)\}\times 8=64$
$4(2x+6)=64,\ 8x+24=64$
$8x=40\quad \therefore\ x=5$
따라서 사다리꼴의 윗변의 길이는 $5\,\text{cm}$이다.

## 04

두 지점 A, B 사이의 거리를 $x\,\text{km}$라 하면 왕복하는데 총 2시간
30분, 즉 $2\dfrac{30}{60}=\dfrac{5}{2}$시간이 걸렸으므로
$\dfrac{x}{16}+\dfrac{x}{8}=\dfrac{5}{2}$
양변에 16을 곱하면
$x+2x=40$
$3x=40\quad \therefore\ x=\dfrac{40}{3}$
따라서 두 지점 A, B 사이의 거리는 $\dfrac{40}{3}\,\text{km}$이다.

## 04-1

올라간 거리를 $x\,\text{km}$라 하면 내려온 거리는 $(x+2)\,\text{km}$이므로
$\dfrac{x}{2}+\dfrac{x+2}{3}=4$
양변에 6을 곱하면
$3x+2(x+2)=24,\ 3x+2x+4=24,\ 5x=20\qquad \therefore\ x=4$
따라서 올라간 거리는 $4\,\text{km}$이다.

### 서술형 감잡기

90~91쪽

| | | | |
|---|---|---|---|
| **01** 0 | **01-1** $-2$ | **02** $-2$ | **02-1** 0 |
| **03** 7, 33 | **03-1** 4, 34 | **04** 6 km | **04-1** 8 km |

## 01

**① 단계** 괄호를 풀어 주어진 등식 정리하기 ◀ 30%
$3(x+a)=-bx+9$의 괄호를 풀면
$\boxed{3}\,x+3a=-bx+\boxed{9}$

**② 단계** $a,b$의 값 구하기 ◀ 50%
위의 식이 $x$에 대한 항등식이므로 좌변과 우변의 $x$의 계수와 상
수항이 각각 같아야 한다.
즉, $\boxed{3}=-b,\ 3a=\boxed{9}$이므로 $a=\boxed{3},\ b=\boxed{-3}$

**③ 단계** $a+b$의 값 구하기 ◀ 20%
$\therefore\ a+b=\boxed{0}$

## 01-1

**① 단계** 괄호를 풀어 주어진 등식 정리하기 ◀ 30%
$-2(x-a)=5(bx+2)$의 괄호를 풀면
$-2x+2a=5bx+10$

**② 단계** $a,b$의 값 구하기 ◀ 50%
위의 식이 $x$에 대한 항등식이므로 좌변과 우변의 $x$의 계수와 상
수항이 각각 같아야 한다.
즉, $-2=5b,\ 2a=10$이므로 $a=5,\ b=-\dfrac{2}{5}$

**③ 단계** $ab$의 값 구하기 ◀ 20%
$\therefore\ ab=-2$

## 02

**① 단계** 일차방정식의 해 구하기 ◀ 40%
$2(x-5)=3x-8$의 괄호를 풀면
$2x-\boxed{10}=3x-8$
$\therefore\ x=\boxed{-2}$

**② 단계** $a$의 값 구하기  ◀ 60%

$\dfrac{a(x-1)}{6}-\dfrac{4-ax}{3}=1$에 $x=\boxed{-2}$를 대입하면

$\dfrac{a(\boxed{-2}-1)}{6}-\dfrac{4-a\times(\boxed{-2})}{3}=1$

양변에 $\boxed{6}$을 곱하면

$a(\boxed{-2}-1)-2\{4-a\times(\boxed{-2})\}=6$

$-3a-2(4+2a)=6$

$-3a-8-4a=6$

$-7a=14$

$\therefore a=\boxed{-2}$

## 02-1

**① 단계** 일차방정식의 해 구하기  ◀ 40%

$0.5(0.2x-1)=\dfrac{1}{4}x+0.4$에서 소수를 분수로 고치면

$\dfrac{1}{2}\left(\dfrac{1}{5}x-1\right)=\dfrac{1}{4}x+\dfrac{2}{5}$

$\dfrac{1}{10}x-\dfrac{1}{2}=\dfrac{1}{4}x+\dfrac{2}{5}$

양변에 20을 곱하면

$2x-10=5x+8$

$-3x=18$   $\therefore x=-6$

**② 단계** $a$의 값 구하기  ◀ 60%

$\dfrac{x-3}{3}-\dfrac{x}{2}=a$에 $x=-6$을 대입하면

$\dfrac{-6-3}{3}-\dfrac{-6}{2}=a$

$-3+3=a$   $\therefore a=0$

## 03

**① 단계** 학생 수를 $x$라 하고, 조건에 맞는 방정식 세우기  ◀ 40%

학생 수를 $x$라 하면

한 학생에게 사탕을 4개씩 나누어 주면 5개가 남으므로

(사탕의 개수)$=4x+5$

5개씩 나누어 주면 2개가 부족하므로

(사탕의 개수)$=\boxed{5}x-\boxed{2}$

사탕의 개수는 일정하므로

$4x+5=\boxed{5}x-\boxed{2}$

**② 단계** 학생 수 구하기  ◀ 30%

$4x+5=\boxed{5}x-\boxed{2}$에서

$x=\boxed{7}$

따라서 학생 수는 $\boxed{7}$이다.

**③ 단계** 사탕의 개수 구하기  ◀ 30%

사탕의 개수는

$4\times\boxed{7}+5=\boxed{33}$

## 03-1

**① 단계** 학생 수를 $x$라 하고, 조건에 맞는 방정식 세우기  ◀ 40%

학생 수를 $x$라 하면

한 학생에게 빵을 7개씩 나누어 주면 6개가 남으므로

(빵의 개수)$=7x+6$

9개씩 나누어 주면 2개가 부족하므로

(빵의 개수)$=9x-2$

빵의 개수는 일정하므로 $7x+6=9x-2$

**② 단계** 학생 수 구하기  ◀ 30%

$7x+6=9x-2$에서 $x=4$

따라서 학생 수는 4이다.

**③ 단계** 빵의 개수 구하기  ◀ 30%

빵의 개수는 $7\times4+6=34$

## 04

**① 단계** 집과 학교 사이의 거리를 $x\,\text{km}$라 하고, 조건에 맞는 방정식 세우기  ◀ 40%

집과 학교 사이의 거리를 $x\,\text{km}$라 하면

(느린 속력으로 이동한 시간)$-$(빠른 속력으로 이동한 시간)

$=$(시간 차)

이므로

$\dfrac{x}{\boxed{4}}-\dfrac{x}{\boxed{12}}=1$

**② 단계** 방정식 풀기  ◀ 40%

위의 식의 양변에 $\boxed{12}$를 곱하면

$\boxed{3}x-x=12$

$2x=12$   $\therefore x=\boxed{6}$

**③ 단계** 집과 학교 사이의 거리 구하기  ◀ 20%

따라서 집과 학교 사이의 거리는 $\boxed{6}\,\text{km}$이다.

## 04-1

**① 단계** 두 지점 A, B 사이의 거리를 $x\,\text{km}$라 하고, 조건에 맞는 방정식 세우기  ◀ 40%

두 지점 A, B 사이의 거리를 $x\,\text{km}$라 하면

(느린 속력으로 이동한 시간)$-$(빠른 속력으로 이동한 시간)

$=$(시간 차)

이므로

$\dfrac{x}{8}-\dfrac{x}{16}=\dfrac{1}{2}$

**② 단계** 방정식 풀기  ◀ 40%

위의 식의 양변에 16을 곱하면

$2x-x=8$   $\therefore x=8$

**③ 단계** 두 지점 A, B 사이의 거리 구하기  ◀ 20%

따라서 두 지점 A, B 사이의 거리는 $8\,\text{km}$이다.

| | | | | |
|---|---|---|---|---|
| **01** ④ | **02** ④ | **03** ㄹ, ㅁ | **04** 10 | **05** ③, ④ |
| **06** ③ | **07** ④ | **08** ④ | **09** ① | **10** ④ | **11** 6 |
| **12** 3 | **13** $-6$ | **14** $x=-5$ | | **15** 84 |
| **16** 10일 후 | | **17** 10살 **18** 44 | | **19** 1200 m |

**01** ① $0.8x=2500$

② $60x=240$

③ $\dfrac{x+y}{2}=93$

⑤ $10-5x=2$

따라서 옳은 것은 ④이다.

**02** 각 방정식의 $x$에 [ ] 안의 수를 대입하면

① $5\times2+1=11$

② $-7\times(-1)+2=9$

③ $2-\dfrac{1+3\times1}{4}=1$

④ $3(0-1)\neq-2\times0+3$

⑤ $1.3\times(-2)+0.6=0.9\times(-2)-0.2$

따라서 [ ] 안의 수가 주어진 방정식의 해가 아닌 것은 ④이다.

**03** ㄱ. (좌변)$\neq$(우변)이므로 항등식이 아니다.

ㄴ. (좌변)$\neq$(우변)이므로 항등식이 아니다.

ㄷ. (좌변)$=-4x-4$

　→ (좌변)$\neq$(우변)이므로 항등식이 아니다.

ㄹ. (좌변)$=8x-x=7x$, (우변)$=3x+4x=7x$

　→ (좌변)$=$(우변)이므로 항등식이다.

ㅁ. (좌변)$=6x-5-3x+5=3x$

　→ (좌변)$=$(우변)이므로 항등식이다.

따라서 보기 중 항등식은 ㄹ, ㅁ이다.

**04** ❶ 단계 괄호를 풀어 주어진 등식 정리하기 ◀ 30%

$9x+8=a\left(2+\dfrac{3}{2}x\right)+b$에서

$9x+8=\dfrac{3}{2}ax+2a+b$

❷ 단계 $a$, $b$의 값 구하기 ◀ 50%

위의 식이 항등식이 되려면 좌변과 우변의 $x$의 계수와 상수항이 같아야 한다.

즉, $9=\dfrac{3}{2}a$, $8=2a+b$이므로

$a=6$, $b=-4$

❸ 단계 $a-b$의 값 구하기 ◀ 20%

$\therefore a-b=10$

**05** ② $a=4b$의 양변에서 8을 빼면

$a-8=4b-8$　$\therefore a-8=4(b-2)$

③ $6a=b$의 양변에 $-1$을 곱하면 $-6a=-b$

양변에서 7을 빼면 $-6a-7=-b-7$

④ $5a=2b$의 양변을 10으로 나누면 $\dfrac{a}{2}=\dfrac{b}{5}$

양변에 3을 더하면 $\dfrac{a}{2}+3=\dfrac{b}{5}+3$

⑤ $\dfrac{a}{3}=\dfrac{b}{7}$의 양변에 21을 곱하면 $7a=3b$

양변에 14를 더하면 $7a+14=3b+14$

$\therefore 7(a+2)=3b+14$

따라서 옳은 것은 ③, ④이다.

**06** 각 방정식을 변형하는 과정에서 이용된 등식의 성질을 구하면

① '$a=b$이면 $a+c=b+c$이다.'

② '$a=b$이면 $a+c=b+c$이다.'

③ '$a=b$이면 $ac=bc$이다.' 또는 '$a=b$이면 $\dfrac{a}{c}=\dfrac{b}{c}$이다.'

　(단, $c\neq0$)

④ '$a=b$이면 $a+c=b+c$이다.'

⑤ '$a=b$이면 $a+c=b+c$이다.'

따라서 나머지 넷과 다른 하나는 ③이다.

**07** ④ $-2x+4x=4$

**08** ① $2x-1=3$에서 $2x-4=0$ ➡ 일차방정식

② $2x=4x-5$에서 $-2x+5=0$ ➡ 일차방정식

③ $x+2=2x+2$에서 $-x=0$ ➡ 일차방정식

④ $3-x=-(x-3)$에서 $0=0$ ➡ 일차방정식이 아니다.

⑤ $2(x-1)=3+4x$에서 $-2x-5=0$ ➡ 일차방정식

따라서 일차방정식이 아닌 것은 ④이다.

**09** $3x+2=4-ax$에서

$3x+ax+2-4=0$, $(3+a)x-2=0$

따라서 일차방정식이 되려면 $3+a\neq0$이어야 하므로

$a\neq-3$

**10** $4x+1=-7$에서 $4x=-8$　$\therefore x=-2$

① $x+6=3x+12$에서 $-2x=6$　$\therefore x=-3$

② $2x+5=-13-x$에서 $3x=-18$　$\therefore x=-6$

③ $3(x+4)-5=4$에서 $3x+12-5=4$

$3x=-3$　$\therefore x=-1$

④ $2(3-x)=5(4+x)$에서 $6-2x=20+5x$

$-7x=14$　$\therefore x=-2$

⑤ $3(x-1)-1=2(7-3x)$에서 $3x-3-1=14-6x$

$9x=18$　$\therefore x=2$

따라서 주어진 일차방정식과 해가 같은 것은 ④이다.

**11** ① 단계 $a$의 값 구하기  ◀ 40%

$\dfrac{x}{3}-\dfrac{x-5}{4}=\dfrac{3}{2}$의 양변에 12를 곱하면

$4x-3(x-5)=18$

$4x-3x+15=18$

$\therefore x=3$ ㅤ $\therefore a=3$

② 단계 $b$의 값 구하기  ◀ 40%

$0.3(2x+1)=0.2(x+3)+0.5$의 양변에 10을 곱하면

$3(2x+1)=2(x+3)+5$

$6x+3=2x+6+5$

$4x=8$ ㅤ $\therefore x=2$ ㅤ $\therefore b=2$

③ 단계 $ab$의 값 구하기  ◀ 20%

$\therefore ab=6$

**12** $\dfrac{ax-10}{5}=\dfrac{1}{2}(x-3)$에 $x=5$를 대입하면

$\dfrac{5a-10}{5}=\dfrac{1}{2}(5-3)$

$a-2=1$ ㅤ $\therefore a=3$

**13** $\dfrac{x+2}{3}=\dfrac{3x+1}{4}+\dfrac{1}{6}$의 양변에 12를 곱하면

$4(x+2)=3(3x+1)+2$

$4x+8=9x+3+2$

$-5x=-3$ ㅤ $\therefore x=\dfrac{3}{5}$

$0.5x-0.1a=0.9$에 $x=\dfrac{3}{5}$을 대입하면

$0.3-0.1a=0.9$

양변에 10을 곱하면

$3-a=9$ ㅤ $\therefore a=-6$

**14** $\dfrac{1}{4}x+0.2=0.1x-\dfrac{2}{5}$에서 소수를 분수로 고치면

$\dfrac{1}{4}x+\dfrac{1}{5}=\dfrac{1}{10}x-\dfrac{2}{5}$

양변에 20을 곱하면

$5x+4=2x-8$

$3x=-12$

$\therefore x=-4$ ㅤ $\therefore a=-4$

$ax-20=0$에 $a=-4$를 대입하면

$-4x-20=0$

$-4x=20$ ㅤ $\therefore x=-5$

**15** ① 단계 세 짝수를 미지수 $x$로 나타내기  ◀ 30%

가장 큰 짝수를 $x$라 하면 세 짝수는

$x,\ x-2,\ x-4$

② 단계 $x$의 값 구하기  ◀ 40%

$x+(x-2)+(x-4)=126$에서

$3x-6=126$

$3x=132$ ㅤ $\therefore x=44$

③ 단계 가장 큰 수와 가장 작은 수의 합 구하기  ◀ 30%

따라서 가장 큰 수는 44이고 가장 작은 수는 40이므로 그 합은

$44+40=84$

**16** $x$일 후 용준이의 저금통에 들어 있는 금액은 $(4000+400x)$원이고, 수진이의 저금통에 들어 있는 금액은 $(6000+200x)$원이므로

$4000+400x=6000+200x$

$200x=2000$ ㅤ $\therefore x=10$

따라서 용준이와 수진이의 저금통에 들어 있는 금액이 같아지는 것은 10일 후이다.

**17** 현재 지수의 나이를 $x$살이라 하면 어머니의 나이는 $(x+36)$살이다.

10년 후에 지수의 나이는 $(x+10)$살이고 어머니의 나이는 $(x+46)$살이므로

$x+46=2(x+10)+16,\ x+46=2x+20+16$

$-x=-10$ ㅤ $\therefore x=10$

따라서 현재 지수의 나이는 10살이다.

**18** $\dfrac{7x+a}{3}=6$의 양변에 3을 곱하면

$7x+a=18,\ 7x=18-a$

$\therefore x=\dfrac{18-a}{7}$

$x$에 대한 일차방정식 $\dfrac{7x+a}{3}=6$의 해가 자연수가 되려면

$\dfrac{18-a}{7}$가 자연수가 되어야 한다.

즉, $18-a$는 7의 배수이어야 하고, $a$는 자연수이므로

$18-a=7$ 또는 $18-a=14$

$\therefore a=4$ 또는 $a=11$

따라서 모든 자연수 $a$의 값의 곱은

$4\times11=44$

**19** 우진이가 집을 나선 지 $x$분 후에 두 사람이 만난다고 하면

$40(x+20)=120x,\ 40x+800=120x$

$-80x=-800$ ㅤ $\therefore x=10$

따라서 우진이가 집을 나선 지 10분 후에 두 사람이 만나므로 우진이가 달린 거리는

$120\times10=1200(\mathrm{m})$

## 좌표평면과 그래프

# 01 순서쌍과 좌표

 개념 **1** 　　　　96쪽

개념 **Bridge** 답 $1, -3$

개념 **check**

**01** 답 $A(-4), B\left(-\dfrac{5}{2}\right), C\left(\dfrac{5}{3}\right), D(3)$

**01-1** 답
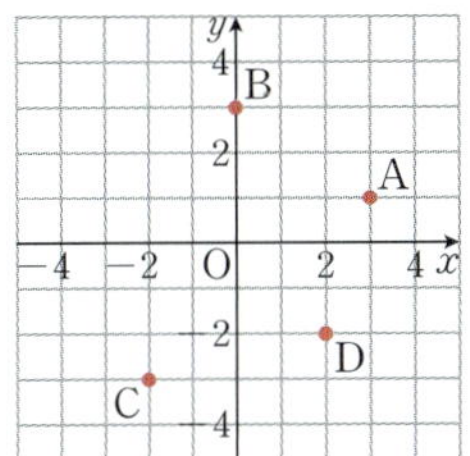

**02** 답 $A(4, 1), B(2, -3), C(-3, -4), D(-4, 4)$

**02-1** 답

개념 **2** 　　　　97쪽

개념 **check**

**01** 답 (1) 제1사분면　(2) 제3사분면　(3) 제2사분면
　　　(4) 제4사분면

**01-1** 답 (1) 제4사분면　(2) 제2사분면　(3) 제1사분면
　　　(4) 제3사분면　(5) 어느 사분면에도 속하지 않는다.
　　　(6) 어느 사분면에도 속하지 않는다.

### 필수 유형 익히기　　　98~99쪽

| | | | |
|---|---|---|---|
| **01** 7 | **01-1** 8 | **02** ⑤ | **02-1** ⑤ |
| **03** 18 | **03-1** 24 | **04** ④ | **04-1** ② |
| **05** ⑤ | **05-1** ③ | | |
| **06** 제1사분면 | | **06-1** 제2사분면 | |

## 01

두 순서쌍 $(4, a), (2b, -5)$가 서로 같으므로
$4 = 2b, a = -5$　　∴ $b = 2$
∴ $b - a = 7$

## 01-1

두 순서쌍 $\left(\dfrac{1}{2}b, -12\right), (6, 3a)$가 서로 같으므로
$\dfrac{1}{2}b = 6, -12 = 3a$　　∴ $a = -4, b = 12$
∴ $a + b = 8$

## 02

① $A(-1, 3)$
② $B(-2, -4)$
③ $C(0, -4)$
④ $D(3, -2)$
따라서 옳은 것은 ⑤이다.

## 02-1

⑤ $E(-3, 0)$

## 03

세 점 $A(2, 4), B(-2, -2),$
$C(4, -2)$를 좌표평면 위에 나타내면
오른쪽 그림과 같다.
따라서 삼각형 ABC의 넓이는
$\dfrac{1}{2} \times 6 \times 6 = 18$

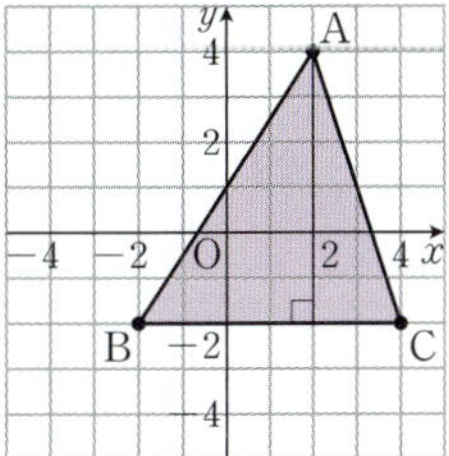

## 03-1

네 점 $A(-3, 2), B(-3, -2),$
$C(3, -2), D(3, 2)$를 좌표평면 위에
나타내면 오른쪽 그림과 같다.
따라서 사각형 ABCD의 넓이는
$6 \times 4 = 24$

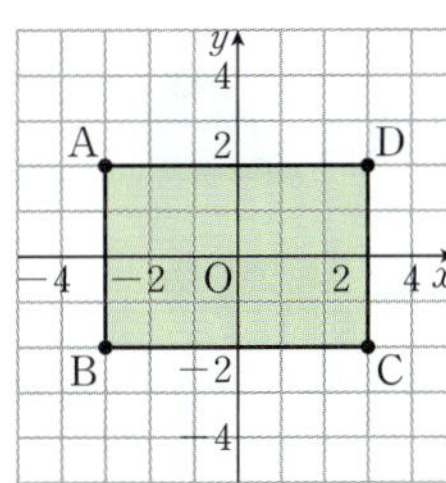

## 05

⑤ 점 $(0, 0)$은 어느 사분면에도 속하지 않는다.

## 05-1

① 어느 사분면에도 속하지 않는다.
② 제3사분면
④ 제4사분면
⑤ 제1사분면
따라서 바르게 짝 지은 것은 ③이다.

## 06

점 $(a, b)$가 제4사분면 위의 점이므로
$a > 0, b < 0$
따라서 $-b > 0$이므로 점 $(-b, a)$는 제1사분면 위의 점이다.

## 06-1

점 $(b, a)$가 제1사분면 위의 점이므로 $a>0$, $b>0$
따라서 $-a<0$, $ab>0$이므로 점 $(-a, ab)$는 제2사분면 위의 점이다.

# 02 그래프와 그 해석


100쪽



**01** 답 (1) $(0, 0)$, $(1, 2)$, $(2, 4)$, $(3, 6)$, $(4, 8)$, $(5, 10)$

(2) 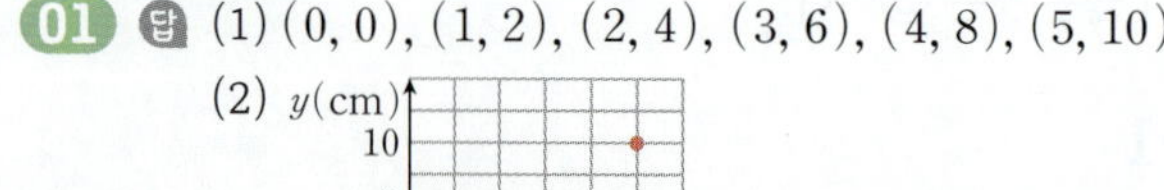

**01-1** 답 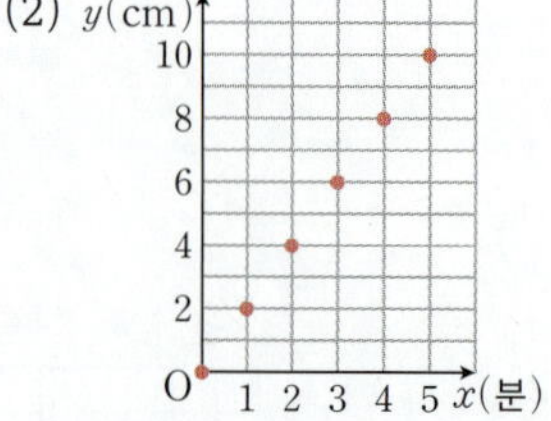


101쪽



**01** 답 (1) 20  (2) 40  (3) 120

**01-1** 답 (1) 100 m  (2) 10분  (3) 30분

**01-2** 답 (1) 1 m  (2) 2초

### 필수 유형 익히기
102~103쪽

**01** (1) ㄱ (2) ㄴ (3) ㄷ　**01-1** ㄹ
**02** ㄱ, ㄴ　**02-1** ㄴ, ㄹ
**03** (1) 45 m (2) 4분 후 (3) 12분　**03-1** ㄱ, ㄴ
**04** A－ㄷ, B－ㄱ, C－ㄴ　**04-1** ④

## 01-1

학교에서 집으로 가는 동안에 움직인 거리가 증가하고, 중간에 멈춰 있는 동안에는 움직인 거리의 변화가 없다. 그 후 집에 가는 동안에 움직인 거리는 다시 증가하므로 그래프로 옳은 것은 ㄹ이다.



## 02

ㄷ. 엘리베이터는 총 2번 멈춘 후 7층에 도착했다.
따라서 보기 중 옳은 것은 ㄱ, ㄴ이다.

## 02-1

ㄱ. 3시와 18시의 기온의 차는 $25-23=2(^\circ C)$
ㄴ. 6시와 21시의 기온은 24℃로 같다.
ㄷ. 0시부터 3시까지가 하루 중 기온이 가장 낮다.
따라서 보기 중 옳은 것은 ㄴ, ㄹ이다.

## 03-1

ㄷ. 해수면의 높이가 높아졌다가 낮아지는 것을 12시간 간격으로 반복한다.
따라서 보기 중 옳은 것은 ㄱ, ㄴ이다.

## 04

그릇 A, B는 단면의 넓이가 일정하므로 물의 높이가 일정하게 높아진다. 이때 단면의 넓이가 작을수록 물의 높이는 빠르게 높아진다.
따라서 그릇 A의 그래프는 ㄷ, 그릇 B의 그래프는 ㄱ이다.
그릇 C는 단면의 넓이가 점점 커지므로 물의 높이는 점점 천천히 높아진다.
따라서 그릇 C의 그래프는 ㄴ이다.

## 04-1

물병의 아랫 부분은 폭이 넓으면서 일정하고, 윗부분은 폭이 좁으면서 일정하다. 따라서 물의 높이가 느리고 일정하게 높아지다가 빠르고 일정하게 높아지므로 그래프로 알맞은 것은 ④이다.

### 서술형 감잡기
104쪽

**01** 4　**01-1** 12　**02** 제3사분면　**02-1** 제1사분면

## 01

① 단계　$b$의 값 구하기　◀ 40%
점 $(9, b-5)$는 $x$축 위의 점이므로 $y$좌표가 $\boxed{0}$ 이다.
즉, $b-5=\boxed{0}$ 에서 $b=\boxed{5}$
② 단계　$a$의 값 구하기　◀ 40%
점 $(a+1, -4)$는 $y$축 위의 점이므로 $x$좌표가 $\boxed{0}$ 이다.
즉, $a+1=\boxed{0}$ 에서 $a=\boxed{-1}$
③ 단계　$a+b$의 값 구하기　◀ 20%
$\therefore a+b=\boxed{4}$

## 01-1

**1단계** $a$의 값 구하기　◀ 40%
점 $(a+1, a-4)$는 $x$축 위의 점이므로 $y$좌표가 0이다.
즉, $a-4=0$에서 $a=4$
**2단계** $b$의 값 구하기　◀ 40%
점 $\left(b-3, \dfrac{1}{3}b+3\right)$은 $y$축 위의 점이므로 $x$좌표가 0이다.
즉, $b-3=0$에서 $b=3$
**3단계** $ab$의 값 구하기　◀ 20%
$\therefore ab=12$

## 02

**1단계** $ab,\ a-b$의 부호 구하기　◀ 30%
점 $(ab,\ a-b)$가 제2사분면 위의 점이므로
$ab \boxed{<} 0,\ a-b \boxed{>} 0$
**2단계** $a,\ b$의 부호 구하기　◀ 40%
$ab \boxed{<} 0$이므로 $a,\ b$의 부호는 서로 다르다.
이때 $a-b \boxed{>} 0$이므로 $a \boxed{>} 0,\ b \boxed{<} 0$
**3단계** 점 $(-a,\ b)$는 제몇 사분면 위의 점인지 구하기　◀ 30%
따라서 $-a \boxed{<} 0,\ b \boxed{<} 0$이므로 점 $(-a,\ b)$는 제 $\boxed{3}$ 사분면
위의 점이다.

## 02-1

**1단계** $a+b,\ -ab$의 부호 구하기　◀ 30%
점 $(a+b,\ -ab)$가 제4사분면 위의 점이므로
$a+b>0,\ -ab<0$
**2단계** $a,\ b$의 부호 구하기　◀ 40%
$ab>0$이므로 $a,\ b$의 부호는 서로 같다.
이때 $a+b>0$이므로 $a>0,\ b>0$
**3단계** 점 $(b,\ a)$는 제몇 사분면 위의 점인지 구하기　◀ 30%
따라서 점 $(b,\ a)$는 제1사분면 위의 점이다.

### 단원 마무리하기　　　　105~106쪽

**01** 1　**02** ⑤　**03** ④　**04** 12　**05** ⑤
**06** 제3사분면　**07** ③　**08** ①　**09** ②　**10** ④
**11** (1) 20분 후　(2) 10분 후　(3) 1 km

**01** $2a-7=a-5$에서 $a=2$
　　$-b+3=-3b+1$에서
　　$2b=-2$　$\therefore b=-1$
　　$\therefore a+b=1$

**02** ⑤ E$(3,\ -3)$

**04** 오른쪽 그림에서
(밑변의 길이)$=6$, (높이)$=4$
따라서 삼각형 ABC의 넓이는
$\dfrac{1}{2}\times 6 \times 4=12$

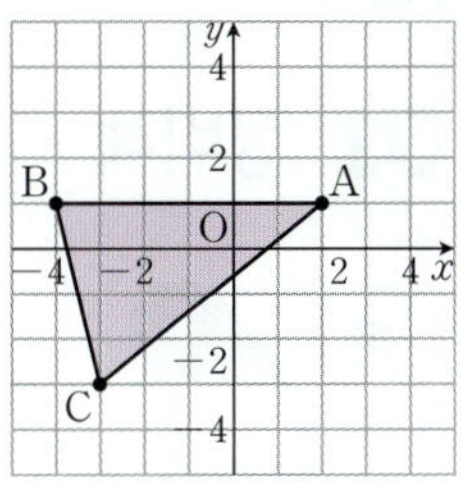

**05** ⑤ 제2사분면 위의 점의 $y$좌표는 양수이고, 제3사분면 위의 점의 $y$좌표는 음수이다.

**06** **1단계** $-b,\ a$의 부호 구하기　◀ 30%
점 P$(-b,\ a)$가 제4사분면 위의 점이므로
$-b>0,\ a<0$
**2단계** $a,\ b$의 부호 구하기　◀ 40%
$-b>0,\ a<0$이므로 $a<0,\ b<0$
**3단계** 점 Q$(-ab,\ a+b)$는 제몇 사분면 위의 점인지 구하기　◀ 30%
따라서 $-ab<0,\ a+b<0$이므로 점 Q$(-ab,\ a+b)$는
제3사분면 위의 점이다.

**07** 점 $(a+b,\ ab)$가 제1사분면 위의 점이므로
$a+b>0,\ ab>0$　$\therefore a>0,\ b>0$
$\dfrac{a}{b}>0,\ -a<0$이므로 점 $\left(\dfrac{a}{b},\ -a\right)$는 제4사분면 위의 점
이다.
따라서 점 $\left(\dfrac{a}{b},\ -a\right)$와 같은 사분면 위의 점은 ③이다.

**08** 출발점에서 떨어진 직선 거리가 시간에 따라 증가하다가 감소하여 다시 0이 되어야 하므로 알맞은 그래프는 ①이다.

**09** 폭이 위로 갈수록 좁아지는 부분에서 물의 높이는 점점 빠르게 증가하고 폭이 일정한 부분에서 물의 높이는 일정하게 증가하므로 알맞은 그래프는 ②이다.

**10** ④ 문구점에서 학교까지의 거리는 $200-150=50\,(\text{m})$이다.

**11** (1) 윤지와 지혜가 처음으로 다시 만나는 것은 출발한 지 20분 후이다.
(2) 윤지와 지혜가 각각 결승점에 도착한 것은 출발한 지 50분 후, 60분 후이므로 윤지가 결승점에 도착한지 10분 후에 지혜가 도착한다.
(3) 출발한 지 30분 후 윤지와 지혜가 이동한 거리는 각각 3 km, 2 km이므로 윤지와 지혜 사이의 거리는
$3-2=1\,(\text{km})$이다.

## 7 정비례와 반비례

# 01 정비례

### 개념 ① 108쪽

개념 Bridge 답 2, 3, 4, 정

개념 check

**01** 답 (1) × (2) ○ (3) ○ (4) ×

(3) $\dfrac{y}{x}=6$에서 $y=6x$

**02** 답 (1) 풀이 참조
(2) $y=6x$이므로 $y$는 $x$에 정비례한다.

(1)

| $x(\text{cm})$ | 1 | 2 | 3 | 4 | … |
|---|---|---|---|---|---|
| $y(\text{cm}^2)$ | 6 | 12 | 18 | 24 | … |

**02-1** 답 $y=80x$이므로 $y$는 $x$에 정비례한다.

| $x(\text{시간})$ | 1 | 2 | 3 | 4 | … |
|---|---|---|---|---|---|
| $y(\text{km})$ | 80 | 160 | 240 | 320 | … |

### 개념 ② 109쪽

개념 check

**01** 답

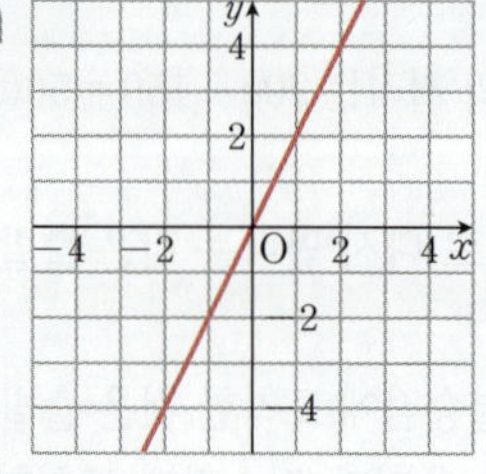

(1) 2

(2) 위

(3) 1, 3 (또는 3, 1)

(4) 증가

**01-1** 답

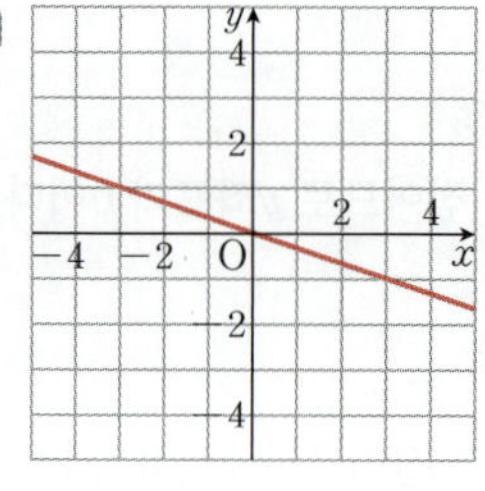

(1) 1

(2) 아래

(3) 2, 4 (또는 4, 2)

(4) 감소

### 필수 유형 익히기 110~111쪽

| | | | |
|---|---|---|---|
| **01** ⑤ | **01-1** ㄱ, ㄴ, ㄷ | **02** $y=6x$ | **02-1** $-2$ |
| **03** ④ | **03-1** ② | **04** ④ | **04-1** ③ |
| **05** $-3$ | **05-1** $-3$ | **06** $y=\dfrac{1}{2}x$ | **06-1** 6 |

### 01

② $xy=2$에서 $y=\dfrac{2}{x}$

### 01-1

ㄱ. $10\,\text{g}$에 $100$원인 젤리는 $1\,\text{g}$에 $10$원이므로 젤리 $x\,\text{g}$의 값은 $10x$원이다. $\quad\therefore y=10x$

ㄴ. 강아지 $1$마리의 다리의 개수는 $4$이므로 강아지 $x$마리의 다리의 개수는 $4x$이다. $\quad\therefore y=4x$

ㄷ. (삼각형의 넓이)$=\dfrac{1}{2}\times$(밑변의 길이)$\times$(높이)이므로

$$y=\dfrac{1}{2}\times x\times 16 \quad \therefore y=8x$$

ㄹ. 올해 14살인 선우의 $x$년 후의 나이는 $(14+x)$살이다.
$\quad\therefore y=14+x$

따라서 보기 중 $y$가 $x$에 정비례하는 것은 ㄱ, ㄴ, ㄷ이다.

### 02

$y$가 $x$에 정비례하므로 $y=ax$

$x=2$일 때, $y=12$이므로

$y=ax$에 $x=2$, $y=12$를 대입하면

$12=2a \quad \therefore a=6$

따라서 $x$와 $y$ 사이의 관계식은 $y=6x$

## 02-1

$y$가 $x$에 정비례하므로 $y=ax$

$x=-3$일 때 $y=1$이므로

$y=ax$에 $x=-3$, $y=1$을 대입하면

$1=-3a$  $\therefore a=-\dfrac{1}{3}$

따라서 $y=-\dfrac{1}{3}x$이므로 $x=6$일 때 $y$의 값은

$y=-\dfrac{1}{3}\times 6=-2$

## 03

$y=\dfrac{2}{3}x$에서 $x=3$일 때, $y=\dfrac{2}{3}\times 3=2$이므로 정비례 관계

$y=\dfrac{2}{3}x$의 그래프는 점 $(3, 2)$와 원점을 지나는 직선이다.

따라서 구하는 그래프는 ④이다.

## 03-1

$y=-\dfrac{3}{4}x$에서 $x=-4$일 때 $y=-\dfrac{3}{4}\times(-4)=3$이므로 정비례

관계 $y=-\dfrac{3}{4}x$의 그래프는 점 $(-4, 3)$과 원점을 지나는 직선

이다.

따라서 구하는 그래프는 ②이다.

## 04

④ $x$의 값이 증가하면 $y$의 값도 증가한다.

## 04-1

③ $a$의 절댓값이 클수록 $y$축에 가깝다.

## 05

$y=4x$에 $x=a$, $y=-12$를 대입하면

$-12=4\times a$  $\therefore a=-3$

## 05-1

$y=ax$에 $x=-3$, $y=9$를 대입하면

$9=a\times(-3)$  $\therefore a=-3$

## 06

주어진 그래프가 원점과 점 $(-2, -1)$을 지나는 직선이므로

$y=ax$에 $x=-2$, $y=-1$을 대입하면

$-1=-2a$  $\therefore a=\dfrac{1}{2}$

$\therefore y=\dfrac{1}{2}x$

## 06-1

주어진 그래프가 원점과 점 $(-3, 5)$를 지나는 직선이므로

$y=ax$에 $x=-3$, $y=5$를 대입하면

$5=-3a$  $\therefore a=-\dfrac{5}{3}$

따라서 $y=-\dfrac{5}{3}x$에 $x=k$, $y=-10$을 대입하면

$-10=-\dfrac{5}{3}k$  $\therefore k=6$

# 02 반비례

### 개념 3
112쪽

**개념 Bridge** 답 $\dfrac{1}{2}$, $\dfrac{1}{3}$, $\dfrac{1}{4}$, 반

**개념 check**

**01** 답 (1) ×  (2) ○  (3) ○  (4) ×

(3) $xy=4$에서 $y=\dfrac{4}{x}$

(4) $\dfrac{y}{x}=-2$에서 $xy=-2$

**02** 답 (1) 풀이 참조

(2) $y=\dfrac{36}{x}$이므로 $y$는 $x$에 반비례한다.

(1)

| $x$(명) | 1 | 2 | 3 | 4 | … |
|---|---|---|---|---|---|
| $y$(개) | 36 | 18 | 12 | 9 | … |

**02-1** 답 $y=\dfrac{300}{x}$이므로 $y$는 $x$에 반비례한다.

| $x(\mathrm{cm})$ | 1 | 2 | 3 | 4 | … |
|---|---|---|---|---|---|
| $y(\mathrm{cm}^2)$ | 300 | 150 | 100 | 75 | … |

### 개념 4
113쪽

**개념 check**

**01** 답

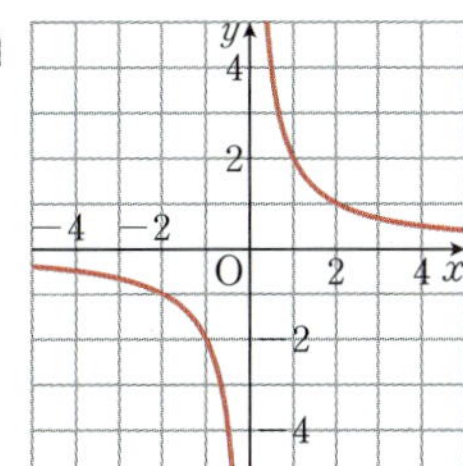

(1) $-1$, $-2$, $2$, $1$

(2) 1, 3 (또는 3, 1)

(3) 감소

**01-1 답**

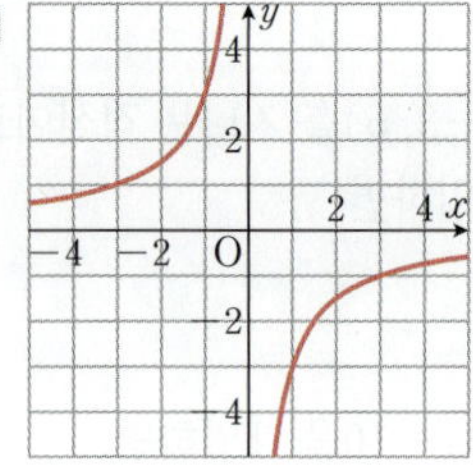

(1) $1, 3, -3, -1$

(2) $2, 4$ (또는 $4, 2$)

(3) 증가

## 필수 유형 익히기 114~115쪽

| | | | |
|---|---|---|---|
| **01** ③, ⑤ | **01-1** ㄱ, ㄹ | **02** $y=\dfrac{18}{x}$ | **02-1** $-4$ |
| **03** ① | **03-1** (1) ㄹ (2) ㄷ (3) ㄱ (4) ㄴ | | |
| **04** ⑤ | **04-1** ㄴ, ㄷ | **05** $-\dfrac{3}{4}$ | **05-1** $-3$ |
| **06** $y=-\dfrac{4}{x}$ | **06-1** $-2$ | | |

## 01

③ $xy=8$에서 $y=\dfrac{8}{x}$

## 01-1

ㄱ. (시간)$=\dfrac{\text{(거리)}}{\text{(속력)}}$이므로 $y=\dfrac{10}{x}$

ㄴ. $x+y=8$ $\quad\therefore y=-x+8$

ㄷ. $y=4x$

ㄹ. $y=\dfrac{2}{x}$

따라서 보기 중 $y$가 $x$에 반비례하는 것은 ㄱ, ㄹ이다.

## 02

$y$가 $x$에 반비례하므로 $y=\dfrac{a}{x}$

$x=6$일 때 $y=3$이므로

$y=\dfrac{a}{x}$에 $x=6, y=3$을 대입하면

$3=\dfrac{a}{6}$ $\quad\therefore a=18$

따라서 $x$와 $y$ 사이의 관계식은 $y=\dfrac{18}{x}$

## 02-1

$y$가 $x$에 반비례하므로 $y=\dfrac{a}{x}$

$x=-2$일 때 $y=8$이므로

$y=\dfrac{a}{x}$에 $x=-2, y=8$을 대입하면

$8=\dfrac{a}{-2}$ $\quad\therefore a=-16$

따라서 $y=-\dfrac{16}{x}$이므로 $x=4$일 때 $y$의 값은

$y=-\dfrac{16}{4}=-4$

## 03

$y=\dfrac{6}{x}$에서 $x=2$일 때, $y=\dfrac{6}{2}=3$이므로 반비례 관계 $y=\dfrac{6}{x}$의 그래프는 점 $(2, 3)$을 지나는 한 쌍의 매끄러운 곡선이다.

따라서 구하는 그래프는 ①이다.

## 03-1

정비례 관계 $y=ax(a\neq0)$의 그래프는 원점을 지나는 직선이고, 반비례 관계 $y=\dfrac{b}{x}(b\neq0)$의 그래프는 좌표축에 가까워지면서 한없이 뻗어 나가는 매끄러운 곡선이다.

이때 $a>0, b>0$이면 그래프가 제1사분면과 제3사분면을 지나고, $a<0, b<0$이면 그래프가 제2사분면과 제4사분면을 지나므로 그래프를 보기의 관계식과 알맞게 짝 지으면 다음과 같다.

(1) ㄹ. $y=-\dfrac{6}{x}$

(2) ㄷ. $y=\dfrac{8}{x}$

(3) ㄱ. $y=\dfrac{2}{3}x$

(4) ㄴ. $y=-5x$

## 04

① 원점에 대하여 대칭인 한 쌍의 매끄러운 곡선으로 원점을 지나지 않는다.

② 점 $(-1, -7)$을 지난다.

③ 제1사분면과 제3사분면을 지난다.

④ $x>0$일 때, $x$의 값이 증가하면 $y$의 값은 감소한다.

따라서 옳은 것은 ⑤이다.

## 04-1

ㄱ. 원점을 지나지 않는 한 쌍의 매끄러운 곡선이다.

ㄹ. $a<0, x>0$일 때, $x$의 값이 증가하면 $y$의 값도 증가한다.

따라서 보기 중 옳은 것은 ㄴ, ㄷ이다.

## 05

$y=\dfrac{3}{x}$에 $x=a$, $y=-4$를 대입하면

$-4=\dfrac{3}{a}$

$\therefore a=-\dfrac{3}{4}$

## 05-1

$y=\dfrac{a}{x}$에 $x=3$, $y=-1$을 대입하면

$-1=\dfrac{a}{3}$

$\therefore a=-3$

## 06

주어진 그래프가 점 $(-2, 2)$를 지나는 한 쌍의 매끄러운 곡선이므로

$y=\dfrac{a}{x}$에 $x=-2$, $y=2$를 대입하면

$2=\dfrac{a}{-2}$  $\therefore a=-4$

$\therefore y=-\dfrac{4}{x}$

## 06-1

주어진 그래프가 점 $(4, 3)$을 지나는 한 쌍의 매끄러운 곡선이므로

$y=\dfrac{a}{x}$에 $x=4$, $y=3$을 대입하면

$3=\dfrac{a}{4}$  $\therefore a=12$

$y=\dfrac{12}{x}$의 그래프가 점 $(k, -6)$을 지나므로

$y=\dfrac{12}{x}$에 $x=k$, $y=-6$을 대입하면

$-6=\dfrac{12}{k}$

$\therefore k=-2$

---

### 서술형 감잡기

116쪽

**01** (1) $y=3x$ (2) 20분  **01-1** (1) $y=\dfrac{120}{x}$ (2) 6

**02** 0  **02-1** $-16$

---

## 01

① 단계 $x$와 $y$ 사이의 관계식 구하기  ◀ 40%

(1) 물의 높이가 매분 $3\,\mathrm{cm}$씩 올라가므로

$y=\boxed{3}\,x$

② 단계 물통에 물을 가득 채우는 데 걸리는 시간 구하기  ◀ 60%

(2) $y=\boxed{3}\,x$에 $y=60$을 대입하면

$60=\boxed{3}\,x$

$\therefore x=\boxed{20}$

따라서 물을 가득 채우는 데 걸리는 시간은 $\boxed{20}$ 분이다.

## 01-1

① 단계 $x$와 $y$ 사이의 관계식 구하기  ◀ 40%

(1) (의자의 전체 개수)

$=$ (의자를 놓는 줄의 수) $\times$ (한 줄에 놓이는 의자의 수)

이므로

$120=x\times y$  $\therefore y=\dfrac{120}{x}$

② 단계 한 줄에 놓이는 의자의 수 구하기  ◀ 60%

(2) $y=\dfrac{120}{x}$에 $x=20$을 대입하면

$y=\dfrac{120}{20}=6$

따라서 의자를 20줄로 놓을 때, 한 줄에 놓이는 의자의 수는 6이다.

## 02

① 단계 $a$의 값 구하기  ◀ 40%

$y=ax$에 $x=\boxed{3}$, $y=\boxed{2}$를 대입하면

$\boxed{2}=\boxed{3}\,a$

$\therefore a=\boxed{\dfrac{2}{3}}$

② 단계 $b$의 값 구하기  ◀ 40%

$y=\boxed{\dfrac{2}{3}}\,x$에 $x=\boxed{-1}$, $y=\boxed{b}$를 대입하면

$\boxed{b}=\boxed{-\dfrac{2}{3}}$

③ 단계 $a+b$의 값 구하기  ◀ 20%

$\therefore a+b=\boxed{0}$

## 02-1

① 단계 $a$의 값 구하기  ◀ 40%

$y=\dfrac{a}{x}$에 $x=4$, $y=-2$를 대입하면

$-2=\dfrac{a}{4}$  $\therefore a=-8$

② **단계** $b$의 값 구하기 ◀ 40%

$y=-\dfrac{8}{x}$에 $x=-4$, $y=b$를 대입하면

$b=-\dfrac{8}{-4}=2$

③ **단계** $ab$의 값 구하기 ◀ 20%

$\therefore ab=-16$

---

## 단원 **마무리하기**

117~119쪽

| | | | | |
|---|---|---|---|---|
| **01** ③ | **02** ㄴ | **03** $-9$ | **04** ⑤ | **05** ㄴ, ㄹ |
| **06** $-4$ | **07** ③ | **08** ㄴ, ㄷ | | **09** $y=\dfrac{24}{x}$ |
| **10** 25분 | **11** ①, ④ | | **12** ③ | **13** 0 **14** $-3$ |
| **15** $\dfrac{3}{2}$ | **16** 60 | **17** 4개 | **18** $-12$ | |

**01** ② $xy=15$에서 $y=\dfrac{15}{x}$

③ $\dfrac{y}{x}=6$에서 $y=6x$

⑤ $y+x=3$에서 $y=-x+3$

따라서 $y$가 $x$에 정비례하는 것은 ③이다.

**02** ㄱ. $y$가 $x$에 정비례하므로 $x$의 값이 3배가 되면 $y$의 값도 3배가 된다.

ㄴ. $y=ax$로 놓고 $x=-5$, $y=25$를 대입하면

$25=-5a$ $\therefore a=-5$

$\therefore y=-5x$

ㄷ. $y=-5x$에 $x=2$를 대입하면

$y=-5\times2=-10$

따라서 보기 중 옳은 것은 ㄴ이다.

**03** $y=ax$에 $x=2$, $y=6$을 대입하면

$6=2a$ $\therefore a=3$

$y=3x$에 $x=-4$, $y=p$를 대입하면

$p=3\times(-4)=-12$

$y=3x$에 $x=q$, $y=9$를 대입하면

$9=3q$ $\therefore q=3$

$\therefore p+q=-9$

**04** (거리)$=$(속력)$\times$(시간)이므로 자동차를 타고 시속 $x$ km로 4시간 동안 달린 거리는 $4x$ km이다.

$\therefore y=4x$

이 식에 $x=80$을 대입하면

$y=4\times80=320$

따라서 시속 80 km로 이동한 거리는 320 km이다.

**05** ㄱ. $a>0$일 때, 제1사분면과 제3사분면을 지난다.

ㄷ. $a<0$일 때, $x$의 값이 증가하면 $y$의 값은 감소한다.

따라서 보기 중 옳은 것은 ㄴ, ㄹ이다.

**06** ① **단계** $a$의 값 구하기 ◀ 40%

$y=4x$에 $x=2a$, $y=-16$을 대입하면

$-16=4\times2a$, $8a=-16$

$\therefore a=-2$

② **단계** $b$의 값 구하기 ◀ 40%

$y=4x$에 $x=-4$, $y=8b$를 대입하면

$8b=4\times(-4)$, $8b=-16$

$\therefore b=-2$

③ **단계** $a+b$의 값 구하기 ◀ 20%

$\therefore a+b=-4$

**07** $y=ax$의 그래프가 점 $(-3,5)$를 지나므로

$y=ax$에 $x=-3$, $y=5$를 대입하면

$5=a\times(-3)$ $\therefore a=-\dfrac{5}{3}$

$y=-\dfrac{5}{3}x$에

① $x=5$를 대입하면

$y=-\dfrac{5}{3}\times5=-\dfrac{25}{3}\neq-3$

② $x=2$를 대입하면

$y=-\dfrac{5}{3}\times2=-\dfrac{10}{3}\neq-1$

③ $x=-1$을 대입하면

$y=-\dfrac{5}{3}\times(-1)=\dfrac{5}{3}$

④ $x=-\dfrac{3}{2}$을 대입하면

$y=-\dfrac{5}{3}\times\left(-\dfrac{3}{2}\right)=\dfrac{5}{2}\neq6$

⑤ $x=-6$을 대입하면

$y=-\dfrac{5}{3}\times(-6)=10\neq12$

따라서 주어진 그래프 위의 점은 ③이다.

**08** ㄱ. $y=10x$ ㄴ. $y=\dfrac{20}{x}$ ㄷ. $y=\dfrac{70}{x}$ ㄹ. $y=2x$

따라서 보기 중 $y$가 $x$에 반비례하는 것은 ㄴ, ㄷ이다.

**09** $y$가 $x$에 반비례하므로 $y=\dfrac{a}{x}$에 $x=4$, $y=6$을 대입하면

$6=\dfrac{a}{4}$ $\therefore a=24$

$\therefore y=\dfrac{24}{x}$

**10** 용량이 $600\,\mathrm{L}$인 물탱크에 매분 $x\,\mathrm{L}$씩 $y$분 동안 물을 채우면 가득 차므로

$$x\times y=600 \qquad \therefore y=\frac{600}{x}$$

이 식에 $x=24$를 대입하면

$$y=\frac{600}{24}=25$$

따라서 매분 $24\,\mathrm{L}$씩 물을 채울 때, 물탱크에 물이 가득 차는 데 걸리는 시간은 25분이다.

**11** 정비례 관계 $y=ax\,(a\neq0)$의 그래프와 반비례 관계 $y=\dfrac{b}{x}\,(b\neq0)$의 그래프는 $a<0$, $b<0$일 때, 제2사분면과 제4사분면을 지난다.

따라서 제2사분면과 제4사분면을 지나는 것은 ①, ④이다.

**12** ① 반비례 관계의 그래프이다.

② $y=\dfrac{a}{x}$의 그래프가 점 $(3, 1)$을 지나므로

$y=\dfrac{a}{x}$에 $x=3$, $y=1$을 대입하면

$$1=\frac{a}{3}, \ a=3 \qquad \therefore y=\frac{3}{x}$$

③ $y=\dfrac{3}{x}$에 $x=-1$을 대입하면

$$y=\frac{3}{-1}=-3$$

④ $x>0$일 때, $x$의 값이 증가하면 $y$의 값은 감소한다.

⑤ $xy=3$이므로 $xy$의 값이 일정하다.

따라서 옳은 것은 ③이다.

**13** $y=\dfrac{8}{x}$에 $x=2$, $y=a$를 대입하면

$$a=\frac{8}{2}=4$$

$y=\dfrac{8}{x}$에 $x=b$, $y=-2$를 대입하면

$$-2=\frac{8}{b}, \ b=\frac{8}{-2}=-4$$

$$\therefore a+b=0$$

**14** $y=\dfrac{a}{x}$에 $x=-2$, $y=6$을 대입하면

$$6=-\frac{a}{2} \qquad \therefore a=-12$$

$y=-\dfrac{12}{x}$에 $x=4$, $y=k$를 대입하면

$$k=-\frac{12}{4}=-3$$

**15** ①단계 점 A의 좌표 구하기 ◀50%

$y=\dfrac{6}{x}$의 그래프가 점 A를 지나고 점 A의 $x$좌표가 2이므로 $y=\dfrac{6}{2}=3$

$$\therefore \mathrm{A}(2, 3)$$

②단계 $a$의 값 구하기 ◀50%

$y=ax$의 그래프가 점 $\mathrm{A}(2, 3)$을 지나므로 $y=ax$에 $x=2$, $y=3$을 대입하면

$$3=a\times2 \qquad \therefore a=\frac{3}{2}$$

**16** $y=\dfrac{1}{2}x$에 $y=-6$을 대입하면

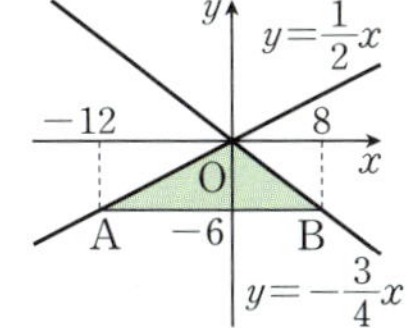


$$-6=\frac{1}{2}x$$

$$\therefore x=-12$$

$$\therefore \mathrm{A}(-12, -6)$$

$y=-\dfrac{3}{4}x$에 $y=-6$을 대입하면

$$-6=-\frac{3}{4}x$$

$$\therefore x=8$$

$$\therefore \mathrm{B}(8, -6)$$

따라서 삼각형 OAB의 넓이는

$$\frac{1}{2}\times\{8-(-12)\}\times6=60$$

**17** $|x|$는 10의 약수이어야 한다.

이때 제3사분면 위의 점은 $x$좌표와 $y$좌표가 모두 음수이므로 $x$의 값은

$$-10, -5, -2, -1$$

따라서 구하는 점은 $(-10, -1)$, $(-5, -2)$, $(-2, -5)$, $(-1, -10)$의 4개이다.

**18** 점 A의 $x$좌표가 $-4$이므로

$$\mathrm{A}\left(-4, -\frac{a}{4}\right)$$

점 C의 $x$좌표가 3이므로

$$\mathrm{C}\left(3, \frac{a}{3}\right)$$

이때 $\mathrm{B}\left(-4, \dfrac{a}{3}\right)$, $\mathrm{D}\left(3, -\dfrac{a}{4}\right)$이고 직사각형 ABCD의 넓이가 49이므로

$$\{3-(-4)\}\times\left(-\frac{a}{4}-\frac{a}{3}\right)=49$$

$$7\times\left(-\frac{7}{12}a\right)=49 \qquad \therefore a=-12$$

## 1 소인수분해

### 01 소인수분해

#### 개념 1　　　　　　　　　4쪽

**01** 답 (1) 1, 5, 소수　(2) 1, 2, 3, 4, 6, 12, 합성수
(3) 1, 29, 소수　(4) 1, 3, 11, 33, 합성수
(5) 1, 7, 49, 합성수

**02** 답 (1) ×　(2) ○　(3) ○　(4) ○
(1) 가장 작은 합성수는 4이다.

#### 개념 2　　　　　　　　　4쪽

**01** 답 (1) $4^5$　(2) $7^6$　(3) $\left(\dfrac{2}{5}\right)^3$　(4) $\dfrac{1}{3^4}$

**02** 답 (1) $2^2 \times 3^3$　　(2) $2^2 \times 3^2 \times 5^3$
(3) $\left(\dfrac{1}{3}\right)^2 \times \left(\dfrac{1}{5}\right)^2$　(4) $\dfrac{1}{2} \times \left(\dfrac{1}{7}\right)^3 \times \left(\dfrac{1}{11}\right)^2$
(5) $\dfrac{1}{3^2 \times 11^3}$　　(6) $\dfrac{1}{2^3 \times 5^2 \times 13}$

#### 개념 3　　　　　　　　　5쪽

**01** 답 (1) 6, 3, $2^2 \times 3$　(2) 9, 3, $3^3$
(3) 30, 15, 5, $2^2 \times 3 \times 5$

**02** 답 (1) 28 → 14 → 2, 2, 7
→ $28 = 2^2 \times 7$
(2) 66 → 2, 33 → 3, 11
→ $66 = 2 \times 3 \times 11$
(3) 135 → 3, 45 → 3, 15 → 3, 5
→ $135 = 3^3 \times 5$

**03** 답 (1) 2 ) 40
　　 2 ) 20
　　 2 ) 10
　　　　 5
→ $40 = 2^3 \times 5$
(2) 3 ) 75
　 5 ) 25
　　　 5
→ $75 = 3 \times 5^2$
(3) 2 ) 126
　 3 ) 63
　 3 ) 21
　　　 7
→ $126 = 2 \times 3^2 \times 7$

**04** 답 (1) $2^4$ / 2　(2) $2^2 \times 5$ / 2, 5　(3) $3^2 \times 5$ / 3, 5
(4) $2^2 \times 5 \times 7$ / 2, 5, 7

#### 개념 4　　　　　　　　　6쪽

**01** 답 (1)

| × | 1 | 3 |
|---|---|---|
| 1 | 1 | 3 |
| 2 | 2 | 6 |
| $2^2$ | 4 | 12 |

→ 약수: 1, 2, 3, 4, 6, 12

(2)

| × | 1 | 5 | $5^2$ |
|---|---|---|---|
| 1 | 1 | 5 | 25 |
| 2 | 2 | 10 | 50 |
| $2^2$ | 4 | 20 | 100 |

→ 약수: 1, 2, 4, 5, 10, 20, 25, 50, 100

(3) $98 = 2 \times 7^2$

| × | 1 | 7 | $7^2$ |
|---|---|---|---|
| 1 | 1 | 7 | 49 |
| 2 | 2 | 14 | 98 |

→ 약수: 1, 2, 7, 14, 49, 98

(4) $225 = 3^2 \times 5^2$

| × | 1 | 5 | $5^2$ |
|---|---|---|---|
| 1 | 1 | 5 | 25 |
| 3 | 3 | 15 | 75 |
| $3^2$ | 9 | 45 | 225 |

→ 약수: 1, 3, 5, 9, 15, 25, 45, 75, 225

**02** 답 (1) 1, 2, 3, 6, 9, 18, 27, 54  (2) 1, 11, 121

**03** 답 (1) 2, 1, 6  (2) 9  (3) 24
(2) $(2+1)\times(2+1)=9$
(3) $(2+1)\times(1+1)\times(3+1)=24$

**04** 답 (1) 2, 1, 2, 1, 6  (2) 8  (3) 16
(2) $110=2\times5\times11$이므로 약수의 개수는
  $(1+1)\times(1+1)\times(1+1)=8$
(3) $168=2^3\times3\times7$이므로 약수의 개수는
  $(3+1)\times(1+1)\times(1+1)=16$

## 필수 유형 익히기 (한 번 더)

7~9쪽

| | | | |
|---|---|---|---|
| **01** 3개 | **02** 1 | **03** ㄷ, ㄹ | **04** ③, ⑤ |
| **05** ④ | **06** 4 | **07** ④  **08** ② | **09** ⑤  **10** ④ |
| **11** ④ | **12** 7 | **13** ②  **14** ⑤ | **15** ③  **16** ⑤ |
| **17** ③ | **18** 6 | **19** ② | |

### 01
소수는 2, 11, 43의 3개이다.

### 02
소수는 5, 17, 53의 3개이므로 $a=3$
합성수는 27, 98의 2개이므로 $b=2$
$\therefore a-b=1$

### 03
ㄱ. 가장 작은 합성수는 4이다.
ㄴ. 4는 합성수이지만 짝수이다.
따라서 보기 중 옳은 것은 ㄷ, ㄹ이다.

### 04
① 3은 소수이지만 홀수이다.
② 가장 작은 소수는 2이다.
④ 자연수는 1, 소수, 합성수로 이루어져 있다.
따라서 옳은 것은 ③, ⑤이다.

### 05
① $3^4=81$
② $2+2+2=2\times3$
③ $5\times5\times5\times5=5^4$
⑤ $\dfrac{1}{3}\times\dfrac{1}{3}\times\dfrac{1}{3}\times\dfrac{1}{3}=\left(\dfrac{1}{3}\right)^4$
따라서 옳은 것은 ④이다.

### 06
$3\times3\times5\times7\times5\times5=3^2\times5^3\times7^1$이므로
$a=2,\ b=3,\ c=1$
$\therefore a+b-c=4$

### 07
④ $108=2^2\times3^3$

### 08
$540=2^2\times3^3\times5$이므로 $a=2,\ b=3,\ c=1$
$\therefore a+b+c=6$

### 09
$210=2\times3\times5\times7$이므로 210의 소인수는 2, 3, 5, 7이다.
따라서 210의 소인수가 아닌 것은 ⑤이다.

### 10
$200=2^3\times5^2$이므로 200의 소인수는 2, 5이다.
① $12=2^2\times3$이므로 12의 소인수는 2, 3이다.
② $30=2\times3\times5$이므로 30의 소인수는 2, 3, 5이다.
③ $45=3^2\times5$이므로 45의 소인수는 3, 5이다.
④ $100=2^2\times5^2$이므로 100의 소인수는 2, 5이다.
⑤ $150=2\times3\times5^2$이므로 150의 소인수는 2, 3, 5이다.
따라서 200과 소인수가 같은 것은 ④이다.

### 11
$2\times5^3\times a$에서 2와 5의 지수가 짝수가 되어야 하므로 가장 작은
자연수 $a$의 값은
$a=2\times5=10$

### 12
63을 소인수분해 하면 $63=3^2\times7$
$3^2\times7$에서 7의 지수가 짝수가 되어야 하므로 곱할 수 있는 가장
작은 자연수는 7이다.

### 13
$12\times a=2^2\times3\times a$이므로 $a$는 $3\times$(자연수)$^2$ 꼴이어야 한다.
따라서 $a$의 값이 될 수 없는 것은 ②이다.

## 14

$2^2 \times 7^3$의 약수는 $(2^2$의 약수$) \times (7^3$의 약수$)$ 꼴이다.

⑤ $2^3 \times 7^3$에서 $2^3$은 $2^2$의 약수가 아니므로 $2^2 \times 7^3$의 약수가 아니다.

## 15

$300 = 2^2 \times 3 \times 5^2$이므로 300의 약수는

$(2^2$의 약수$) \times (3$의 약수$) \times (5^2$의 약수$)$ 꼴이다.

③ $2 \times 3^2$에서 $3^2$은 3의 약수가 아니므로 300의 약수가 아니다.

## 16

① $51 = 3 \times 17$이므로 약수의 개수는

$(1+1) \times (1+1) = 4$

② $121 = 11^2$이므로 약수의 개수는

$2 + 1 = 3$

③ $2^7$의 약수의 개수는

$7 + 1 = 8$

④ $2^4 \times 11$의 약수의 개수는

$(4+1) \times (1+1) = 10$

⑤ $2^3 \times 5^2$의 약수의 개수는

$(3+1) \times (2+1) = 12$

따라서 약수의 개수가 가장 많은 것은 ⑤이다.

## 17

$98 = 2 \times 7^2$이므로 약수의 개수는

$(1+1) \times (2+1) = 6$

① $16 = 2^4$이므로 약수의 개수는

$4 + 1 = 5$

② $22 = 2 \times 11$이므로 약수의 개수는

$(1+1) \times (1+1) = 4$

③ $28 = 2^2 \times 7$이므로 약수의 개수는

$(2+1) \times (1+1) = 6$

④ $3^2 \times 5^2$의 약수의 개수는

$(2+1) \times (2+1) = 9$

⑤ $2 \times 7^2 \times 11$의 약수의 개수는

$(1+1) \times (2+1) \times (1+1) = 12$

따라서 98과 약수의 개수가 같은 것은 ③이다.

## 18

$2^a \times 11^2$의 약수의 개수가 21이므로

$(a+1) \times (2+1) = 21$에서

$(a+1) \times 3 = 7 \times 3$

$a + 1 = 7$   $\therefore a = 6$

## 19

$27 \times 5^a = 3^3 \times 5^a$의 약수의 개수가 12이므로

$(3+1) \times (a+1) = 12$에서 $4 \times (a+1) = 4 \times 3$

$a + 1 = 3$   $\therefore a = 2$



# 02 최대공약수와 최소공배수

### 개념 5   10쪽

**01** 답 (1) $3^2 \times 5^2$   (2) $2^2 \times 3^2 \times 5$

    (3) $2 \times 3^2$   (4) $3 \times 7$

**02** 답 (1) $5, 5^2, 5, 10$   (2) 18   (3) 15   (4) 4

$(2)$

$$
\begin{aligned}
72 &= 2^3 \times 3^2 \\
90 &= 2 \ \times 3^2 \times 5 \\
108 &= 2^2 \times 3^3 \\
\hline
(\text{최대공약수}) &= 2 \ \times 3^2 \quad\quad = 18
\end{aligned}
$$

$(3)$

$$
\begin{aligned}
30 &= 2 \times 3 \ \times 5 \\
45 &= \quad\ \ 3^2 \times 5 \\
\hline
(\text{최대공약수}) &= \quad\ \ 3 \ \times 5 = 15
\end{aligned}
$$

$(4)$

$$
\begin{aligned}
16 &= 2^4 \\
28 &= 2^2 \times 7 \\
44 &= 2^2 \quad\quad \times 11 \\
\hline
(\text{최대공약수}) &= 2^2 \quad\quad\quad = 4
\end{aligned}
$$

### 개념 6   10쪽

**01** 답 (1) 18 / 1, 2, 3, 6, 9, 18

    (2) 12 / 1, 2, 3, 4, 6, 12

    (3) 6 / 1, 2, 3, 6

    (4) 8 / 1, 2, 4, 8

$(1)$

$$
\begin{aligned}
& 2 \ \times 3^3 \\
& 2^2 \times 3^2 \\
\hline
(\text{최대공약수}) &= 2 \times 3^2 = 18
\end{aligned}
$$

→ 공약수: 1, 2, 3, 6, 9, 18

$(2)$

$$
\begin{aligned}
& 2^2 \times 3 \\
& 2^2 \times 3 \ \times 7 \\
& 2^3 \times 3^3 \\
\hline
(\text{최대공약수}) &= 2^2 \times 3 \quad\ \ = 12
\end{aligned}
$$

→ 공약수: 1, 2, 3, 4, 6, 12

$(3)$

$$
\begin{aligned}
12 &= 2^2 \times 3 \\
42 &= 2 \ \times 3 \times 7 \\
\hline
(\text{최대공약수}) &= 2 \ \times 3 \quad\quad = 6
\end{aligned}
$$

→ 공약수: 1, 2, 3, 6

(4)
$$32=2^5$$
$$56=2^3 \quad \times 7$$
$$80=2^4 \times 5$$
$$(\text{최대공약수})=2^3 \qquad =8$$
→ 공약수: 1, 2, 4, 8

(4)
$$18=2 \times 3^2$$
$$30=2 \times 3 \times 5$$
$$45= \quad 3^2 \times 5$$
$$(\text{최소공배수})=2 \times 3^2 \times 5=90$$
→ 공배수: 90, 180, 270

## 개념 7   11쪽

**01** 답 (1) $2^3 \times 3^3$   (2) $2^2 \times 3^3 \times 7^2$
    (3) $3^2 \times 5 \times 7$   (4) $2^2 \times 3^3 \times 5^2$

**02** 답 (1) $2^3$, $2^2$, $2^3$, 72   (2) 280   (3) 180   (4) 180

(2)
$$20=2^2 \times 5$$
$$56=2^3 \quad \times 7$$
$$70=2 \times 5 \times 7$$
$$(\text{최소공배수})=2^3 \times 5 \times 7=280$$

(3)
$$45= \quad 3^2 \times 5$$
$$60=2^2 \times 3 \times 5$$
$$(\text{최소공배수})=2^2 \times 3^2 \times 5=180$$

(4)
$$12=2^2 \times 3$$
$$30=2 \times 3 \times 5$$
$$36=2^2 \times 3^2$$
$$(\text{최소공배수})=2^2 \times 3^2 \times 5=180$$

## 개념 8   11쪽

**01** 답 (1) 36 / 36, 72, 108
     (2) 900 / 900, 1800, 2700
     (3) 140 / 140, 280, 420
     (4) 90 / 90, 180, 270

(1)
$$2 \times 3^2$$
$$2^2 \times 3$$
$$(\text{최소공배수})=2^2 \times 3^2=36$$
→ 공배수: 36, 72, 108

(2)
$$2 \times 3^2$$
$$3 \times 5^2$$
$$2^2 \times 3 \times 5$$
$$(\text{최소공배수})=2^2 \times 3^2 \times 5^2=900$$
→ 공배수: 900, 1800, 2700

(3)
$$28=2^2 \quad \times 7$$
$$70=2 \times 5 \times 7$$
$$(\text{최소공배수})=2^2 \times 5 \times 7=140$$
→ 공배수: 140, 280, 420

**02**

$36=2^2 \times 3^2$, $60=2^2 \times 3 \times 5$, $90=2 \times 3^2 \times 5$이므로 세 수 36, 60, 90의 최대공약수는 $2 \times 3=6$이다.

**03**

두 수 $2^3 \times 5 \times 7^2$, $2^2 \times 5 \times 7$의 최대공약수는 $2^2 \times 5 \times 7$이므로 두 수의 공약수는 $2^2 \times 5 \times 7$의 약수이다.
③ $2^3 \times 5$는 $2^2 \times 5 \times 7$의 약수가 아니다.

**04**

세 수 $60=2^2 \times 3 \times 5$, $2^2 \times 5^2$, $2 \times 3^2 \times 5$의 최대공약수는 $2 \times 5$이므로 세 수의 공약수는 $2 \times 5$의 약수이다.
따라서 세 수의 공약수는 ①, ④이다.

**05**

10과 주어진 수의 최대공약수를 구하면 다음과 같다.
① 2   ② 5   ③ 2   ④ 1   ⑤ 10
따라서 10과 서로소인 것은 ④이다.

**06**

두 수의 최대공약수는 다음과 같다.
① 1   ② 1   ③ 1   ④ 7   ⑤ 1
따라서 두 수가 서로소가 아닌 것은 ④이다.

**08**

세 수 $35=5 \times 7$, $56=2^3 \times 7$, $140=2^2 \times 5 \times 7$의 최소공배수는 $2^3 \times 5 \times 7=280$이다.

## 09

두 수 $2^2 \times 7$, $2 \times 7^2$의 최소공배수는 $2^2 \times 7^2$이므로 두 수의 공배수는 $2^2 \times 7^2$의 배수이다.

① $2 \times 7$은 $2^2 \times 7^2$의 배수가 아니다.

## 10

세 수 $36 = 2^2 \times 3^2$, $2^3 \times 3$, $2 \times 3^2 \times 5$의 최소공배수는 $2^3 \times 3^2 \times 5$ 이므로 세 수의 공배수는 $2^3 \times 3^2 \times 5$의 배수이다.

⑤ $2^3 \times 3^2 \times 5 \times 7$은 $2^3 \times 3^2 \times 5$의 배수이다.

## 11

$a = 3$, $b = 4$, $c = 7$이므로

$a + b + c = 14$

## 12

$30 = 2 \times 3 \times 5$, $180 = 2^2 \times 3^2 \times 5$이므로

$a = 2$, $b = 2$, $c = 1$

$\therefore a + b - c = 3$

## 13

구하는 수는 $18 = 2 \times 3^2$, $24 = 2^3 \times 3$의 최소공배수이므로

$2^3 \times 3^2 = 72$

## 14

구하는 수는 $20 = 2^2 \times 5$, $30 = 2 \times 3 \times 5$의 최대공약수이므로

$2 \times 5 = 10$

## 서술형 감잡기

14쪽

**01** 5  **02** $a = 6$, $b = 24$  **03** 3
**04** 최대공약수: 3, 최소공배수: 360

## 01

**1단계** $12 \times 15$를 소인수분해 하기  ◀ 70%

$12 \times 15 = 2^2 \times 3 \times 3 \times 5 = 2^2 \times 3^2 \times 5$

**2단계** $a$, $b$, $c$의 값 구하기  ◀ 20%

$a = 2$, $b = 2$, $c = 1$

**3단계** $a + b + c$의 값 구하기  ◀ 10%

$\therefore a + b + c = 5$

## 02

**1단계** 96을 소인수분해 하기  ◀ 30%

$96 = 2^5 \times 3$

**2단계** $a$의 값 구하기  ◀ 40%

$2^5 \times 3 \times a = b^2$이 되려면 모든 소인수의 지수가 짝수가 되어야 하므로 가능한 한 작은 자연수 $a$의 값은

$a = 2 \times 3 = 6$

**3단계** $b$의 값 구하기  ◀ 30%

$96 \times a = 2^5 \times 3 \times 2 \times 3 = (2^3 \times 3) \times (2^3 \times 3)$

$\qquad = (2^3 \times 3)^2 = 24^2$

$\therefore b = 24$

## 03

**1단계** 168의 약수의 개수 구하기  ◀ 40%

$168 = 2^3 \times 3 \times 7$이므로 약수의 개수는

$(3+1) \times (1+1) \times (1+1) = 16$

**2단계** $3^3 \times 5^x$의 약수의 개수를 식으로 나타내기  ◀ 30%

$3^3 \times 5^x$의 약수의 개수는

$(3+1) \times (x+1) = 4 \times (x+1)$

**3단계** $x$의 값 구하기  ◀ 30%

$4 \times (x+1) = 16$에서 $4 \times (x+1) = 4 \times 4$

$x + 1 = 4$  $\therefore x = 3$

## 04

**1단계** 45를 소인수분해 하기  ◀ 20%

$45 = 3^2 \times 5$

**2단계** 세 수의 최대공약수 구하기  ◀ 40%

세 수 $2^3 \times 3$, $45 = 3^2 \times 5$, $2^2 \times 3^2 \times 5$의 최대공약수는
3

**3단계** 세 수의 최소공배수 구하기  ◀ 40%

세 수 $2^3 \times 3$, $45 = 3^2 \times 5$, $2^2 \times 3^2 \times 5$의 최소공배수는
$2^3 \times 3^2 \times 5 = 360$

## 단원 마무리하기

15~17쪽

**01** ④  **02** 풀이 참조  **03** ①, ⑤  **04** ③, ⑤
**05** ④  **06** ①, ②  **07** 24  **08** ⑤  **09** ⑤
**10** ③  **11** ⑤  **12** ②  **13** ③  **14** ⑤  **15** 8
**16** 18  **17** 5  **18** 6개  **19** 49

**01** 30 이하의 자연수 중 소수는 2, 3, 5, 7, 11, 13, 17, 19, 23, 29의 10개이다.

**02** 약수가 2개인 수는 소수이다.
따라서 소수가 모두 적힌 칸을 색칠하면 오른쪽과 같다.

| 1 | 2 | 3 |
| --- | --- | --- |
| 8 | 15 | 19 |
| 23 | 31 | 47 |
| 49 | 50 | 53 |

**03** ② 9는 합성수이지만 홀수이다.
③ 약수가 2개인 자연수는 소수이다.
④ 20 이하의 소수는 2, 3, 5, 7, 11, 13, 17, 19의 8개이다.
따라서 옳은 것은 ①, ⑤이다.

**04** ① $2^4 = 16$
② $5 \times 5 \times 5 \times 5 = 5^4$
④ $3 \times 3 \times 5 \times 5 \times 5 = 3^2 \times 5^3$
따라서 옳은 것은 ③, ⑤이다.

**05** ① $40 = 2^3 \times 5$
② $84 = 2^2 \times 3 \times 7$
③ $180 = 2^2 \times 3^2 \times 5$
⑤ $200 = 2^3 \times 5^2$
따라서 소인수분해를 바르게 한 것은 ④이다.

**06** $72 = 2^3 \times 3^2$이므로 72의 소인수는 2, 3이다.

**07** ① 단계 $a$의 값 구하기 ◀ 40%
$150 = 2 \times 3 \times 5^2$이므로 $150 \times a = b^2$이 되려면 가장 작은
자연수 $a$는 $a = 2 \times 3 = 6$
② 단계 $b$의 값 구하기 ◀ 40%
$2 \times 3 \times 5^2 \times 2 \times 3 = (2 \times 3 \times 5) \times (2 \times 3 \times 5)$
$\qquad\qquad\qquad = (2 \times 3 \times 5)^2 = 30^2$
$\therefore b = 30$
③ 단계 $b - a$의 값 구하기 ◀ 20%
$\therefore b - a = 24$

**08** ⑤ $2 \times 3^4$은 54의 약수가 아니다.

**09** $3^3 \times 5$의 약수의 개수는 $(3+1) \times (1+1) = 8$
① $2 \times 3^4$의 약수의 개수는
$\quad (1+1) \times (4+1) = 10$
② $2^2 \times 7^2$의 약수의 개수는
$\quad (2+1) \times (2+1) = 9$
③ $2^9$의 약수의 개수는 $9 + 1 = 10$
④ $84 = 2^2 \times 3 \times 7$이므로 약수의 개수는
$\quad (2+1) \times (1+1) \times (1+1) = 12$
⑤ $130 = 2 \times 5 \times 13$이므로 약수의 개수는
$\quad (1+1) \times (1+1) \times (1+1) = 8$
따라서 $3^3 \times 5$와 약수의 개수가 같은 것은 ⑤이다.

**10** ① $2^4 \times 3$이므로 약수의 개수는
$\quad (4+1) \times (1+1) = 10$
② $2^4 \times 5$이므로 약수의 개수는
$\quad (4+1) \times (1+1) = 10$
③ $2^4 \times 9 = 2^4 \times 3^2$이므로 약수의 개수는
$\quad (4+1) \times (2+1) = 15$
④ $2^4 \times 11$이므로 약수의 개수는
$\quad (4+1) \times (1+1) = 10$
⑤ $2^4 \times 32 = 2^9$이므로 약수의 개수는
$\quad 9 + 1 = 10$
따라서 ☐ 안에 들어갈 수 없는 수는 ③이다.

**11** 세 수 $2^2 \times 3$, $270 = 2 \times 3^3 \times 5$, $2^3 \times 3^2 \times 7$의 최대공약수는
$2 \times 3$이므로 세 수의 공약수는 $2 \times 3$의 약수이다.
⑤ $2^2 \times 3^2$은 $2 \times 3$의 약수가 아니다.

**12** 두 수의 최대공약수는 다음과 같다.
① 3　　② 1　　③ 7　　④ 17　　⑤ 19
따라서 두 수가 서로소인 것은 ②이다.

**14** 두 수 $2^2 \times 5^2$, $2 \times 5 \times 7$의 최소공배수는 $2^2 \times 5^2 \times 7$이므로
두 수의 공배수는 $2^2 \times 5^2 \times 7$의 배수인 ⑤이다.

**15** $a = 1$, $b = 2$, $c = 5$이므로
$a + b + c = 8$

**16** 구하는 수는 $54 = 2 \times 3^3$, $90 = 2 \times 3^2 \times 5$, $126 = 2 \times 3^2 \times 7$
의 최대공약수이므로
$2 \times 3^2 = 18$

**17** $5 \times 6 \times 7 \times 8 \times 9 \times 10$
$= 5 \times (2 \times 3) \times 7 \times 2^3 \times 3^2 \times (2 \times 5)$
$= 2^5 \times 3^3 \times 5^2 \times 7$
이므로 소인수 2의 지수는 5이다.

**18** $15 = 3 \times 5$와 서로소인 수는 3의 배수도 아니고 5의 배수도
아니어야 하므로 10보다 크고 20보다 작은 자연수 중에서
15와 서로소인 수는 11, 13, 14, 16, 17, 19의 6개이다.

**19** $2 \times a$, $5 \times a$의 최소공배수는 $a \times 2 \times 5$
$\quad a\ )\ \underline{\ 2 \times a\quad 5 \times a\ }$
$\qquad\qquad\quad 2\qquad\ \ 5$
$a \times 2 \times 5 = 70$에서
$a \times 2 \times 5 = 7 \times 2 \times 5$
$\therefore a = 7$
따라서 두 자연수는 $2 \times 7 = 14$, $5 \times 7 = 35$이므로 두 자연
수의 합은
$14 + 35 = 49$

 **정수와 유리수**

## 01 정수와 유리수



**01** 답 (1) $-20$   (2) $+500$

**02** 답 (1) 양수   (2) 음수   (3) 양수   (4) 양수   (5) 양수
     (6) 음수

**03** 답 (1) $+\dfrac{5}{2}$, 양수   (2) $-4$, 음수



**01** 답 (1) $-10$, $+2$, $\dfrac{14}{7}$, $0$   (2) $+2$, $\dfrac{14}{7}$, $3.14$
     (3) $-10$, $-5.1$   (4) $-5.1$, $3.14$



**01** 답

**02** 답 A: $-\dfrac{8}{3}$, B: $+\dfrac{1}{2}$, C: $+2$, D: $+\dfrac{7}{2}$

 **필수 유형 익히기**      21~22쪽

| | | | | |
|---|---|---|---|---|
| **01** ⑤ | **02** ㄱ, ㄷ | **03** ④ | **04** 10 | **05** ⑤ |
| **06** ㄱ, ㄴ, ㄷ | | **07** ② | **08** ②, ④ | |
| **09** $a=3$, $b=-1$ | | **10** ③ | **11** 1 | **12** 1 |

---

**01**

⑤ 600원 인상: $+600$원

**02**

ㄴ. 5 cm 증가: $+5$ cm
ㄹ. 6일 후: $+6$일
따라서 보기 중 옳은 것은 ㄱ, ㄷ이다.

**03**

① 자연수는 $+4$, 3의 2개이다.
② 음의 정수는 $-5$, $-2$의 2개이다.
③ 정수는 $-5$, 0, $+4$, $-2$, 3의 5개이다.
④ 양의 유리수는 2.5, $+4$, 3, $\dfrac{4}{3}$의 4개이다.
⑤ 정수가 아닌 유리수는 2.5, $\dfrac{4}{3}$의 2개이다.
따라서 옳지 않은 것은 ④이다.

**04**

유리수는 $-2.8$, $+3$, 0, $\dfrac{1}{2}$, $-6$, 2.7, $+3$의 7개이므로 $a=7$
정수가 아닌 유리수는 $-2.8$, $\dfrac{1}{2}$, 2.7의 3개이므로 $b=3$
$\therefore a+b=10$

**05**

① 0은 자연수가 아니다.
② 음의 유리수가 아닌 유리수는 0과 양의 유리수이다.
③ 유리수는 정수와 정수가 아닌 유리수로 나눌 수 있다.
④ 양의 정수 중 가장 작은 수는 1이다.
따라서 옳은 것은 ⑤이다.

**06**

ㄷ. 두 정수 1과 2 사이에는 $\dfrac{1}{2}$, $\dfrac{1}{3}$, $\dfrac{2}{3}$, …와 같이 무수히 많은 유
     리수가 있다.
ㄹ. $-0.5$는 음의 유리수이다.
따라서 보기 중 옳은 것은 ㄱ, ㄴ, ㄷ이다.

**07**

② B: $-\dfrac{5}{2}$

**08**

① A: $-\dfrac{7}{3}$    ③ C: $+\dfrac{1}{2}$    ⑤ E: $+\dfrac{13}{4}$
따라서 옳은 것은 ②, ④이다.

## 09

$\dfrac{10}{3}\left(=3\dfrac{1}{3}\right)$과 $-\dfrac{3}{4}$을 수직선 위에 나타내면 다음 그림과 같다.

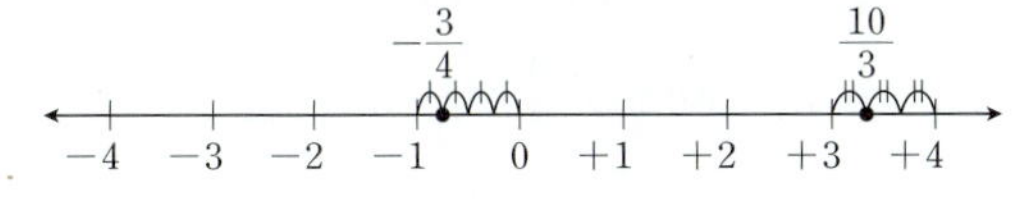

$\therefore a=3,\ b=-1$

## 10

$-\dfrac{9}{5}\left(=-1\dfrac{4}{5}\right)$와 $\dfrac{4}{3}\left(=1\dfrac{1}{3}\right)$를 수직선 위에 나타내면 다음 그림과 같다.

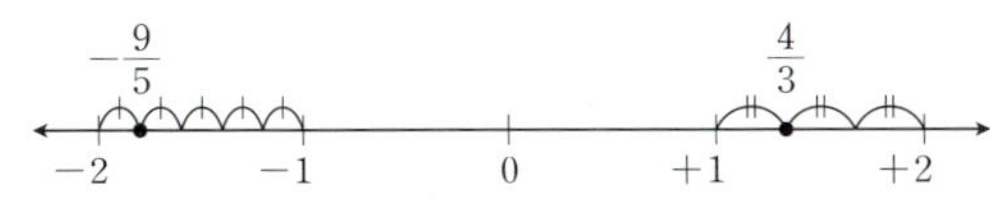

$\therefore a=-2,\ b=1$

## 11

$-2$와 $4$를 수직선 위에 나타내면 다음 그림과 같다.

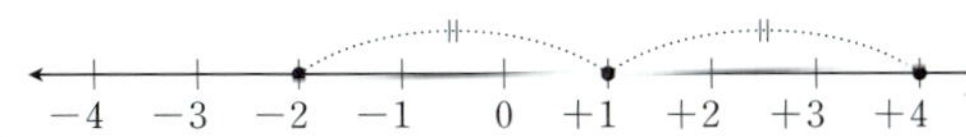

따라서 두 점으로부터 같은 거리에 있는 점이 나타내는 수는 1이다.

## 12

$-1$과 $3$을 수직선 위에 나타내면 다음 그림과 같다.

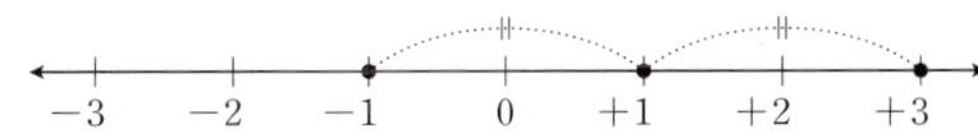

따라서 두 점으로부터 같은 거리에 있는 점이 나타내는 수는 1이다.

## 02 수의 대소 관계

### 개념 4

23쪽

**01 답** (1) $|+4|,\ 4$  (2) $|-9|,\ 9$

(3) $\left|-\dfrac{10}{7}\right|,\ \dfrac{10}{7}$  (4) $|+0.85|,\ 0.85$

**02 답** (1) 6  (2) 3  (3) 6.2  (4) $\dfrac{5}{2}$

**03 답** (1) $+7,\ -7$  (2) $+3.4,\ -3.4$  (3) $+2$  (4) $-\dfrac{2}{9}$

### 개념 5

23쪽

**01 답** (1) $>$  (2) $>$  (3) $<$  (4) $<$

(1) (음수) $<0$이므로 $0>-5$

(2) (양수) $>$ (음수)이므로 $+4>-6$

(3) (음수) $<$ (양수)이므로 $-7<9$

(4) $|-3|=3$, $|-1|=1$이고 음수끼리는 절댓값이 클수록 작으므로 $-3<-1$

**02 답** (1) $-\dfrac{5}{2}<0$  (2) $-2<+5$

(3) $\dfrac{7}{2}>2.5$  (4) $-\dfrac{1}{2}<-\dfrac{1}{6}$

(1) (음수) $<0$이므로 $-\dfrac{5}{2}<0$

(2) (음수) $<$ (양수)이므로 $-2<+5$

(3) $\dfrac{7}{2}=3.5$이므로 $\dfrac{7}{2}>2.5$

(4) $\left|-\dfrac{1}{2}\right|=\dfrac{1}{2}$, $\left|-\dfrac{1}{6}\right|=\dfrac{1}{6}$이고 음수끼리는 절댓값이 클수록 작으므로 $-\dfrac{1}{2}<-\dfrac{1}{6}$

**03 답** (1) $-3\leq x<0$  (2) $1<x<4$

(3) $2\leq x\leq3$  (4) $-2\leq x\leq5$

(1) $x$는 $-3$ 이상이고 → $x\geq-3$

$x$는 0보다 작다. → $x<0$

$\therefore -3\leq x<0$

(2) $x$는 1 초과이고 → $x>1$

$x$는 4 미만이다. → $x<4$

$\therefore 1<x<4$

(3) $x$는 2보다 작지 않고 → $x\geq2$

$x$는 3보다 크지 않다. → $x\leq3$

$\therefore 2\leq x\leq3$

(4) $x$는 $-2$보다 크거나 같고 → $x\geq-2$

$x$는 5 이하이다. → $x\leq5$

$\therefore -2\leq x\leq5$

### 필수 유형 익히기

24~25쪽

| | | |
|---|---|---|
| **01** $a=5,\ b=-\dfrac{12}{5}$ | **02** $a=\dfrac{9}{2},\ b=\dfrac{10}{3}$ | **03** $-3.5$ |
| **04** ③ | **05** $+6,\ -6$ | **06** $-13$  **07** ④ |
| **08** ② | **09** ⑤  **10** ④ | **11** 6  **12** ⑤ |

## 01

$|-5|=5$이므로 $a=5$

절댓값이 $\dfrac{12}{5}$인 음수는 $-\dfrac{12}{5}$이므로

$b=-\dfrac{12}{5}$

## 02

$\left|-\dfrac{9}{2}\right|=\dfrac{9}{2}$이므로 $a=\dfrac{9}{2}$

절댓값이 $\dfrac{10}{3}$인 양수는 $\dfrac{10}{3}$이므로

$b=\dfrac{10}{3}$

## 03

$|-2|=2$, $|0|=0$, $\left|\dfrac{4}{3}\right|=\dfrac{4}{3}$, $|-3.5|=3.5$, $|-8|=8$,

$|+5|=5$이므로 주어진 수의 절댓값의 대소를 비교하면

$|-8|>|+5|>|-3.5|>|-2|>\left|\dfrac{4}{3}\right|>|0|$

따라서 절댓값이 큰 수부터 차례로 나열할 때, 세 번째에 오는 수는 $-3.5$이다.

## 04

$|-4|=4$, $|-1.3|=1.3$, $|0.8|=0.8$, $|+2|=2$, $\left|\dfrac{10}{3}\right|=\dfrac{10}{3}$

이므로 주어진 수의 절댓값의 대소를 비교하면

$|-4|>\left|\dfrac{10}{3}\right|>|+2|>|-1.3|>|0.8|$

따라서 원점에서 가장 가까이 있는 수는 절댓값이 가장 작은 수인 ③이다.

## 05

절댓값이 같고 부호가 반대인 두 수를 나타내는 두 점 사이의 거리가 12이므로 두 점은 수직

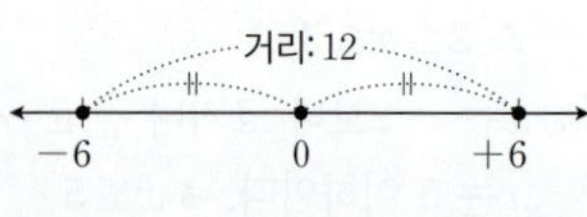

선 위에서 원점으로부터의 거리가 각각 $\dfrac{12}{2}(=6)$만큼 떨어져 있다.

따라서 구하는 두 수는 $+6$, $-6$이다.

## 06

절댓값이 같고 부호가 반대인 두 수를 나타내는 두 점 사이의 거리가 26이므로 두 점은 수직

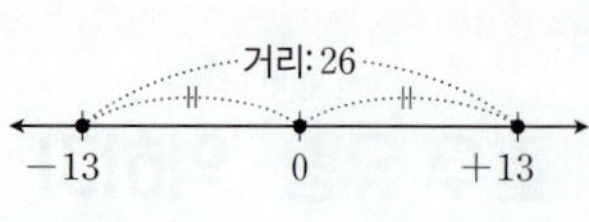

선 위에서 원점으로부터의 거리가 각각 $\dfrac{26}{2}(=13)$만큼 떨어져 있다.

따라서 두 수는 $+13$, $-13$이므로 작은 수는 $-13$이다.

## 07

① (음수)$<0$이므로 $-\dfrac{7}{3}<0$

② (양수)$>$(음수)이므로 $13>-15$

③ $\dfrac{9}{2}=4.5$, $|-3|=3$이므로 $\dfrac{9}{2}>|-3|$

④ $\left|-\dfrac{2}{3}\right|=\dfrac{2}{3}=\dfrac{8}{12}$, $\left|-\dfrac{1}{4}\right|=\dfrac{1}{4}=\dfrac{3}{12}$이고 음수끼리는 절댓값이 클수록 작으므로

$-\dfrac{2}{3}<-\dfrac{1}{4}$

⑤ $\left|-\dfrac{9}{4}\right|=\dfrac{9}{4}$이므로 $+3>\left|-\dfrac{9}{4}\right|$

따라서 옳지 않은 것은 ④이다.

## 08

① (양수)$>$(음수)이므로 $3>-4.1$

② $|+2|=2$, $\left|-\dfrac{14}{3}\right|=\dfrac{14}{3}$이므로

$|+2|<\left|-\dfrac{14}{3}\right|$

③ $\left|-\dfrac{5}{2}\right|=\dfrac{5}{2}$, $\left|-\dfrac{7}{2}\right|=\dfrac{7}{2}$이고 음수끼리는 절댓값이 클수록 작으므로

$-\dfrac{5}{2}>-\dfrac{7}{2}$

④ $|-4|=4$이므로 $|-4|>+\dfrac{6}{5}$

⑤ (음수)$<0$이므로 $0>-\dfrac{1}{6}$

따라서 부등호가 나머지 넷과 다른 하나는 ②이다.

## 09

$x$는 $-6$보다 크거나 같고 → $x\geq-6$

$x$는 3 이하이다. → $x\leq3$

$\therefore -6\leq x\leq3$

## 10

④ $x$는 4보다 작지 않다. → $x\geq4$

## 11

$\dfrac{8}{3}=2\dfrac{2}{3}$이므로 $-4<x\leq\dfrac{8}{3}$을 만족시키는 정수 $x$는 $-3$, $-2$, $-1$, $0$, $1$, $2$의 6개이다.

## 12

$\dfrac{5}{4}=1\dfrac{1}{4}$이므로 $-2\leq x<\dfrac{5}{4}$를 만족시키는 정수 $x$는 $-2$, $-1$, $0$, $1$이다.

따라서 정수 $x$가 될 수 없는 것은 ⑤이다.

| | |
|---|---|
| **01** $a=4, b=-2$ | **02** $a=\dfrac{9}{5}, b=\dfrac{14}{3}$ |
| **03** $-4$ | **04** $-\dfrac{13}{4}<x\le1,\ -3,\ -2,\ -1,\ 0,\ 1$ |

## 01

**①단계** 수직선 위에 두 수를 나타내기　◀40%

$\dfrac{15}{4}\left(=3\dfrac{3}{4}\right)$와 $-\dfrac{7}{3}\left(=-2\dfrac{1}{3}\right)$을 수직선 위에 나타내면 다음 그림과 같다.

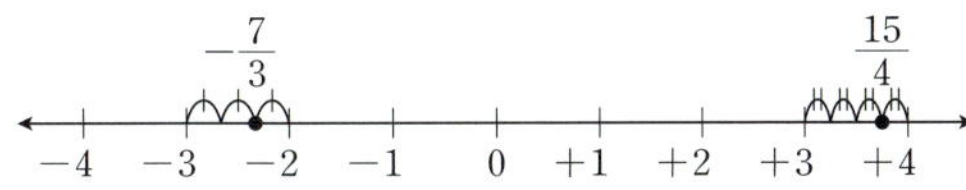

**②단계** $a$의 값 구하기　◀30%

$\dfrac{15}{4}$에 가장 가까운 정수는 4이므로 $a=4$

**③단계** $b$의 값 구하기　◀30%

$-\dfrac{7}{3}$에 가장 가까운 정수는 $-2$이므로 $b=-2$

## 02

**①단계** $a$의 값 구하기　◀50%

$\left|-\dfrac{9}{5}\right|=\dfrac{9}{5}$이므로 $a=\dfrac{9}{5}$

**②단계** $b$의 값 구하기　◀50%

절댓값이 $\dfrac{14}{3}$인 양수는 $\dfrac{14}{3}$이므로 $b=\dfrac{14}{3}$

## 03

**①단계** 두 점 사이의 거리 구하기　◀60%

절댓값이 같고 부호가 반대인 두 수를 나타내는 두 점 사이의 거리가 8이므로 두 점은 수직선 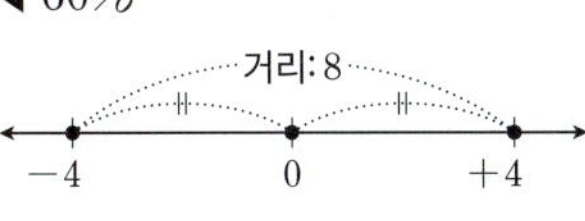

위에서 원점으로부터의 거리가 각각 $\dfrac{8}{2}(=4)$만큼 떨어져 있다.

**②단계** 두 수 구하기　◀30%

두 수는 $+4, -4$이다.

**③단계** 두 수 중 작은 수 구하기　◀10%

두 수 중 작은 수는 $-4$이다.

## 04

**①단계** 주어진 문장을 부등호를 사용하여 나타내기　◀40%

$x$는 $-\dfrac{13}{4}$보다 크고 → $x>-\dfrac{13}{4}$

$x$는 1보다 작거나 같다. → $x\le1$

∴ $-\dfrac{13}{4}<x\le1$　……㉠

**②단계** $-\dfrac{13}{4}$을 대분수로 고쳐 ㉠을 나타내기　◀30%

$-\dfrac{13}{4}=-3\dfrac{1}{4}$이므로 ㉠에서 $-3\dfrac{1}{4}<x\le1$

**③단계** 정수 $x$ 구하기　◀30%

정수 $x$는 $-3, -2, -1, 0, 1$이다.

쌍둥이
## 단원 마무리하기
27~29쪽

| | | | | |
|---|---|---|---|---|
| **01** ③ | **02** ② | **03** ㄷ, ㄹ | **04** ④ | **05** ④ |
| **06** ③ | **07** $a=\dfrac{5}{3}, b=-\dfrac{7}{2}$ | **08** ② | **09** ①, ④ | |
| **10** ⑤ | **11** $a=-5, b=+5$ | **12** ② | **13** ③ | |
| **14** $-\dfrac{7}{4}$ | **15** ⑤ | **16** ③ | **17** $-3$ | **18** $c<a<b$ |

**01**　③ 20%인하 → $-20\%$

**02**　① 자연수는 $+\dfrac{4}{2}(=+2)$, 1의 2개이다.

　② 양수는 $+\dfrac{4}{2}$, 1, $+\dfrac{11}{4}$의 3개이다.

　③ 정수가 아닌 양수는 $+\dfrac{11}{4}$의 1개이다.

　④ 음의 유리수는 $-5, -3.8, -\dfrac{3}{5}$의 3개이다.

　⑤ 정수가 아닌 음수는 $-3.8, -\dfrac{3}{5}$의 2개이다.

따라서 옳지 않은 것은 ②이다.

**03**　ㄱ. $\dfrac{1}{2}$은 유리수이지만 자연수가 아니다.

　ㄴ. 음의 유리수가 아닌 유리수는 0 또는 양의 유리수이다.

따라서 보기 중 옳은 것은 ㄷ, ㄹ이다.

**04**　주어진 수를 수직선 위에 나타내면 다음 그림과 같다.

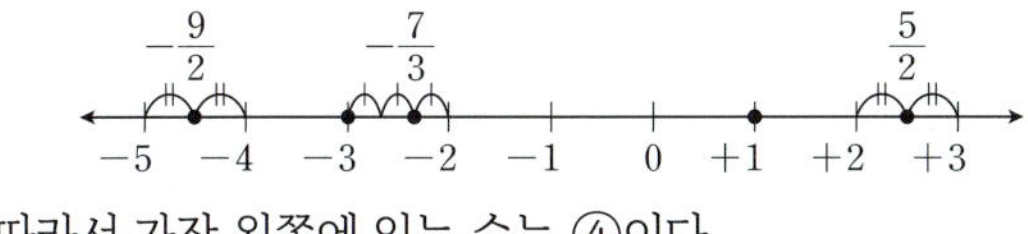

따라서 가장 왼쪽에 있는 수는 ④이다.

**05** ① 정수가 아닌 유리수를 나타내는 점은 B, D의 2개이다.
② 음의 정수를 나타내는 점은 A, C의 2개이다.
③ 자연수를 나타내는 점은 E의 1개이다.
④ 두 점 A와 B 사이에는 무수히 많은 음수가 있다.
⑤ 두 점 C와 E 사이에는 0, 1의 2개의 정수가 있다.
따라서 옳지 않은 것은 ④이다.

**06** 수직선 위에서 두 수를 나타내는 두 점 사이의 거리가 10이
므로 두 수는 $-1$로부터의 거리가 각각 $\dfrac{10}{2}(=5)$인 점이
나타내는 수이다.

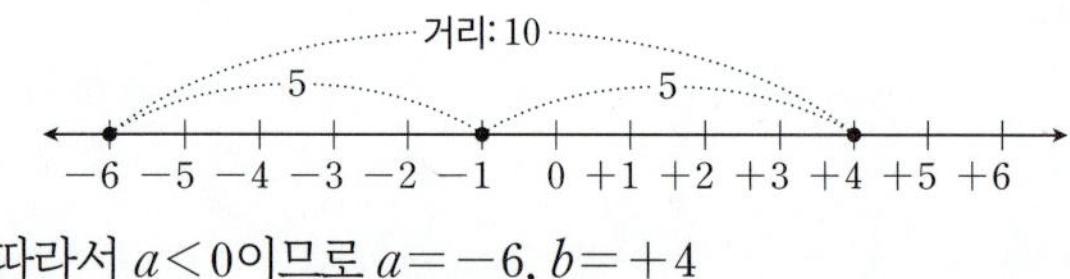

따라서 $a<0$이므로 $a=-6,\ b=+4$

**07** ① 단계 $a$의 값 구하기 ◀ 50%
$\left|-\dfrac{5}{3}\right|=\dfrac{5}{3}$이므로 $a=\dfrac{5}{3}$
② 단계 $b$의 값 구하기 ◀ 50%
절댓값이 $\dfrac{7}{2}$인 음수는 $-\dfrac{7}{2}$이므로
$b=-\dfrac{7}{2}$

**08** 절댓값이 7인 서로 다른 두 수는 $+7,\ -7$이므로 수직선 위
에서 이 두 수가 나타내는 두 점 사이의 거리는 14이다.

**09** ① 절댓값은 0보다 크거나 같으므로 항상 0 이상이다.
② 양수는 절댓값이 큰 수가 크지만, 음수는 절댓값이 큰
　수가 작다.
③ 0의 절댓값은 0의 1개이다.
④ 음수는 절댓값이 클수록 작다.
⑤ $a=2,\ b=-5$이면 $|a|<|b|$이지만 $a>b$이다.
따라서 옳은 것은 ①, ④이다.

**10** $\left|-\dfrac{2}{3}\right|=\dfrac{2}{3},\ |3|=3,\ |-2.5|=2.5,\ \left|\dfrac{7}{3}\right|=\dfrac{7}{3},$
$\left|\dfrac{15}{4}\right|=\dfrac{15}{4}$이므로 주어진 수의 절댓값의 대소를 비교하면
$\left|\dfrac{15}{4}\right|>|3|>|-2.5|>\left|\dfrac{7}{3}\right|>\left|-\dfrac{2}{3}\right|$
따라서 원점에서 가장 멀리 떨어져 있는 수는 절댓값이 가
장 큰 수인 ⑤이다.

**11** $a$가 $b$보다 10만큼 작으므로 수직선 위에서 두 정수 $a,\ b$를
나타내는 두 점 사이의 거리가 10이다.

즉, 두 점은 수직선 위에서 원점으로부터의 거리가 각각
$\dfrac{10}{2}(=5)$만큼 떨어져 있으므로 두 정수 $a,\ b$는 $+5,\ -5$이
다.
따라서 $a<b$이므로 $a=-5,\ b=+5$

**12** $|x|\leq4$를 만족시키는 정수 $x$는 절댓값이 0, 1, 2, 3, 4인
정수이므로 $-4,\ -3,\ -2,\ -1,\ 0,\ 1,\ 2,\ 3,\ 4$의 9개이다.

**13** ① (양수)$>$(음수)이므로 $5>-2$
② (양수)$>0$이므로 $3.4>0$
③ $\left|-\dfrac{5}{2}\right|=\dfrac{5}{2},\ |5|=5$이므로 $\left|-\dfrac{5}{2}\right|<|5|$
④ $|-5.5|=5.5,\ |-4.5|=4.5$이므로
　$|-5.5|>|-4.5|$
⑤ $|-1.2|=1.2$이고, (양수)$>$(음수)이므로
　$|-1.2|>-1$
따라서 부등호가 나머지 넷과 다른 하나는 ③이다.

**14** $-6<-3<-\dfrac{7}{4}<+\dfrac{8}{3}<+4$
따라서 크기가 작은 수부터 차례로 나열할 때, 세 번째에 오
는 수는 $-\dfrac{7}{4}$이다.

**15** ⑤ $x$는 $-1.6$ 초과이고 → $x>-1.6$
　$x$는 4 이하이다. → $x\leq4$
　∴ $-1.6<x\leq4$

**16** $-\dfrac{13}{3}=-4\dfrac{1}{3}$이므로 $-\dfrac{13}{3}$과 2 사이에 있는 정수는
$-4,\ -3,\ -2,\ -1,\ 0,\ 1$의 6개이다.

**17** ㈎에서 $a$는 $-3$ 이상이고 $-\dfrac{5}{3}$보다 작으므로
$-3\leq a<-\dfrac{5}{3}$
이때 $-\dfrac{5}{3}=-1\dfrac{2}{3}$이므로 $-3\leq a<-\dfrac{5}{3}$를 만족시키는 정
수 $a$는 $-3,\ -2$이다.
㈏에서 $|a|\geq3$이므로 구하는 정수 $a$의 값은 $-3$이다.

**18** ㈐에서 $|c|=|-2|=2$이므로 $c=2$ 또는 $c=-2$이고
㈏에서 $c>-2$이므로 $c=2$
㈎에서 $a>2$이므로
$a>c$　　…… ㉠
㈏에서 $b>-2$이고 ㈑에서 $a$는 $b$보다 $-2$에 더 가까우므
로
$a<b$　　…… ㉡
따라서 ㉠, ㉡에서 $c<a<b$

## 3 정수와 유리수의 계산

# 01 정수와 유리수의 덧셈과 뺄셈

### 개념 1
32쪽

**01 답** (1) $+8$  (2) $-7$  (3) $+3$  (4) $-4$

(1) $(+6)+(+2)=+(6+2)=+8$
(2) $(-4)+(-3)=-(4+3)=-7$
(3) $(+7)+(-4)=+(7-4)=+3$
(4) $(-9)+(+5)=-(9-5)=-4$

**02 답** (1) $+2$  (2) $-\dfrac{13}{20}$  (3) $+2$  (4) $+\dfrac{3}{20}$  (5) $+5$

      (6) $-3.4$  (7) $+2$  (8) $-2.1$

(1) $\left(+\dfrac{1}{3}\right)+\left(+\dfrac{5}{3}\right)=+\left(\dfrac{1}{3}+\dfrac{5}{3}\right)=+\dfrac{6}{3}=+2$

(2) $\left(-\dfrac{1}{4}\right)+\left(-\dfrac{2}{5}\right)=\left(-\dfrac{5}{20}\right)+\left(-\dfrac{8}{20}\right)$
$\qquad=-\left(\dfrac{5}{20}+\dfrac{8}{20}\right)=-\dfrac{13}{20}$

(3) $\left(+\dfrac{9}{4}\right)+\left(-\dfrac{1}{4}\right)=+\left(\dfrac{9}{4}-\dfrac{1}{4}\right)=+\dfrac{8}{4}=+2$

(4) $\left(-\dfrac{3}{5}\right)+\left(+\dfrac{3}{4}\right)=\left(-\dfrac{12}{20}\right)+\left(+\dfrac{15}{20}\right)$
$\qquad=+\left(\dfrac{15}{20}-\dfrac{12}{20}\right)=+\dfrac{3}{20}$

(5) $(+4.2)+(+0.8)=+(4.2+0.8)=+5$
(6) $(-2.1)+(-1.3)=-(2.1+1.3)=-3.4$
(7) $(+5.7)+(-3.7)=+(5.7-3.7)=+2$
(8) $(-4.6)+(+2.5)=-(4.6-2.5)=-2.1$

### 개념 2
32쪽

**01 답** (가): 덧셈의 교환법칙, (나): 덧셈의 결합법칙

**02 답** (1) $-5$  (2) $-4$  (3) $-6$

(1) $(+8)+(-5)+(-8)=(-5)+(+8)+(-8)$
$\qquad\qquad\qquad\qquad=(-5)+\{(+8)+(-8)\}$
$\qquad\qquad\qquad\qquad=(-5)+0=-5$
(2) $(-6)+(+3)+(-1)=(-6)+(-1)+(+3)$
$\qquad\qquad\qquad\qquad=\{(-6)+(-1)\}+(+3)$
$\qquad\qquad\qquad\qquad=(-7)+(+3)=-4$
(3) $(-10)+(+7)+(-4)+(+1)$
$\quad=(-10)+(-4)+(+7)+(+1)$
$\quad=\{(-10)+(-4)\}+\{(+7)+(+1)\}$
$\quad=(-14)+(+8)=-6$

**03 답** (1) $+7$  (2) $-2$  (3) $+2$

(1) $\left(-\dfrac{5}{2}\right)+(+15)+\left(-\dfrac{11}{2}\right)$
$\quad=(+15)+\left(-\dfrac{5}{2}\right)+\left(-\dfrac{11}{2}\right)$
$\quad=(+15)+\left\{\left(-\dfrac{5}{2}\right)+\left(-\dfrac{11}{2}\right)\right\}$
$\quad=(+15)+(-8)=+7$
(2) $(+1.2)+(-6)+(+2.8)$
$\quad=(-6)+(+1.2)+(+2.8)$
$\quad=(-6)+\{(+1.2)+(+2.8)\}$
$\quad=(-6)+(+4)=-2$
(3) $\left(+\dfrac{1}{2}\right)+\left(-\dfrac{5}{4}\right)+\left(+\dfrac{9}{2}\right)+\left(-\dfrac{7}{4}\right)$
$\quad=\left(+\dfrac{1}{2}\right)+\left(+\dfrac{9}{2}\right)+\left(-\dfrac{5}{4}\right)+\left(-\dfrac{7}{4}\right)$
$\quad=\left\{\left(+\dfrac{1}{2}\right)+\left(+\dfrac{9}{2}\right)\right\}+\left\{\left(-\dfrac{5}{4}\right)+\left(-\dfrac{7}{4}\right)\right\}$
$\quad=(+5)+(-3)=+2$

### 개념 3
33쪽

**01 답** (1) $+5$  (2) $-13$  (3) $+7$  (4) $-6$

(1) $(+7)-(+2)=(+7)+(-2)=+(7-2)=+5$
(2) $(-9)-(+4)=(-9)+(-4)=-(9+4)=-13$
(3) $(+5)-(-2)=(+5)+(+2)=+(5+2)=+7$
(4) $(-10)-(-4)=(-10)+(+4)=-(10-4)=-6$

**02 답** (1) $-1$  (2) $-\dfrac{11}{4}$  (3) $+4$  (4) $-\dfrac{13}{6}$  (5) $-1.1$

      (6) $-4.5$  (7) $+7$  (8) $-8.6$

(1) $\left(+\dfrac{2}{7}\right)-\left(+\dfrac{9}{7}\right)=\left(+\dfrac{2}{7}\right)+\left(-\dfrac{9}{7}\right)=-\left(\dfrac{9}{7}-\dfrac{2}{7}\right)=-1$

(2) $\left(-\dfrac{5}{4}\right)-\left(+\dfrac{3}{2}\right)=\left(-\dfrac{5}{4}\right)+\left(-\dfrac{3}{2}\right)=\left(-\dfrac{5}{4}\right)+\left(-\dfrac{6}{4}\right)$
$\qquad=-\left(\dfrac{5}{4}+\dfrac{6}{4}\right)=-\dfrac{11}{4}$

(3) $\left(+\dfrac{8}{5}\right)-\left(-\dfrac{12}{5}\right)=\left(+\dfrac{8}{5}\right)+\left(+\dfrac{12}{5}\right)=+\left(\dfrac{8}{5}+\dfrac{12}{5}\right)$
$\qquad=+\dfrac{20}{5}=+4$

(4) $\left(-\dfrac{8}{3}\right)-\left(-\dfrac{1}{2}\right)=\left(-\dfrac{8}{3}\right)+\left(+\dfrac{1}{2}\right)=\left(-\dfrac{16}{6}\right)+\left(+\dfrac{3}{6}\right)$
$\qquad=-\left(\dfrac{16}{6}-\dfrac{3}{6}\right)=-\dfrac{13}{6}$

(5) $(+4.5)-(+5.6)=(+4.5)+(-5.6)=-(5.6-4.5)$
$\qquad=-1.1$
(6) $(-3.3)-(+1.2)=(-3.3)+(-1.2)=-(3.3+1.2)$
$\qquad=-4.5$

(7) $(+5.4)-(-1.6)=(+5.4)+(+1.6)=+(5.4+1.6)$
$\qquad\qquad\qquad\qquad =+7$

(8) $(-10.9)-(-2.3)=(-10.9)+(+2.3)=-(10.9-2.3)$
$\qquad\qquad\qquad\qquad\qquad\quad =-8.6$

## 개념 4         33쪽

**01** 답 (1) $-4$   (2) $+5$   (3) $+\dfrac{1}{3}$   (4) $-\dfrac{5}{12}$   (5) $+0.4$

(1) $(+3)+(-5)-(+2)=(+3)+(-5)+(-2)$
$\qquad\qquad\qquad\qquad =(+3)+\{(-5)+(-2)\}$
$\qquad\qquad\qquad\qquad =(+3)+(-7)=-4$

(2) $(+8)-(-3)+(-6)=(+8)+(+3)+(-6)$
$\qquad\qquad\qquad\qquad =\{(+8)+(+3)\}+(-6)$
$\qquad\qquad\qquad\qquad =(+11)+(-6)=+5$

(3) $\left(+\dfrac{3}{2}\right)+\left(-\dfrac{11}{3}\right)-\left(-\dfrac{5}{2}\right)$
$=\left(+\dfrac{3}{2}\right)+\left(-\dfrac{11}{3}\right)+\left(+\dfrac{5}{2}\right)$
$=\left(+\dfrac{3}{2}\right)+\left(+\dfrac{5}{2}\right)+\left(-\dfrac{11}{3}\right)$
$=\left\{\left(+\dfrac{3}{2}\right)+\left(+\dfrac{5}{2}\right)\right\}+\left(-\dfrac{11}{3}\right)$
$=(+4)+\left(-\dfrac{11}{3}\right)=\left(+\dfrac{12}{3}\right)+\left(-\dfrac{11}{3}\right)=+\dfrac{1}{3}$

(4) $\left(-\dfrac{1}{2}\right)-\left(-\dfrac{1}{3}\right)+\left(-\dfrac{1}{4}\right)$
$=\left(-\dfrac{1}{2}\right)+\left(+\dfrac{1}{3}\right)+\left(-\dfrac{1}{4}\right)$
$=\left(-\dfrac{6}{12}\right)+\left(-\dfrac{3}{12}\right)+\left(+\dfrac{4}{12}\right)$
$=\left\{\left(-\dfrac{6}{12}\right)+\left(-\dfrac{3}{12}\right)\right\}+\left(+\dfrac{4}{12}\right)$
$=\left(-\dfrac{9}{12}\right)+\left(+\dfrac{4}{12}\right)=-\dfrac{5}{12}$

(5) $(+1.2)-(+0.2)+(-0.6)$
$=(+1.2)+(-0.2)+(-0.6)$
$=(+1.2)+\{(-0.2)+(-0.6)\}$
$=(+1.2)+(-0.8)=+0.4$

**02** 답 (1) $0$   (2) $-10$   (3) $2$   (4) $-1$   (5) $-4.5$

(1) $5-8+3=(+5)-(+8)+(+3)=(+5)+(-8)+(+3)$
$\qquad\qquad =\{(+5)+(+3)\}+(-8)$
$\qquad\qquad =(+8)+(-8)=0$

(2) $2-7+3-8=(+2)-(+7)+(+3)-(+8)$
$\qquad\qquad\quad =(+2)+(-7)+(+3)+(-8)$
$\qquad\qquad\quad =\{(+2)+(+3)\}+\{(-7)+(-8)\}$
$\qquad\qquad\quad =(+5)+(-15)=-10$

(3) $\dfrac{2}{3}+\dfrac{8}{3}-\dfrac{4}{3}=\left(+\dfrac{2}{3}\right)+\left(+\dfrac{8}{3}\right)-\left(+\dfrac{4}{3}\right)$
$\qquad\qquad =\left(+\dfrac{2}{3}\right)+\left(+\dfrac{8}{3}\right)+\left(-\dfrac{4}{3}\right)$
$\qquad\qquad =\left\{\left(+\dfrac{2}{3}\right)+\left(+\dfrac{8}{3}\right)\right\}+\left(-\dfrac{4}{3}\right)$
$\qquad\qquad =\left(+\dfrac{10}{3}\right)+\left(-\dfrac{4}{3}\right)=\dfrac{6}{3}=2$

(4) $\dfrac{1}{4}+2-\dfrac{13}{4}=\left(+\dfrac{1}{4}\right)+(+2)-\left(+\dfrac{13}{4}\right)$
$\qquad\qquad =\left(+\dfrac{1}{4}\right)+(+2)+\left(-\dfrac{13}{4}\right)$
$\qquad\qquad =\left\{\left(+\dfrac{1}{4}\right)+\left(-\dfrac{13}{4}\right)\right\}+(+2)$
$\qquad\qquad =(-3)+(+2)=-1$

(5) $2.6-3.2-5.4+1.5$
$=(+2.6)-(+3.2)-(+5.4)+(+1.5)$
$=(+2.6)+(-3.2)+(-5.4)+(+1.5)$
$=\{(+2.6)+(+1.5)\}+\{(-3.2)+(-5.4)\}$
$=(+4.1)+(-8.6)=-4.5$

## 필수 유형 익히기    (한 번 더)    34~35쪽

| | | | |
|---|---|---|---|
| **01** ③ | **02** ⑤ | | |
| **03** ㉠: 덧셈의 교환법칙, ㉡: 덧셈의 결합법칙 | | | |
| **04** ⑤ | **05** ②, ④ | **06** ③ | **07** $+4$ |
| **08** ① | **09** 8 | **10** ㄷ | **11** 0 |
| **12** 2 | **13** 10 | **14** $-\dfrac{1}{6}$ | |

**01**

① $(+3)+(+4)=+(3+4)=+7$

② $(-5)+(-3)=-(5+3)=-8$

③ $\left(-\dfrac{5}{7}\right)+\left(+\dfrac{2}{7}\right)=-\left(\dfrac{5}{7}-\dfrac{2}{7}\right)=-\dfrac{3}{7}$

④ $\left(+\dfrac{2}{5}\right)+\left(-\dfrac{12}{5}\right)=-\left(\dfrac{12}{5}-\dfrac{2}{5}\right)=-\dfrac{10}{5}=-2$

⑤ $(+1.2)+(-3.5)=-(3.5-1.2)=-2.3$

따라서 계산 결과가 옳지 않은 것은 ③이다.

**02**

① $(+3)+(-5)=-(5-3)=-2$

② $(-4)+(+2)=-(4-2)=-2$

③ $(+1.2)+(-3.2)=-(3.2-1.2)=-2$

④ $\left(-\dfrac{5}{4}\right)+\left(-\dfrac{3}{4}\right)=-\left(\dfrac{5}{4}+\dfrac{3}{4}\right)=-\dfrac{8}{4}=-2$

⑤ $\left(-\dfrac{2}{3}\right)+\left(+\dfrac{4}{3}\right)=+\left(\dfrac{4}{3}-\dfrac{2}{3}\right)=+\dfrac{2}{3}$

따라서 계산 결과가 나머지 넷과 다른 하나는 ⑤이다.

⑤ $-6$



## 05

① $(+9)-(+7)=(+9)+(-7)=+2$
② $(-10)-(-5)=(-10)+(+5)=-5$
③ $\left(-\dfrac{7}{4}\right)-\left(-\dfrac{10}{4}\right)=\left(-\dfrac{7}{4}\right)+\left(+\dfrac{10}{4}\right)=+\dfrac{3}{4}$
④ $\left(-\dfrac{5}{2}\right)-\left(+\dfrac{5}{6}\right)=\left(-\dfrac{5}{2}\right)+\left(-\dfrac{5}{6}\right)$
$\qquad\qquad\qquad=\left(-\dfrac{15}{6}\right)+\left(-\dfrac{5}{6}\right)$
$\qquad\qquad\qquad=-\dfrac{20}{6}=-\dfrac{10}{3}$
⑤ $(+3.4)-(+1.2)=(+3.4)+(-1.2)=+2.2$
따라서 계산 결과가 옳은 것은 ②, ④이다.



## 06

$(+3)-(-7)=(+3)+(+7)=+10$
① $(+14)-(-4)=(+14)+(+4)=+18$
② $(-3)+(+7)=+4$
③ $(+5.7)-(-4.3)=(+5.7)+(+4.3)=+10$
④ $\left(-\dfrac{3}{5}\right)-\left(+\dfrac{7}{5}\right)=\left(-\dfrac{3}{5}\right)+\left(-\dfrac{7}{5}\right)=-\dfrac{10}{5}=-2$
⑤ $\left(-\dfrac{5}{2}\right)-\left(+\dfrac{7}{2}\right)=\left(-\dfrac{5}{2}\right)+\left(-\dfrac{7}{2}\right)=-\dfrac{12}{2}=-6$
따라서 계산 결과가 같은 것은 ③이다.



$(+3)-\left(+\dfrac{5}{3}\right)-(-5)+\left(-\dfrac{7}{3}\right)$
$=(+3)+\left(-\dfrac{5}{3}\right)+(+5)+\left(-\dfrac{7}{3}\right)$
$=(+3)+(+5)+\left(-\dfrac{5}{3}\right)+\left(-\dfrac{7}{3}\right)$
$=\{(+3)+(+5)\}+\left\{\left(-\dfrac{5}{3}\right)+\left(-\dfrac{7}{3}\right)\right\}$
$=(+8)+(-4)=+4$



## 08

$(-5)+\left(-\dfrac{7}{2}\right)-\left(-\dfrac{1}{2}\right)+(-4)$
$=(-5)+\left(-\dfrac{7}{2}\right)+\left(+\dfrac{1}{2}\right)+(-4)$
$=(-5)+(-4)+\left(-\dfrac{7}{2}\right)+\left(+\dfrac{1}{2}\right)$
$=\{(-5)+(-4)\}+\left\{\left(-\dfrac{7}{2}\right)+\left(+\dfrac{1}{2}\right)\right\}$
$=(-9)+(-3)=-12$



$-\dfrac{7}{5}+11-\dfrac{8}{5}=\left(-\dfrac{7}{5}\right)+(+11)-\left(+\dfrac{8}{5}\right)$
$\qquad\qquad=\left(-\dfrac{7}{5}\right)+(+11)+\left(-\dfrac{8}{5}\right)$
$\qquad\qquad=(+11)+\left\{\left(-\dfrac{7}{5}\right)+\left(-\dfrac{8}{5}\right)\right\}$
$\qquad\qquad=(+11)+(-3)=8$



## 10

ㄱ. $9-12+7-10=(+9)-(+12)+(+7)-(+10)$
$\qquad\qquad=(+9)+(-12)+(+7)+(-10)$
$\qquad\qquad=\{(+9)+(+7)\}+\{(-12)+(-10)\}$
$\qquad\qquad=(+16)+(-22)=-6$
ㄴ. $\dfrac{7}{5}-2+\dfrac{3}{2}=\left(+\dfrac{7}{5}\right)-(+2)+\left(+\dfrac{3}{2}\right)$
$\qquad\qquad=\left(+\dfrac{7}{5}\right)+(-2)+\left(+\dfrac{3}{2}\right)$
$\qquad\qquad=(-2)+\left\{\left(+\dfrac{14}{10}\right)+\left(+\dfrac{15}{10}\right)\right\}$
$\qquad\qquad=(-2)+\left(+\dfrac{29}{10}\right)=\dfrac{9}{10}$
ㄷ. $6.5-3.2-2.3=(+6.5)-(+3.2)-(+2.3)$
$\qquad\qquad=(+6.5)+(-3.2)+(-2.3)$
$\qquad\qquad=(+6.5)+\{(-3.2)+(-2.3)\}$
$\qquad\qquad=(+6.5)+(-5.5)=1$
따라서 보기 중 계산 결과가 가장 큰 것은 ㄷ이다.



$a=-8+3=-5,\ b=-2-3=-5$
$\therefore\ a-b=(-5)-(-5)=-5+5=0$



$a=-3+(-1)=-4,\ b=4-(-2)=4+(+2)=6$
$\therefore\ a+b=-4+6=2$



## 13

어떤 수를 $\square$라 하면 $\square+(-2)=6$
$\therefore\ \square=6-(-2)=6+(+2)=8$
따라서 어떤 수는 8이므로 바르게 계산하면
$8-(-2)=8+(+2)=10$



어떤 수를 $\square$라 하면 $\square-\left(-\dfrac{2}{3}\right)=\dfrac{7}{6}$
$\therefore\ \square=\dfrac{7}{6}+\left(-\dfrac{2}{3}\right)=\dfrac{7}{6}+\left(-\dfrac{4}{6}\right)=\dfrac{3}{6}=\dfrac{1}{2}$
따라서 어떤 수는 $\dfrac{1}{2}$이므로 바르게 계산하면
$\dfrac{1}{2}+\left(-\dfrac{2}{3}\right)=\dfrac{3}{6}+\left(-\dfrac{4}{6}\right)=-\dfrac{1}{6}$

# 02 정수와 유리수의 곱셈



**01** 답 (1) $+6$   (2) $+10$   (3) $-28$   (4) $-18$

(1) $(+3)\times(+2)=+(3\times2)=+6$

(2) $(-5)\times(-2)=+(5\times2)=+10$

(3) $(+7)\times(-4)=-(7\times4)=-28$

(4) $(-3)\times(+6)=-(3\times6)=-18$

**02** 답 (1) $+10$   (2) $+4$   (3) $-6$   (4) $-5$   (5) $+6$
      (6) $+25$   (7) $-10$   (8) $-0.37$

(1) $(+4)\times\left(+\dfrac{5}{2}\right)=+\left(4\times\dfrac{5}{2}\right)=+10$

(2) $\left(-\dfrac{6}{5}\right)\times\left(-\dfrac{10}{3}\right)=+\left(\dfrac{6}{5}\times\dfrac{10}{3}\right)=+4$

(3) $\left(+\dfrac{15}{2}\right)\times\left(-\dfrac{4}{5}\right)=-\left(\dfrac{15}{2}\times\dfrac{4}{5}\right)=-6$

(4) $\left(-\dfrac{10}{3}\right)\times\left(+\dfrac{3}{2}\right)=-\left(\dfrac{10}{3}\times\dfrac{3}{2}\right)=-5$

(5) $(+1.2)\times(+5)=+(1.2\times5)=+6$

(6) $(-2.5)\times(-10)=+(2.5\times10)=+25$

(7) $(+2.5)\times(-4)=-(2.5\times4)=-10$

(8) $(-3.7)\times(+0.1)=-(3.7\times0.1)=-0.37$



**01** 답 (가): 곱셈의 교환법칙, (나): 곱셈의 결합법칙

**02** 답 (1) $+130$   (2) $+36$

(1) $(-5)\times(+13)\times(-2)=(+13)\times(-5)\times(-2)$
$\qquad\qquad\qquad\quad=(+13)\times\{(-5)\times(-2)\}$
$\qquad\qquad\qquad\quad=(+13)\times(+10)=+130$

(2) $(-3)\times(+4)\times(-3)=(+4)\times(-3)\times(-3)$
$\qquad\qquad\qquad\quad=(+4)\times\{(-3)\times(-3)\}$
$\qquad\qquad\qquad\quad=(+4)\times(+9)=+36$

**03** 답 (1) $-15$   (2) $+40$   (3) $-10$

(1) $(+10)\times\left(-\dfrac{1}{2}\right)\times(+3)=\left(-\dfrac{1}{2}\right)\times(+10)\times(+3)$

$\qquad\qquad\qquad\qquad\quad=\left(-\dfrac{1}{2}\right)\times\{(+10)\times(+3)\}$

$\qquad\qquad\qquad\qquad\quad=\left(-\dfrac{1}{2}\right)\times(+30)=-15$

(2) $\left(-\dfrac{20}{3}\right)\times(+5)\times\left(-\dfrac{6}{5}\right)=(+5)+\left(-\dfrac{20}{3}\right)\times\left(-\dfrac{6}{5}\right)$

$\qquad\qquad\qquad\qquad\quad=(+5)\times\left\{\left(-\dfrac{20}{3}\right)\times\left(-\dfrac{6}{5}\right)\right\}$

$\qquad\qquad\qquad\qquad\quad=(+5)\times(+8)=+40$

(3) $(+8)\times(-0.25)\times(+5)=(-0.25)\times(+8)\times(+5)$

$\qquad\qquad\qquad\qquad\quad=(-0.25)\times\{(+8)\times(+5)\}$

$\qquad\qquad\qquad\qquad\quad=(-0.25)\times(+40)=-10$



**01** 답 (1) $-40$   (2) $+90$   (3) $-84$   (4) $+45$

(1) $(-4)\times(+2)\times(+5)=-(4\times2\times5)=-40$

(2) $(+6)\times(-3)\times(-5)=+(6\times3\times5)=+90$

(3) $(-3)\times(-7)\times(+2)\times(-2)$
$\quad=-(3\times7\times2\times2)=-84$

(4) $(-1.5)\times(+3)\times(-2)\times(+5)$
$\quad=+(1.5\times3\times2\times5)=+45$

**02** 답 (1) $-6$   (2) $+\dfrac{1}{12}$   (3) $\dfrac{15}{2}$   (4) $-5$

(1) $\left(-\dfrac{1}{3}\right)\times\left(-\dfrac{2}{5}\right)\times(-45)$

$\quad=-\left(\dfrac{1}{3}\times\dfrac{2}{5}\times45\right)=-6$

(2) $\left(-\dfrac{5}{9}\right)\times\left(-\dfrac{3}{10}\right)\times\left(+\dfrac{1}{2}\right)$

$\quad=+\left(\dfrac{5}{9}\times\dfrac{3}{10}\times\dfrac{1}{2}\right)=+\dfrac{1}{12}$

(3) $\dfrac{5}{4}\times(-8)\times\dfrac{7}{2}\times\left(-\dfrac{3}{14}\right)$

$\quad=+\left(\dfrac{5}{4}\times8\times\dfrac{7}{2}\times\dfrac{3}{14}\right)=\dfrac{15}{2}$

(4) $\left(-\dfrac{2}{3}\right)\times(-12)\times\left(-\dfrac{5}{4}\right)\times\dfrac{1}{2}$

$\quad=-\left(\dfrac{2}{3}\times12\times\dfrac{5}{4}\times\dfrac{1}{2}\right)=-5$

**03** 답 (1) $+9$   (2) $-8$   (3) $-32$   (4) $-\dfrac{1}{125}$

(1) $(-3)^2=(-3)\times(-3)=+(3\times3)=+9$

(2) $-2^3=-(2\times2\times2)=-8$

(3) $(-2)^5=(-2)\times(-2)\times(-2)\times(-2)\times(-2)$
$\qquad\quad=-(2\times2\times2\times2\times2)=-32$

(4) $\left(-\dfrac{1}{5}\right)^3=\left(-\dfrac{1}{5}\right)\times\left(-\dfrac{1}{5}\right)\times\left(-\dfrac{1}{5}\right)$

$\qquad\quad=-\left(\dfrac{1}{5}\times\dfrac{1}{5}\times\dfrac{1}{5}\right)=-\dfrac{1}{125}$

**04** 답 (1) $-2$  (2) $-3$

(1) $(-2)^2 \times \left(-\dfrac{1}{2}\right) = (+4) \times \left(-\dfrac{1}{2}\right) = -2$

(2) $(-3)^2 \times (-1)^3 \times \left(+\dfrac{1}{3}\right) = (+9) \times (-1) \times \left(+\dfrac{1}{3}\right)$

$$= -\left(9 \times 1 \times \dfrac{1}{3}\right) = -3$$

---

**개념 8**　　　　　　　　　　　37쪽

**01** 답 (1) 13  (2) $-17$  (3) 10  (4) $-7$

(1) $(-6) \times \left\{\dfrac{1}{3} + \left(-\dfrac{5}{2}\right)\right\} = (-6) \times \dfrac{1}{3} + (-6) \times \left(-\dfrac{5}{2}\right)$

$$= (-2) + (+15) = 13$$

(2) $\left\{\left(-\dfrac{2}{9}\right) + \dfrac{7}{6}\right\} \times (-18) = \left(-\dfrac{2}{9}\right) \times (-18) + \dfrac{7}{6} \times (-18)$

$$= (+4) + (-21) = -17$$

(3) $\dfrac{5}{11} \times 9 + \dfrac{5}{11} \times 13 = \dfrac{5}{11} \times (9 + 13) = \dfrac{5}{11} \times 22 = 10$

(4) $(-1.2) \times 3.5 + (-0.8) \times 3.5$

$= \{(-1.2) + (-0.8)\} \times 3.5$

$= (-2) \times 3.5 = -7$

---

### 필수 유형 익히기　　한 번 더　　38~39쪽

**01** ⑤　　**02** ④

**03** ㉠: 곱셈의 교환법칙, ㉡: 곱셈의 결합법칙

**04** ㉠: 교환, ㉡: 결합, ㉢: $+6$, ㉣: $+4$

**05** $-120$　**06** $+5$　**07** ②　**08** ④

**09** 885　**10** 320　**11** 24　**12** $\dfrac{13}{4}$

---

**01**

① $(-3) \times (-4) = +(3 \times 4) = +12$

② $(+2) \times \left(-\dfrac{9}{4}\right) = -\left(2 \times \dfrac{9}{4}\right) = -\dfrac{9}{2}$

③ $\left(-\dfrac{8}{3}\right) \times \left(+\dfrac{15}{4}\right) = -\left(\dfrac{8}{3} \times \dfrac{15}{4}\right) = -10$

④ $\left(+\dfrac{4}{3}\right) \times \left(-\dfrac{9}{5}\right) = -\left(\dfrac{4}{3} \times \dfrac{9}{5}\right) = -\dfrac{12}{5}$

⑤ $(+1.5) \times \left(-\dfrac{8}{15}\right) = -\left(\dfrac{15}{10} \times \dfrac{8}{15}\right) = -\dfrac{4}{5}$

따라서 계산 결과가 옳지 않은 것은 ⑤이다.

---

**02**

① $(-1) \times (+2) = -(1 \times 2) = -2$

② $(+3) \times \left(-\dfrac{1}{6}\right) = -\left(3 \times \dfrac{1}{6}\right) = -\dfrac{1}{2}$

③ $\left(-\dfrac{3}{2}\right) \times \left(-\dfrac{10}{3}\right) = +\left(\dfrac{3}{2} \times \dfrac{10}{3}\right) = +5$

④ $(-1.2) \times (-5) = +\left(\dfrac{12}{10} \times 5\right) = +6$

⑤ $\left(+\dfrac{1}{5}\right) \times (-0.3) = -\left(\dfrac{1}{5} \times \dfrac{3}{10}\right) = -\dfrac{3}{50}$

따라서 계산 결과가 가장 큰 것은 ④이다.

---

**05**

$(-6) \times \left(-\dfrac{7}{3}\right) \times (-2)^2 \times \left(-\dfrac{15}{7}\right)$

$= (-6) \times \left(-\dfrac{7}{3}\right) \times (+4) \times \left(-\dfrac{15}{7}\right)$

$= -\left(6 \times \dfrac{7}{3} \times 4 \times \dfrac{15}{7}\right) = -120$

---

**06**

$(-3) \times \left(-\dfrac{1}{2}\right)^3 \times (+10) \times \left(+\dfrac{4}{3}\right)$

$= (-3) \times \left(-\dfrac{1}{8}\right) \times (+10) \times \left(+\dfrac{4}{3}\right)$

$= +\left(3 \times \dfrac{1}{8} \times 10 \times \dfrac{4}{3}\right) = +5$

---

**07**

① $-\left(\dfrac{1}{2}\right)^2 = -\left(\dfrac{1}{2} \times \dfrac{1}{2}\right) = -\dfrac{1}{4}$

② $\left(-\dfrac{1}{2}\right)^2 = \left(-\dfrac{1}{2}\right) \times \left(-\dfrac{1}{2}\right) = +\left(\dfrac{1}{2} \times \dfrac{1}{2}\right) = +\dfrac{1}{4}$

③ $\left(-\dfrac{1}{2}\right)^3 = \left(-\dfrac{1}{2}\right) \times \left(-\dfrac{1}{2}\right) \times \left(-\dfrac{1}{2}\right)$

$$= -\left(\dfrac{1}{2} \times \dfrac{1}{2} \times \dfrac{1}{2}\right) = -\dfrac{1}{8}$$

④ $-\left(-\dfrac{1}{2}\right)^2 = -\dfrac{1}{4}$

⑤ $-\left(-\dfrac{1}{2}\right)^3 = -\left(-\dfrac{1}{8}\right) = +\dfrac{1}{8}$

따라서 가장 큰 수는 ②이다.

---

**08**

① $(-4)^2 = (-4) \times (-4) = +(4 \times 4) = +16$

② $-4^2 = -(4 \times 4) = -16$

③ $-(-4)^2 = -16$

④ $(-4)^3 = (-4) \times (-4) \times (-4) = -(4 \times 4 \times 4) = -64$

⑤ $-(-4)^3 = -(-64) = +64$

따라서 가장 작은 수는 ④이다.

## 09

$$8 \times 105 = 8 \times (100+5)$$
$$= 8 \times 100 + 8 \times 5$$
$$= 800 + 40 = 840$$

따라서 $a=5,\ b=40,\ c=840$이므로
$a+b+c=885$

## 10

$$3.2 \times (+2.7) + 3.2 \times (+7.3)$$
$$= 3.2 \times (2.7+7.3)$$
$$= 3.2 \times 10 = 32$$

따라서 $a=10,\ b=32$이므로
$a \times b = 320$

## 11

$a \times (b+c) = a \times b + a \times c$이므로
$20 = -4 + a \times c$
$\therefore a \times c = 20 - (-4) = 20 + 4 = 24$

## 12

$a \times (b-c) = a \times b - a \times c$이므로
$3 = a \times b - \dfrac{1}{4}$

$\therefore a \times b = 3 - \left(-\dfrac{1}{4}\right) = 3 + \dfrac{1}{4} = \dfrac{13}{4}$

# 03 정수와 유리수의 나눗셈



**01** 답 (1) $+6$ (2) $+5$ (3) $-6$ (4) $-12$ (5) $-5$
(6) $-5$

(1) $(+18) \div (+3) = +(18 \div 3) = +6$
(2) $(-25) \div (-5) = +(25 \div 5) = +5$
(3) $(+24) \div (-4) = -(24 \div 4) = -6$
(4) $(-36) \div (+3) = -(36 \div 3) = -12$
(5) $(+45) \div (-9) = -(45 \div 9) = -5$
(6) $(-30) \div (+6) = -(30 \div 6) = -5$

**02** 답 (1) $+7$ (2) $+8$ (3) $-5$ (4) $-14$

(1) $(+4.2) \div (+0.6) = +(4.2 \div 0.6) = +7$
(2) $(-6.4) \div (-0.8) = +(6.4 \div 0.8) = +8$
(3) $(+3.5) \div (-0.7) = -(3.5 \div 0.7) = -5$
(4) $(-2.8) \div (+0.2) = -(2.8 \div 0.2) = -14$



**01** 답 (1) $+6$ (2) $-\dfrac{1}{2}$ (3) $-\dfrac{4}{9}$ (4) $+\dfrac{2}{3}$

**02** 답 (1) $+10$ (2) $+20$ (3) $-16$ (4) $-28$ (5) $-\dfrac{1}{9}$
(6) $+\dfrac{1}{4}$

(1) $(+15) \div \left(+\dfrac{3}{2}\right) = (+15) \times \left(+\dfrac{2}{3}\right)$
$\qquad = +\left(15 \times \dfrac{2}{3}\right) = +10$

(2) $(-8) \div \left(-\dfrac{2}{5}\right) = (-8) \times \left(-\dfrac{5}{2}\right)$
$\qquad = +\left(8 \times \dfrac{5}{2}\right) = +20$

(3) $(+20) \div \left(-\dfrac{5}{4}\right) = (+20) \times \left(-\dfrac{4}{5}\right)$
$\qquad = -\left(20 \times \dfrac{4}{5}\right) = -16$

(4) $(-24) \div \left(+\dfrac{6}{7}\right) = (-24) \times \left(+\dfrac{7}{6}\right)$
$\qquad = -\left(24 \times \dfrac{7}{6}\right) = -28$

(5) $\left(+\dfrac{4}{3}\right) \div (-12) = \left(+\dfrac{4}{3}\right) \times \left(-\dfrac{1}{12}\right)$
$\qquad = -\left(\dfrac{4}{3} \times \dfrac{1}{12}\right) = -\dfrac{1}{9}$

(6) $\left(-\dfrac{9}{2}\right) \div (-18) = \left(-\dfrac{9}{2}\right) \times \left(-\dfrac{1}{18}\right)$
$\qquad = +\left(\dfrac{9}{2} \times \dfrac{1}{18}\right) = +\dfrac{1}{4}$

**03** 답 (1) $-\dfrac{3}{8}$ (2) $-\dfrac{20}{9}$ (3) $+\dfrac{2}{5}$ (4) $+\dfrac{3}{2}$

(1) $(+1.25) \div \left(-\dfrac{10}{3}\right) = \left(+\dfrac{125}{100}\right) \times \left(-\dfrac{3}{10}\right)$
$\qquad = -\left(\dfrac{125}{100} \times \dfrac{3}{10}\right) = -\dfrac{3}{8}$

(2) $\left(-\dfrac{4}{3}\right) \div (+0.6) = \left(-\dfrac{4}{3}\right) \times \left(+\dfrac{10}{6}\right)$
$\qquad = -\left(\dfrac{4}{3} \times \dfrac{10}{6}\right) = -\dfrac{20}{9}$

(3) $\left(-1\dfrac{3}{5}\right) \div (-4) = \left(-\dfrac{8}{5}\right) \div (-4)$
$\qquad = \left(-\dfrac{8}{5}\right) \times \left(-\dfrac{1}{4}\right)$
$\qquad = +\left(\dfrac{8}{5} \times \dfrac{1}{4}\right) = +\dfrac{2}{5}$

(4) $\left(-3\dfrac{1}{2}\right) \div \left(-1\dfrac{4}{3}\right) = \left(-\dfrac{7}{2}\right) \div \left(-\dfrac{7}{3}\right)$
$\qquad = \left(-\dfrac{7}{2}\right) \times \left(-\dfrac{3}{7}\right)$
$\qquad = +\left(\dfrac{7}{2} \times \dfrac{3}{7}\right) = +\dfrac{3}{2}$

**01** 답 (1) $-4$   (2) $+\dfrac{5}{14}$   (3) $-\dfrac{9}{8}$   (4) $-\dfrac{21}{4}$

$(1)\ (-5)\div\left(+\dfrac{5}{3}\right)\times\left(+\dfrac{4}{3}\right)=(-5)\times\left(+\dfrac{3}{5}\right)\times\left(+\dfrac{4}{3}\right)$
$$=-\left(5\times\dfrac{3}{5}\times\dfrac{4}{3}\right)=-4$$

$(2)\ \left(-\dfrac{18}{7}\right)\times\left(-\dfrac{5}{9}\right)\div(+4)=\left(-\dfrac{18}{7}\right)\times\left(-\dfrac{5}{9}\right)\times\left(+\dfrac{1}{4}\right)$
$$=+\left(\dfrac{18}{7}\times\dfrac{5}{9}\times\dfrac{1}{4}\right)=+\dfrac{5}{14}$$

$(3)\ (-3)^2\times\left(-\dfrac{3}{4}\right)\div(+6)=(+9)\times\left(-\dfrac{3}{4}\right)\times\left(+\dfrac{1}{6}\right)$
$$=-\left(9\times\dfrac{3}{4}\times\dfrac{1}{6}\right)=-\dfrac{9}{8}$$

$(4)\ \left(-\dfrac{7}{2}\right)\div\left(-\dfrac{1}{2}\right)^2\times\left(+\dfrac{3}{8}\right)=\left(-\dfrac{7}{2}\right)\div\left(+\dfrac{1}{4}\right)\times\left(+\dfrac{3}{8}\right)$
$$=\left(-\dfrac{7}{2}\right)\times(+4)\times\left(+\dfrac{3}{8}\right)$$
$$=-\left(\dfrac{7}{2}\times4\times\dfrac{3}{8}\right)=-\dfrac{21}{4}$$

**02** 답 (1) $5,\ -4,\ 1$   (2) $9,\ 5,\ -10,\ 15$

**03** 답 (1) $1$   (2) $-1$   (3) $-14$   (4) $-7$   (5) $\dfrac{5}{3}$

$(1)\ \left(-\dfrac{4}{7}\right)\div\left(-\dfrac{8}{21}\right)+\left(-\dfrac{1}{2}\right)=\left(-\dfrac{4}{7}\right)\times\left(-\dfrac{21}{8}\right)+\left(-\dfrac{1}{2}\right)$
$$=\dfrac{3}{2}+\left(-\dfrac{1}{2}\right)=1$$

$(2)\ \left(-\dfrac{2}{3}\right)\times(-3)^2-(-5)=\left(-\dfrac{2}{3}\right)\times9-(-5)$
$$=-6+5=-1$$

$(3)\ -10+(-24)\times\left(-\dfrac{1}{2}\right)^3-7$
$$=-10+(-24)\times\left(-\dfrac{1}{8}\right)-7$$
$$=-10+3-7=-14$$

$(4)\ -2-\{(-3)^2-(-4)\}\times\dfrac{5}{13}=-2-(9+4)\times\dfrac{5}{13}$
$$=-2-13\times\dfrac{5}{13}$$
$$=-2-5=-7$$

$(5)\ \left\{\dfrac{1}{2}-(-2)^2\times\dfrac{7}{8}\right\}\div\left(-\dfrac{9}{5}\right)=\left\{\dfrac{1}{2}-\left(4\times\dfrac{7}{8}\right)\right\}\div\left(-\dfrac{9}{5}\right)$
$$=\left(\dfrac{1}{2}-\dfrac{7}{2}\right)\div\left(-\dfrac{9}{5}\right)$$
$$=(-3)\div\left(-\dfrac{9}{5}\right)$$
$$=(-3)\times\left(-\dfrac{5}{9}\right)=\dfrac{5}{3}$$

---



| | | | | |
|---|---|---|---|---|
| **01** $-\dfrac{4}{5}$ | **02** ⑤ | **03** ③ | **04** $-\dfrac{20}{3}$ | **05** $+\dfrac{2}{5}$ |
| **06** ① | **07** ③ | **08** $\dfrac{10}{3}$ | **09** ㉢, ㉣, ㉡, ㉤, ㉠, $-\dfrac{1}{3}$ | |
| **10** ㉡, ㉢, ㉣, ㉠, ㉤, $10$ | | **11** $\dfrac{32}{9}$ | **12** $-\dfrac{1}{16}$ | |

**01**

$a=\dfrac{8}{5},\ b=-\dfrac{1}{2}$ 이므로

$a\times b=\dfrac{8}{5}\times\left(-\dfrac{1}{2}\right)=-\dfrac{4}{5}$

**02**

$2\dfrac{2}{5}=\dfrac{12}{5},\ -0.4=-\dfrac{2}{5}$ 이므로

$a=\dfrac{5}{12},\ b=-\dfrac{5}{2}$

$\therefore a\div b=\dfrac{5}{12}\div\left(-\dfrac{5}{2}\right)=\dfrac{5}{12}\times\left(-\dfrac{2}{5}\right)$
$$=-\left(\dfrac{5}{12}\times\dfrac{2}{5}\right)=-\dfrac{1}{6}$$

**03**

① $(+39)\div(-13)=-(39\div13)=-3$
② $(-54)\div(-6)=+(54\div6)=+9$
③ $\left(+\dfrac{18}{5}\right)\div(-3)=\left(+\dfrac{18}{5}\right)\times\left(-\dfrac{1}{3}\right)$
$$=-\left(\dfrac{18}{5}\times\dfrac{1}{3}\right)=-\dfrac{6}{5}$$
④ $\left(-\dfrac{5}{3}\right)\div\left(+\dfrac{10}{9}\right)=\left(-\dfrac{5}{3}\right)\times\left(+\dfrac{9}{10}\right)$
$$=-\left(\dfrac{5}{3}\times\dfrac{9}{10}\right)=-\dfrac{3}{2}$$
⑤ $(+1.5)\div(+0.3)=+(1.5\div0.3)=+5$
따라서 계산 결과가 옳지 않은 것은 ③이다.

**04**

$A=(+10)\div\left(-\dfrac{2}{3}\right)$
$$=(+10)\times\left(-\dfrac{3}{2}\right)$$
$$=-\left(10\times\dfrac{3}{2}\right)=-15$$

$B=\left(-\dfrac{25}{2}\right)\div(-1.5)$
$$=\left(-\dfrac{25}{2}\right)\div\left(-\dfrac{15}{10}\right)$$
$$=\left(-\dfrac{25}{2}\right)\times\left(-\dfrac{10}{15}\right)$$
$$=+\left(\dfrac{25}{2}\times\dfrac{10}{15}\right)=+\dfrac{25}{3}$$

$\therefore A+B=-15+\dfrac{25}{3}=-\dfrac{20}{3}$

## 05

$$\square=\left(-\frac{3}{2}\right)\times\left(-\frac{4}{15}\right)=+\left(\frac{3}{2}\times\frac{4}{15}\right)=+\frac{2}{5}$$

## 06

$$\square=\frac{16}{3}\div(-8)=\frac{16}{3}\times\left(-\frac{1}{8}\right)$$
$$=-\left(\frac{16}{3}\times\frac{1}{8}\right)=-\frac{2}{3}$$

## 07

$$①\ \left(-\frac{5}{3}\right)\times\left(+\frac{8}{15}\right)\div\left(+\frac{4}{3}\right)=\left(-\frac{5}{3}\right)\times\left(+\frac{8}{15}\right)\times\left(+\frac{3}{4}\right)$$
$$=-\left(\frac{5}{3}\times\frac{8}{15}\times\frac{3}{4}\right)$$
$$=-\frac{2}{3}$$

$$②\ \left(-\frac{9}{8}\right)\div\left(-\frac{3}{2}\right)\times(+12)=\left(-\frac{9}{8}\right)\times\left(-\frac{2}{3}\right)\times(+12)$$
$$=+\left(\frac{9}{8}\times\frac{2}{3}\times12\right)$$
$$=9$$

$$③\ (-2)^2\times\left(+\frac{5}{12}\right)\div\left(+\frac{1}{6}\right)=(+4)\times\left(+\frac{5}{12}\right)\times(+6)$$
$$=+\left(4\times\frac{5}{12}\times6\right)$$
$$=10$$

$$④\ \left(-\frac{7}{9}\right)\div\left(-\frac{1}{3}\right)^3\times(+3)=\left(-\frac{7}{9}\right)\div\left(-\frac{1}{27}\right)\times(+3)$$
$$=\left(-\frac{7}{9}\right)\times(-27)\times(+3)$$
$$=+\left(\frac{7}{9}\times27\times3\right)$$
$$=63$$

$$⑤\ \left(+\frac{5}{4}\right)\div(-20)\times\left(+\frac{32}{7}\right)=\left(+\frac{5}{4}\right)\times\left(-\frac{1}{20}\right)\times\left(+\frac{32}{7}\right)$$
$$=-\left(\frac{5}{4}\times\frac{1}{20}\times\frac{32}{7}\right)$$
$$=-\frac{2}{7}$$

따라서 계산 결과가 옳은 것은 ③이다.

## 08

$$\left(-\frac{3}{2}\right)\div\left(-\frac{1}{2}\right)^2\times\left(-\frac{5}{9}\right)=\left(-\frac{3}{2}\right)\div\left(+\frac{1}{4}\right)\times\left(-\frac{5}{9}\right)$$
$$=\left(-\frac{3}{2}\right)\times(+4)\times\left(-\frac{5}{9}\right)$$
$$=+\left(\frac{3}{2}\times4\times\frac{5}{9}\right)$$
$$=\frac{10}{3}$$

## 09

계산 순서를 차례대로 나열하면 ㉢, ㉣, ㉡, ㉤, ㉠이다.

$$-\frac{5}{6}-\left\{3-(-2)^2\times\frac{3}{8}\right\}\times\left(-\frac{1}{3}\right)$$
$$=-\frac{5}{6}-\left(3-4\times\frac{3}{8}\right)\times\left(-\frac{1}{3}\right)$$
$$=-\frac{5}{6}-\left(3-\frac{3}{2}\right)\times\left(-\frac{1}{3}\right)$$
$$=-\frac{5}{6}-\frac{3}{2}\times\left(-\frac{1}{3}\right)$$
$$=-\frac{5}{6}+\frac{1}{2}=-\frac{5}{6}+\frac{3}{6}$$
$$=-\frac{2}{6}$$
$$=-\frac{1}{3}$$

## 10

계산 순서를 차례대로 나열하면 ㉡, ㉢, ㉣, ㉠, ㉤이다.

$$-\frac{2}{5}\times\left\{\left(-\frac{3}{2}\right)^2\div\left(-\frac{3}{8}\right)-9\right\}+4$$
$$=-\frac{2}{5}\times\left\{\frac{9}{4}\div\left(-\frac{3}{8}\right)-9\right\}+4$$
$$=-\frac{2}{5}\times\left\{\frac{9}{4}\times\left(-\frac{8}{3}\right)-9\right\}+4$$
$$=-\frac{2}{5}\times(-6-9)+4$$
$$=-\frac{2}{5}\times(-15)+4$$
$$=6+4=10$$

## 11

어떤 수를 $\square$라 하면
$$\square\times\frac{3}{4}=2$$
$$\therefore\ \square=2\div\frac{3}{4}=2\times\frac{4}{3}=\frac{8}{3}$$

따라서 어떤 수는 $\frac{8}{3}$이므로 바르게 계산하면
$$\frac{8}{3}\div\frac{3}{4}=\frac{8}{3}\times\frac{4}{3}=\frac{32}{9}$$

## 12

어떤 수를 $\square$라 하면
$$\square\div\left(-\frac{5}{12}\right)=-\frac{9}{25}$$
$$\therefore\ \square=\left(-\frac{9}{25}\right)\times\left(-\frac{5}{12}\right)=\frac{3}{20}$$

따라서 어떤 수는 $\frac{3}{20}$이므로 바르게 계산하면
$$\frac{3}{20}\times\left(-\frac{5}{12}\right)=-\frac{1}{16}$$

## 01

**1단계** $a$의 값 구하기　◀ 40%

$$a=-\frac{1}{3}-\frac{1}{5}=-\frac{5}{15}-\frac{3}{15}=-\frac{8}{15}$$

**2단계** $b$의 값 구하기　◀ 40%

$$b=\frac{3}{2}+\left(-\frac{1}{4}\right)=\frac{3}{2}-\frac{1}{4}=\frac{6}{4}-\frac{1}{4}=\frac{5}{4}$$

**3단계** $a\times b$의 값 구하기　◀ 20%

$$\therefore a\times b=-\frac{8}{15}\times\frac{5}{4}=-\frac{2}{3}$$

## 02

**1단계** $a$의 값 구하기　◀ 40%

$a$는 양수이어야 하므로 양수 1개, 음수 2개를 곱해야 하고, 양수는 절댓값이 큰 수를 뽑아야 한다.

$$\therefore a=\frac{7}{2}\times\left(-\frac{4}{3}\right)\times(-6)=28$$

**2단계** $b$의 값 구하기　◀ 40%

$b$는 음수이어야 하므로 양수 2개, 음수 1개를 곱해야 하고, 음수는 절댓값이 큰 수를 뽑아야 한다.

$$\therefore b=2\times\frac{7}{2}\times(-6)=-42$$

**3단계** $a+b$의 값 구하기　◀ 20%

$$\therefore a+b=28+(-42)=-14$$

## 03

**1단계** 잘못 계산한 결과를 이용하여 식 세우기　◀ 30%

$$a+\left(-\frac{3}{2}\right)=-\frac{39}{10}$$

**2단계** 어떤 수 $a$ 구하기　◀ 40%

$$a=-\frac{39}{10}-\left(-\frac{3}{2}\right)=-\frac{39}{10}+\frac{15}{10}=-\frac{24}{10}=-\frac{12}{5}$$

**3단계** 바르게 계산한 답 구하기　◀ 30%

따라서 어떤 수는 $-\dfrac{12}{5}$이므로 바르게 계산하면

$$-\frac{12}{5}\times\left(-\frac{3}{2}\right)=\frac{18}{5}$$

## 04

**1단계** $A$의 값 구하기　◀ 40%

$$A=(-2)^3\div\frac{4}{5}\div\frac{1}{2}=(-8)\times\frac{5}{4}\times2$$
$$=-\left(8\times\frac{5}{4}\times2\right)=-20$$

**2단계** $B$의 값 구하기　◀ 40%

$$B=\left(-\frac{3}{7}\right)\div(-3)^2\times14=\left(-\frac{3}{7}\right)\div(+9)\times14$$
$$=\left(-\frac{3}{7}\right)\times\left(+\frac{1}{9}\right)\times14=-\left(\frac{3}{7}\times\frac{1}{9}\times14\right)=-\frac{2}{3}$$

**3단계** $A\div B$의 값 구하기　◀ 20%

$$\therefore A\div B=(-20)\div\left(-\frac{2}{3}\right)=(-20)\times\left(-\frac{3}{2}\right)$$
$$=+\left(20\times\frac{3}{2}\right)=30$$



## 01

① $(-5)-(-3)=(-5)+(+3)=-2$

② $(-4)+(+7)=3$

③ $\left(-\dfrac{1}{3}\right)+\left(+\dfrac{3}{2}\right)=\left(-\dfrac{2}{6}\right)+\left(+\dfrac{9}{6}\right)=\dfrac{7}{6}$

④ $(+4.5)-(+3.7)=(+4.5)+(-3.7)=0.8$

⑤ $\left(+\dfrac{1}{2}\right)-(+2.5)+(-0.3)$
$=(+0.5)-(+2.5)+(-0.3)$
$=(+0.5)+(-2.5)+(-0.3)$
$=(+0.5)+\{(-2.5)+(-0.3)\}$
$=(+0.5)+(-2.8)$
$=-2.3$

따라서 계산 결과가 가장 작은 것은 ⑤이다.

## 03

$a=(-2)-(-3)+(+1)$
$=(-2)+(+3)+(+1)$
$=(-2)+\{(+3)+(+1)\}$
$=(-2)+(+4)=2$

$b=\left(-\dfrac{5}{6}\right)+\left(-\dfrac{7}{2}\right)-\left(+\dfrac{2}{3}\right)$
$=\left(-\dfrac{5}{6}\right)+\left(-\dfrac{7}{2}\right)+\left(-\dfrac{2}{3}\right)$
$=\left(-\dfrac{5}{6}\right)+\left\{\left(-\dfrac{21}{6}\right)+\left(-\dfrac{4}{6}\right)\right\}$
$=\left(-\dfrac{5}{6}\right)+\left(-\dfrac{25}{6}\right)=-\dfrac{30}{6}=-5$

$$\therefore a+b=2+(-5)=-3$$

**04** ① $8-5+2=(+8)-(+5)+(+2)$
$$=(+8)+(-5)+(+2)$$
$$=\{(+8)+(+2)\}+(-5)$$
$$=(+10)+(-5)=5$$

② $7+10-12=(+7)+(+10)-(+12)$
$$=\{(+7)+(+10)\}+(-12)$$
$$=(+17)+(-12)=5$$

③ $\dfrac{5}{3}-\dfrac{3}{4}+\dfrac{1}{6}=\left(+\dfrac{5}{3}\right)-\left(+\dfrac{3}{4}\right)+\left(+\dfrac{1}{6}\right)$
$$=\left(+\dfrac{5}{3}\right)+\left(-\dfrac{3}{4}\right)+\left(+\dfrac{1}{6}\right)$$
$$=\left\{\left(+\dfrac{10}{6}\right)+\left(+\dfrac{1}{6}\right)\right\}+\left(-\dfrac{3}{4}\right)$$
$$=\left(+\dfrac{11}{6}\right)+\left(-\dfrac{3}{4}\right)=\left(+\dfrac{22}{12}\right)+\left(-\dfrac{9}{12}\right)$$
$$=\dfrac{13}{12}$$

④ $3-\dfrac{1}{2}+\dfrac{3}{5}=(+3)-\left(+\dfrac{1}{2}\right)+\left(+\dfrac{3}{5}\right)$
$$=(+3)+\left(-\dfrac{1}{2}\right)+\left(+\dfrac{3}{5}\right)$$
$$=\left\{\left(+\dfrac{15}{5}\right)+\left(+\dfrac{3}{5}\right)\right\}+\left(-\dfrac{1}{2}\right)$$
$$=\left(+\dfrac{18}{5}\right)+\left(-\dfrac{1}{2}\right)=\left(+\dfrac{36}{10}\right)+\left(-\dfrac{5}{10}\right)$$
$$=\dfrac{31}{10}$$

⑤ $1.2+0.3-2.4=(+1.2)+(+0.3)-(+2.4)$
$$=\{(+1.2)+(+0.3)\}+(-2.4)$$
$$=(+1.5)+(-2.4)$$
$$=-0.9$$

따라서 계산 결과가 옳은 것은 ②이다.

**05** $a=3+\left(-\dfrac{1}{2}\right)=\dfrac{5}{2}$
$$b=-2-\left(-\dfrac{3}{2}\right)=-2+\dfrac{3}{2}=-\dfrac{1}{2}$$
$$\therefore a-b=\dfrac{5}{2}-\left(-\dfrac{1}{2}\right)=\dfrac{5}{2}+\dfrac{1}{2}=\dfrac{6}{2}=3$$

**06** ① 단계 잘못 계산한 결과를 이용하여 식 세우기 ◀ 30%
$$a-\dfrac{5}{4}=-\dfrac{12}{5}$$

② 단계 어떤 수 $a$ 구하기 ◀ 40%
$$a=-\dfrac{12}{5}+\dfrac{5}{4}=-\dfrac{48}{20}+\dfrac{25}{20}=-\dfrac{23}{20}$$

③ 단계 바르게 계산한 답 구하기 ◀ 30%

따라서 어떤 수는 $-\dfrac{23}{20}$이므로 바르게 계산하면
$$-\dfrac{23}{20}+\dfrac{5}{4}=-\dfrac{23}{20}+\dfrac{25}{20}=\dfrac{2}{20}=\dfrac{1}{10}$$

**07** $A=\left(+\dfrac{3}{2}\right)\times\left(-\dfrac{7}{12}\right)$
$$=-\left(\dfrac{3}{2}\times\dfrac{7}{12}\right)=-\dfrac{7}{8}$$
$$B=\left(-\dfrac{5}{4}\right)\times\left(+\dfrac{3}{10}\right)$$
$$=-\left(\dfrac{5}{4}\times\dfrac{3}{10}\right)=-\dfrac{3}{8}$$
$$\therefore A-B=-\dfrac{7}{8}-\left(-\dfrac{3}{8}\right)$$
$$=-\dfrac{7}{8}+\dfrac{3}{8}$$
$$=-\dfrac{4}{8}=-\dfrac{1}{2}$$

**08** ⑤ $-7$

**09** ① $-\dfrac{1}{2^2}=-\dfrac{1}{2\times2}=-\dfrac{1}{4}$

② $\left(-\dfrac{1}{2}\right)^2=\left(-\dfrac{1}{2}\right)\times\left(-\dfrac{1}{2}\right)=+\left(\dfrac{1}{2}\times\dfrac{1}{2}\right)=\dfrac{1}{4}$

③ $-\left(-\dfrac{1}{2}\right)^3=-\left(-\dfrac{1}{2}\right)\times\left(-\dfrac{1}{2}\right)\times\left(-\dfrac{1}{2}\right)$
$$=-\left\{-\left(\dfrac{1}{2}\times\dfrac{1}{2}\times\dfrac{1}{2}\right)\right\}$$
$$=-\left(-\dfrac{1}{8}\right)=\dfrac{1}{8}$$

④ $-\left(-\dfrac{1}{3}\right)^2=-\left(-\dfrac{1}{3}\right)\times\left(-\dfrac{1}{3}\right)$
$$=-\left\{+\left(\dfrac{1}{3}\times\dfrac{1}{3}\right)\right\}=-\dfrac{1}{9}$$

⑤ $\left(-\dfrac{1}{3}\right)^3=\left(-\dfrac{1}{3}\right)\times\left(-\dfrac{1}{3}\right)\times\left(-\dfrac{1}{3}\right)$
$$=-\left(\dfrac{1}{3}\times\dfrac{1}{3}\times\dfrac{1}{3}\right)=-\dfrac{1}{27}$$

따라서 가장 큰 수는 ②이다.

**10** $15\times98=15\times(100-2)$
$$=15\times100-15\times2$$
$$=1500-30=1470$$
따라서 $a=2$, $b=30$, $c=1470$이므로
$$a+b+c=1502$$

**11** 두 수가 서로 역수이려면 두 수의 곱이 1이어야 한다.
① $5\times(-5)=-25$
② $4\times\left(-\dfrac{1}{4}\right)=-1$
③ $\left(-\dfrac{3}{2}\right)\times\left(-\dfrac{2}{3}\right)=1$
④ $0.1\times10=1$
⑤ $0.5\times\dfrac{1}{5}=\dfrac{1}{2}\times\dfrac{1}{5}=\dfrac{1}{10}$

따라서 두 수가 역수 관계인 것은 ③, ④이다.

**12** ① $(-5) \div (+10) = (-5) \times \left(+\dfrac{1}{10}\right)$

$\qquad\qquad = -\left(5 \times \dfrac{1}{10}\right)$

$\qquad\qquad = -\dfrac{1}{2}$

② $\left(+\dfrac{5}{2}\right) \times \left(-\dfrac{8}{15}\right) = -\left(\dfrac{5}{2} \times \dfrac{8}{15}\right) = -\dfrac{4}{3}$

③ $(+12) \times \left(+\dfrac{7}{4}\right) \times \left(-\dfrac{3}{14}\right) = -\left(12 \times \dfrac{7}{4} \times \dfrac{3}{14}\right)$

$\qquad\qquad\qquad\qquad\qquad\qquad = -\dfrac{9}{2}$

④ $\left(-\dfrac{3}{8}\right) \div \left(+\dfrac{3}{4}\right) \div \left(+\dfrac{1}{6}\right) = \left(-\dfrac{3}{8}\right) \times \left(+\dfrac{4}{3}\right) \times (+6)$

$\qquad\qquad\qquad\qquad\qquad\qquad = -\left(\dfrac{3}{8} \times \dfrac{4}{3} \times 6\right)$

$\qquad\qquad\qquad\qquad\qquad\qquad = -3$

⑤ $\left(-\dfrac{3}{4}\right) \div \left(-\dfrac{9}{2}\right) \div (-6) = \left(-\dfrac{3}{4}\right) \times \left(-\dfrac{2}{9}\right) \times \left(-\dfrac{1}{6}\right)$

$\qquad\qquad\qquad\qquad\qquad\qquad = -\left(\dfrac{3}{4} \times \dfrac{2}{9} \times \dfrac{1}{6}\right)$

$\qquad\qquad\qquad\qquad\qquad\qquad = -\dfrac{1}{36}$

따라서 계산 결과가 가장 작은 것은 ③이다.

**13** ① $(-3) \div (-9) \times \left(+\dfrac{6}{5}\right) = (-3) \times \left(-\dfrac{1}{9}\right) \times \left(+\dfrac{6}{5}\right)$

$\qquad\qquad\qquad\qquad\qquad\qquad = +\left(3 \times \dfrac{1}{9} \times \dfrac{6}{5}\right)$

$\qquad\qquad\qquad\qquad\qquad\qquad = \dfrac{2}{5}$

② $\left(+\dfrac{9}{4}\right) \times \left(-\dfrac{8}{3}\right) \div (-6) = \left(+\dfrac{9}{4}\right) \times \left(-\dfrac{8}{3}\right) \times \left(-\dfrac{1}{6}\right)$

$\qquad\qquad\qquad\qquad\qquad\qquad = +\left(\dfrac{9}{4} \times \dfrac{8}{3} \times \dfrac{1}{6}\right)$

$\qquad\qquad\qquad\qquad\qquad\qquad = 1$

③ $\left(+\dfrac{5}{12}\right) \times (-2)^2 \div (+10)$

$\qquad = \left(+\dfrac{5}{12}\right) \times (+4) \times \left(+\dfrac{1}{10}\right)$

$\qquad = +\left(\dfrac{5}{12} \times 4 \times \dfrac{1}{10}\right) = \dfrac{1}{6}$

④ $\left(+\dfrac{8}{9}\right) \div \left(+\dfrac{1}{3}\right) \times \left(-\dfrac{1}{2}\right)^3$

$\qquad = \left(+\dfrac{8}{9}\right) \times (+3) \times \left(-\dfrac{1}{8}\right)$

$\qquad = -\left(\dfrac{8}{9} \times 3 \times \dfrac{1}{8}\right) = -\dfrac{1}{3}$

⑤ $\left(-\dfrac{5}{4}\right) \div \left(+\dfrac{10}{3}\right) \times (+16)$

$\qquad = \left(-\dfrac{5}{4}\right) \times \left(+\dfrac{3}{10}\right) \times (+16)$

$\qquad = -\left(\dfrac{5}{4} \times \dfrac{3}{10} \times 16\right) = -6$

따라서 계산 결과가 옳은 것은 ②이다.

**14** 계산 순서를 차례대로 나열하면 ㉡, ㉣, ㉢, ㉠, ㉤이다.

$4 \div \{(-3)^2 + 6 \times (-2)\} - \left(-\dfrac{1}{2}\right)$

$= 4 \div \{9 + 6 \times (-2)\} - \left(-\dfrac{1}{2}\right)$

$= 4 \div \{9 + (-12)\} - \left(-\dfrac{1}{2}\right)$

$= 4 \div (-3) - \left(-\dfrac{1}{2}\right)$

$= 4 \times \left(-\dfrac{1}{3}\right) - \left(-\dfrac{1}{2}\right)$

$= \left(-\dfrac{4}{3}\right) - \left(-\dfrac{1}{2}\right) = \left(-\dfrac{4}{3}\right) + \dfrac{1}{2}$

$= \left(-\dfrac{8}{6}\right) + \dfrac{3}{6} = -\dfrac{5}{6}$

**15** $\square \div \left(-\dfrac{1}{3}\right)^2 \times \dfrac{5}{18} = -10$에서

$\square \div \dfrac{1}{9} \times \dfrac{5}{18} = -10$

$\square \times 9 \times \dfrac{5}{18} = -10$

$\square \times \dfrac{5}{2} = -10$

$\therefore \square = -10 \div \dfrac{5}{2} = -10 \times \dfrac{2}{5} = -4$

**16** $1 + (-7) + (-2) + 6 = -2$이므로 삼각형의 세 변에 놓인 네 수의 합은 모두 $-2$이어야 한다.

$1 + ㉠ + (-3) + (-1) = -2$에서

$㉠ + (-3) = -2$

$\therefore ㉠ = -2 - (-3) = -2 + 3 = 1$

$6 + (-3) + ㉡ + (-1) = -2$에서

$㉡ + 2 = -2$

$\therefore ㉡ = -2 - 2 = -4$

**17** $\dfrac{1}{3} \times \left(-\dfrac{3}{5}\right) \times \dfrac{5}{7} \times \left(-\dfrac{7}{9}\right) \times \cdots \times \dfrac{95}{97} \times \left(-\dfrac{97}{99}\right)$

곱해진 음수가 49개

$= -\left(\dfrac{1}{3} \times \dfrac{3}{5} \times \dfrac{5}{7} \times \dfrac{7}{9} \times \cdots \times \dfrac{95}{97} \times \dfrac{97}{99}\right)$

$= -\dfrac{1}{99}$

**18** 가위바위보를 7번 하여 미현이는 4번 이기고, 3번 졌으므로 미현이의 위치는

$5 \times 4 - 2 \times 3 = 20 - 6 = 14$(칸)

가위바위보를 7번 하여 신우는 3번 이기고, 4번 졌으므로 신우의 위치는

$5 \times 3 - 2 \times 4 = 15 - 8 = 7$(칸)

따라서 두 사람은 $14 - 7 = 7$(칸) 떨어져 있다.

## 문자의 사용과 식

## 01 문자의 사용과 식의 값

**개념 1**      50쪽

**01 답** (1) $2 \times a - b$    (2) $100 \times a + 10 \times b + 1 \times 7$
     (3) $(a+7)$살    (4) $(3 \times a + 4 \times b)$점
     (5) $(4500 \div x)$원    (6) $(6000 - 800 \times a)$원
     (7) $\left(\dfrac{1}{2} \times x \times h\right) \mathrm{cm}^2$    (8) $(50 \times t)\,\mathrm{km}$

**개념 2**      50쪽

**01 답** (1) $-3a$    (2) $0.01a$    (3) $9ab$    (4) $-4x^2 y$
     (5) $-(a+2)$    (6) $2(a+5) - 6b$

**02 답** (1) $\dfrac{7}{a}$    (2) $-\dfrac{x}{6}$    (3) $\dfrac{7a}{4}$    (4) $\dfrac{2x}{y}$    (5) $\dfrac{a+b}{9}$
     (6) $\dfrac{5}{x} - \dfrac{y}{8}$

**03 답** (1) $\dfrac{ab}{5}$    (2) $\dfrac{3x}{2y}$

**개념 3**      51쪽

**01 답** (1) $-6$    (2) $12$    (3) $-2$    (4) $0$
(1) $3a = 3 \times (-2) = -6$
(2) $10 - a = 10 - (-2) = 10 + 2 = 12$
(3) $\dfrac{14}{a} + 5 = \dfrac{14}{-2} + 5 = -7 + 5 = -2$
(4) $a^2 + 2a = (-2)^2 + 2 \times (-2) = 4 + (-4) = 0$

**02 답** (1) $9$    (2) $6$    (3) $-3$    (4) $-1$
(1) $x - 5y = 4 - 5 \times (-1)$
       $= 4 + 5 = 9$
(2) $2(x+y) = 2 \times \{4 + (-1)\}$
       $= 2 \times 3 = 6$
(3) $-\dfrac{15}{x-y} = -\dfrac{15}{4-(-1)}$
       $= -\dfrac{15}{5} = -3$
(4) $x^2 + 4y - 13 = 4^2 + 4 \times (-1) - 13$
       $= 16 - 4 - 13 = -1$

**03 답** (1) $3$    (2) $-4$    (3) $-10$
(1) $2x + 4y = 2 \times \left(-\dfrac{1}{2}\right) + 4 \times 1 = -1 + 4 = 3$
(2) $6x - y^2 = 6 \times \left(-\dfrac{1}{2}\right) - 1^2 = -3 - 1 = -4$
(3) $\dfrac{4}{x} - \dfrac{2}{y} = 4 \div x - \dfrac{2}{y} = 4 \div \left(-\dfrac{1}{2}\right) - \dfrac{2}{1}$
       $= 4 \times (-2) - 2 = -8 - 2 = -10$

### 필수 유형 익히기    51~53쪽

**01** ②, ⑤      **02** ③    **03** ⑤    **04** ㄷ, ㄹ
**05** ①    **06** ③    **07** ①    **08** ⑤    **09** ③    **10** $343\,\mathrm{m}$
**11** $\dfrac{1}{2}(a+b)h,\ 42$    **12** (1) $2ab + 8a + 8b$    (2) $148$

**01**
② $x \div \dfrac{1}{5} \times y = x \times 5 \times y$
         $= 5xy$
⑤ $(-2) \div (x \div y) \times y = (-2) \div \dfrac{x}{y} \times y$
                 $= (-2) \times \dfrac{y}{x} \times y$
                 $= -\dfrac{2y^2}{x}$

**02**
① $a \div b \div c = a \times \dfrac{1}{b} \times \dfrac{1}{c} = \dfrac{a}{bc}$
② $(a \div b) \div c = \dfrac{a}{b} \div c = \dfrac{a}{b} \times \dfrac{1}{c} = \dfrac{a}{bc}$
③ $a \div (b \div c) = a \div \dfrac{b}{c} = a \times \dfrac{c}{b} = \dfrac{ac}{b}$
④ $a \div (b \times c) = a \div bc = \dfrac{a}{bc}$
⑤ $a \times \dfrac{1}{b} \times \dfrac{1}{c} = \dfrac{a}{bc}$
따라서 나머지 넷과 다른 하나는 ③이다.

**03**
① 연속하는 두 자연수 중에서 큰 수가 $x$일 때, 작은 수 ➡ $x-1$
② 토끼 $x$마리와 오리 $y$마리의 전체 다리의 수 ➡ $(4x + 2y)$개
③ 한 변의 길이가 $x\,\mathrm{cm}$인 마름모의 둘레의 길이 ➡ $4x\,\mathrm{cm}$
④ $x$원의 $10\,\%$ ➡ $0.1x$원
따라서 옳은 것은 ⑤이다.

## 04

ㄱ. 십의 자리의 숫자가 $a$, 일의 자리의 숫자가 $b$인 두 자리의 자연수 ➔ $10a+b$

ㄴ. 2시간 동안 $a$ km를 달린 기차의 속력 ➔ 시속 $\dfrac{a}{2}$ km

따라서 보기 중 옳은 것은 ㄷ, ㄹ이다.

## 05

① $2a=2\times(-3)=-6$

② $a+9=-3+9=6$

③ $-\dfrac{18}{a}=-\dfrac{18}{-3}=6$

④ $a^2-3=(-3)^2-3=9-3=6$

⑤ $(a+6)\div\dfrac{1}{2}=(-3+6)\times2=6$

따라서 식의 값이 나머지 넷과 다른 하나는 ①이다.

## 06

① $x+y=5+(-2)=3$

② $-xy=-5\times(-2)=10$

③ $3y-x=3\times(-2)-5=-6-5=-11$

④ $x^2-y^2=5^2-(-2)^2=25-4=21$

⑤ $\dfrac{3xy}{10}=\dfrac{3\times5\times(-2)}{10}=-3$

따라서 식의 값이 가장 작은 것은 ③이다.

## 07

$$\dfrac{4}{a}-\dfrac{2}{b}=4\div a-2\div b$$

$$=4\div\left(-\dfrac{1}{2}\right)-2\div\dfrac{1}{4}$$

$$=4\times(-2)-2\times4$$

$$=-8-8=-16$$

## 08

① $6x=6\times\dfrac{1}{3}=2$

② $3x-1=3\times\dfrac{1}{3}-1$
$$=1-1=0$$

③ $\dfrac{2}{x}=2\div x=2\div\dfrac{1}{3}$
$$=2\times3=6$$

④ $-x^2=-\left(\dfrac{1}{3}\right)^2=-\dfrac{1}{9}$

⑤ $3(x+2)=3\left(\dfrac{1}{3}+2\right)$
$$=1+6=7$$

따라서 식의 값이 7인 것은 ⑤이다.

## 09

$t=2$를 $60t-5t^2$에 대입하면

$60\times2-5\times2^2=120-20=100$

따라서 쏘아 올린 지 2초 후의 이 물체의 높이는 $100$ m이다.

## 10

$x=20$을 $\dfrac{3}{5}x+331$에 대입하면

$\dfrac{3}{5}\times20+331=12+331=343$

따라서 기온이 $20\,^\circ\mathrm{C}$일 때, 소리는 1초에 $343$ m를 움직인다.

## 11

(사다리꼴의 넓이)

$=\dfrac{1}{2}\times\{(윗변의\ 길이)+(아랫변의\ 길이)\}\times(높이)$

$=\dfrac{1}{2}\times(a+b)\times h=\dfrac{1}{2}(a+b)h$

$a=5,\ b=9,\ h=6$을 $\dfrac{1}{2}(a+b)h$에 대입하면

$\dfrac{1}{2}\times(5+9)\times6=\dfrac{1}{2}\times14\times6$
$$=42$$

따라서 사다리꼴이 넓이는 42이다.

## 12

(1) (직육면체의 겉넓이)
$$=2\times a\times b+2\times a\times4+2\times b\times4$$
$$=2ab+8a+8b$$

(2) $a=5,\ b=6$을 $2ab+8a+8b$에 대입하면
$$2\times5\times6+8\times5+8\times6$$
$$=60+40+48$$
$$=148$$

따라서 직육면체의 겉넓이는 148이다.

# 02 일차식과 그 계산

개념 **4** 53쪽

**01** 답 (1) ① $-2x,\ 7y,\ -4$　② $-4$　③ $-2$　④ $7$

　　(2) ① $x^2,\ -3x,\ 8$　② $8$　③ $1$　④ $-3$

　　(3) ① $\dfrac{a}{2},\ -b,\ 6$　② $6$　③ $\dfrac{1}{2}$　④ $-1$

**02** 답 (1) 1, 일차식이다　(2) 2, 일차식이 아니다

　　(3) 1, 일차식이다

**01** 답 (1) $-15a$  (2) $9y$  (3) $-6x$  (4) $-2a$

(1) $(-5)\times 3a=(-5)\times 3\times a=-15a$

(2) $\dfrac{3}{4}y\times 12=\dfrac{3}{4}\times y\times 12=\dfrac{3}{4}\times 12\times y=9y$

(3) $18x\div(-3)=18\times x\times\left(-\dfrac{1}{3}\right)$

$\qquad=18\times\left(-\dfrac{1}{3}\right)\times x=-6x$

(4) $\dfrac{3}{5}a\div\left(-\dfrac{3}{10}\right)=\dfrac{3}{5}a\times\left(-\dfrac{10}{3}\right)$

$\qquad=\dfrac{3}{5}\times a\times\left(-\dfrac{10}{3}\right)$

$\qquad=\dfrac{3}{5}\times\left(-\dfrac{10}{3}\right)\times a=-2a$

**02** 답 (1) $-12+2y$  (2) $3a-2$  (3) $15x-6$
$\qquad$ (4) $4-a$  (5) $-2y-5$  (6) $12b+3$

(1) $-2(6-y)=(-2)\times 6-(-2)\times y=-12+2y$

(2) $(12a-8)\times\dfrac{1}{4}=12a\times\dfrac{1}{4}-8\times\dfrac{1}{4}=3a-2$

(3) $(-5x+2)\times(-3)=-5x\times(-3)+2\times(-3)$

$\qquad\qquad=15x-6$

(4) $(20-5a)\div 5=(20-5a)\times\dfrac{1}{5}$

$\qquad\qquad=20\times\dfrac{1}{5}-5a\times\dfrac{1}{5}$

$\qquad\qquad=4-a$

(5) $(4y+10)\div(-2)=(4y+10)\times\left(-\dfrac{1}{2}\right)$

$\qquad\qquad=4y\times\left(-\dfrac{1}{2}\right)+10\times\left(-\dfrac{1}{2}\right)$

$\qquad\qquad=-2y-5$

(6) $(8b+2)\div\dfrac{2}{3}=(8b+2)\times\dfrac{3}{2}$

$\qquad\qquad=8b\times\dfrac{3}{2}+2\times\dfrac{3}{2}$

$\qquad\qquad=12b+3$



**01** 답 (1) ○  (2) ×  (3) ○  (4) ×  (5) ○  (6) ○

(1) 상수항끼리는 동류항이다.
(2) 문자가 다르므로 동류항이 아니다.
(3) 문자와 차수가 각각 같으므로 동류항이다.
(4) 차수가 다르므로 동류항이 아니다.
(5) 문자와 차수가 각각 같으므로 동류항이다.
(6) 문자와 차수가 각각 같으므로 동류항이다.

**02** 답 (1) $7x$  (2) $-5a$  (3) $3b-4$  (4) $5x+\dfrac{1}{4}y$

(1) $3x+4x=(3+4)x=7x$

(2) $5a-12a+2a=(5-12+2)a=-5a$

(3) $4b+7-b-11=(4-1)b+(7-11)=3b-4$

(4) $6x-\dfrac{1}{2}y+\dfrac{3}{4}y-x=(6-1)x+\left(-\dfrac{1}{2}+\dfrac{3}{4}\right)y$

$\qquad\qquad=5x+\dfrac{1}{4}y$

**03** 답 (1) $5x+8$  (2) $-a+1$  (3) $11b+11$  (4) $4x+8$
$\qquad$ (5) $8x-5$  (6) $-6b-8$

(3) $5(b+4)+(6b-9)=5b+20+6b-9$

$\qquad\qquad=11b+11$

(4) $(5x+1)-(x-7)=5x+1-x+7$

$\qquad\qquad=4x+8$

(5) $(7x-9)-(-x-4)=7x-9+x+4$

$\qquad\qquad=8x-5$

(6) $\dfrac{1}{3}(9b-6)-\dfrac{3}{4}(12b+8)=3b-2-9b-6$

$\qquad\qquad=-6b-8$

**04** 답 (1) $\dfrac{3}{4}x$  (2) $-\dfrac{1}{6}x+\dfrac{17}{12}$  (3) $\dfrac{7}{6}a+\dfrac{8}{3}$  (4) $\dfrac{2}{35}a-\dfrac{17}{35}$

(1) $\dfrac{x+1}{2}+\dfrac{x-2}{4}=\dfrac{2(x+1)+(x-2)}{4}$

$\qquad\qquad=\dfrac{2x+2+x-2}{4}$

$\qquad\qquad=\dfrac{3}{4}x$

(2) $\dfrac{x+5}{3}-\dfrac{2x+1}{4}=\dfrac{4(x+5)-3(2x+1)}{12}$

$\qquad\qquad=\dfrac{4x+20-6x-3}{12}$

$\qquad\qquad=\dfrac{-2x+17}{12}$

$\qquad\qquad=-\dfrac{1}{6}x+\dfrac{17}{12}$

(3) $\dfrac{a-2}{6}+a+3=\dfrac{a-2+6a+18}{6}$

$\qquad\qquad=\dfrac{7a+16}{6}$

$\qquad\qquad=\dfrac{7}{6}a+\dfrac{8}{3}$

(4) $\dfrac{a-1}{5}-\dfrac{a+2}{7}=\dfrac{7(a-1)-5(a+2)}{35}$

$\qquad\qquad=\dfrac{7a-7-5a-10}{35}$

$\qquad\qquad=\dfrac{2a-17}{35}$

$\qquad\qquad=\dfrac{2}{35}a-\dfrac{17}{35}$

| | | | |
|---|---|---|---|
| **01** ③ | **02** $-7$ | **03** ㄱ, ㄷ, ㅂ | **04** ③, ④ |
| **05** ④ | **06** ⑤ | **07** ②, ⑤ | **08** ④   **09** ② |
| **10** ⑤ | **11** ④ | **12** $-5$   **13** $\frac{5}{6}x-\frac{11}{12}$ | **14** $4$ |
| **15** ① | **16** ④ | **17** $6x-2$ | **18** ③ |

## 01

③ $x^2$의 계수는 $-1$이다.

## 02

$x$의 계수는 $4$이므로 $a=4$
$y$의 계수는 $-8$이므로 $b=-8$
상수항은 $3$이므로 $c=3$
$\therefore a+b-c=-7$

## 03

ㄴ. $x^2-1$은 차수가 $2$이므로 일차식이 아니다.

ㄹ. $\dfrac{1}{x}+2$는 분모에 문자가 있으므로 다항식이 아니다.

ㅁ. $0 \times x+3=3$이므로 일차식이 아니다.

따라서 보기 중 일차식인 것은 ㄱ, ㄷ, ㅂ이다.

## 04

① $-2$는 일차식이 아니다.

② $\dfrac{1}{x}$은 분모에 문자가 있으므로 다항식이 아니다.

④ $\dfrac{x+1}{2}=\dfrac{1}{2}x+\dfrac{1}{2}$이므로 일차식이다.

⑤ $a^2-4a$는 차수가 $2$이므로 일차식이 아니다.

따라서 일차식인 것은 ③, ④이다.

## 05

④ $(-6b) \div \dfrac{6}{7}=(-6b) \times \dfrac{7}{6}=-7b$

⑤ $\dfrac{5}{4}x \div \left(-\dfrac{5}{12}\right)=\dfrac{5}{4}x \times \left(-\dfrac{12}{5}\right)=-3x$

따라서 옳지 않은 것은 ④이다.

## 06

$(-20x) \times \left(-\dfrac{3}{5}\right)=12x$이므로 $a=12$

$18y \div (-6)=-3y$이므로 $b=-3$

$\therefore a+b=9$

## 07

② $(8x+6) \times \left(-\dfrac{1}{2}\right)=8x \times \left(-\dfrac{1}{2}\right)+6 \times \left(-\dfrac{1}{2}\right)$
$\qquad\qquad\qquad\quad =-4x-3$

⑤ $(20-15y) \div \left(-\dfrac{5}{2}\right)=(20-15y) \times \left(-\dfrac{2}{5}\right)$
$\qquad\qquad\qquad\quad =20 \times \left(-\dfrac{2}{5}\right)-15y \times \left(-\dfrac{2}{5}\right)$
$\qquad\qquad\qquad\quad =-8+6y$

## 08

① $3(x-1)=3x-3$

② $\dfrac{1}{2}(6x-4)=3x-2$

③ $(15x-5) \times \left(-\dfrac{1}{5}\right)=-3x+1$

④ $(4-12x) \div (-4)=-1+3x$

⑤ $(x-3) \div \dfrac{1}{3}=(x-3) \times 3=3x-9$

따라서 계산 결과가 $3x-1$인 것은 ④이다.

## 09

$2x$와 동류항인 것은 $-4x$, $-\dfrac{3}{5}x$, $\dfrac{x}{10}$의 $3$개이다.

## 10

⑤ 문자와 차수가 각각 같으므로 동류항이다.

## 11

① $(x+1)+4(2-x)=x+1+8-4x$
$\qquad\qquad\qquad\quad =-3x+9$

② $4(3a-2)-6=12a-8-6a$
$\qquad\qquad\qquad =6a-8$

③ $\dfrac{1}{3}(9x-3)+\dfrac{1}{4}(4x+16)=3x-1+x+4$
$\qquad\qquad\qquad\qquad\qquad\quad =4x+3$

④ $-(x+7)-2(3x-5)=-x-7-6x+10$
$\qquad\qquad\qquad\qquad\quad =-7x+3$

⑤ $4x-\{3x-(8-x)+1\}=4x-(3x-8+x+1)$
$\qquad\qquad\qquad\qquad\qquad =4x-(4x-7)$
$\qquad\qquad\qquad\qquad\qquad =4x-4x+7=7$

따라서 옳은 것은 ④이다.

## 12

$2(4x-5)-\dfrac{1}{5}(25-10x)=8x-10-5+2x$
$\qquad\qquad\qquad\qquad\qquad\quad =10x-15$

따라서 $x$의 계수는 $10$, 상수항은 $-15$이므로 구하는 합은
$10+(-15)=-5$

## 13

$$\frac{x-2}{3}-\frac{1-2x}{4}=\frac{4(x-2)-3(1-2x)}{12}$$
$$=\frac{4x-8-3+6x}{12}$$
$$=\frac{10x-11}{12}$$
$$=\frac{5}{6}x-\frac{11}{12}$$

## 14

$$\frac{x-5}{6}-\frac{1-5x}{2}=\frac{x-5-3(1-5x)}{6}$$
$$=\frac{x-5-3+15x}{6}$$
$$=\frac{16x-8}{6}$$
$$=\frac{8}{3}x-\frac{4}{3}$$

따라서 $a=\frac{8}{3}$, $b=-\frac{4}{3}$이므로
$$a-b=4$$

## 15

$$3A-B=3(x-4y)-(5x+y)$$
$$=3x-12y-5x-y$$
$$=-2x-13y$$

## 16

$$A-2(A+B)=A-2A-2B$$
$$=-A-2B$$
$$=-(2x-5)-2(1-3x)$$
$$=-2x+5-2+6x$$
$$=4x+3$$

## 17

$$\boxed{\phantom{xx}}=2-3x+(9x-4)$$
$$=6x-2$$

## 18

$$\boxed{\phantom{xx}}=5x-11-(x+6)$$
$$=5x-11-x-6$$
$$=4x-17$$

---

서술형 확실히 감잡기



| **01** $xyz$, 160 | **02** 4 | **03** $-\dfrac{37}{15}$ | **04** $8x-11$ |

## 01

**① 단계** 직육면체의 부피를 $x$, $y$, $z$를 사용한 식으로 나타내기  ◀ 50%

(직육면체의 부피)
= (가로의 길이) × (세로의 길이) × (높이)
= $x \times y \times z$
= $xyz$

**② 단계** $x=4$, $y=8$, $z=5$일 때, 직육면체의 부피 구하기  ◀ 50%
$x=4$, $y=8$, $z=5$를 $xyz$에 대입하면
$4 \times 8 \times 5 = 160$
따라서 직육면체의 부피는 160이다.

## 02

**① 단계** $a$의 값 구하기  ◀ 30%
다항식 $\frac{1}{3}x^2-4x+6$의 차수는 2이므로
$a=2$

**② 단계** $b$의 값 구하기  ◀ 30%
$x$의 계수는 $-4$이므로
$b=-4$

**③ 단계** $c$의 값 구하기  ◀ 30%
상수항은 6이므로
$c=6$

**④ 단계** $a+b+c$의 값 구하기  ◀ 10%
$\therefore a+b+c=4$

## 03

**① 단계** 분모를 통분하여 동류항끼리 계산하기  ◀ 50%
$$\frac{2x-1}{3}-\frac{2(3x+4)}{5}=\frac{5(2x-1)-6(3x+4)}{15}$$
$$=\frac{10x-5-18x-24}{15}$$
$$=\frac{-8x-29}{15}$$
$$=-\frac{8}{15}x-\frac{29}{15}$$

**② 단계** $x$의 계수와 상수항 각각 구하기  ◀ 30%
$x$의 계수는 $-\frac{8}{15}$, 상수항은 $-\frac{29}{15}$이다.

**③ 단계** $x$의 계수와 상수항의 합 구하기  ◀ 20%
따라서 구하는 합은
$$-\frac{8}{15}+\left(-\frac{29}{15}\right)=-\frac{37}{15}$$

**04**

 어떤 다항식을 $A$로 놓고 잘못 계산한 식 세우기  ◀ 30%
어떤 다항식을 $A$라 하면
$$A-(3x-8)=2x+5$$
 어떤 다항식 구하기  ◀ 40%
$$A=2x+5+(3x-8)=5x-3$$
 바르게 계산한 식 구하기  ◀ 30%
따라서 바르게 계산한 식은
$$5x-3+3x-8=8x-11$$

---



## 단원 마무리하기
59~61쪽

| | | | |
|---|---|---|---|
| **01** ⑤ | **02** ㄱ, ㄹ | **03** ④ | **04** 22 |
| **05** $\frac{1}{2}xy$, 42 | **06** ② | **07** $-1$ | **08** 3개 | **09** ④ |
| **10** 10 | **11** ④ | **12** ⑤ | **13** $\frac{1}{9}$ | **14** $9x-15y$ |
| **15** $11x-6$ | **16** $-11x+13$ | **17** $-3$ | |
| **18** $-6x+6$ | **19** $20a+6$ | | |

**01** ① $x\times(-0.1)=-0.1x$

② $x\div\dfrac{2}{7}\times y=x\times\dfrac{7}{2}\times y=\dfrac{7}{2}xy$

③ $(a-2b)\times(-5)=-5(a-2b)$

④ $a\times b\times b\times(-4)=-4ab^2$

따라서 옳은 것은 ⑤이다.

**02** ㄴ. 둘레의 길이가 $y$ cm인 정사각형의 한 변의 길이

$\to \dfrac{y}{4}$ cm

ㄷ. 80쪽짜리 책을 하루에 $a$쪽씩 5일 동안 읽었을 때, 남은
쪽수 $\to (80-5a)$쪽

따라서 보기 중 옳은 것은 ㄱ, ㄹ이다.

**03** ① $-a=-(-1)=1$

② $a^2=(-1)^2=1$

③ $(-a)^2=\{-(-1)\}^2=1^2=1$

④ $-\dfrac{1}{a^2}=-\dfrac{1}{(-1)^2}=-1$

⑤ $\left(-\dfrac{1}{a}\right)^2=\left(-\dfrac{1}{-1}\right)^2=1^2=1$

따라서 식의 값이 나머지 넷과 다른 하나는 ④이다.

---

**04** $\dfrac{3}{a}+\dfrac{1}{b}-\dfrac{4}{c}=3\div a+1\div b-4\div c$

$\qquad =3\div\dfrac{1}{2}+1\div\left(-\dfrac{1}{4}\right)-4\div\left(-\dfrac{1}{5}\right)$

$\qquad =3\times 2+1\times(-4)-4\times(-5)$

$\qquad =6-4+20=22$

**05**  마름모의 넓이를 $x$, $y$를 사용한 식으로 나타내기

◀ 50%

$$(\text{마름모의 넓이})=\dfrac{1}{2}\times x\times y=\dfrac{1}{2}xy$$

 $x=12$, $y=7$일 때, 마름모의 넓이 구하기  ◀ 50%

$x=12$, $y=7$을 $\dfrac{1}{2}xy$에 대입하면

$$\dfrac{1}{2}\times 12\times 7=42$$

따라서 마름모의 넓이는 42이다.

**06** ① 다항식의 차수는 2이다.

③ 상수항은 $-1$이다.

④ $5x^2$과 $-2x$는 차수가 다르므로 동류항이 아니다.

⑤ $x^2$의 계수는 5, $x$의 계수는 $-2$이므로 그 합은 3이다.

따라서 옳은 것은 ②이다.

**07** $x$의 계수는 $a$이고 $y$의 계수의 6이므로

$$a=6\times\dfrac{1}{2}=3$$

상수항은 $b$이므로

$$b=3-7=-4$$

$$\therefore\ a+b=-1$$

**08** $-8$은 일차식이 아니다.

$x^2+4$는 차수가 2이므로 일차식이 아니다.

$\dfrac{1}{x}+5$는 분모에 문자가 있으므로 다항식이 아니다.

$10-0\times a=10$이므로 일차식이 아니다.

따라서 일차식인 것은 $-5a$, $0.3x-1$, $\dfrac{2}{3}y+\dfrac{1}{3}$의 3개이다.

**09** $\dfrac{1}{3}(6x-12)=2x-4$

① $2(x+2)=2x+4$

② $(2x-1)\times(-2)=-4x+2$

③ $(x-2)\div\dfrac{1}{3}=(x-2)\times 3=3x-6$

④ $(2-x)\div\left(-\dfrac{1}{2}\right)=(2-x)\times(-2)=-4+2x$

⑤ $(3x-6)\div(-3)=(3x-6)\times\left(-\dfrac{1}{3}\right)=-x+2$

따라서 계산 결과가 $\dfrac{1}{3}(6x-12)$와 같은 것은 ④이다.

**10** ① 단계 $a$의 값 구하기 ◀40%

$$-\frac{1}{4}(8x-20)=\left(-\frac{1}{4}\right)\times 8x-\left(-\frac{1}{4}\right)\times 20$$
$$=-2x+5$$

이므로 $a=-2$

② 단계 $b$의 값 구하기 ◀40%

$$(12x-18)\div\left(-\frac{3}{2}\right)=(12x-18)\times\left(-\frac{2}{3}\right)$$
$$=12x\times\left(-\frac{2}{3}\right)-18\times\left(-\frac{2}{3}\right)$$
$$=-8x+12$$

이므로 $b=12$

③ 단계 $a+b$의 값 구하기 ◀20%

$$\therefore a+b=10$$

**11** ④ $2x$와 $x^2$은 문자는 같지만 차수가 다르므로 동류항이 아닙니다.

**12** ⑤ $4(x+3)-\frac{1}{2}(10x-2)=4x+12-5x+1$
$$=-x+13$$

**13** $\dfrac{x-3}{2}-\dfrac{3x+1}{6}+\dfrac{4-x}{3}$
$$=\frac{3(x-3)-(3x+1)+2(4-x)}{6}$$
$$=\frac{3x-9-3x-1+8-2x}{6}$$
$$=\frac{-2x-2}{6}=-\frac{1}{3}x-\frac{1}{3}$$

따라서 $a=-\dfrac{1}{3},\ b=-\dfrac{1}{3}$이므로

$$ab=\frac{1}{9}$$

**14** $2(A-2B)-5A+B$
$$=2A-4B-5A+B$$
$$=-3A-3B$$
$$=-3(x+3y)-3(-4x+2y)$$
$$=-3x-9y+12x-6y$$
$$=9x-15y$$

**15** $\boxed{\phantom{xxx}}=5x-2+4\left(\frac{3}{2}x-1\right)$
$$=5x-2+6x-4$$
$$=11x-6$$

**16** ① 단계 어떤 다항식을 $A$로 놓고 잘못 계산한 식 세우기

◀30%

어떤 다항식을 $A$라 하면
$$A+(7x-4)=3x+5$$

② 단계 어떤 다항식 구하기 ◀40%
$$A=3x+5-(7x-4)=3x+5-7x+4$$
$$=-4x+9$$

③ 단계 바르게 계산한 식 구하기 ◀30%

따라서 바르게 계산한 식은
$$-4x+9-(7x-4)=-4x+9-7x+4$$
$$=-11x+13$$

**17** $ax^2+9x-2+3x^2-4x+1=(a+3)x^2+5x-1$

이 식이 $x$에 대한 일차식이 되려면 $x^2$의 계수가 0이어야 하므로

$$a+3=0 \qquad \therefore a=-3$$

**18** $(4x+8)+(5x-1)+(6x-10)=15x-3$이므로
$$(9x-13)+(4x+8)+A=15x-3$$에서
$$(13x-5)+A=15x-3$$
$$\therefore A=15x-3-(13x-5)$$
$$=15x-3-13x+5$$
$$=2x+2$$

또 $A+(5x-1)+B=15x-3$에서
$$(2x+2)+(5x-1)+B=15x-3$$
$$(7x+1)+B=15x-3$$
$$\therefore B=15x-3-(7x+1)$$
$$=15x-3-7x-1$$
$$=8x-4$$
$$\therefore A-B=2x+2-(8x-4)$$
$$=2x+2-8x+4$$
$$=-6x+6$$

**19** 오른쪽 그림에서

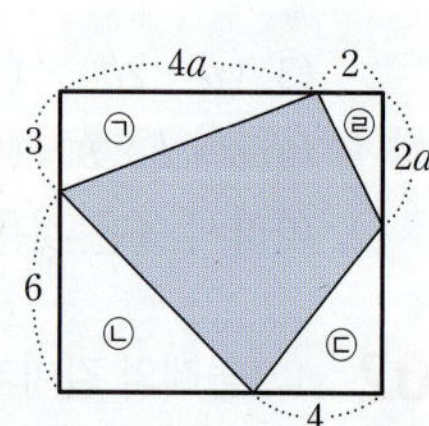

(직사각형의 넓이)
$$=(4a+2)\times(3+6)=36a+18$$

(직각삼각형 ㉠의 넓이)
$$=\frac{1}{2}\times 4a\times 3=6a$$

(직각삼각형 ㉡의 넓이)
$$=\frac{1}{2}\times(4a+2-4)\times 6=12a-6$$

(직각삼각형 ㉢의 넓이)
$$=\frac{1}{2}\times 4\times(3+6-2a)=18-4a$$

(직각삼각형 ㉣의 넓이)
$$=\frac{1}{2}\times 2\times 2a=2a$$

$\therefore$ (색칠한 부분의 넓이)
$$=36a+18-\{6a+(12a-6)+(18-4a)+2a\}$$
$$=36a+18-(16a+12)$$
$$=20a+6$$

# 5 일차방정식

## 01 방정식과 그 해

**개념 1** 　　　　64쪽

**01 답** (1) × (2) ○ (3) × (4) ○

**02 답** ㄱ, ㄹ, ㅂ

**03 답** (1) $3x-1=6$ (2) $3x=15$

**개념 2** 　　　　64쪽

**01 답** (1) × (2) ○ (3) ○ (4) × (5) ○

각 방정식의 $x$에 [ ] 안의 수를 대입하면
(1) $1-4\neq5$
(2) $6\times\dfrac{1}{2}-2=1$
(3) $-(-2)=5\times(-2)+12$
(4) $\dfrac{1}{3}\times9+1\neq-2$
(5) $2\times(-3)-5=-3-8$

**02 답** (1) × (2) ○ (3) × (4) × (5) ○

(1) $x+3=4$ → (좌변)≠(우변)이므로 항등식이 아니다.
(2) (좌변)$=x-5x=-4x$
　→ (좌변)=(우변)이므로 항등식이다.
(3) (좌변)$=10-8=2$
　→ (좌변)≠(우변)이므로 항등식이 아니다.
(4) (좌변)≠(우변)이므로 항등식이 아니다.
(5) (좌변)$=3(x-1)+7$
　　　　$=3x-3+7=3x+4$
　→ (좌변)=(우변)이므로 항등식이다.

**개념 3** 　　　　65쪽

**01 답** (1) ○ (2) ○ (3) × (4) ○ (5) × (6) ×

(3) $x-3=y+3$의 양변에 3을 더하면
　$x-3+3=y+3+3$
　$\therefore x=y+6$

(5) $\dfrac{x}{2}=\dfrac{y}{3}$의 양변에 6을 곱하면
　$\dfrac{x}{2}\times6=\dfrac{y}{3}\times6$
　$\therefore 3x=2y$
(6) $c=0$일 때는 성립하지 않는다.

**02 답** (1) $x=6+1$
　　　(2) $3x=-1-5$
　　　(3) $2x-x=8$
　　　(4) $-x-2x=9-4$



| 01 ④ | 02 $60=3x+6$ | 03 ⑤ | 04 ⑤ | 05 ④ |
| 06 ③, ⑤ | | 07 ㄱ, ㄹ | 08 ③ | 09 ④ |
| 10 ㉠ | 11 ㈎ ㄴ ㈏ ㄷ | 12 ④ | 13 ④ | 14 ③ |
| 15 ⑤ | | | | |

**01**

④ 시속 $x$ km로 3시간 동안 간 거리는 50 km이다.
　→ $3x=50$

**03**

각 방정식에 $x=-2$를 대입하면
① $2\times(-2)\neq-6$
② $4-(-2)\neq2\times(-2)$
③ $\dfrac{3}{2}\times(-2)-6\neq0$
④ $1+3\times(-2)\neq5\times(-2)-1$
⑤ $7\times(-2)+4=2\times(-2)-6$
따라서 해가 $x=-2$인 것은 ⑤이다.

**04**

각 방정식의 $x$에 [ ] 안의 수를 대입하면
① $3\times(-2)=-6$
② $9-2\times5=-1$
③ $4\times2+2=7\times2-4$
④ $5\times\left(-\dfrac{1}{3}\right)-7=2\left(-\dfrac{1}{3}-4\right)$
⑤ $\dfrac{-1-5}{2}\neq-1-\dfrac{3}{2}$
따라서 [ ] 안의 수가 주어진 방정식의 해가 아닌 것은 ⑤이다.

## 05

① $2x+9$ ➡ 다항식이다.
② (좌변) $\neq$ (우변)이므로 항등식이 아니다.
③ (좌변) $=3x-2x=x$
　➡ (좌변) $\neq$ (우변)이므로 항등식이 아니다.
④ (우변) $=2(2x-5)=4x-10$
　➡ (좌변) $=$ (우변)이므로 항등식이다.
⑤ (좌변) $\neq$ (우변)이므로 항등식이 아니다.
따라서 항등식인 것은 ④이다.

## 06

① $6x-1$ ➡ 다항식이다.
② (좌변) $=x+2x=3x$
　➡ (좌변) $\neq$ (우변)이므로 항등식이 아니다.
③ (좌변) $=$ (우변)이므로 항등식이다.
④ (좌변) $=5(x+3)=5x+15$
　➡ (좌변) $\neq$ (우변)이므로 항등식이 아니다.
⑤ (좌변) $=\dfrac{1}{2}(8x-2)=4x-1$
　➡ (좌변) $=$ (우변)이므로 항등식이다.
따라서 $x$의 값에 관계없이 항상 참인 등식은 ③, ⑤이다.

## 07

ㄴ. $a=b$의 양변에 3을 곱하면 $3a=3b$
　$3a=3b$의 양변에 4를 더하면 $3a+4=3b+4$
ㄷ. $a=b$의 양변에 $-5$를 곱하면 $-5a=-5b$
　$-5a=-5b$의 양변에 1을 더하면 $-5a+1=-5b+1$
따라서 보기 중 옳은 것은 ㄱ, ㄹ이다.

## 08

③ $\dfrac{x}{2}=\dfrac{y}{4}$의 양변에 2를 곱하면 $x=\dfrac{y}{2}$이다.

## 09

④ $a=3b$의 양변에서 2를 빼면 $a-2=3b-2$

## 12

④ $3x-x=2+2$

## 13

① $x=3-5$
② $4x+x=9$
③ $2x-3x=8$
⑤ $-5x+3x=7-12$
따라서 밑줄 친 항을 이항한 것으로 옳은 것은 ④이다.

## 14

$a=4,\ -10=2b$이므로 $a=4,\ b=-5$
$\therefore a+b=-1$

## 15

$2(ax-1)+b=6x+10$에서
$2ax-2+b=6x+10$
$2a=6,\ -2+b=10$이므로
$a=3,\ b=12$
$\therefore b-a=9$

# 02 일차방정식의 풀이

### 개념 4
68쪽

**01** 답 (1) ○　(2) ×　(3) ○　(4) ×　(5) ○

(2) 등식이 아니므로 일차방정식이 아니다.
(3) $2(x+3)=-x$에서
　$2x+6=-x$　$\therefore 3x+6=0$
　따라서 일차방정식이다.
(4) $2-x=x^2+1$에서
　$-x^2-x+1=0$
　따라서 일차방정식이 아니다.
(5) $x^2+7x=x^2-x$에서
　$8x=0$
　따라서 일차방정식이다.

**02** 답 (1) $x=2$　(2) $x=5$　(3) $x=-1$　(4) $x=3$
　　　(5) $x=2$　(6) $x=-2$

(1) $4x+2=10$에서
　$4x=8$　$\therefore x=2$
(2) $9=2x-1$에서
　$-2x=-10$　$\therefore x=5$
(3) $2x+3=-x$에서
　$3x=-3$　$\therefore x=-1$
(4) $x+5=5x-7$에서
　$-4x=-12$　$\therefore x=3$
(5) $2-4x=x-8$에서
　$-5x=-10$　$\therefore x=2$
(6) $6x+11=-7-3x$에서
　$9x=-18$　$\therefore x=-2$

**01** 답 (1) $x=4$  (2) $x=1$  (3) $x=-2$

(1) $2(x-1)=6$에서
  $2x-2=6$
  $2x=8$    $\therefore x=4$
(2) $-(x-3)=2x$에서
  $-x+3=2x$
  $-3x=-3$    $\therefore x=1$
(3) $4(2x+1)=3x-6$에서
  $8x+4=3x-6$
  $5x=-10$    $\therefore x=-2$

**02** 답 (1) $x=3$  (2) $x=2$  (3) $x=-3$

(1) 양변에 10을 곱하면
  $2x+5=11$
  $2x=6$    $\therefore x=3$
(2) 양변에 10을 곱하면
  $13x-16=10$
  $13x=26$    $\therefore x=2$
(3) 양변에 10을 곱하면
  $4x+9=-12-3x$
  $7x=-21$    $\therefore x=-3$

**03** 답 (1) $x=-2$  (2) $x=2$  (3) $x=-6$

(1) 양변에 2를 곱하면
  $x+8=6$    $\therefore x=-2$
(2) 양변에 10을 곱하면
  $4x-10=-x$
  $5x=10$    $\therefore x=2$
(3) 양변에 6을 곱하면
  $10x-9x=-6$    $\therefore x=-6$

**필수 유형 익히기** 한 번 더



**01** ②, ⑤   **02** ②, ⑤   **03** ③   **04** ③
**05** ④   **06** ⑤   **07** $x=-3$   **08** $x=-\dfrac{5}{3}$
**09** ④   **10** ⑤   **11** 2   **12** $-3$

**01**

① 등식이 아니므로 일차방정식이 아니다.
② $6x-8=10-5x$에서 $11x-18=0$ ➡ 일차방정식
③ $x^2+1=2x$에서 $x^2-2x+1=0$ ➡ 일차방정식이 아니다.
④ $3(x-1)=3x+1$에서 $-4=0$ ➡ 일차방정식이 아니다.
⑤ $x^2+5x-4=1+3x+x^2$에서 $2x-5=0$ ➡ 일차방정식
따라서 일차방정식인 것은 ②, ⑤이다.

**02**

① $x+9=4$에서 $x+5=0$ ➡ 일차방정식
② $1-2x^2=0$ ➡ 일차방정식이 아니다.
③ $8x-2=5x+3$에서 $3x-5=0$ ➡ 일차방정식
④ $\dfrac{1}{5}x^2-6=\dfrac{1}{5}x^2+x$에서 $-x-6=0$ ➡ 일차방정식
⑤ $\dfrac{1}{x}-2=0$ ➡ 일차방정식이 아니다.
따라서 일차방정식이 아닌 것은 ②, ⑤이다.

**03**

① $3x+7=10$에서 $3x=3$    $\therefore x=1$
② $-x+8=4x-2$에서 $-5x=-10$    $\therefore x=2$
③ $5x-6=3(x+2)$에서
  $5x-6=3x+6$
  $2x=12$    $\therefore x=6$
④ $2(x+7)=5(x+4)$에서
  $2x+14=5x+20$
  $-3x=6$    $\therefore x=-2$
⑤ $10-2(x-1)=4(x-3)$에서
  $10-2x+2=4x-12$
  $-6x=-24$    $\therefore x=4$
따라서 해가 가장 큰 것은 ③이다.

**04**

① $7x-4=3x+12$에서 $4x=16$    $\therefore x=4$
② $11-x=2x-1$에서 $-3x=-12$    $\therefore x=4$
③ $2(2-x)=-8$에서 $4-2x=-8$
  $-2x=-12$    $\therefore x=6$
④ $3(x+1)=5(x-1)$에서
  $3x+3=5x-5$
  $-2x=-8$    $\therefore x=4$
⑤ $8-5(x-4)=x+4$에서
  $8-5x+20=x+4$
  $-6x=-24$    $\therefore x=4$
따라서 해가 나머지 넷과 다른 하나는 ③이다.

## 05

① $8x-5=3x$에서 $5x=5$    ∴ $x=1$

② $5x-2(x+1)=4$에서

   $5x-2x-2=4$

   $3x=6$    ∴ $x=2$

③ $9-(2x-1)=3(2-x)$에서

   $9-2x+1=6-3x$

   ∴ $x=-4$

④ $0.7x+1=0.2x-1.5$의 양변에 10을 곱하면

   $7x+10=2x-15$

   $5x=-25$

   ∴ $x=-5$

⑤ $\dfrac{x+1}{2}=\dfrac{2-x}{3}+\dfrac{1}{2}$의 양변에 6을 곱하면

   $3(x+1)=2(2-x)+3$

   $3x+3=4-2x+3$

   $5x=4$    ∴ $x=\dfrac{4}{5}$

따라서 해가 가장 작은 것은 ④이다.

## 06

$\dfrac{1}{2}(x-4)=-3$에서 $x-4=-6$    ∴ $x=-2$

① $4x-5=3$에서 $4x=8$    ∴ $x=2$

② $6x-5=2x+7$에서

   $4x=12$    ∴ $x=3$

③ $3(x+1)=6-2(2-x)$에서

   $3x+3=6-4+2x$    ∴ $x=-1$

④ $0.4(2x+1)=-2$의 양변에 10을 곱하면

   $4(2x+1)=-20$

   $8x+4=-20$

   $8x=-24$    ∴ $x=-3$

⑤ $\dfrac{2}{3}x-1=\dfrac{3}{4}x-\dfrac{5}{6}$의 양변에 12를 곱하면

   $8x-12=9x-10$

   $-x=2$    ∴ $x=-2$

따라서 주어진 일차방정식과 해가 같은 것은 ⑤이다.

## 07

소수를 분수로 고치면

$\dfrac{2}{3}x-\dfrac{3}{5}(x+2)=\dfrac{x-4}{5}$

양변에 15를 곱하면

$10x-9(x+2)=3(x-4)$

$10x-9x-18=3x-12$

$-2x=6$    ∴ $x=-3$

## 08

소수를 분수로 고치면

$\dfrac{3}{2}x+\dfrac{1-x}{4}=\dfrac{1}{2}(x-2)$

양변에 4를 곱하면

$6x+1-x=2(x-2)$

$6x+1-x=2x-4$

$3x=-5$

∴ $x=-\dfrac{5}{3}$

## 09

$x+6=ax-2$에 $x=4$를 대입하면

$4+6=4a-2$, $-4a=-12$    ∴ $a=3$

## 10

$2(x-4)+5=-(x+a)$에 $x=-3$을 대입하면

$2(-3-4)+5=-(-3+a)$

$-14+5=3-a$    ∴ $a=12$

## 11

$6x-5=3x+4$에서 $3x=9$    ∴ $x=3$

$4(a-x)=2x-10$에 $x=3$을 대입하면

$4(a-3)=6-10$, $4a-12=-4$

$4a=8$    ∴ $a=2$

## 12

$0.1x-1=0.5x-1.8$의 양변에 10을 곱하면

$x-10=5x-18$, $-4x=-8$    ∴ $x=2$

$7x+a=5-3(x-4)$에 $x=2$를 대입하면

$14+a=5-3(2-4)$, $14+a=5+6$

∴ $a=-3$

# 03 일차방정식의 활용

### 개념 6

71쪽

**01** 탑 (1) $x+(x+1)=75$   (2) $x=37$   (3) 37, 38

(1) 두 자연수 중 작은 수를 $x$라 하면 큰 수는 $x+1$이므로

   $x+(x+1)=75$

(2) $x+(x+1)=75$에서

   $2x+1=75$, $2x=74$    ∴ $x=37$

(3) 연속하는 두 자연수는 37, 38이다.

**02** 답 22

두 짝수 중 작은 수를 $x$라 하면 큰 수는 $x+2$이므로

$x+(x+2)=46$

$2x+2=46,\ 2x=44$　　∴ $x=22$

따라서 두 짝수 중 작은 수는 22이다.

**03** 답 (1) $500x+800(10-x)=6800$　(2) $x=4$
　　　(3) 쿠키: 4개, 음료수: 6개

(1) 쿠키를 $x$개 샀다고 하면 음료수는 $(10-x)$개 샀으므로

$500x+800(10-x)=6800$

(2) $500x+800(10-x)=6800$에서

$500x+8000-800x=6800$

$-300x=-1200$　　∴ $x=4$

(3) 쿠키는 4개, 음료수는 6개 샀다.

**04** 답 6개

3점짜리 문제를 $x$개 맞혔다고 하면 4점짜리 문제는 $(15-x)$개 맞혔으므로

$3x+4(15-x)=54$

$3x+60-4x=54,\ -x=-6$　　∴ $x=6$

따라서 지현이는 3점짜리 문제를 6개 맞혔다.

**05** 답 (1) $37+x=2(15+x)$　(2) $x=7$　(3) 7년 후

(1) $x$년 후에 어머니의 나이는 $(37+x)$살이고 명수의 나이는 $(15+x)$살이므로

$37+x=2(15+x)$

(2) $37+x=2(15+x)$에서

$37+x=30+2x,\ -x=-7$　　∴ $x=7$

(3) 7년 후 어머니의 나이가 명수의 나이의 2배가 된다.

**06** 답 16살

서희의 나이를 $x$살이라 하면 동생의 나이는 $(x-4)$살이므로

$x+(x-4)=28$

$2x-4=28,\ 2x=32$　　∴ $x=16$

따라서 서희의 나이는 16살이다.

개념 **7**　　72쪽

**01** 답 (1) 풀이 참조　(2) $\dfrac{x}{10}+\dfrac{x}{15}=1$　(3) $x=6$　(4) 6 km

(1)

| | 갈 때 | 올 때 |
|---|---|---|
| 거리(km) | $x$ | $x$ |
| 속력(km/h) | 10 | 15 |
| 시간(시간) | $\dfrac{x}{10}$ | $\dfrac{x}{15}$ |

(3) $\dfrac{x}{10}+\dfrac{x}{15}=1$의 양변에 30을 곱하면

$3x+2x=30,\ 5x=30$　　∴ $x=6$

(4) 집에서 도서관까지의 거리는 6 km이다.

**02** 답 (1) $\dfrac{x}{60}+\dfrac{x}{100}=2$　(2) $x=75$　(3) 75 km

(2) $\dfrac{x}{60}+\dfrac{x}{100}=2$의 양변에 300을 곱하면

$5x+3x=600,\ 8x=600$　　∴ $x=75$

(3) 두 지점 사이의 거리는 75 km이다.

필수 유형 익히기　　한 번 더　　72~73쪽

| **01** 20 | **02** ② | **03** 9개 | **04** ② | **05** ④ | **06** 2 cm |
|---|---|---|---|---|---|
| **07** $\dfrac{42}{5}$ km | | **08** ③ | **09** ④ | | |

**01**

세 자연수 중 가장 작은 수를 $x$라 하면

$x+(x+1)+(x+2)=63$

$3x+3=63$

$3x=60$　　∴ $x=20$

따라서 가장 작은 수는 20이다.

**02**

세 홀수 중 가장 큰 수를 $x$라 하면

$x+(x-2)+(x-4)=117$

$3x-6=117$

$3x=123$　　∴ $x=41$

따라서 가장 큰 수는 41이다.

**03**

2점 슛을 $x$개 넣었다고 하면 3점 슛은 $(13-x)$개 넣었으므로

$2x+3(13-x)=30$

$2x+39-3x=30$

$-x=-9$　　∴ $x=9$

따라서 2점 슛을 9개 넣었다.

**04**

현재 소윤이의 나이를 $x$살이라 하면 삼촌의 나이는 $(41-x)$살이다.

5년 후에 소윤이의 나이는 $(x+5)$살이고 삼촌의 나이는
$(46-x)$살이므로
$46-x=2(x+5)$
$46-x=2x+10, \; -3x=-36 \qquad \therefore x=12$
따라서 현재 소윤이의 나이는 12살이다.

## 05

직사각형의 가로의 길이를 $x\,\mathrm{cm}$라 하면 세로의 길이는
$(x-6)\,\mathrm{cm}$이므로
$2x+2(x-6)=68, \; 2x+2x-12=68$
$4x=80 \qquad \therefore x=20$
따라서 직사각형의 가로의 길이는 $20\,\mathrm{cm}$이다.

## 06

사다리꼴의 윗변의 길이를 $x\,\mathrm{cm}$라 하면 아랫변의 길이는
$(x+2)\,\mathrm{cm}$이므로
$\dfrac{1}{2} \times \{x+(x+2)\} \times 4=12$
$2(2x+2)=12, \; 4x+4=12$
$4x=8 \qquad \therefore x=2$
따라서 사다리꼴의 윗변의 길이는 $2\,\mathrm{cm}$이다.

## 07

두 지점 A, B 사이의 거리를 $x\,\mathrm{km}$라 하면 왕복하는데 총 3시간
30분, 즉 $3\dfrac{30}{60}=\dfrac{7}{2}$시간이 걸렸으므로
$\dfrac{x}{3}+\dfrac{x}{12}=\dfrac{7}{2}$
양변에 12를 곱하면
$4x+x=42, \; 5x=42 \qquad \therefore x=\dfrac{42}{5}$
따라서 두 지점 A, B 사이의 거리는 $\dfrac{42}{5}\,\mathrm{km}$이다.

## 08

올라간 거리를 $x\,\mathrm{km}$라 하면 내려온 거리는 $(x+1)\,\mathrm{km}$이므로
$\dfrac{x}{2}+\dfrac{x+1}{4}=4$
양변에 4를 곱하면
$2x+(x+1)=16$
$3x=15 \qquad \therefore x=5$
따라서 올라간 거리는 $5\,\mathrm{km}$이다.

## 09

찬수가 집에서 출발한 지 $x$분 후에 지민이를 만난다고 하면
$70x+50x=1800$
$120x=1800 \qquad \therefore x=15$
따라서 찬수는 집에서 출발한 지 15분 후에 지민이를 만난다.



---

## 서술형 감잡기 확실히 74쪽

| **01** $-5$ | **02** $-4$ | **03** 8, 43 | **04** $100\,\mathrm{km}$ |
| --- | --- | --- | --- |

## 01

**①단계** 괄호를 풀어 주어진 등식 정리하기 ◀ 30%
$4x-a=2(bx-1)+9$의 괄호를 풀면
$4x-a=2bx-2+9$
$\therefore 4x-a=2bx+7$
**②단계** $a$, $b$의 값 구하기 ◀ 50%
위의 식이 $x$에 대한 항등식이므로 좌변과 우변의 $x$의 계수와 상
수항이 각각 같아야 한다.
즉, $4=2b$, $-a=7$이므로 $a=-7$, $b=2$
**③단계** $a+b$의 값 구하기 ◀ 20%
$\therefore a+b=-5$

## 02

**①단계** 일차방정식의 해 구하기 ◀ 40%
$5(x+3)+1=2(x+5)$의 괄호를 풀면
$5x+15+1=2x+10$
$5x+16=2x+10$
$3x=-6 \qquad \therefore x=-2$
**②단계** $a$의 값 구하기 ◀ 60%
$\dfrac{1}{4}(x+a)=0.4x-0.7$에 $x=-2$를 대입하면
$\dfrac{1}{4}(-2+a)=0.4 \times (-2)-0.7$
$\dfrac{1}{4}(-2+a)=-1.5$
$\dfrac{1}{4}(-2+a)=-1.5$에서 소수를 분수로 고치면
$\dfrac{1}{4}(-2+a)=-\dfrac{3}{2}$
양변에 4를 곱하면
$-2+a=-6 \qquad \therefore a=-4$

## 03

**①단계** 학생 수를 $x$라 하고, 조건에 맞는 방정식 세우기 ◀ 40%
학생 수를 $x$라 하면
한 학생에게 사과를 5개씩 나누어 주면 3개가 남으므로
(사과의 개수)$=5x+3$
6개씩 나누어 주면 5개가 부족하므로
(사과의 개수)$=6x-5$
사과의 개수는 일정하므로 $5x+3=6x-5$
**②단계** 학생 수 구하기 ◀ 30%
$5x+3=6x-5$에서 $-x=-8 \qquad \therefore x=8$
따라서 학생 수는 8이다.

**③ 단계** 사과의 개수 구하기 **◀ 30%**

사과의 개수는 $5 \times 8 + 3 = 43$

## 04

**① 단계** 두 지점 A, B 사이의 거리를 $x\,\text{km}$라 하고, 조건에 맞는 방정식 세우기 **◀ 40%**

두 지점 A, B 사이의 거리를 $x\,\text{km}$라 하면

$$\frac{x}{80} - \frac{x}{100} = \frac{1}{4}$$

**② 단계** 방정식 풀기 **◀ 40%**

위의 식의 양변에 400을 곱하면

$5x - 4x = 100$ ∴ $x = 100$

**③ 단계** 두 지점 A, B 사이의 거리 구하기 **◀ 20%**

따라서 두 지점 A, B 사이의 거리는 $100\,\text{km}$이다.



## 단원 마무리하기     75~77쪽

| | | | | |
|---|---|---|---|---|
| **01** ③ | **02** ④ | **03** ⑤ | **04** $-35$ | **05** ③ |
| **06** ③ | **07** ⑤ | **08** 3개 | **09** ⑤ | **10** ④   **11** 2 |
| **12** 2 | **13** $-3$ | **14** $x = \dfrac{4}{3}$ | | **15** 52 |
| **16** 10개월 후 | **17** 12살 | **18** 12 | **19** 450 m | |

**01** ③ $5000 - 600x = 200$

**02** 각 방정식의 $x$에 [ ] 안의 수를 대입하면
  ① $6 - 4 = 2$
  ② $2 \times (-2) - 3 = -7$
  ③ $-\dfrac{1}{2} + 4 = 3 - \left(-\dfrac{1}{2}\right)$
  ④ $5 \times 3 - 2 \neq 2(3 + 2)$
  ⑤ $-(-2 + 5) = 3(-2 + 1)$
따라서 [ ] 안의 수가 주어진 방정식의 해가 아닌 것은 ④이다.

**03** ⑤ (좌변) $= x + (x - 5) = 2x - 5$
  ➡ (좌변) $=$ (우변)이므로 항등식이다.

**04** **① 단계** 괄호를 풀어 주어진 등식 정리하기 **◀ 30%**

$(a - 2)x + 5 = \dfrac{1}{3}(x - b)$에서

$(a - 2)x + 5 = \dfrac{1}{3}x - \dfrac{1}{3}b$

**② 단계** $a, b$의 값 구하기 **◀ 50%**

위의 식이 $x$에 대한 항등식이므로

$a - 2 = \dfrac{1}{3}, \ 5 = -\dfrac{1}{3}b$

∴ $a = \dfrac{7}{3}, \ b = -15$

**③ 단계** $ab$의 값 구하기 **◀ 20%**

∴ $ab = -35$

**05** ③ $c \neq 0$일 때만 성립한다.

**06** 각 방정식을 변형하는 과정에서 이용된 등식의 성질을 구하면
  ① '$a = b$이면 $a - c = b - c$이다.'
  ② '$a = b$이면 $a - c = b - c$이다.'
  ③ '$a = b$이면 $ac = bc$이다.' 또는
    '$a = b$이면 $\dfrac{a}{c} = \dfrac{b}{c}$이다.' (단, $c \neq 0$)
  ④ '$a = b$이면 $a - c = b - c$이다.'
  ⑤ '$a = b$이면 $a - c = b - c$이다.'
따라서 나머지 넷과 다른 하나는 ③이다.

**07** ⑤ $5x + x = -10 - 4$

**08** ㄱ. 분모에 문자가 있으므로 다항식이 아니다.
  ㄴ. $4 - 3x = -1$에서 $-3x + 5 = 0$ ➡ 일차방정식
  ㄷ. $x^2 - x = 0$ ➡ 일차방정식이 아니다.
  ㄹ. $8x + 3 = 3x - 8$에서 $5x + 11 = 0$ ➡ 일차방정식
  ㅁ. $3x - 5 = 3(x + 2)$에서 $-11 = 0$ ➡ 일차방정식이 아니다.
  ㅂ. $x^2 + 4x - 1 = x(x + 2)$에서 $2x - 1 = 0$ ➡ 일차방정식
따라서 보기 중 일차방정식인 것은 ㄴ, ㄹ, ㅂ의 3개이다.

**09** $4x - 3 = ax + 8$에서
$4x - ax - 3 - 8 = 0, \ (4 - a)x - 11 = 0$
따라서 일차방정식이 되려면 $4 - a \neq 0$이어야 하므로
$a \neq 4$

**10** $-3x + 10 = 4$에서 $-3x = -6$    ∴ $x = 2$
  ① $4x + 3 = 7$에서 $4x = 4$    ∴ $x = 1$
  ② $3x - 4 = x + 2$에서 $2x = 6$    ∴ $x = 3$
  ③ $x + 11 = 2(x + 4)$에서 $x + 11 = 2x + 8$
     $-x = -3$    ∴ $x = 3$
  ④ $5(2 - x) = 4(x - 2)$에서 $10 - 5x = 4x - 8$
     $-9x = -18$    ∴ $x = 2$

⑤ $-6x-4=2(x+6)$에서 $-6x-4=2x+12$
$-8x=16$ $\therefore x=-2$
따라서 주어진 일차방정식과 해가 같은 것은 ④이다.

**11** ① 단계 **$a$의 값 구하기** ◀ 40%
$\dfrac{7}{4}(x+1)=x-\dfrac{5}{4}$의 양변에 4를 곱하면
$7(x+1)=4x-5$, $7x+7=4x-5$
$3x=-12$ $\therefore x=-4$ $\therefore a=-4$
② 단계 **$b$의 값 구하기** ◀ 40%
$0.9x-0.2=0.4(x+7)$의 양변에 10을 곱하면
$9x-2=4(x+7)$
$9x-2=4x+28$
$5x=30$ $\therefore x=6$ $\therefore b=6$
③ 단계 **$a+b$의 값 구하기** ◀ 20%
$\therefore a+b=2$

**12** $\dfrac{5x+a}{6}=\dfrac{x+3}{4}-1$에 $x=-1$을 대입하면
$\dfrac{-5+a}{6}=\dfrac{-1+3}{4}-1$
$\dfrac{-5+a}{6}=-\dfrac{1}{2}$, $-5+a=-3$ $\therefore a=2$

**13** $\dfrac{x-4}{2}=\dfrac{2x-5}{3}$의 양변에 6을 곱하면
$3(x-4)=2(2x-5)$
$3x-12=4x-10$
$-x=2$ $\therefore x=-2$
$2-3(x+1)=-4x+a$에 $x=-2$를 대입하면
$2-3(-2+1)=-4\times(-2)+a$
$5=8+a$ $\therefore a=-3$

**14** $\dfrac{1}{2}x-0.3=0.1x-\dfrac{3}{5}$에서 소수를 분수로 고치면
$\dfrac{1}{2}x-\dfrac{3}{10}=\dfrac{1}{10}x-\dfrac{3}{5}$
양변에 10을 곱하면
$5x-3=x-6$, $4x=-3$
$\therefore x=-\dfrac{3}{4}$ $\therefore a=-\dfrac{3}{4}$
$ax+1=0$에 $a=-\dfrac{3}{4}$을 대입하면
$-\dfrac{3}{4}x+1=0$, $-\dfrac{3}{4}x=-1$ $\therefore x=\dfrac{4}{3}$

**15** ① 단계 **세 짝수를 미지수 $x$로 나타내기** ◀ 30%
가장 큰 짝수를 $x$라 하면 세 짝수는
$x$, $x-2$, $x-4$

② 단계 **$x$의 값 구하기** ◀ 40%
$x+(x-2)+(x-4)=78$에서
$3x-6=78$
$3x=84$ $\therefore x=28$
③ 단계 **가장 큰 수와 가장 작은 수의 합 구하기** ◀ 30%
따라서 가장 큰 수는 28이고 가장 작은 수는 24이므로 그 합은
$28+24=52$

**16** $x$개월 후 형의 예금액은 $(20000+3000x)$원이고, 동생의 예금액은 $(5000+2000x)$원이므로
$20000+3000x=2(5000+2000x)$
$20000+3000x=10000+4000x$
$-1000x=-10000$ $\therefore x=10$
따라서 형의 예금액이 동생의 예금액의 2배가 되는 것은 10개월 후이다.

**17** 현재 다현이의 나이를 $x$살이라 하면 어머니의 나이는 $(x+34)$살이다.
12년 후에 다현이의 나이는 $(x+12)$살이고 어머니의 나이는 $(x+46)$살이므로
$x+46=2(x+12)+10$
$x+46=2x+24+10$
$-x=-12$ $\therefore x=12$
따라서 현재 다현이의 나이는 12살이다.

**18** $\dfrac{6x+a}{5}=3$의 양변에 5를 곱하면
$6x+a=15$, $6x=15-a$
$\therefore x=\dfrac{15-a}{6}$
$x$에 대한 일차방정식 $\dfrac{6x+a}{5}=3$의 해가 자연수가 되려면
$\dfrac{15-a}{6}$가 자연수가 되어야 한다.
즉, $15-a$는 6의 배수이어야 하고, $a$는 자연수이므로
$15-a=6$ 또는 $15-a=12$
$\therefore a=3$ 또는 $a=9$
따라서 모든 자연수 $a$의 값의 합은
$3+9=12$

**19** 연경이가 학교를 나선 지 $x$분 후에 두 사람이 만난다고 하면
$30(x+10)=90x$
$30x+300=90x$, $-60x=-300$
$\therefore x=5$
따라서 연경이가 학교를 나선 지 5분 후에 두 사람이 만나므로 연경이가 달린 거리는
$90\times5=450(\mathrm{m})$

 **좌표평면과 그래프**

## 01 순서쌍과 좌표

 **개념 1**      79쪽

**01** 답 $A\left(-\dfrac{7}{3}\right),\ B(-1),\ C\left(\dfrac{3}{2}\right),\ D(3)$

**02** 답

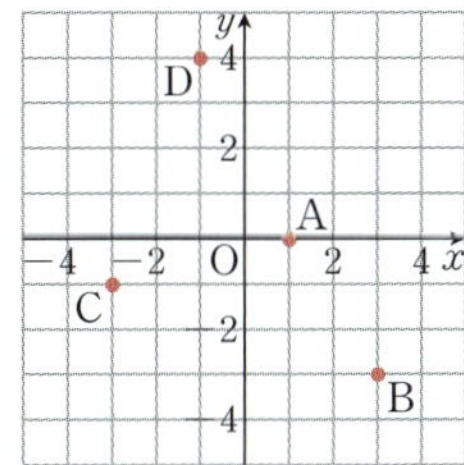

**03** 답 (1) $A(-2, 2),\ B(0, -3),\ C(3, -1),\ D(3, 4)$
(2) $A(1, 2),\ B(-1, 3),\ C(-4, 0),\ D(-2, -4)$

**04** 답 (1)

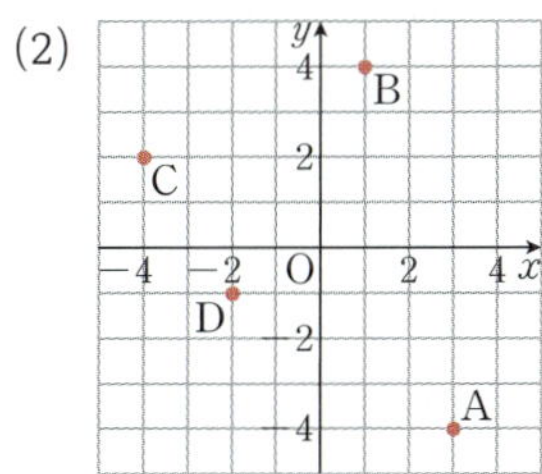

(2)

**개념 2**      79쪽

**01** 답 (1) 제1사분면    (2) 제2사분면    (3) 제4사분면
(4) 제2사분면    (5) 제3사분면    (6) 제1사분면
(7) 제4사분면    (8) 제3사분면

### 필수 유형 익히기 (한 번 더)     80~81쪽

| | | | | |
|---|---|---|---|---|
| **01** 1 | **02** $-10$ | **03** ② | **04** $-3$ | **05** 10 |
| **06** 15 | **07** ① | **08** ③ | **09** ⑤ | **10** ④ |
| **11** 제4사분면 | | **12** 제3사분면 | | |

**01**

두 순서쌍이 서로 같으므로
$a=3,\ -8=4b$    $\therefore b=-2$
$\therefore a+b=1$

**02**

두 순서쌍이 서로 같으므로
$-6=\dfrac{1}{3}b-4,\ 2a-1=7$
$-6=\dfrac{1}{3}b-4$에서 $-\dfrac{1}{3}b=2$    $\therefore b=-6$
$2a-1=7$에서 $2a=8$    $\therefore a=4$
$\therefore b-a=-10$

**03**

② $B(-4, 0)$

**04**

점 A의 좌표는 $(-2, 3)$이므로 $a=-2$
점 B의 좌표는 $(-4, -1)$이므로 $b=-1$
$\therefore a+b=-3$

**05**

세 점 A, B, C를 좌표평면 위에 나타
내면 오른쪽 그림과 같다.
따라서 삼각형 ABC의 넓이는
$\dfrac{1}{2}\times 4\times 5=10$

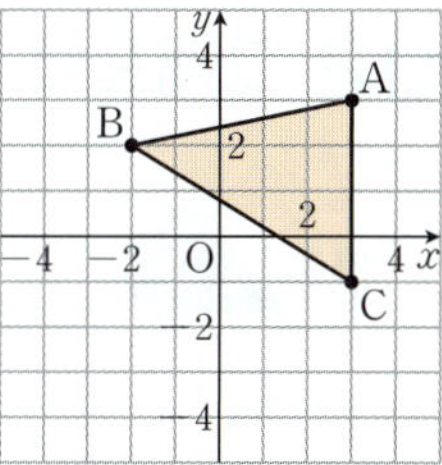

**06**

네 점 A, B, C, D를 좌표평면 위에 나
타내면 오른쪽 그림과 같다.
따라서 사각형 ABCD의 넓이는
$5\times 3=15$

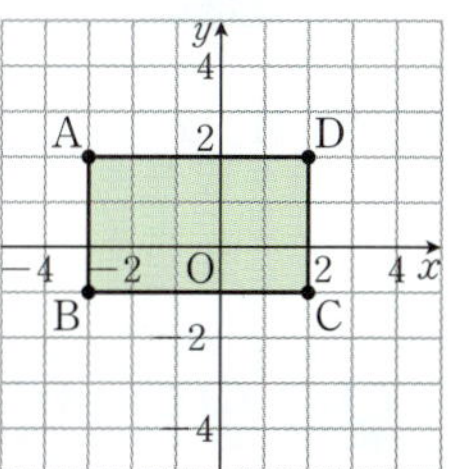

**07**

$x$축 위의 점은 $y$좌표가 0이므로 $(-4, 0)$

**08**

$y$축 위의 점은 $x$좌표가 0이므로 $\left(0,\ \dfrac{4}{5}\right)$

**09**

① 어느 사분면 위의 점도 아니다.
② 제4사분면     ③ 제1사분면
④ 제3사분면     ⑤ 제2사분면
따라서 제2사분면 위의 점인 것은 ⑤이다.

## 10

① 제2사분면
② 어느 사분면 위의 점도 아니다.
③ 제1사분면
⑤ 제4사분면
따라서 바르게 짝 지은 것은 ④이다.

## 11

점 $(a, b)$가 제4사분면 위의 점이므로 $a>0$, $b<0$
따라서 $-b>0$, $-a<0$이므로 점 $(-b, -a)$는 제4사분면 위의 점이다.

## 12

점 $(b, a)$가 제2사분면 위의 점이므로 $a>0$, $b<0$
따라서 $-a<0$, $ab<0$이므로 점 $(-a, ab)$는 제3사분면 위의 점이다.

## 02 그래프와 그 해석

개념 **3**     81쪽

**01** 답 (1) ㄴ (2) ㄱ (3) ㄷ

개념 **4**     81쪽

**01** 답 (1) 12분 (2) 7분 (3) 24분

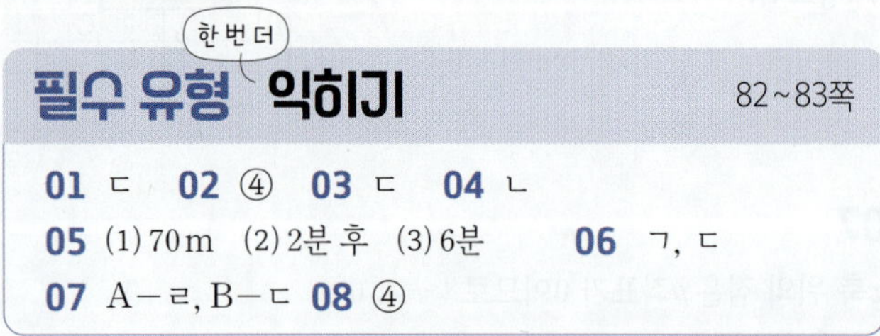

**필수 유형 익히기**     82~83쪽

| | | | |
|---|---|---|---|
| **01** ㄷ | **02** ④ | **03** ㄷ | **04** ㄴ |
| **05** (1) 70 m (2) 2분 후 (3) 6분 | | **06** ㄱ, ㄷ | |
| **07** A−ㄹ, B−ㄷ | **08** ④ | | |

## 01

음료수의 양이 일정하게 줄어들다가 양의 변화가 없으므로 상황에 알맞은 그래프는 ㄷ이다.

## 02

집에서 출발하여 학교로 가는 길에 $y$의 값은 증가하고, 집에 다시 되돌아갔으므로 $y$의 값은 0까지 감소한다.
학교로 다시 갈 때는 $y$의 값은 증가하므로 $x$와 $y$ 사이의 관계를 알맞게 나타낸 그래프는 ④이다.

## 03

ㄱ. $y=1.5$일 때 $x=4$이므로 경비행기의 고도가 $1.5\,\mathrm{km}$가 되는 것은 활주로를 달리기 시작한 지 4분 후이다.
ㄴ. $x=6$일 때 $y=3$이므로 경비행기가 활주로를 달리기 시작한 지 6분 후의 경비행기의 고도는 $3\,\mathrm{km}$이다.
따라서 보기 중 옳은 것은 ㄷ이다.

## 04

ㄱ. $y=200$일 때 $x=20$이므로 $200\,\mathrm{kcal}$를 소모하려면 달리기를 20분 동안 해야 한다.
ㄷ. 달리기를 20분 동안 했을 때 소모되는 열량 $200\,\mathrm{kcal}$이고, 달리기를 10분 동안 했을 때 소모되는 열량은 $100\,\mathrm{kcal}$이므로 2배이다.
따라서 보기 중 옳은 것은 ㄴ이다.

## 06

ㄴ. 해수면이 가장 높았던 때는 4시, 12시, 20시이므로 3번 있었다.
따라서 보기 중 옳은 것은 ㄱ, ㄷ이다.

## 07

물통 A는 단면의 넓이가 점점 작아지므로 물의 높이는 점점 빠르게 높아진다. 따라서 물통 A의 그래프는 ㄹ이다.
물통 B는 단면의 넓이가 점점 커지므로 물의 높이는 점점 천천히 높아진다. 따라서 물통 B의 그래프는 ㄷ이다.

## 08

용기의 아랫 부분은 폭이 좁으면서 일정하고, 윗부분은 폭이 넓으면서 일정하다.
따라서 물의 높이가 빠르고 일정하게 높아지다가 느리고 일정하게 높아지므로 그래프로 알맞은 것은 ④이다.

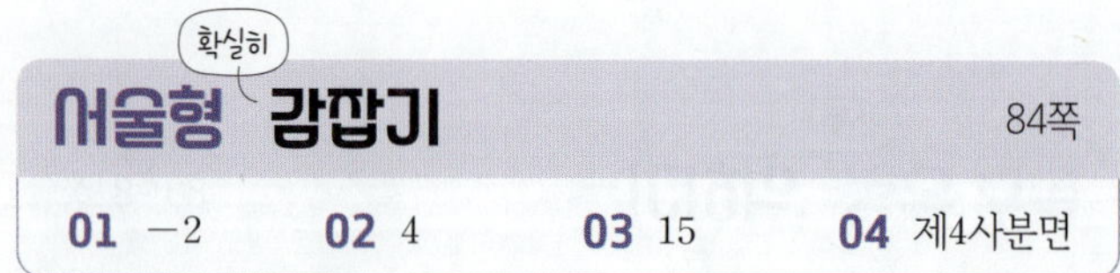

**서술형 감잡기**     84쪽

| | | | |
|---|---|---|---|
| **01** $-2$ | **02** 4 | **03** 15 | **04** 제4사분면 |

## 01

① 단계 $a$의 값 구하기 ◀ 40%
$2a+5=a+1$이므로 $a=-4$
② 단계 $b$의 값 구하기 ◀ 40%
$6-b=3b-2$이므로 $-4b=-8$    $\therefore b=2$
③ 단계 $a+b$의 값 구하기 ◀ 20%
$\therefore a+b=-2$

## 02

① 단계  $a$의 값 구하기  ◀ 40%
점 $(7, a-3)$은 $x$축 위의 점이므로 $y$좌표가 0이다.
즉, $a-3=0$에서 $a=3$
② 단계  $b$의 값 구하기  ◀ 40%
점 $(b-1, 2b+1)$은 $y$축 위의 점이므로 $x$좌표가 0이다.
즉, $b-1=0$에서 $b=1$
③ 단계  $a+b$의 값 구하기  ◀ 20%
$\therefore a+b=4$

## 03

① 단계  삼각형 ABC를 좌표평면 위에 나타내기  ◀ 50%
세 점 A, B, C를 좌표평면에 나타내면 다음 그림과 같다.

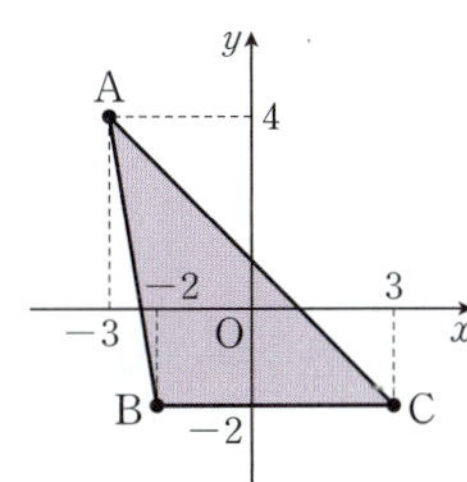

② 단계  삼각형 ABC의 넓이 구하기  ◀ 50%
따라서 삼각형 ABC의 넓이는
$\dfrac{1}{2}\times 5\times 6=15$

## 04

① 단계  $ab, a+b$의 부호 구하기  ◀ 30%
점 $(ab, a+b)$가 제1사분면 위의 점이므로
$ab>0, a+b>0$
② 단계  $a, b$의 부호 구하기  ◀ 40%
$ab>0$에서 $a, b$의 부호는 서로 같다.
이때 $a+b>0$이므로 $a>0, b>0$
③ 단계  점 $(b, -a)$는 제몇 사분면 위의 점인지 구하기  ◀ 30%
따라서 $b>0, -a<0$이므로 점 $(b, -a)$는 제4사분면 위의 점이다.

쌍둥이

## 단원 마무리하기  85~86쪽

**01** $-1$  **02** ①  **03** ③  **04** 21  **05** ③
**06** 제3사분면  **07** ③  **08** ④  **09** ③  **10** ④
**11** (1) 15분 후  (2) 20분 후  (3) 1 km

**01** $a-6=3a-2$에서 $-2a=4$  $\therefore a=-2$
$b-2=-2b+1$에서 $3b=3$  $\therefore b=1$
$\therefore a+b=-1$

**02** ① A$(2, 0)$

**04** 좌표평면 위에 세 점 A, B, C를 나타내면 오른쪽 그림과 같다.
따라서 삼각형 ABC의 넓이는
$\dfrac{1}{2}\times 7\times 6=21$

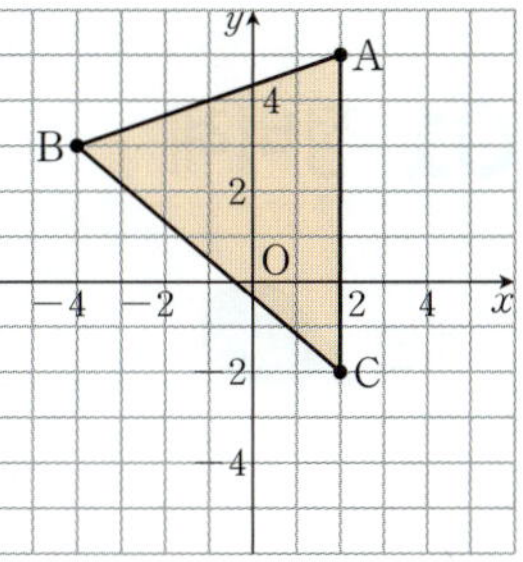

**05** ③ 점 $(-2, 3)$은 제2사분면 위의 점이다.

**06** ① 단계  $a, -b$의 부호 구하기  ◀ 30%
점 P$(a, -b)$가 제3사분면 위의 점이므로
$a<0, -b<0$
② 단계  $a, b$의 부호 구하기  ◀ 40%
$a<0, -b<0$이므로 $a<0, b>0$
③ 단계  점 Q$(ab, a-b)$는 제몇 사분면 위의 점인지 구하기  ◀ 30%
따라서 $ab<0, a-b<0$이므로 점 Q$(ab, a-b)$는 제3사분면 위의 점이다.

**07** 점 $(b, ab)$가 제3사분면 위의 점이므로
$b<0, ab<0$  $\therefore a>0, b<0$
$a>0, b-a<0$이므로 점 $(a, b-a)$는 제4사분면 위의 점이다.
따라서 점 $(a, b-a)$와 같은 사분면 위의 점은 ③이다.

**08** $x$의 값이 증가할 때, $y$의 값은 증가하다가 감소하여 0이 되어야 하므로 그래프로 알맞은 것은 ④이다.

**09** 폭이 점점 줄어드는 부분에서는 물의 높이가 점점 빠르게 증가하고, 폭이 점점 넓어지는 부분에서는 물의 높이가 점점 느리게 증가하므로 $x$와 $y$ 사이의 관계를 나타낸 그래프로 알맞은 것은 ③이다.

**10** ④ 민준이가 쉰 시간은 $3-1=2$(분), $8-5=3$(분)으로 총 $2+3=5$(분)이다.

**11** (1) 찬빈이와 지오가 처음으로 다시 만나는 것은 출발한 지 15분 후이다.
(2) 찬빈이와 지오가 각각 결승점에 도착한 것은 출발한 지 30분 후, 50분 후이므로 찬빈이가 결승점에 도착한 지 20분 후에 지오가 도착한다.
(3) 출발한 지 20분 후 찬빈이와 지오가 이동한 거리는 각각 4 km, 3 km이므로 찬빈이와 지오 사이의 거리는 $4-3=1$(km)이다.

## 01 정비례

개념 **1**　88쪽

**01** 탑 (1) ○　(2) ×　(3) ×　(4) ○　(5) ×

(5) $xy=6$에서 $y=\dfrac{6}{x}$이므로 $y$는 $x$에 정비례하지 않는다.

**02** 탑 (1) 풀이 참조
　　(2) $y=5x$이므로 $y$는 $x$에 정비례한다.

(1)
| $x(\mathrm{cm})$ | 1 | 2 | 3 | 4 | 5 | … |
|---|---|---|---|---|---|---|
| $y(\mathrm{cm}^2)$ | 5 | 10 | 15 | 20 | 25 | … |

개념 **2**　88쪽

**01** 탑 (1)

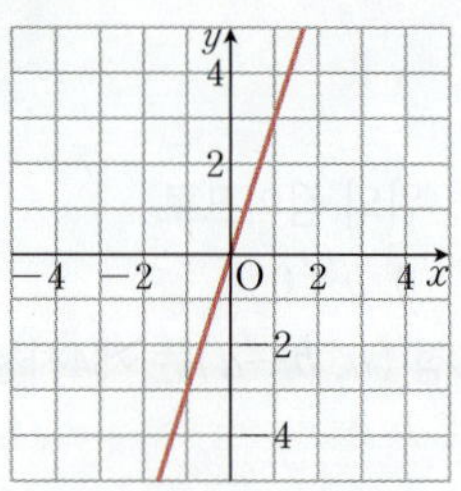

(2)

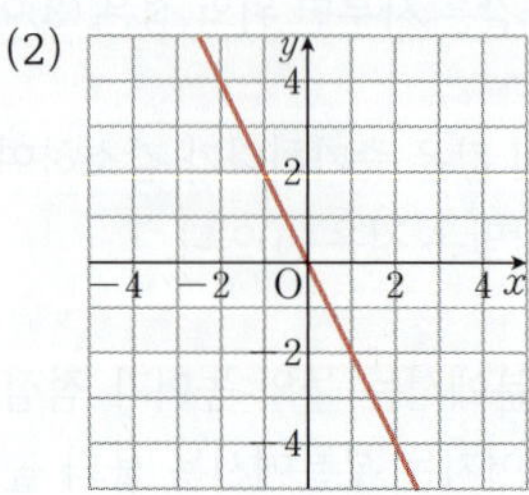

**02** 탑 (1) ㄱ, ㄷ, ㄹ　(2) ㄴ, ㅁ, ㅂ　(3) ㄱ, ㄷ, ㄹ

필수 유형 익히기　89~90쪽

| | | | | |
|---|---|---|---|---|
| **01** ⑤ | **02** ㄴ | **03** $y=-6x$ | **04** $-8$ | **05** ② |
| **06** ㄱ, ㄴ | | **07** ㄱ, ㄴ | **08** 3 | **09** $-3$ |
| **10** $y=-\dfrac{3}{2}x$ | | **11** 9 | | |

**01**

② $xy=3$이므로 $y=\dfrac{3}{x}$

**02**

ㄱ. $y=16+x$　　　　　ㄴ. $y=4x$

ㄷ. $y=x^2$　　　　　ㄹ. $y=\dfrac{300}{x}$

따라서 보기 중 $y$가 $x$에 정비례하는 것은 ㄴ이다.

**03**

$y$가 $x$에 정비례하므로 $y=ax$

$x=-\dfrac{1}{2}$일 때 $y=3$이므로

$y=ax$에 $x=-\dfrac{1}{2}$, $y=3$을 대입하면

$3=-\dfrac{1}{2}a$　　∴ $a=-6$

따라서 $x$와 $y$ 사이의 관계식은 $y=-6x$

**04**

$y$가 $x$에 정비례하므로 $y=ax$

$x=3$일 때 $y=12$이므로

$y=ax$에 $x=3$, $y=12$를 대입하면

$12=3a$　　∴ $a=4$

따라서 $y=4x$이므로 $x=-2$일 때 $y$의 값은

$y=4\times(-2)=-8$

**05**

정비례 관계 $y=\dfrac{2}{5}x$의 그래프는 원점과 점 $(5,\,2)$를 지나는 그래프이므로 ②이다.

**06**

ㄷ. $x$의 값이 증가하면 $y$의 값은 감소한다.

**07**

ㄷ. $a<0$이면 제2사분면과 제4사분면을 지난다.

**08**

$y=-2x$에 $x=a$, $y=a-9$를 대입하면

$a-9=-2a$, $3a=9$　　∴ $a=3$

**09**

$y=ax$에 $x=4$, $y=-12$를 대입하면

$-12=4a$　　∴ $a=-3$

## 10

주어진 그래프가 원점과 점 $(2, -3)$을 지나는 직선이므로
$y=ax$에 $x=2$, $y=-3$을 대입하면

$$-3=2a \qquad \therefore a=-\frac{3}{2}$$

$$\therefore y=-\frac{3}{2}x$$

## 11

주어진 그래프가 원점과 점 $(-2, -6)$을 지나는 직선이므로
$y=ax$에 $x=-2$, $y=-6$을 대입하면

$$-6=-2a \qquad \therefore a=3$$

따라서 $y=3x$에 $x=3$, $y=k$를 대입하면
$k=3\times3=9$

# 02 반비례



**01 답** (1) ×   (2) ○   (3) ×   (4) ○   (5) ○

(5) $xy=-7$에서 $y=-\dfrac{7}{x}$

**02 답** (1) 풀이 참조

     (2) $y=\dfrac{60}{x}$이므로 $y$는 $x$에 반비례한다.

(1)

| $x$(명) | 1 | 2 | 3 | 4 | 5 | $\cdots$ |
|---|---|---|---|---|---|---|
| $y$(개) | 60 | 30 | 20 | 15 | 12 | $\cdots$ |



**01 답** (1)

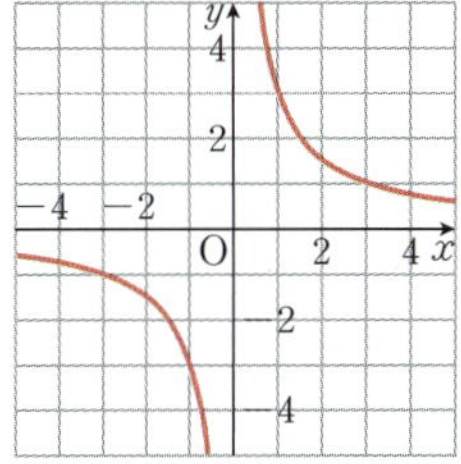

(2)

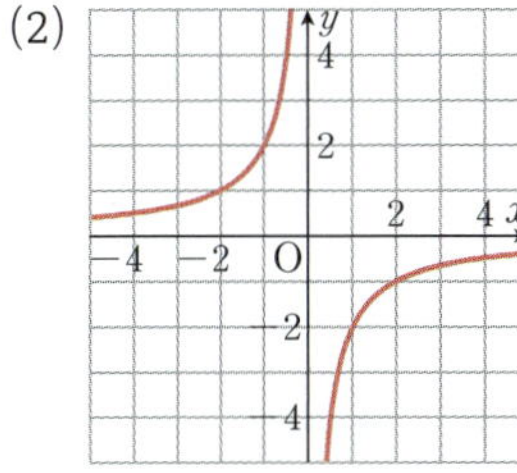

**02 답** (1) ㄱ, ㄷ, ㅁ   (2) ㄴ, ㄹ, ㅂ   (3) ㄱ, ㄷ, ㅁ

---



**01** ③   **02** ㄱ, ㄹ   **03** $y=-\dfrac{9}{x}$   **04** 3

**05** ④   **06** ㄱ, ㄴ   **07** ㄱ   **08** $-\dfrac{5}{3}$

**09** $-4$   **10** $y=-\dfrac{6}{x}$   **11** $-3$

## 01

③ $xy=5$에서 $y=\dfrac{5}{x}$

## 02

ㄱ. $xy=1 \qquad \therefore y=\dfrac{1}{x}$

ㄴ. $y=25-x$

ㄷ. $4y=x \qquad \therefore y=\dfrac{x}{4}$

ㄹ. (시간)$=\dfrac{(거리)}{(속력)}$이므로 $y=\dfrac{45}{x}$

따라서 보기 중 $y$가 $x$에 반비례하는 것은 ㄱ, ㄹ이다.

## 03

$y$가 $x$에 반비례하므로 $y=\dfrac{a}{x}$

$x=-3$일 때 $y=3$이므로 $y=\dfrac{a}{x}$에 $x=-3$, $y=3$을 대입하면

$$3=\dfrac{a}{-3} \qquad \therefore a=-9$$

따라서 $x$와 $y$ 사이의 관계식은 $y=-\dfrac{9}{x}$

## 04

$y$가 $x$에 반비례하므로 $y=\dfrac{a}{x}$

$x=4$일 때 $y=\dfrac{3}{2}$이므로 $y=\dfrac{a}{x}$에 $x=4$, $y=\dfrac{3}{2}$을 대입하면

$$\dfrac{3}{2}=\dfrac{a}{4} \qquad \therefore a=6$$

따라서 $y=\dfrac{6}{x}$이므로 $x=2$일 때 $y$의 값은

$$y=\dfrac{6}{2}=3$$

## 05

반비례 관계 $y=-\dfrac{8}{x}$의 그래프는 점 $(2, -4)$를 지나는 한 쌍의
매끄러운 곡선이므로 ④이다.

## 06

ㄷ. $x>0$에서 $x$의 값이 증가하면 $y$의 값은 감소한다.

## 07

ㄴ. $a>0$일 때, 제1사분면과 제3사분면을 지난다.

ㄷ. $a<0$, $x<0$일 때, $x$의 값이 증가하면 $y$의 값도 증가한다.

따라서 보기 중 옳은 것은 ㄱ이다.

## 08

$y=\dfrac{5}{x}$에 $x=a$, $y=-3$을 대입하면

$-3=\dfrac{5}{a}$ $\quad\therefore a=-\dfrac{5}{3}$

## 09

$y=\dfrac{a}{x}$에 $x=4$, $y=-1$을 대입하면

$-1=\dfrac{a}{4}$ $\quad\therefore a=-4$

## 10

주어진 그래프가 점 $(1, -6)$을 지나는 한 쌍의 매끄러운 곡선이므로 $y=\dfrac{a}{x}$에 $x=1$, $y=-6$을 대입하면

$-6=\dfrac{a}{1}$ $\quad\therefore a=-6$

$\therefore y=-\dfrac{6}{x}$

## 11

주어진 그래프가 점 $(1, 9)$를 지나는 한 쌍의 매끄러운 곡선이므로 $y=\dfrac{a}{x}$에 $x=1$, $y=9$를 대입하면

$9=\dfrac{a}{1}$ $\quad\therefore a=9$

$y=\dfrac{9}{x}$의 그래프가 점 $(-3, k)$를 지나므로 $y=\dfrac{9}{x}$에 $x=-3$, $y=k$를 대입하면

$k=\dfrac{9}{-3}=-3$

### 서술형 감잡기

93쪽

**01** (1) $y=0.6x$ (2) $9\,\mathrm{cm}$  **02** $-1$  **03** 15

**04** $y=\dfrac{240}{x}$, $80\,\mathrm{km}$

## 01

① 단계 $x$와 $y$ 사이의 관계식 구하기 ◀ 40%

(1) 양초가 매분 $0.6\,\mathrm{cm}$씩 타므로

$y=0.6x$

② 단계 불을 붙인 지 15분 후에 줄어든 양초의 길이 구하기 ◀ 60%

(2) $y=0.6x$에 $y=15$를 대입하면 $y=0.6\times15=9$

따라서 불을 붙인 지 15분 후에 줄어든 양초의 길이는 $9\,\mathrm{cm}$이다.

## 02

① 단계 $a$의 값 구하기 ◀ 40%

$y=ax$에 $x=4$, $y=-2$를 대입하면

$-2=4a$ $\quad\therefore a=-\dfrac{1}{2}$

② 단계 $b$의 값 구하기 ◀ 40%

$y=-\dfrac{1}{2}x$에 $x=-1$, $y=b$를 대입하면

$b=-\dfrac{1}{2}\times(-1)=\dfrac{1}{2}$

③ 단계 $a-b$의 값 구하기 ◀ 20%

$\therefore a-b=-1$

## 03

① 단계 $x$와 $y$ 사이의 관계식 구하기 ◀ 30%

$y$가 $x$에 반비례하므로 $y=\dfrac{a}{x}$

$y=\dfrac{a}{x}$에 $x=2$, $y=-9$를 대입하면

$-9=\dfrac{a}{2}$ $\quad\therefore a=-18$

$\therefore y=-\dfrac{18}{x}$

② 단계 $p$의 값 구하기 ◀ 30%

$y=-\dfrac{18}{x}$에 $x=-1$, $y=p$를 대입하면

$p=-\dfrac{18}{-1}=18$

③ 단계 $q$의 값 구하기 ◀ 30%

$y=-\dfrac{18}{x}$에 $x=q$, $y=6$을 대입하면

$6=-\dfrac{18}{q}$ $\quad\therefore q=-3$

④ 단계 $p+q$의 값 구하기 ◀ 10%

$\therefore p+q=15$

## 04

① 단계 $x$와 $y$ 사이의 관계식 구하기 ◀ 40%

수진이네 집에서 고모네 집까지의 거리는

$60\times4=240\,(\mathrm{km})$

즉, $x$와 $y$ 사이의 관계식은

$$xy=240 \qquad \therefore y=\frac{240}{x}$$

② 단계 3시간 만에 도착하려면 시속 몇 km로 가야 하는지 구하기

◀ 60%

$y=\dfrac{240}{x}$에 $y=3$을 대입하면

$$3=\frac{240}{x} \qquad \therefore x=80$$

따라서 3시간 만에 도착하려면 시속 80 km로 가야 한다.



## 단원 마무리하기

94~96쪽

| | | | |
|---|---|---|---|
| **01** ③ | **02** ㄴ | **03** $-5$ | **04** ④ | **05** ②, ③ |
| **06** $-11$ | **07** ⑤ | **08** ③ | **09** $y=-\dfrac{36}{x}$ | **10** 9개 |
| **11** ②, ③ | **12** ② | **13** 8 | **14** $-\dfrac{8}{3}$ | **15** 12 |
| **16** $\dfrac{85}{2}$ | **17** 3개 | **18** 10 | | |

**01** ③ $\dfrac{y}{x}=2$에서 $y=2x$

**02** ㄱ. $y$가 $x$에 정비례하므로 $x$의 값이 5배가 되면 $y$의 값도 5배가 된다.

ㄴ. $y=ax$로 놓고 $x=2$, $y=-4$를 대입하면

$$-4=2a \qquad \therefore a=-2$$
$$\therefore y=-2x$$

ㄷ. $y=-2x$에 $x=3$을 대입하면 $y=-6$

따라서 보기 중에서 옳은 것은 ㄴ이다.

**03** $y=ax$에 $x=4$, $y=-2$를 대입하면

$$-2=4a \qquad \therefore a=-\frac{1}{2}$$

$y=-\dfrac{1}{2}x$에 $x=p$, $y=3$을 대입하면

$$3=-\frac{1}{2}p \qquad \therefore p=-6$$

$y=-\dfrac{1}{2}x$에 $x=-2$, $y=q$를 대입하면

$$q=-\frac{1}{2}\times(-2)=1$$

$$\therefore p+q=-5$$

**04** 휘발유 1 L로 12 km를 갈 수 있으므로 휘발유 $x$ L로 $y$ km를 갈 수 있다고 하면

$$y=12x$$

$y=12x$에 $y=180$을 대입하면

$$180=12x \qquad \therefore x=15$$

따라서 집에서 180 km 떨어진 친척 집에 가는 데 필요한 휘발유의 양은 15 L이다.

**05** ① $a>0$일 때, 오른쪽 위로 향하는 직선이다.

④ $a>0$일 때, $a$의 값이 커질수록 $y$축에 가까워진다.

⑤ $a>0$일 때, $x$의 값이 증가하면 $y$의 값도 증가하고 $a<0$일 때, $x$의 값이 증가하면 $y$의 값은 감소한다.

따라서 옳은 것은 ②, ③이다.

**06** ① 단계 $a$의 값 구하기 ◀ 40%

$y=3x$에 $x=-a$, $y=15$를 대입하면

$$15=-3a \qquad \therefore a=-5$$

② 단계 $b$의 값 구하기 ◀ 40%

$y=3x$에 $x=6$, $y=3b$를 대입하면

$$3b=18 \qquad \therefore b=6$$

③ 단계 $a-b$의 값 구하기 ◀ 20%

$$\therefore a-b=-11$$

**07** $y=ax$의 그래프가 점 $(4, 6)$을 지나므로 $y=ax$에 $x=4$, $y=6$을 대입하면

$$6=4a \qquad \therefore a=\frac{3}{2}$$

$y=\dfrac{3}{2}x$에

① $x=0$을 대입하면

$$0\neq1$$

② $x=-1$을 대입하면

$$-\frac{3}{2}\neq2$$

③ $x=2$를 대입하면

$$\frac{3}{2}\times2\neq4$$

④ $x=-3$을 대입하면

$$\frac{3}{2}\times(-3)\neq-2$$

⑤ $x=6$을 대입하면

$$\frac{3}{2}\times6=9$$

따라서 주어진 그래프 위의 점은 ⑤이다.

**08** ① $xy=40 \qquad \therefore y=\dfrac{40}{x}$

② $xy=3000 \qquad \therefore y=\dfrac{3000}{x}$

③ $y=x+2$

④ $xy=30$  $\therefore y=\dfrac{30}{x}$

⑤ $y=\dfrac{2}{x}$

따라서 $y$가 $x$에 반비례하지 않는 것은 ③이다.

**09** $y$가 $x$에 반비례하므로 $y=\dfrac{a}{x}$에 $x=3$, $y=-12$를 대입하면

$-12=\dfrac{a}{3}$  $\therefore a=-36$  $\therefore y=-\dfrac{36}{x}$

**10** $xy=45$  $\therefore y=\dfrac{45}{x}$

$y=\dfrac{45}{x}$에 $x=5$를 대입하면 $y=\dfrac{45}{5}=9$

따라서 세로에는 9개의 타일을 붙여야 한다.

**11** 정비례 관계 $y=ax\ (a\neq0)$의 그래프와 반비례 관계 $y=\dfrac{b}{x}\ (b\neq0)$의 그래프는 $a>0$, $b>0$일 때, 제1사분면과 제3사분면을 지난다.

따라서 제1사분면과 제3사분면을 지나는 것은 ②, ③이다.

**12** ② 반비례 관계의 그래프이므로 $y=\dfrac{a}{x}$라 하자.

$x=-4$, $y=-3$을 $y=\dfrac{a}{x}$에 대입하면

$-3=\dfrac{a}{-4}$  $\therefore a=12$

즉, $x$와 $y$ 사이의 관계식은 $y=\dfrac{12}{x}$이다.

**13** $y=-\dfrac{6}{x}$에 $x=a$, $y=-3$을 대입하면

$-3=-\dfrac{6}{a}$  $\therefore a=2$

$y=-\dfrac{6}{x}$에 $x=-1$, $y=b$를 대입하면

$b=-\dfrac{6}{-1}=6$

$\therefore a+b=8$

**14** $y=\dfrac{a}{x}$에 $x=-2$, $y=4$를 대입하면

$4=\dfrac{a}{-2}$  $\therefore a=-8$

$y=-\dfrac{8}{x}$에 $x=3$, $y=k$를 대입하면

$k=-\dfrac{8}{3}$

**15** ① **단계** 점 A의 좌표 구하기  ◀ 50%

$y=\dfrac{4}{3}x$의 그래프가 점 A를 지나고 점 A의 $x$좌표가 3이므로

$y=\dfrac{4}{3}\times3=4$

$\therefore \mathrm{A}(3, 4)$

② **단계** $a$의 값 구하기  ◀ 50%

$y=\dfrac{a}{x}$의 그래프가 점 $\mathrm{A}(3, 4)$를 지나므로

$y=\dfrac{a}{x}$에 $x=3$, $y=4$를 대입하면

$4=\dfrac{a}{3}$  $\therefore a=12$

**16** $y=\dfrac{1}{3}x$에 $y=-5$를 대입하면

$-5=\dfrac{1}{3}x$  $\therefore x=-15$

$\therefore \mathrm{A}(-15, -5)$

$y=-\dfrac{5}{2}x$에 $y=-5$를 대입하면

$-5=-\dfrac{5}{2}x$  $\therefore x=2$

$\therefore \mathrm{B}(2, -5)$

따라서 삼각형 OAB의 넓이는

$\dfrac{1}{2}\times\{2-(-15)\}\times5=\dfrac{85}{2}$

**17** $|x|$는 9의 약수이어야 한다.

이때 제2사분면 위의 점은 $x$좌표는 음수이고 $y$좌표는 양수이므로 $x$의 값은

$-9, -3, -1$

따라서 구하는 점은 $(-9, 1), (-3, 3), (-1, 9)$의 3개이다.

**18** 점 B의 $x$좌표가 $-5$이므로

$\mathrm{B}\left(-5, -\dfrac{a}{5}\right)$

점 D의 $x$좌표가 5이므로

$\mathrm{D}\left(5, \dfrac{a}{5}\right)$

이때 $\mathrm{A}\left(-5, \dfrac{a}{5}\right)$, $\mathrm{C}\left(5, -\dfrac{a}{5}\right)$이고 직사각형 ABCD의 넓이가 40이므로

$\{5-(-5)\}\times\left\{\dfrac{a}{5}-\left(-\dfrac{a}{5}\right)\right\}=40$

$10\times\dfrac{2}{5}a=40$

$\therefore a=10$